力学丛书·典藏版 9

叶轮机械中的跨音速流动

沈孟育　周　盛　林保真　著

U0362757

科学出版社

1988

内 容 简 介

本书是作者们在叶轮机械中跨音速流动领域多年来研究工作的系统总结．内容包括：平面叶栅跨音速绕流，平面跨音速叶栅设计方法，平面跨音速叶栅的正、反混合问题，任意旋成面叶栅跨音速绕流，叶轮机械中完全三维跨音速流动，跨音叶栅流场相仿律，叶片颤振时的非定常气动问题，平面叶栅中非定常跨音速流动等．

本书可供从事高速叶轮机械研制、设计的工程技术人员，和从事高速空气动力学研究的科研人员以及有关高等院校的教师、研究生和高年级大学生阅读．

图书在版编目 (CIP) 数据

叶轮机械中的跨音速流动／沈孟育，周盛，林保真著．—北京：科学出版社，1988.2（2016.1 重印）

（力学丛书）

ISBN 978-7-03-000067-5

I. ①叶… II. ①沈… ②周… ③林… III. ①叶轮机械流体动力学–跨音速流动 IV. ① TK47

中国版本图书馆 CIP 数据核字 (2016) 第 021251 号

力 学 丛 书

叶轮机械中的跨音速流动

沈孟育　周　盛　林保真　著

责任编辑　陈大宁

科 学 出 版 社 出版

北京东黄城根北街 16 号

北京京华虎彩印刷有限公司印刷

新华书店北京发行所发行　各地新华书店经售

*

1988 年第一版　　开本：850×1168　1/32

2016 年印刷　　印张：11 1/8

插页：精 2

字数：288,000

定价：88.00元

前　　言

当考查任何一个气流流场时，可以认为 Mach 数是最重要的特征参数之一．Mach 数决定着扰动传播的范围，因而深刻地反映了该流场的物理特性，并势必同时决定所采用的数学模型的特征以及解法．正是由于上述原因，亚音速可压流动就不能完全沿用不可压流动的办法处理，而必须考虑到压缩性．超音速流则更不能使用亚音速流的办法．这里讨论的跨音速流动还要复杂，因为在跨音速流场中局部亚音速区与局部超音速区并存，而且二者之间的分界面(音速面或激波)又是事先不知道的．由此可见，跨音速流场既不同于纯亚音速流场，又不同于纯超音速流场．由于跨音速流的上述基本属性，就必须有一套独特的处理方法．

按照上述气体动力学观点来衡量，当代高速叶轮机械中的流场对应于哪一种基本类型呢？以当代航空燃气涡轮发动机中的叶轮机械为例，无论是风扇、压气机，还是涡轮，若从流场性质角度来看，则无一例外地都属于跨音速流范畴．这里既包括工程上通称的跨音压气机级(或涡轮，下同)，也包括部分工程上通称的亚音压气机级．这里所指的亚音压气机级，就是指沿叶高进口 Mach 数恒小于 1.0 的压气机级，或沿叶高出口 Mach 数恒小于 1.0 的涡轮级．例如一个叶尖进口相对 Mach 数 $M_{w_1t} = 0.9$ 的压气机级，在工程上通称为亚音级，但流场中则仍存在局部超音速区和激波，因而从流场特征来看，仍属于跨音速流场而不是亚音速流场．

尽管在叶轮机械中出现跨音速流的历史已很长，但是从叶轮机械气体动力学的学科角度来看，多维跨音速流场的分析计算从定性走向定量还是从七十年代初期才开始的．其主要原因在于跨音速流动的复杂性．

所谓跨音速流场，就是指既存在局部亚音速区，又存在局部超音速区，并且多数存在有形状、位置及数目均属待定的激波的这样一类流场．从描述流场主流区的一阶拟线性偏微分方程组的类型来看，局部亚音速区对应着椭圆形，局部超音速区对应于双曲型，在音速面上则退化为抛物型． 于是从总体上看，应属于混合型．由于流场中激波的存在，方程不再具有古典意义的解．为了描述这样的流场，而必须采用弱解理论．除开主流区之外，在跨音速流场中粘性的作用较纯亚音速流与纯超音速流更为复杂，流场对于物面边界条件的微小变化更为敏感，大尺度分离现象也格外易于发生．

据上所述，我们认为当代叶轮机械气体动力学的主要发展方向可以简略地概述为跨音速流、粘性分离流与非定常流．这三者虽各代表一方面的重要属性，但又无法截然分开．例如，人们在粘性问题中最关心的还是对应于跨音速条件下的粘性效应，在非定常流领域中最为关注的一些问题是在跨音速条件下的旋转失速以及叶片颤振的发作等等．由此可见，叶轮机械中的跨音速流动问题可以认为是本学科分支当前的焦点，它的发展标志着当代叶轮机械气体动力学的发展程度与水平．对于这里所讨论的问题，文献 [1] 曾指出：近年来，风扇、压气机和透平内的气流都发展到部分亚音速、部分超音速的跨音速流动，流场中出现了激波间断面，需要进一步了解跨音速流动的详细规律，发展更准确的计算方法．另一个重要研究方向是进一步考虑气体粘性的影响，在粘性作用最严重的区域——边界层中，还可能有气流分离现象发生，这造成很大的气动损失．因此需要建立三元转动叶片上粘性边界层流动的物理模型和计算方法．喘振、进口不均匀气流的影响等，也是重要的研究课题． 可以认为，上述论述与我们的看法基本上一致．

这本书虽然名为《叶轮机械中的跨音速流动》，但远远不能包括这方面的全部内容．本书主要是将作者们近年来所作的点滴工作向同行们作一汇报．由于工作内容所限，未能涉及实验研究．事实上，叶轮机械气体动力学作为技术科学的一个分支，实验研究所应有的作用和比例是众所周知的．此外，有关叶轮机械中的跨音速流动问题，近年来国内很多同志都在这方面开展了工作．其中不少研究工作是很出色的．

本书的主要目的是总结作者在叶轮机械中的跨音速流动方面所做的一些工作，而不是对叶轮机械中的跨音速流动作全面的总结，因此象跨音速粘性流问题，特别是跨音速分离流问题都未涉及到．今后关于这方面的问题还有大量的工作有待深入进行研究．

本书在写作过程中得到许多学术界的前辈和同行们的批评指正和鼓励，作者在此谨致以诚挚的谢意！

本书作者署名以姓氏笔划为序．第一、二、三、九、十一章由沈孟育撰写，第五、八、十、十二、十三章由周盛撰写，第四、六、七十四章由林保真撰写．

参考文献

[1] 中国科学院工程热学理学规划组，工程热学理学科简介，现代科学技术简介，科学出版社，大字版 p. 215, 1978.

作者

1983年11月于北京

目　　录

第一章　基本方程

§1　叶轮机械中流场的一般分析与简化

叶轮机械中气体的三维流动理论是人们在由长期实践得来的丰富的感性认识的基础上，经过整理、改造和分析，逐步提炼出来的。因此，在讨论叶轮机械中流动的气体动力学理论之前，应该对叶轮机械中气体的实际流动状况有一个大致的了解。这种流动具有三维的特性，即流动参数随着三个空间坐标而变化；同时，对于任一固定的空间点来说，其上的流动参数还随时间而改变，也就是说，流动是非定常的。因此，一般说来，任一流动参数 q，它是三个空间坐标和时间的函数，即 $q = q(x, y, z, t)$。另外，从流体微团受力的情况来看，流体微团上不仅受到质量力(例如重力)，还受到表面力的作用。而表面力中又有与流体微团的表面相垂直的法向力和与流体微团表面相切的切向力。实验还表明，对于不同的气体，或即使是对于同一种气体，在不同的压力、温度范围内，联系气体的诸热力学状态参数之间的关系式——状态方程也是各不相同的，等等。

如果要全面地考虑这些因素，将会使问题变得十分复杂，甚至遇到目前还无法克服的数学上的困难。因此，必须根据已积累的实践经验，对上述诸因素分别进行具体的分析，权衡主次，抓住主要的因素，舍去次要的因素，从而作出一些基本的假设。这些基本假设必须既能反映实际流动的主要规律，又能使问题简化到可以用数学的方法求解。

首先，在转子角速度为常数，各相邻的动、静叶列间相隔充分远，气流不发生分离现象及叶片振动很小等条件下，静叶轮中的绝对流动和动叶轮中的相对流动都可以足够准确地认为是定常的。

第一章　基本方程

§1　叶轮机械中流场的一般分析与简化

叶轮机械中气体的三维流动理论是人们在由长期实践得来的丰富的感性认识的基础上，经过整理、改造和分析，逐步提炼出来的．因此，在讨论叶轮机械中流动的气体动力学理论之前，应该对叶轮机械中气体的实际流动状况有一个大致的了解．这种流动具有三维的特性，即流动参数随着三个空间坐标而变化；同时，对于任一固定的空间点来说，其上的流动参数还随时间而改变，也就是说，流动是非定常的．因此，一般说来，任一流动参数 q，它是三个空间坐标和时间的函数，即 $q=q(x,y,z,t)$．另外，从流体微团受力的情况来看，流体微团上不仅受到质量力（例如重力），还受到表面力的作用．而表面力中又有与流体微团的表面相垂直的法向力和与流体微团表面相切的切向力．实验还表明，对于不同的气体，或即使是对于同一种气体，在不同的压力、温度范围内，联系气体的诸热力学状态参数之间的关系式——状态方程也是各不相同的，等等．

如果要全面地考虑这些因素，将会使问题变得十分复杂，甚至遇到目前还无法克服的数学上的困难．因此，必须根据已积累的实践经验，对上述诸因素分别进行具体的分析，权衡主次，抓住主要的因素，舍去次要的因素，从而作出一些基本的假设．这些基本假设必须既能反映实际流动的主要规律，又能使问题简化到可以用数学的方法求解．

首先，在转子角速度为常数，各相邻的动、静叶列间相隔充分远，气流不发生分离现象及叶片振动很小等条件下，静叶轮中的绝对流动和动叶轮中的相对流动都可以足够准确地认为是定常的．

在气体动力学的研究中，坐标系的选取是非常重要的．如果坐标系选择得当，可以使所研究的问题得到很大的简化．从区域的边界相对于地球是静止还是运动的观点来看，可以把叶轮机械中气体的流动区域分成如下两类：静叶轮或其它固定部件中的气体流动及动叶轮中的气体流动． 若采用固结于地球的坐标系(称为惯性坐标系或绝对坐标系)，描述上述第一类问题中的固体壁面(例如静叶片表面)的形状的方程与时间无关，一般说来将可认为气体运动是定常的；但描述第二类问题中的固壁（例如动叶片表面)的形状与运动的方程则将随时间而改变，此时气体的运动必然是非定常的．然而，如果采用固结于动轮以常角速度 ω 绕叶轮机械的转动轴旋转的坐标系(称为相对坐标系，它显然是非惯性坐标系)的话，则第二类问题中的固壁表面的方程将不随时间而改变，此时气体的运动有可能是定常的．

由于上述原因，在研究静叶轮或其它固定部件中的气体流动时，采用绝对坐标系；而当研究动叶轮中的气体流动时，通常采用相对坐标系．

因为静叶轮可视为 $\omega=0$ 的动叶轮的特例，因而下面我们将采用相对坐标系，以动叶轮中的气体流动作为研究对象，写出其积分形式的基本方程．

（一）连续方程

对于一个确定的封闭体系来说，质量守恒原理可简述如下：在封闭体系中不存在源或汇的条件下，封闭体系的质量不随时间变化．其数学表达式为

$$\frac{D}{Dt}\iiint_{\tau_0(t)}\rho d\tau_0=0 \tag{1.1}$$

这里 $\tau_0(t)$ 为时间 t 时的封闭体系的体积，$\frac{D}{Dt}$ 为系统导数．

为了把适用于封闭体系的方程改造成适合于开口体系的形式，须要应用如下输运公式[1]：

$$\frac{D}{Dt}\iiint_{\tau_0(t)}\Phi d\tau_0 = \frac{\partial}{\partial t}\iiint_{\tau}\Phi d\tau + \oiint_A (\boldsymbol{w}\cdot\boldsymbol{n})\Phi dA \tag{1.2}$$

其中 τ 为开口体系的体积，在数值上它等于所考察 t 时刻封闭体系 $\tau_0(t)$ 的体积．A 是 τ 的界面面积． Φ 可以是空间坐标和时间的任意标量或向量函数．$\boldsymbol{n}$ 为界面的外法线单位向量．由于 τ 是开口体系的体积，它与时间 t 是相互独立的，故而对于空间的积分和对于时间的微分之次序可以交换而不改变其结果．

将 (1.2) 式代入 (1.1) 式可得如下适用于开口体系的积分形式的连续方程：

$$\frac{\partial}{\partial t}\iiint_{\tau}\rho d\tau = -\oiint_A (\rho\boldsymbol{w}\cdot\boldsymbol{n})dA \tag{1.3}$$

其物理意义为：单位时间内通过界面 A 流入的质量等于同时间内开口体系 τ 中质量的增加．

（二）理想流体的动量方程

因为动量定理（即 Newton 第二定律）是在惯性坐标系中总结出来的，因此它的原始形式只适用于惯性坐标系．

在惯性坐标系中动量定理可简述如下：封闭体系的动量对于时间的变化率等于作用在该封闭体系上的合力．其数学表达式为

$$\frac{D_a}{Dt}\iiint_{\tau_0(t)}\rho\boldsymbol{v}d\tau_0 = \iiint_{\tau_0(t)}\rho\boldsymbol{f}d\tau_0 - \oiint_{A_0(t)}p\boldsymbol{n}dA_0 \tag{1.4}$$

这里 $\frac{D_a}{Dt}$ 表示绝对坐标系中的系统导数，$\boldsymbol{v}$ 为绝对速度向量，$\boldsymbol{f}$ 是作用在单位质量流体上的质量力．

由质量守恒原理知：$\frac{D_a}{Dt}(\rho d\tau_0) = 0$，故有

$$\frac{D_a}{Dt}\iiint_{\tau_0(t)}\rho\boldsymbol{v}d\tau_0 = \iiint_{\tau_0(t)}\left[\frac{D_a\boldsymbol{v}}{Dt}\rho d\tau_0 + \boldsymbol{v}\frac{D_a(\rho d\tau_0)}{Dt}\right]$$

$$= \iiint_{\tau_0(t)}\rho\frac{D_a\boldsymbol{v}}{Dt}d\tau_0$$

将上式代入 (1.4) 式可得

$$\iiint_{\tau_0(t)} \rho \frac{D_a \boldsymbol{v}}{Dt} d\tau_0 = \iiint_{\tau_0(t)} \rho \boldsymbol{f} d\tau_0 - \oiint_{A_0(t)} p\boldsymbol{n} dA_0 \tag{1.5}$$

为了得到在固结于动轮以等角速度 $\boldsymbol{\omega}$ 旋转的相对坐标系中动量方程的表达式，必须了解在绝对坐标系和相对坐标系这两种坐标系中诸流动参数的相互转换关系式. 文献 [2] 对这个问题作了详细的阐述. 为了节省篇幅，可直接应用理论力学中熟知的公式

$$\underset{\left(\text{绝对加速度}\right)}{\frac{D_a \boldsymbol{v}}{Dt}} = \underset{\left(\text{相对加速度}\right)}{\frac{D\boldsymbol{w}}{Dt}} + \underset{\left(\text{牵连加速度}\right)}{\boldsymbol{\omega} \times (\boldsymbol{\omega} \times \boldsymbol{R})} + \underset{\left(\text{哥氏加速度}\right)}{2\boldsymbol{\omega} \times \boldsymbol{w}} \tag{1.6}$$

这里 $\boldsymbol{w}$ 为相对速度向量，$\boldsymbol{R}$ 为向径，$\frac{D}{Dt}$ 表示相对坐标系中的个体导数.

将式 (1.6) 代入式 (1.5) 即得相对坐标系中的动量方程如下:

$$\iiint_{\tau_0(t)} \rho \frac{D\boldsymbol{w}}{Dt} d\tau_0 = \iiint_{\tau_0(t)} [\boldsymbol{f} - \boldsymbol{\omega} \times (\boldsymbol{\omega} \times \boldsymbol{R}) - 2\boldsymbol{\omega} \times \boldsymbol{w}] \rho d\tau_0 - \oiint_{A_0} p\boldsymbol{n} dA_0 \tag{1.7}$$

由于

$$\frac{D}{Dt} \iiint_{\tau_0(t)} \rho \boldsymbol{w} d\tau_0 = \iiint_{\tau_0(t)} \left[\rho \frac{D\boldsymbol{w}}{Dt} d\tau_0 + \boldsymbol{w} \frac{D(\rho d\tau_0)}{Dt} \right] = \iiint_{\tau_0(t)} \rho \frac{D\boldsymbol{w}}{Dt} d\tau_0$$

故 (1.7) 可改写为

$$\frac{D}{Dt} \iiint_{\tau_0(t)} \rho \boldsymbol{w} d\tau_0 = \iiint_{\tau_0(t)} [\boldsymbol{f} - \boldsymbol{\omega} \times (\boldsymbol{\omega} \times \boldsymbol{R}) - 2\boldsymbol{\omega} \times \boldsymbol{w}] \rho d\tau_0 - \oiint_{A_0(t)} p\boldsymbol{n} dA_0 \tag{1.8}$$

将式 (1.2) 代入式 (1.8) 可得相对坐标系中适合于开口体系的动量方程

$$
\frac{\partial}{\partial t}\iiint_{\tau}\rho \boldsymbol{w}d\tau+\oiint_{A}(\boldsymbol{w}\cdot\boldsymbol{n})\rho\boldsymbol{w}dA
$$

$$
=\iiint_{\tau}[\boldsymbol{f}-\boldsymbol{\omega}\times(\boldsymbol{\omega}\times\boldsymbol{R})-2\boldsymbol{\omega}\times\boldsymbol{w}]\rho d\tau-\oiint_{A}p\boldsymbol{n}dA \tag{1.9}
$$

其物理意义是：作用在开口体系内流体上的合外力(包括质量力、表面压力、离心力和哥氏惯性力)加单位时间内通过界面流入的流体动量等于开口体系内的动量对时间的变化率.

（三）理想流体的动量矩方程

在叶轮机械气体动力学中，动量矩定理是很有用的．它不但可以较简便地决定转子的扭矩，而且还是推导流体的周向运动微分方程的一个方便的手段.

在惯性坐标系中动量矩定理可简述如下：封闭体系对某点O的动量矩对于时间的变化率等于外界作用在封闭体系上所有外力对于同一点O的力矩之和．其数学表达式为

$$
\frac{D_a}{Dt}\iiint_{\tau_0(t)}(\boldsymbol{R}\times\boldsymbol{v})\rho d\tau_0=\iiint_{\tau_0(t)}(\boldsymbol{R}\times\boldsymbol{f})\rho d\tau_0
$$

$$
-\oiint_{A_0(t)}(\boldsymbol{R}\times\boldsymbol{n})pdA_0 \tag{1.10}
$$

经过和前一段中完全类似的推导，可得到在相对坐标系中适合于开口体系的动量矩方程如下[1]：

$$
\frac{\partial}{\partial t}\iiint_{\tau}(\boldsymbol{R}\times\boldsymbol{w})\rho d\tau+\oiint_{A}(\boldsymbol{R}\times\boldsymbol{w})(\boldsymbol{w}\cdot\boldsymbol{n})\rho dA
$$

$$
=\iiint_{\tau}\boldsymbol{R}\times[\boldsymbol{f}-\boldsymbol{\omega}\times(\boldsymbol{\omega}\times\boldsymbol{R})-2\boldsymbol{\omega}\times\boldsymbol{w}]\rho d\tau
$$

$$
-\oiint_{A}(\boldsymbol{R}\times\boldsymbol{n})pdA \tag{1.11}
$$

它的物理意义是：作用在开口体系内流体上的合外力矩(包括质量力矩、表面压力矩、离心力矩及哥氏惯性力矩)与单位时间内通过界面流入的流体动量矩之和等于开口体系内流体的动量矩对于时

间的变化率.

（四）能量方程

能量守恒原理可简述如下：封闭体系的总能量对于时间的变化率等于单位时间内外界传给该封闭体系的热量与作用在该封闭体系上的全部外力所作功之和.

外界传给封闭体系以热量可能有两种不同的途径，这就是热辐射与热传导. 若以 q_R 表示单位时间内辐射到封闭体系内单位质量流体上的热量，而以 q_λ 表示由于热传导在单位时间内通过封闭体系的界面单位面积传入的热量，则单位时间内外界传给封闭体系的热量等于

$$\iiint_{\tau_0(t)} q_R \rho d\tau_0 + \oiint_{A_0(t)} q_\lambda dA_0$$

作用在封闭体系内流体上的外力有质量力 $\boldsymbol{f}$，离心力 $(-\boldsymbol{\omega}\times(\boldsymbol{\omega}\times\boldsymbol{R}))$，哥氏惯性力 $(-2\boldsymbol{\omega}\times\boldsymbol{w})$ 及表面压力. 于是单位时间内作用在封闭体系上的全部外力所作功之和为

$$\iiint_{\tau_0(t)} \boldsymbol{w}\cdot[\boldsymbol{f}-\boldsymbol{\omega}\times(\boldsymbol{\omega}\times\boldsymbol{R})-2\boldsymbol{\omega}\times\boldsymbol{w}]\rho d\tau_0 - \oiint_{A_0(t)} (\boldsymbol{w}\cdot\boldsymbol{n}) p dA_0$$

封闭体系内的总能量为内能与动能之和. 若以 U 表示单位质量流体所具有的内能，则封闭体系内的总能量等于

$$\iiint_{\tau_0(t)} \left(U+\frac{w^2}{2}\right)\rho d\tau_0$$

于是根据能量守恒原理可得

$$\iiint_{\tau_0(t)} q_R \rho d\tau_0 + \oiint_{A_0(t)} q_\lambda dA_0 + \iiint_{\tau_0(t)} \boldsymbol{w}\cdot[\boldsymbol{f}-\boldsymbol{\omega}\times(\boldsymbol{\omega}\times\boldsymbol{R}) - 2\boldsymbol{\omega}\times\boldsymbol{w}]\rho d\tau_0 - \oiint_{A_0(t)} (\boldsymbol{w}\cdot\boldsymbol{n}) p dA_0 = \frac{D}{Dt}\iiint_{\tau_0(t)}\left(U+\frac{w^2}{2}\right)\rho d\tau_0 \tag{1.12}$$

由于

$$\boldsymbol{w}\cdot[\boldsymbol{\omega}\times(\boldsymbol{\omega}\times\boldsymbol{R})]=-\omega^2 r w_r=-\frac{D}{Dt}\left(\frac{\omega^2r^2}{2}\right)$$

这里，r 是以叶轮机械转动轴为 Z 轴的柱坐标系 (r,φ,Z) 中的径向坐标．因为

$$\boldsymbol{w}\cdot(\boldsymbol{\omega}\times\boldsymbol{w})=0$$

故式 (1.12) 可改写为

$$\iiint_{\tau_0(t)} q_R\rho d\tau_0+\oiint_{A_0(t)} q_\lambda dA_0+\iiint_{\tau_0(t)}(\boldsymbol{w}\cdot\boldsymbol{f})\rho d\tau_0$$
$$=\frac{D}{Dt}\iiint_{\tau_0(t)}\left(U+\frac{w^2}{2}-\frac{\omega^2r^2}{2}\right)\rho d\tau_0+\oiint_{A_0(t)}(\boldsymbol{w}\cdot\boldsymbol{n})pdA_0 \tag{1.13}$$

将式 (1.2) 代入式 (1.13) 即可得到如下适合于开口体系的能量方程：

$$\iiint_{\tau} q_R\rho d\tau+\oiint_{A} q_\lambda dA+\iiint_{\tau}(\boldsymbol{w}\cdot\boldsymbol{f})\rho d\tau$$
$$=\frac{\partial}{\partial t}\iiint_{\tau}\left(H-\frac{p}{\rho}\right)\rho d\tau+\oiint_{A}(\boldsymbol{w}\cdot\boldsymbol{n})H\rho dA \tag{1.14}$$

其中

$$H\equiv U+\frac{p}{\rho}+\frac{w^2}{2}-\frac{\omega^2r^2}{2}=i+\frac{w^2}{2}-\frac{\omega^2r^2}{2} \tag{1.15}$$

H 称为转焓，而 i 是焓．

应该指出，上述积分形式的基本方程 (1.3)，(1.9)，(1.11) 和 (1.14) 只要求在这些方程中出现的积分存在，并不要求流动变量连续可导，因此这些方程可以应用于有激波的场合．

§3 微分形式的基本方程

为了从前面得到的积分形式的基本方程导出微分形式的基本方程，需要应用如下 Gauss 普遍公式[3]：

$$\iiint_{\tau} L(\boldsymbol{\nabla})d\tau=\oiint_{A} L(\boldsymbol{n})dA \tag{1.16}$$

这里 L 为任何线性齐次式，∇ 为 Hamilton 算子。

(一) 连续方程

将式(1.16)代入方程(1.3)可得

$$\iiint_\tau \left[\frac{\partial \rho}{\partial t}+\nabla\cdot(\rho \boldsymbol{w})\right]d\tau = 0$$

设若 $\frac{\partial \rho}{\partial t}$ 和 $\nabla\cdot(\rho\boldsymbol{w})$是连续函数，则上式中被积函数是连续的，又因为积分区域 τ 是任意的，因此，欲使上式成立，必须有

$$\frac{\partial \rho}{\partial t}+\nabla\cdot(\rho\boldsymbol{w}) = 0 \tag{1.17}$$

这就是微分形式的连续方程．它还可改写成如下形式：

$$\frac{D\rho}{Dt}+\rho\nabla\cdot\boldsymbol{w} = 0$$

(二) 理想流体的运动方程

同样，将式(1.16)代入方程(1.9)很易得到在相对坐标系中的微分形式的动量方程

$$\frac{\partial \boldsymbol{w}}{\partial t}+(\boldsymbol{w}\cdot\nabla)\boldsymbol{w}-\omega^2\boldsymbol{r}+2\boldsymbol{\omega}\times\boldsymbol{w} = \boldsymbol{f}-\frac{1}{\rho}\nabla p \tag{1.18}$$

这里，$\boldsymbol{r}\equiv r\boldsymbol{i}_r$，$\boldsymbol{i}_r$ 为柱坐标系中沿径向坐标轴的单位向量．

应用如下向量公式[3]：

$$\nabla\left(\frac{w^2}{2}\right) = (\boldsymbol{w}\cdot\nabla)\boldsymbol{w}+\boldsymbol{w}\times(\nabla\times\boldsymbol{w})$$

可将方程(1.18)改写成

$$\frac{\partial \boldsymbol{w}}{\partial t}+\nabla\left(\frac{w^2}{2}\right)-\boldsymbol{w}\times(\nabla\times\boldsymbol{w})-\omega^2\boldsymbol{r}+2\boldsymbol{\omega}\times\boldsymbol{w}$$
$$= \boldsymbol{f}-\frac{1}{\rho}\nabla p \tag{1.19}$$

考虑到 $\nabla\times\boldsymbol{v} = \nabla\times(\boldsymbol{w}+\boldsymbol{\omega}\times\boldsymbol{r}) = \nabla\times\boldsymbol{w}+2\boldsymbol{\omega}$，故有

$$\frac{\partial \boldsymbol{w}}{\partial t}+\nabla\left(\frac{w^2}{2}\right)-\boldsymbol{w}\times(\nabla\times\boldsymbol{v})-\omega^2\boldsymbol{r} = \boldsymbol{f}-\frac{1}{\rho}\nabla p \tag{1.19$'$}$$

这就是 Lamb 型的理想流体运动方程.

（三）理想流体的能量方程

对于理想流体来说，如果我们以一个流体微团作为考察的封闭体系，则热力学第一定律告诉我们，

$$\frac{DU}{Dt}+p\frac{D\left(\frac{1}{\rho}\right)}{Dt}=Q \tag{1.20}$$

这里，Q是单位时间内沿流动路程由外界传给单位质量流体的热量.

由热力学知，引进状态参数熵S以后，可以得到如下关系式:

$$T\frac{DS}{Dt}=\frac{DU}{Dt}+p\frac{D\left(\frac{1}{\rho}\right)}{Dt}=\frac{Di}{Dt}-\frac{1}{\rho}\frac{Dp}{Dt} \tag{1.21}$$

还应当说明，在流体力学中，通常还假定有下式成立[4]:

$$T\nabla S=\nabla i-\frac{1}{\rho}\nabla p \tag{1.22}$$

（四）状态方程

完全气体的温度状态方程是

$$p=R\rho T \tag{1.23}$$

它称为 Clapeyron 方程. 其中R为气体常数. 而完全气体的热量状态方程是

$$\frac{DU}{Dt}=c_v\frac{DT}{Dt} \tag{1.24}$$

这里c_v为等容比热.

以动叶轮中气体的相对运动而言，前面得到的式(1.17)，(1.18)，(1.20)，(1.23)，(1.24) 七个方程式，包含了 $\boldsymbol{w}, p, \rho, T, U$ 共七个未知标量，故上述方程组是封闭的. 再加上相应的边界条件和初始条件，原则上就可完全确定各类叶轮机械中无粘气体流动问题的解.

（五）研究叶轮机械内无粘完全气体运动时比较方便的基本方程的形式

虽然方程(1.17)，(1.18)，(1.20)，(1.23)，(1.24)已完全地给出了叶轮机械内无粘完全气体运动所必须遵循的普遍规律，但用来分析某些问题显得不够方便。如果引进新的状态参数 H（转焓），并以 H 和 S 来替代 p 和 ρ，对于具体计算和分析流动的一般规律将更为方便。

由式 (1.15) 可得

$$\nabla i = \nabla H - \frac{1}{2}\nabla(w^2) + \frac{1}{2}\nabla(\omega^2 r^2) \tag{1.25}$$

又因 $$\nabla(\omega^2 r^2) = 2\omega^2 \boldsymbol{r} \tag{1.26}$$

将式 (1.25)，(1.26) 代入式 (1.22) 可得

$$\frac{1}{\rho}\nabla p + \frac{1}{2}\nabla(w^2) - \omega^2 \boldsymbol{r} = \nabla H - T\nabla S$$

再将上式代入式 (1.19) 及式 (1.19)′ 式分别可得

$$\frac{\partial \boldsymbol{w}}{\partial t} - \boldsymbol{w}\times(\nabla\times\boldsymbol{w}) + 2\boldsymbol{\omega}\times\boldsymbol{w} = \boldsymbol{f} - \nabla H + T\nabla S \tag{1.27}$$

$$\frac{\partial \boldsymbol{w}}{\partial t} - \boldsymbol{w}\times(\nabla\times\boldsymbol{v}) = \boldsymbol{f} - \nabla H + T\nabla S \tag{1.28}$$

这就是 Crocco 型的理想流体运动方程[5]，它是非常有用的。

下面来导出应用起来比较方便的另一种形式的能量方程。

由式 (1.15)，(1.21) 可得，

$$\begin{aligned}\frac{DH}{Dt} &= \frac{Di}{Dt} + \frac{D}{Dt}\left(\frac{w^2}{2}\right) - \frac{D}{Dt}\left(\frac{\omega^2 r^2}{2}\right)\\ &= T\frac{DS}{Dt} + \frac{1}{\rho}\frac{\partial p}{\partial t} + \frac{1}{\rho}(\boldsymbol{w}\cdot\nabla)p + \frac{D}{Dt}\left(\frac{w^2}{2}\right)\\ &\quad - \frac{D}{Dt}\left(\frac{\omega^2 r^2}{2}\right),\end{aligned}$$

又由式 (1.18) 知

$$\frac{\boldsymbol{w}\cdot\nabla p}{\rho}=-\boldsymbol{w}\cdot\frac{D\boldsymbol{w}}{Dt}+\boldsymbol{w}\cdot(\omega^2\boldsymbol{r})-\boldsymbol{w}\cdot(2\boldsymbol{\omega}\times\boldsymbol{w})$$

$$+\boldsymbol{w}\cdot\boldsymbol{f}=-\frac{D}{Dt}\left(\frac{w^2}{2}\right)+\frac{D}{Dt}\left(\frac{\omega^2r^2}{2}\right)+\boldsymbol{w}\cdot\boldsymbol{f}$$

又对于理想流体而言，有

$$T\frac{DS}{Dt}=Q \tag{1.29}$$

于是可得如下能量方程：

$$\frac{DH}{Dt}=Q+\frac{1}{\rho}\frac{\partial p}{\partial t}+\boldsymbol{w}\cdot\boldsymbol{f} \tag{1.30}$$

应该指出，当流场中出现间断（例如激波）时，在间断处因流动变量的导数不存在，前面得到的全部微分形式的基本方程都不成立．如果流场中有激波，目前可采用两种不同的办法来处理．第一种方法叫**激波拟合法**[6]，它的基本思想是把激波从连续流场中分离出来，用激波关系式来计算激波，而连续流场则用微分型的基本方程来进行计算．第二种方法称为**激波捕捉法**，它的基本思想则是在基本方程中加上显式的人工粘性[7]或隐式的格式粘性[8]，把激波适当抹平，使之成为其中流动变量的梯度虽大但为有限的一个薄层，从而使流场保持连续，可以统一使用基本方程而不需对激波作专门的处理．

§4 基本方程的分析与讨论

上面得到的理想完全气体运动的基本方程组或是一个相当复杂的积分方程组，或是一个拟线性偏微分方程组，求解这个方程组是十分困难的．尤其是在叶轮机械中比较复杂的边界条件下，即使借助于近代的高速电子计算机，数值求解这个方程组也是相当困难的．

为了对于叶轮机械中理想完全气体的三维流动的普遍规律有所了解，我们首先对于一些具有重大实际意义的简单情况来作一些分析．

（一）理想气体的微分形式的运动方程的积分

理想气体的运动方程在下列几种情况里可以被直接积分.

1. 非定常的绝对无旋流动

对于绝对无旋流动，有 $\nabla\times\boldsymbol{v}=0$，从而可定义绝对速度势函数 ϕ 为

$$\boldsymbol{v}=\nabla\phi \tag{1.31}$$

若再假定质量力有势，并令

$$\boldsymbol{f}=-\nabla\Omega \tag{1.32}$$

考虑到 (1.26) 式及 $\nabla\left(\frac{\partial\phi}{\partial t}\right)=\frac{\partial}{\partial t}\nabla\phi=\frac{\partial\boldsymbol{v}}{\partial t}=\frac{\partial}{\partial t}(\boldsymbol{w}+\boldsymbol{\omega}\times\boldsymbol{r})=\frac{\partial\boldsymbol{w}}{\partial t}$，可将 Lamb 方程 (1.19)′ 改写成

$$\nabla\left(\frac{\partial\phi}{\partial t}+\frac{w^2}{2}-\frac{\omega^2r^2}{2}+\Omega\right)+\frac{1}{\rho}\nabla p=0$$

今以任一微元长度向量 $d\boldsymbol{s}$ 和上式作数性积，然后积分之，可得

$$\frac{\partial\phi}{\partial t}+\frac{w^2}{2}+\int\frac{dp}{\rho}+\Omega-\frac{\omega^2r^2}{2}=F(t) \tag{1.33}$$

由于所取 $d\boldsymbol{s}$ 完全是任意的，所以上式中 $F(t)$ 在全流场保持同一函数. 式 (1.33) 称为广义 Cauchy-Lagrange 积分.

2. 定常的有旋流动

在质量力有势，流动定常的条件下，Lamb 型的理想流体运动方程 (1.19)′ 可简化为

$$\nabla\left(\frac{w^2}{2}-\frac{\omega^2r^2}{2}+\Omega\right)+\frac{1}{\rho}\nabla p=\boldsymbol{w}\times(\nabla\times\boldsymbol{v})$$

以任一微元长度向量 $d\boldsymbol{s}$ 与上式作数性积，得

$$d\left(\frac{w^2}{2}-\frac{\omega^2r^2}{2}+\Omega+\int\frac{dp}{\rho}\right)=\boldsymbol{w}\times(\nabla\times\boldsymbol{v})\cdot d\boldsymbol{s}$$

上式右端表示三个向量 $\boldsymbol{w}$, $\nabla\times\boldsymbol{v}$ 及$d\boldsymbol{s}$的三重数性积，它的模是以此三个向量为边构成的平行六面体的体积. 显然，欲使上式可积，必须上述三个向量共面，或其中某一向量为零，或其中任

两个向量平行．由此知在下列几种情况，上式可以积分．

(i) 静止流场

此时 $\boldsymbol{w}=0$，这种情况当然是没有实际意义的．

(ii) 绝对流动无旋

此时 $\nabla\times\boldsymbol{v}=0$，这种情况已被包括在上述 Cauchy-Lagrange 积分之中．由此可得 Bernoulli 积分．

(iii) 螺旋流动

此时 $\boldsymbol{w}$ 与 $\nabla\times\boldsymbol{v}$ 相平行，即相对运动的流线与绝对运动的涡线相重合．此时在全流场有

$$\frac{w^2}{2}+\int\frac{dp}{\rho}+\Omega-\frac{\omega^2r^2}{2}=\text{常数} \tag{1.34}$$

此积分称为广义 Lamb 积分．

(iv) 沿流线

此时 $d\boldsymbol{s}$ 与 $\boldsymbol{w}$ 相平行，于是 $\boldsymbol{w}\times(\nabla\times\boldsymbol{v})\cdot d\boldsymbol{s}=0$，因而有积分成立．但应当注意的是，由于积分路线是指定沿着流线的，故积分常数将随流线而异．意即，沿每一条流线有

$$\frac{w^2}{2}+\int\frac{dp}{\rho}+\Omega-\frac{\omega^2r^2}{2}=\text{常数} \tag{1.35}$$

这个积分称为广义 Bernoulli 积分．

应该指出，式 (1.34) 和 (1.35) 在形式上虽完全相同，但却是有区别的．它们之间的差别就在于前者在全流场成立，而后者只在每一条流线上成立．

(v) 沿涡线

此时 $d\boldsymbol{s}$ 与 $\nabla\times\boldsymbol{v}$ 相平行．沿每一条涡线有式 (1.35) 成立，积分常数将随涡线而异．

(二) 关于熵、焓和功率的讨论

1. 由 (1.29) 式知，在理想流体的绝热运动中，沿着流体迹线，熵保持不变．即

$$\frac{DS}{Dt}=0 \tag{1.36}$$

若介质又为完全气体，则由上式可得

$$\frac{D}{Dt}\left(\frac{p}{\rho^{\gamma}}\right)=0 \tag{1.37}$$

由式 (1.36) 可知，如果进入叶轮前气体的熵是均匀的 ($\nabla S=0$)，则在叶轮内熵仍然是均匀的 (均熵流动). 但如果进入叶轮前各点的熵不同，则在尔后的流动中沿迹线各点上仍保持这些不同的熵值(等熵流动). 应当指出，上述结论是在流场足够光滑的前提下得到的. 若在流场内有激波时，由于在激波面上，式 (1.36) 失去意义，故而上述等熵结论只能分别适用于激波前、后两个区域内，而不能跨越激波. 事实上，由于激波是不可逆过程，因此穿过激波时熵有突跃增长.

2. 当理想流体作绝热、相对定常运动并且质量力可略去不计时，由式 (1.30) 知，沿着流线转焓将保持常值. 因此，如果气体进入叶轮前，转焓是均匀的 ($\nabla H=0$)，则在叶轮内，H 仍然是到处均匀的(均能流动). 但如果进入叶轮前各点的H不同，则在尔后的流动中，沿流线各点上仍保持这些不同的转焓值 (等能流动). 对于每一条流线而言有

$$H=i+\frac{w^2}{2}-\frac{\omega^2r^2}{2}=i+\frac{V^2}{2}-\omega rV_\varphi$$

$$=i_0-\omega rV_\varphi=\text{常数}$$

这里，i_0 是绝对滞止焓.

于是，对于同一条流线上的任意两点“1”和“2”有

$$i_{02}-i_{01}=\omega[(rV_\varphi)_2-(rV_\varphi)_1] \tag{1.38}$$

这就是熟知的 Euler 叶轮机械方程. 上式中的V_φ是绝对速度向量的周向分量.

（三）关于旋度的讨论

1. 当理想气体作绝热、相对定常运动，质量力可略去不计并且进入叶轮前转焓是均匀的，那么在叶轮内处处有 $\nabla H=0$，由广义 Crocco 方程 (1.28) 可得

$$\boldsymbol{w} \times (\nabla \times \boldsymbol{v}) = -T\nabla S$$

由此知，此时 $\boldsymbol{w}$ 和 $\nabla \times \boldsymbol{v}$ 均和 ∇S 相垂直，意即相对速度向量 $\boldsymbol{w}$ 和绝对旋度 $\nabla \times \boldsymbol{v}$ 都与 $S=$ 常数面相切.

2. 若气体是理想的，相对运动定常，质量力可忽略不计，并且 $\nabla H = \nabla S = 0$ 或 $\nabla H = T\nabla S$，那么由广义 Crocco 方程 (1.28) 知

$$\boldsymbol{w} \times (\nabla \times \boldsymbol{v}) = 0$$

这可能有三种不同的情况：

(i) $\boldsymbol{w} = 0$，即流体处于静止状态.

(ii) $\nabla \times \boldsymbol{v} = 0$，即绝对运动无旋.

(iii) $\boldsymbol{w}$ 与 $\nabla \times \boldsymbol{v}$ 相平行，这就是所谓的螺旋流动.

反之，在质量力可略去不计的理想气体作相对定常运动中，若绝对旋度 $\nabla \times \boldsymbol{v} = 0$，则 H 和 S 都将是均匀的，或恰好 $\nabla H = T\nabla S$.

3. 设气体在进入静、动叶轮时熵均匀，而流动是绝热的，并且在流场中没有激波，则由前述知在叶轮内流动仍然保持均熵，故 p 只是 ρ 的函数，意即此时流场将是正压的. 如果再假定质量力是有势的，则依据 Thomson 环量定理[1]可知，不论绝对流动是否定常，气体流动的绝对旋度是不会变化的. 因此，若进入叶轮前气流的绝对旋度为零，则在叶轮内仍为无旋，即处处有

$$\nabla \times \boldsymbol{v} = 0$$

即

$$\nabla \times \boldsymbol{w} = -2\boldsymbol{\omega}$$

§5 柱坐标系中的基本方程

根据叶轮机械的工作特点，采用柱坐标系是最为方便的. 并且为简单起见，通常取柱坐标系 (r, φ, z) 的 z 轴和动轮的转动轴相重合，φ 角的增加方向和动轮的旋转方向相一致.

下面我们要写出在固结于动叶轮，以常角速度 $\boldsymbol{\omega} = \omega \boldsymbol{i}_z$ 旋转的相对柱坐标系中的理想完全气体作绝热运动时的基本方程. 由于在叶轮机械内气体流动中，质量力的影响通常是很小的，因此在下面写出的方程中忽略了质量力.

由于在柱坐标系中，沿径向坐标轴和沿周向坐标轴的单位向量 $\boldsymbol{i}_r$ 和 $\boldsymbol{i}_\varphi$ 是随空间点而改变的，因此在每一个计算单元的六个界面上，$\boldsymbol{i}_r$ 和 $\boldsymbol{i}_\varphi$ 是不同的. 它们和计算单元中心处的 $\boldsymbol{i}_r$ 和 $\boldsymbol{i}_\varphi$ 也是不同的. 如果我们要从积分型的动量方程 (1.9) 出发写出它在计算单元中心处的径向和周向投影的话，就必须将作用在计算单元的每一个界面上的压力和通过每一个界面的动量通量分别投影到计算单元中心处的径向和周向，这将是麻烦的并需要额外的计算和存贮. 为此，在下面我们将用另外的方法来推导积分形式的运动方程.

（一）微分形式的基本方程[9]

1. 连续方程

连续方程 (1.17) 在柱坐标系中的表达式为

$$\frac{\partial \rho}{\partial t}+\frac{\partial(\rho w_r)}{\partial r}+\frac{1}{r}\frac{\partial(\rho w_\varphi)}{\partial \varphi}+\frac{\partial(\rho w_z)}{\partial z}+\frac{\rho w_r}{r}=0 \qquad (1.39)$$

2. 运动方程

将理想流体的运动方程(1.18)分别投影到柱坐标系的三个坐标轴方向可得

$$\frac{\partial w_r}{\partial t}+w_r\frac{\partial w_r}{\partial r}+w_\varphi\frac{\partial w_r}{r\partial \varphi}+w_z\frac{\partial w_r}{\partial z}-\frac{1}{r}(w_\varphi+\omega r)^2 = -\frac{1}{\rho}\frac{\partial p}{\partial r} \qquad (1.40)$$

$$\frac{\partial w_\varphi}{\partial t}+w_r\frac{\partial w_\varphi}{\partial r}+w_\varphi\frac{\partial w_\varphi}{r\partial \varphi}+w_z\frac{\partial w_\varphi}{\partial z}+\frac{w_r w_\varphi}{r}+2\omega w_r = -\frac{1}{\rho r}\frac{\partial p}{\partial \varphi} \qquad (1.41)$$

$$\frac{\partial w_z}{\partial t}+w_r\frac{\partial w_z}{\partial r}+w_\varphi\frac{\partial w_z}{r\partial \varphi}+w_z\frac{\partial w_z}{\partial z}=-\frac{1}{\rho}\frac{\partial p}{\partial z} \qquad (1.42)$$

3. 能量方程

理想完全气体作绝热运动时的能量方程(1.30)在柱坐标系中的表达式为:

$$\frac{\partial H}{\partial t}+w_r\frac{\partial H}{\partial r}+w_\varphi\frac{\partial H}{r\partial\varphi}+w_z\frac{\partial H}{\partial z}=\frac{1}{\rho}\frac{\partial p}{\partial t} \qquad (1.43)$$

4. 状态方程

由状态方程(1.23),(1.24)及转焓的定义(1.15)可得如下关系式:

$$H=\frac{\gamma}{\gamma-1}\frac{p}{\rho}+\frac{1}{2}(w_r^2+w_\varphi^2+w_z^2)-\frac{\omega^2r^2}{2} \qquad (1.44)$$

显然,式(1.39)—(1.44)是一个封闭的方程组,它就是我们所需要的柱坐标系中的微分形式的基本方程组.

(二) 积分形式的基本方程组[10]

1. 连续方程

连续方程(1.3)在柱坐标系中的表达式为

$$\frac{\partial}{\partial t}\iiint_\tau \rho d\tau+\oiint_A \rho[w_r dA_r+w_\varphi dA_\varphi+w_z dA_z]=0 \qquad (1.45)$$

其中 dA_r, dA_φ, dA_z 分别为微元面积dA在垂直于 r 轴、φ 轴、z 轴的平面上的投影,

$$dA_r=dA(\boldsymbol{n}\cdot\boldsymbol{i}_r)$$
$$dA_\varphi=dA(\boldsymbol{n}\cdot\boldsymbol{i}_\varphi)$$
$$dA_z=dA(\boldsymbol{n}\cdot\boldsymbol{i}_z)$$

2. 运动方程

为了从微分形式的基本方程推导出积分形式的运动方程,首先来推导守恒型的微分形式的运动方程.

以 ρ 乘(1.40)式,再以 w_r 乘(1.39)式,然后相加可得

$$\frac{\partial(\rho w_r)}{\partial t}+\nabla\cdot(\rho w_r\boldsymbol{w})+\nabla\cdot(p\boldsymbol{i}_r)-\frac{p}{r}$$
$$-\frac{\rho}{r}(w_\varphi+\omega r)^2=0 \qquad (1.46)$$

以(ρr)乘(1.41)式,再以(rw_φ)乘(1.39)式,然后相加可得

$$\frac{\partial(r\rho w_\varphi)}{\partial t}+\nabla\cdot(r\rho w_\varphi \boldsymbol{w})+\nabla\cdot(rp\boldsymbol{i}_\varphi)+2\rho\omega r w_r=0 \quad (1.47)$$

同样，以 ρ 乘 (1.42) 式，再以 w_z 乘 (1.39) 式，然后相加可得

$$\frac{\partial(\rho w_z)}{\partial t}+\nabla\cdot(\rho w_z \boldsymbol{w})+\nabla\cdot(p\boldsymbol{i}_z)=0 \quad (1.48)$$

(1.46), (1.47), (1.48) 式就是我们所要的守恒型的微分形式的运动方程.

分别将 (1.46), (1.47), (1.48) 式在开口体系 τ 上积分，并应用 Gauss 公式即可得到如下积分形式的运动方程:

$$\frac{\partial}{\partial t}\iiint_\tau \rho w_r d\tau+\oiint_A [(p+\rho w_r^2)dA_r+\rho w_r w_\varphi dA_\varphi + \rho w_r w_z dA_z]=\iiint_\tau \frac{\rho}{r}\left[\frac{p}{\rho}+(w_\varphi+\omega r)^2\right]d\tau \quad (1.49)$$

$$\frac{\partial}{\partial t}\iiint_\tau r\rho w_\varphi d\tau+\oiint_A r[\rho w_\varphi w_r dA_r+(p+\rho w_\varphi^2)dA_\varphi + \rho w_\varphi w_z dA_z]=-\iiint_\tau 2r\rho\omega w_r d\tau \quad (1.50)$$

$$\frac{\partial}{\partial t}\iiint_\tau \rho w_z d\tau+\oiint_A [\rho w_z w_r dA_r+\rho w_z w_\varphi dA_\varphi + (p+\rho w_z^2)dA_z]=0 \quad (1.51)$$

3. 能量方程

理想完全气体作绝热运动 ($q_R=q_\lambda=0$)，且质量力可略去不计时的能量方程 (1.14) 在柱坐标系中的表达式为

$$\frac{\partial}{\partial t}\iiint_\tau \left(H-\frac{p}{\rho}\right)\rho d\tau+\oiint_A \rho H[w_r dA_r+w_\varphi dA_\varphi + w_z dA_z]=0 \quad (1.52)$$

4. 状态方程

状态方程仍然是 (1.44) 式.

§6 叶轮机械几种气动理论概述

前面我们已经导出了适用于叶轮机械内部的理想完全气体的

非定常相对运动的全部基本方程．若加上相应的初始条件和边界条件(关于这个问题将在第四章中讨论)，原则上便完全确定了叶轮机械内理想完全气体流动问题的解．但即使已把问题限制在理想完全气体的范围之内，仍然是十分复杂的．这是因为支配此种问题的方程是包含着四个独立自变量(r,φ,z,t)的非线性偏微分方程组或积分方程组，因此这是一个四维非线性问题．而且边界条件也很复杂多样化，它包括进、出口条件，周期性条件，物面条件；机壳、轮毂和叶片的形状又相当复杂．除此之外，对于跨音速流场而言，流场中还可能出现其位置和数目均不确定的复杂的激波系．因此，求解叶轮机械中三维非定常跨音速流动问题是十分困难的．

科学的发展总是由简单到复杂，由浅到深逐步发展的．为了使问题得到合理的简化，必须根据长期的实践经验，对各种因素进行具体分析，权衡轻重，抓住主要矛盾，舍弃次要因素，设法把问题合理地简化到既可以求解，又能尽量好地反映所研究问题的主要特征和规律性．**降维法**是达到上述目的的主要措施之一．例如在转子角速度为常数，各相邻的动、静叶列相隔充分远，气流不发生分离及叶片振动很小等条件下，气体相对于叶轮的运动可近似地视为定常的，亦即非定常性这个因素可作为次要因素被舍弃，此时$\dfrac{\partial}{\partial t}=0$，于是问题由四维降为三维了．但是应当指出，主要因素和次要因素是相对而言的，它们并非一成不变，而是在一定条件下可以相互转化的．例如，当研究叶片颤振、旋转失速及噪音等问题时，所研究的主要现象正是由于气流的非定常性所造成的，于是气流的非定常性就成了主要因素，相对定常的假定就不能再采用了．又例如对于级增压比不高的压气机或焓降不大的涡轮级来说，外径和内径沿轴向的变化不大，此时流线基本上都各在一个圆柱面上，三维效应是次要因素可以舍弃而简化为平面叶栅问题． 然而近代航空发动机的压气机或涡轮的径高比不断减小，气流Mach数、通道的子午扩张角不断增大，于是三维流动效应日益显著，平面叶栅的假定就不再合适了．但是从了解跨音速叶栅中流场的基本特点以及探讨求解跨音速叶栅中流动问题的各种方法来说，也就是从叶轮机械气动力学作为技术科学的一个分支来看时，作为技术科学中的基础研究，平面叶栅简化模型仍有很大价值．

从历史上来说，叶轮机械三维流动理论，按其所作的简化条件的不同，主要可分下列三种：

(1) 通流理论——无限多叶片理论[11]

这个理论是由 Lorenz 于本世纪初提出的．在这个理论中，假定叶片数目趋于无限多，同时每一叶片的厚度趋于无限薄．这时，介于两相邻叶片间的各相对流面的形状趋近于与叶片中心面一致，而其上的流动参数的周向变化量也趋向于零，至于叶片的作用则通过另行引入一个假想质量力场 $\boldsymbol{F}$ 的办法来加以考虑．于是我们就只需求出在这个极限流面上的气流的解就行了．这样得到的解只能在高稠度叶栅中作为某一个大约与叶片间流道中分面(按流量)重合的相对流面上的解．

(2) 两类相对流面的通用理论[12]

1952 年吴仲华教授提出了两类相对流面(简称 S_1 流面和 S_2 流面)的概念，并据此建立了叶轮机械内理想完全气体相对定常三维流动的通用理论．这两类流面是这样形成的：S_1 流面与某一个位于叶栅前或叶栅中的 $z=$ 常数的平面的交线是一个圆弧，而 S_2 流面则大致与叶片的中心面或叶片表面相同．一般讲，S_1 流面并非任意旋成面，S_2 流面也可能根本不包含任何径向线或其它直线，总之它们都是复杂的空间曲面．通过这两类流面的适当组合和交替运用，我们就可以把一个实际的三维流动问题暂时简化分解为，两个分别沿着 S_1 和 S_2 流面的相关联的二维流动问题．实质上是提出了一种特定的迭代方法，通过交替求解上述 S_2 和 S_1 相对流面上的流动的解的迭代过程来获得三维流动的解．如果上述迭代过程收敛，则用这种方法可以求得三维流动的准确解．但其主要困难则在于能否达到收敛以及欲达到收敛所需要的计算时间．这样的求解过程仍然是非常复杂的，因此在实际应用时，还只能满足于它的初次近似结果——即**准三维流动解**．其具体含义如下：在 S_2 流面族中只取一个大致位于叶间流道当中的平均 S_2 流面 S_{2m}，其形状与叶片中心面相近．通过对这个流面的分析，可以得出流动参数沿径向和轴向的分布，从而可以分析子午面流道型线，叶片径向线位置，叶片的后掠和周向倾斜以及叶片厚度分布对气流的影响，并为 S_1 流面的计算提供原始数据(即 S_1 流面的形状和流片厚度分布)．与此同时，我们将假设 S_1 流面为一些任意旋成面，它的形状和厚度由 S_{2m} 的计算给出．通过这类流面上的流动分析，可以找出气流参数沿周向和轴向的分布以及叶片型线的影响，并为 S_{2m} 流面的计算提供原始数据（即 S_{2m} 流面形状和流片厚度分布）．

两类相对流面的通用理论的提出，在 50 年代具有开创性的贡献，对于叶轮机械气动热力学的发展起了一定的推动作用．

(3) 直接求解三维流动的方法

由于近年来计算流体力学和高速大容量数字式电子计算机的长足进步，对于叶轮机械中的三维流动问题来说，通过两族流面相互迭代的办法已不再是唯一可行的求解方法了．现在已经可以不经过两族流面的反复迭代，而直接求解叶轮机械中的三维跨音速流场．文献 [13]，[14]，[15] 用时间推进有限差分法计算了叶轮机械中理想完全气体的完全三维定常跨音速流动，得到了收敛的解；不仅发表了计算结果以及同实验数据的比较，而且还发现了一些新的物理现象．文献 [16] 和 [10] 则用时间推进有限体积法得到了叶轮机械中理想完全气体的完全三维定常跨音速流动的收敛解．

在分析、比较的基础上，文献 [17] 认为，对于叶轮机械中的带激波的三维跨音速流动正问题来说，与分解成两族流面的传统方法相对照，直接求解三维流动的方法可能是更可取的．

§7 小结

现将本章内容小结如下：

（一）讨论了叶轮机械气体动力学中经常采用的一些基本假设。

（二）将质量守恒原理、动量定理及能量守恒原理应用于理想流体的运动情况，导出了积分形式的理想流体运动基本方程的向量表达式。

（三）从上述积分形式基本方程出发，导出了微分形式的基本方程的向量表达式，并在此基础上推导了研究叶轮机械内理想完全气体运动时比较方便的基本方程的形式。

（四）简单地讨论了理想流体运动的一些最基本的特性。这些内容对于了解叶轮机械中理想流体运动的规律是相当重要的。

（五）为了便于进行数值求解，写出了理想流体运动基本方程在柱坐标系中的表达式。

（六）简略地介绍了叶轮机械中的几种气体动力学理论。

参 考 文 献

[1] 清华大学工程力学系，流体力学基础(上册)，机械工业出版社，1980.

[2] 刘高联、王甲升，叶轮机械气体动力学基础，机械工业出版社，1980.

[3] Кочин, Н. Е., Векторное исчисление и начала тензорного исчисления, Издательство академии наук, СССР, Москва, 1961.

[4] Howarth, L., Modern Developments in Fluid Dynamics, High Speed Flow, Oxford, 1953.

[5] Crocco, L., Eine neue Stromfunktion für die Erforschung der Bewegung der Gase mit Rotation, *ZAMM*, **17**, 1—7, 1937.

[6] Moretti, G., Abbett, M., A Time-dependent Computational Method for Blunt Body Flows, *AIAA Journal*, **4**, 2136—2141, 1966.

[7] von Neumann, J., Richtmyer, R. D., A Method for the Numerical Calculations of Hydrodynamical Shocks, *Journal of Applied Physics*, **21**, 232, 1950.

[8] Roache, P. J., Computational Fluid Dynamics, Hermosa Publishers, 1972.

[9] 清华大学工程力学系，叶轮机械气体动力学基础(三元流动理论)讲义，1977.

[10] 张耀科，沈孟育，跨音涡轮中完全三维流动的计算，数值计算与计算机应用，**5**(1)，1984.

[11] Lorenz, H., Theorie und Berechnung der Vollturbinen und Kreiselpumpen, *V. D. I. Zeitschr.*, Bd. 49, Nr. 41, Okt. 14, 1905, S. 1670—1675.

[12] Wu Chung-hua, A General Theory of Three-Dimensional Flow in Subsonic and Supersonic Flow of Axial-, Radial- and Mixed-flow Types, NACA TN 2604, 1952.

[13] Thompkins, W. T., Jr., Epstein, A. H., A Comparison of the Computed and

Experimental Three-dimensional Flow in a Transonic Compressor Rotor, AIAA 76—368, 1976
[14] Epstein, A. H., Kerrebrock, J. L., Thompkins, W. T., Jr., Shock Structure in Transonic Compressor Rotors, *AIAA Journal*, **17**(4), 375—379, 1979.
[15] Kerrebrock, J. L., Flow in a Transonic Compressor, AIAA 80-0124, 1980.
[16] Denton, J. D., Extension of the Finite Area Time Marching Method to Three Dimensions, VKI Lecture Series 84, 1976.
[17] 沈孟育、周盛，关于求解叶轮机械中三维跨音流场途径的探讨，清华大学学报，**21**(4)，101—104，1981.

第二章　时间推进有限差分法

§1　引言

在跨音速流动中，光滑的叶片型线并不能保证得到光滑的叶片表面压力分布．一般说来，在叶片周围的跨音速流场中存在有激波，并且叶片型线和进、出口流动条件的变化对于流场中的激波波系会产生很大影响，还可能导致激波过强，使边界层分离，从而使叶栅的气动性能变坏．因此，若能计算出叶轮机械跨音速流场中的激波形状、数目和位置，以及气动和几何参数对激波波系的影响，则对于叶轮机械的设计和研究将是十分有益的．

随着跨音速流问题在实用上日益迫切的重要性，以及跨音速气体动力学和数字式电子计算机的不断进步，自六十年代后期以来，跨音速流场的数值模拟逐步成为现实．首先是从最简单的理想完全气体的平面定常跨音速流开始，逐渐向非定常、三维、粘性等诸方面发展，涉及到分析问题(正问题)、设计问题(反问题)、正反混合问题和数值最优化等方面，并已初步形成了解决实际问题的能力，导致在设计方法上的革命性进展．

带激波的跨音速流场研究，分析计算的主要困难在于：

1. 支配方程的高度非线性．

2. 在流场中支配方程的类型发生变化，而且事先并不知道这个变化将在什么地方发生．

3. 流场中存在着数目、形状和位置均不确定的强间断——激波．

与数字式电子计算机的发展相配合，需要一些能够抓住跨音速流物理本质的流体力学方法．时间推进法就是在跨音速内流气体动力学中被广泛采用的方法之一．

§2 时间推进法的基本思想

对于理想气体的定常流动来说，亚音速流动和超音速流动在物理上存在着本质的不同：在亚音速流动中扰动的传播是无界的；而在超音速流动中，扰动的传播则被限制在马赫锥之内.

上述物理上的本质差别在数学上表现为：在理想气体的亚音速定常流动中不存在实特征面，其支配微分方程是椭圆型的；而在超音速定常流动中则存在实特征面，其支配微分方程是双曲型的.因此在理想气体的定常运动中音速面起着很重要的作用，在音速面的两侧，支配微分方程的类型将发生变化，从亚音速区的椭圆型变为超音速区的双曲型.

由上述知，在理想气体的跨音速定常流动中，由于有局部亚音速区，音速线和局部超音速区同时并存于一个流场之中，在数学上意味着描述此种流场的偏微分方程的类型在流场的不同区域中是不同的，这样的偏微分方程称之为混合型方程.

偏微分方程理论指出，对于不同类型的偏微分方程来说，它们有着不同的特点，求解方法也有很大差异.对于理想气体的跨音速定常流动而言，问题的困难在于：在其解求出以前，我们并不知道在流场中任一点处流动是超音速还是亚音速的，因而也无法断定该点处支配微分方程的类型，确定不了所应采用的求解方法.这就是说，由于混合型方程给理想气体跨音速定常流动的求解带来了极大的困难.

但是，另一方面我们又知道[1]，对于理想气体的非定常流动来说，无论是在亚音速区还是在超音速区，都存在实特征面，因而支配方程在全流场是统一的双曲型.从物理上看，对于非定常流动，则无论是亚音速流还是超音速流，扰动的传播总是有界的.

从上面的讨论中，人们可得到某种启发：如果能把理想流体的定常流动看成是相应的非定常流动的某种极限的话，那末就可以避免上述由于支配偏微分方程的类型不定所造成的困难.

正是基于上述想法，J. von Neumann[2] 提出了**时间推进法**

（或称时间相关法）——把一个定常问题的解看成相应的某种非定常问题在时间很大时的渐近解。

许许多多计算实践已经证明了时间推进法的合理性。

§3 处理激波的方法

在前一节中，我们介绍了时间推进法如何把描述理想气体定常跨音速流动的混合型方程改造为全场单一的双曲型方程，从而便于求解的思路。它克服了定常跨音速流问题中所碰到的一个难点。跨音速流问题的另一个主要难点是在跨音速流场中一般具有激波，而在激波处流动参数发生不连续的变化——间断。其困难在于当最终解出跨音速流场之前，激波的形状、位置以及波前的流动参数都是未知的。特别在内流问题的很多情况中，甚至连激波的数目事先也是不知道的。因此如何处理跨音速流场中的激波强间断，就成为求解跨音速流场的一个重要问题。

处理激波的方法大致可以分为两类：

（一）激波拟合法[3]

激波拟合法的出发点是把跨音速流场或超音速流场看成是由激波强间断所分隔开的几个子区域，因而可以把激波间断看成是流场中的内边界。激波前的流动参数以及激波的形状和位置虽均未知，但气流穿过激波时，激波前、后的流动参数必须符合绝热气流的激波间断条件——Rankine-Hugoniot 关系式。因此，在激波的两侧分别可由支配偏微分方程组求出光滑解，而用 Rankine-Hugoniot 关系式把这两个光滑解衔接起来。在时间推进过程中将自动地不断修正激波间断的形状和位置，以及不断地改变激波前、后的流动参数，一直达到定常流场解为止。

采用这种方法来处理激波时，一般需要能预先知道激波的近似位置。对于钝体的超音速或高超音速绕流问题来说，用激波拟合法来确定头部激波是比较成功的。但对于具有复杂激波波系的跨音速叶栅流动问题而言，应用激波拟合法将使计算变得过于繁琐[4].

（二）激波捕捉法

1. 激波间断面的来源

为了说明激波捕捉法的思想，先来讨论激波间断面的来源问题.

理想流体运动的支配方程组是拟线性偏微分方程组，与线性偏微分方程组相比，它具有一个本质上的特点，这就是即使初始场充分光滑，随着时间的推进，解也会出现间断.

为简便起见，我们将从模型方程出发来进行分析. 众所周知，如下的 Burgers 方程：

$$\frac{\partial u}{\partial t}+u\frac{\partial u}{\partial x}=\alpha\frac{\partial^2 u}{\partial x^2} \tag{2.1}$$

常常用来作为 Navier-Stokes 方程的模型方程. 若耗散项的系数 $\alpha\to 0$，它相应于 $Re\to\infty$ 的情况，此时 (2.1) 简化为

$$\frac{\partial u}{\partial t}+u\frac{\partial u}{\partial x}=0 \tag{2.2}$$

它常常用来作为 Euler 方程的模型方程.

很易证明，方程 (2.2) 具有如下一般解：

$$u(x,t)=F(Z)$$

其中

$$Z=x-u(x,t)t \tag{2.3}$$

F 为任意可微函数.

若给定初始时刻的速度场——初始条件为

$$u(x,0)=f(x) \tag{2.4}$$

且 $f(x)$ 为光滑函数.

显然，初值问题{ (2.2),(2.4)} 的解为

$$u(x,t)=f[x-u(x,t)t] \tag{2.5}$$

由此解可知

$$\frac{\partial u}{\partial x}=\frac{f'(Z)}{1+tf'(Z)} \tag{2.6}$$

如若初始条件给得这样，使得当 $t \to t_1$ 时，$1+tf'(Z) \to 0$，于是

$$\left.\frac{\partial u}{\partial x}\right|_{t\to t_1} \to \infty \tag{2.7}$$

它表明，在初始时刻为光滑的流场中，随着时间的推进，当 $t \to t_1$ 时，流场中出现了激波.

但对于相应于粘性流体运动的 Burgers 方程 (2.1) 而言，则不存在上述这种形式的解[5].

2. 激波捕捉法的基本思想

由上述可知，在粘性气体流动中并不存在严格意义下的激波间断面. 此时的激波是流动参数变化虽然剧烈但仍为连续的一个薄层. 反过来也可以说，在理想气体的流动中，激波之所以会变成无厚度的间断，究其原因，则完全是由无粘假设所造成的.

为了避免在计算无粘跨音速流场时处理激波间断的麻烦，可以引进**人工粘性**，以便把激波抹平，从而不需要对激波作特殊的处理. 这就是激波捕捉法的基本思想.

至于引进人工粘性的方法，则是多种多样的. 可以把它们归结为：显式人工粘性方法和隐式人工粘性方法两类.

3. 显式人工粘性方法

引进人工粘性以使激波抹平的概念首先是由 von Neumann 于 1944 年提出，并在 1950 年由 von Neumann 和 Richtmyer 公开发表的.

其基本思想是在无粘气体运动的支配方程中，加上一个显式的人工粘性项，并把此人工粘性项设计得这样，使它仅在出现激波的区域中是有效的，而在远离激波的区域它的影响就可忽略不计.

具体说来，他们把无粘气体的一维流动的支配方程改写成[2]

$$\frac{\partial \boldsymbol{W}}{\partial t} + \frac{\partial \boldsymbol{J}}{\partial x} = 0 \tag{2.8}$$

其中

$$
\boldsymbol{W}=\begin{bmatrix}\rho\\ \rho q\\ E\end{bmatrix}\qquad \boldsymbol{J}=\begin{bmatrix}\rho q\\ p+\rho q^2-\alpha_B\dfrac{\partial q}{\partial x}\\ q(E+p)-\alpha_B q\dfrac{\partial q}{\partial x}\end{bmatrix}\tag{2.9}
$$

q 是一维流动速度.

$$
E=\rho\left[c_v T+\frac{1}{2}q^2\right]=\frac{p}{\gamma-1}+\frac{1}{2}q^2\tag{2.10}
$$

它是单位体积中流体所具有的总能量,称为**比总内能**. 而

$$
\alpha_B=\rho b_1(\Delta x)^2\left|\frac{\partial q}{\partial x}\right|\tag{2.11}
$$

b_1 的数值由数值试验来选定，以使如下两个同时希望但又互相矛盾的要求能适当兼顾:激波厚度薄和激波后面的振荡尽可能小.一般说，b_1 的数值大约在 1.5—2.0 之间.

4. 隐式人工粘性方法

与显式人工粘性方法不同，隐式人工粘性方法不需要在无粘气体运动的支配微分方程中显式地加上人工粘性项，而是设计一种有限差分方法去自动地完成抹平激波. 一个早期的用隐式人工粘性方法来计算激波的工作是 Ludloff 和 Friedman于 1954 年提出来的[6].

下面，我们用一个简单例子来说明隐式人工粘性方法的基本思想.

今考察如下最简单的双曲型方程:

$$
\frac{\partial u}{\partial t}+a\frac{\partial u}{\partial x}=0\tag{2.12}
$$

其中 a 为正的常数.

现采用单侧差商来替代上方程中的微商,

$$
\frac{\partial u}{\partial t}\approx\frac{u_i^{n+1}-u_i^n}{\Delta t},
$$

$$
\frac{\partial u}{\partial x}\approx\frac{u_i^n-u_{i-1}^n}{\Delta x},
$$

将它们代入式 (2.12) 即可得到如下的差分方程:

$$u_i^{n+1}=u_i^n-\frac{a\Delta t}{\Delta x}(u_i^n-u_{i-1}^n). \tag{2.13}$$

为了阐明差分方程 (2.13) 与微分方程 (2.12) 之间的差别,我们来求出差分方程 (2.13) 的等价微分方程. 为此将 (2.13) 式中的各项在网格点 (i,n) 的邻域内展成 Taylor 级数:

$$u_i^{n+1}=u_i^n+\left(\frac{\partial u}{\partial t}\right)_i^n\Delta t+\frac{1}{2}\left(\frac{\partial^2 u}{\partial t^2}\right)_i^n\Delta t^2+o(\Delta t^3)$$

$$u_{i-1}^n=u_i^n-\left(\frac{\partial u}{\partial x}\right)_i^n\Delta x+\frac{1}{2}\left(\frac{\partial^2 u}{\partial x^2}\right)_i^n\Delta x^2+o(\Delta x^3)$$

将它们代入 (2.13) 式, 略去高阶小量并经归并后可得如下等价微分方程:

$$\frac{\partial u}{\partial t}+a\frac{\partial u}{\partial x}=\frac{1}{2}a\Delta x\left[1-\frac{a\Delta t}{\Delta x}\right]\frac{\partial^2 u}{\partial x^2} \tag{2.14}$$

比较方程 (2.12) 和 (2.14) 可知,差分方程 (2.13) 的等价微分方程 (2.14) 比原来的微分方程 (2.12) 多了一项: $\frac{1}{2}a\Delta x\left[1-\frac{a\Delta t}{\Delta x}\right]\frac{\partial^2 u}{\partial x^2}$, 它起着类似于粘性项的作用, 故称之为差分方程 (2.13) 的格式人工粘性项. 由式 (2.14) 可知, 为了保证此格式人工粘性项的系数为正, 必须要求 $\frac{a\Delta t}{\Delta x}<1$.

§4 平面叶栅跨音速绕流问题的提法

(一) 平面叶栅模型

在把上面几节中所介绍的时间推进法与叶轮机械中跨音速流场关联在一起之前,首先来介绍一下**平面叶栅**这个简化模型.

在第一章中已经给出了描述叶轮机械中理想完全气体绝热运动的基本方程组. 尽管已然作了一些重大的简化, 但这仍然是一个相当复杂的拟线性偏微分方程组. 在一般情况下, 积分这个方程组还是相当困难的. 因此,在研究叶轮机械中的流动问题时,还需要从客观事物的复杂现象出发, 抓住其中最本质和最主要的因素，暂时忽略其它一些次要的非本质的东西，作出进一步的简化，以便提炼出更为简化的物理模型来．与此进一步简化的物理模型所对应的数学模型应该比第一章中所给出的基本方程大为简化，以利于具体求解． 平面叶栅就是为人们广泛采用的一个简化模型．由于在本章及下面很多章中主要是在此模型的范围之内来讨论叶轮机械中的跨音速流动问题，所以有必要对平面叶栅这个简化的物理模型本身作一些说明．

当使用柱坐标系来研究叶轮机械中的流场时，如第一章所述，一般说来应有 w_r，w_φ，w_z 三个方向的分速． 但对于叶片较短且子午面通道扩张角较小的叶轮机械中的流动来说，近似地有 $w_r=0$．若假设在全流场中径向分速消失，即 $w_r\equiv 0$，则第一章中的连续方程 (1.39) 可简化为

$$\frac{\partial\rho}{\partial t}+\frac{1}{r}\frac{\partial(\rho w_\varphi)}{\partial\varphi}+\frac{\partial(\rho w_z)}{\partial z}=0 \tag{2.15}$$

而理想流体运动方程在柱坐标系中三个坐标轴方向的投影(1.40)，(1.41)，(1.42) 式分别变为

$$\frac{1}{r}(w_\varphi+\omega r)^2=\frac{1}{\rho}\frac{\partial p}{\partial r} \tag{2.16}$$

$$\frac{\partial w_\varphi}{\partial t}+w_\varphi\frac{\partial w_\varphi}{r\partial\varphi}+w_z\frac{\partial w_\varphi}{\partial z}=-\frac{1}{\rho r}\frac{\partial p}{\partial\varphi} \tag{2.17}$$

$$\frac{\partial w_z}{\partial t}+w_\varphi\frac{\partial w_z}{r\partial\varphi}+w_z\frac{\partial w_z}{\partial z}=-\frac{1}{\rho}\frac{\partial p}{\partial z} \tag{2.18}$$

以及能量方程 (1.43) 可简化为

$$\frac{\partial H}{\partial t}+w_\varphi\frac{\partial H}{r\partial\varphi}+w_z\frac{\partial H}{\partial z}=\frac{1}{\rho}\frac{\partial p}{\partial t} \tag{2.19}$$

$w_r\equiv 0$ 这个假设就意味着假定气体沿圆柱面运动，这就是叶轮机械中历史悠久的圆柱流面近似． 如果设想沿着圆柱面的母线将圆柱面割开，并展开为一个平面，就构成了平面叶栅．但是，当在圆柱面上考查流动时，流场中每一点均符合周期性条件．这一点反映了叶轮机械中流场的一个本质性的物理特征．为了能

在平面叶栅模型中也严格反映这一特征，就必须使用叶片数目为无限多的平面叶栅来模拟叶片数目为有限的圆柱面环形叶栅．这样一种平面叶栅模型称为平面无限叶栅，通常则简称为平面叶栅．

严格地说，前面得到的方程（2.15)—(2.19）是相互关联着的，应该联立求解．然而为了使问题的求解得到进一步简化，人为地把上述问题分割成如下两个问题：

1. 在轴对称定常流动假定的前提下，求解叶片排之间轴向间隙中的流动．具体地说，是根据简单径向平衡方程(2.16)及某些热力学关系式来确定轴向间隙中流动参数的径向分布．

2. 平面叶栅中的流动问题．具体说是根据方程（2.15)，(2.17)，(2.18)，(2.19)以及由前一问题中得到的叶栅进、出口处的流动参数作为定解条件来确定平面叶栅中的流场．

为了同通常的描述平面流动所采用的符号相一致，现规定如下的对应关系：

$$dz \sim dx; rd\varphi \sim dy$$

$$w_z \sim u; w_\varphi \sim v$$

于是由(2.15)，(2.17)，(2.18)，(2.19）式经过简单的运算可得到如下理想完全气体的平面绝热运动的守恒型的基本方程：

1. 连续方程

$$\frac{\partial \rho}{\partial t} + \frac{\partial(\rho u)}{\partial x} + \frac{\partial(\rho v)}{\partial y} = 0 \qquad (2.20)$$

2. 动量方程

x 向动量方程为

$$\frac{\partial(\rho u)}{\partial t} + \frac{\partial}{\partial x}(p + \rho u^2) + \frac{\partial}{\partial y}(\rho uv) = 0 \qquad (2.21)$$

y 向动量方程为

$$\frac{\partial(\rho v)}{\partial t} + \frac{\partial}{\partial x}(\rho uv) + \frac{\partial}{\partial y}(p + \rho v^2) = 0 \qquad (2.22)$$

3. 能量方程

由(1.15)式知

$$\rho H=\rho\left(U+\frac{u^2+v^2}{2}\right)+p-\frac{1}{2}\omega^2r^2\rho$$

$$=E+p-\frac{1}{2}\omega^2r^2\rho$$

其中,$E=\rho\left(U+\frac{u^2+v^2}{2}\right)$是比总内能.

将此式代入能量方程(2.19),并与连续方程(2.20)联立,即可导出如下守恒型的能量方程:

$$\frac{\partial E}{\partial t}+\frac{\partial}{\partial x}[u(E+p)]+\frac{\partial}{\partial y}[v(E+p)]=0 \qquad (2.23)$$

4. 状态方程

$$E=\frac{p}{\gamma-1}+\frac{\rho}{2}(u^2+v^2) \qquad (2.24)$$

上述方程组(2.20)—(2.24)中共包含五个未知量: ρ, u, v, p, E, 故该方程组是封闭的.

这种平面叶栅模型看来虽然颇为简化,但却抓住了叶轮机械中流动的最本质之点.特别是对于平面叶栅模型进行实验研究时可避免与叶片旋转有关的一系列复杂的实验技术问题,从而易于实现,因此已积累了大量实验结果,并在一定程度上形成了工程设计计算的基础.所以这一模型至今尚得到广泛使用,特别是在探索流动机理等基础性研究领域继续发挥着相当大的作用.

为了公式简捷以及编制计算机程序的方便,可以把微分方程(2.20),(2.21),(2.22),(2.23)合写为

$$\frac{\partial \boldsymbol{U}}{\partial t}+\frac{\partial \boldsymbol{F}}{\partial x}+\frac{\partial \boldsymbol{G}}{\partial y}=0 \qquad (2.25)$$

式中 $\boldsymbol{U},\boldsymbol{F},\boldsymbol{G}$ 分别表示如下三个列向量:

$$\boldsymbol{U}=\begin{bmatrix}\rho\\ \rho u\\ \rho v\\ E\end{bmatrix}\quad \boldsymbol{F}=\begin{bmatrix}\rho u\\ p+\rho u^2\\ \rho uv\\ u(E+p)\end{bmatrix}\quad \boldsymbol{G}=\begin{bmatrix}\rho v\\ \rho uv\\ p+\rho v^2\\ v(E+p)\end{bmatrix} \qquad (2.26)$$

方程（2.25）与状态方程（2.24）相联立，就是理想完全气体的平面跨音速绝热定常流动的时间推进气动方程组。

Gopalakrishnan 和 Bozzola 首先采用时间推进有限差分法计算了平面叶栅中带激波的跨音速流场[7],[8]。

（二）初始条件和边界条件

1. 物理平面上的求解域

物理平面上的求解域为图 2.1 中的 *ABCDEFGHA*。其中 *CDGHC* 称为叶片区，而 *ABCHA* 和 *DEFGD* 分别是叶片前、后的延伸区。边界线 *BC* 和 *AH*，*DE* 和 *GF* 分别取成相距为一个栅距的平行线。它们并不是流线，因此可以有流体穿过。至于进口边界 *AB* 和出口边界 *EF* 都取得离叶片足够远。

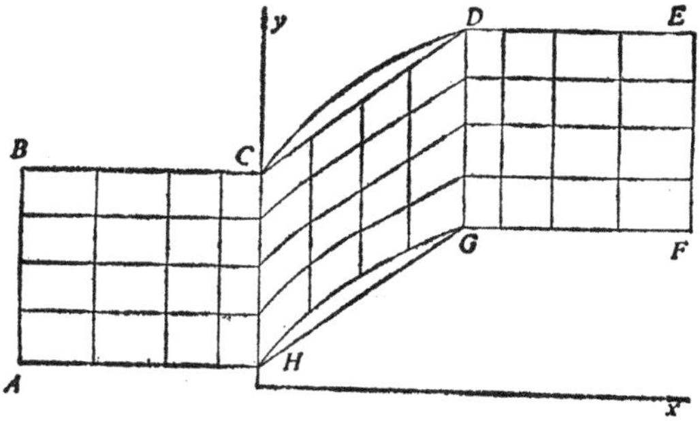

图 2.1　物理平面上的求解域

2. 初始条件

因为采用时间推进法求解定常问题，这样就把原问题转化为初边值问题，故而必须提供初始条件。通常选择初始流场时应满足全部流动参数无突然变化的条件。在文献[9]中选取初始流场的方法是规定在几何中心线上流动满足一维连续方程，在叶片表面上流动参数满足物面相切条件，在叶片区内静压沿轴向呈线性变化，密度按均熵条件确定。大量数值试验表明，连续的初始场的不同选择一般并不影响最终得到的定常解的结果，但对达到定常解所需要的计算时间是有很大影响的。初始条件的选择不当甚至可能使得计算不收敛.

3. 边界条件

根据特征分析(将在第四章中作详细讨论)可得如下结论:

(i) 进口边界

当进口轴向速度小于或等于音速时,在进口边界 $\overline{AB}$ 上必需也只需规定三个条件. 例如在文献[9]中规定了 p_1, ρ_1 和 M_1.

(ii) 出口边界

当出口轴向速度小于音速时,在出口边界 $\overline{EF}$ 上必需也只需规定一个条件. 例如在文献[9]中规定了背压 p_2.

(iii) 叶面边界

在叶片表面 $\overset{\frown}{HG}$ 和 $\overset{\frown}{CD}$ 上必需也只需规定一个条件,这就是流动速度向量必须与物面相切.

(iv) 在叶片前、后延伸区(亦称周期性区)的边界 $\overline{BC}$ 和 $\overline{AH}$, $\overline{DE}$ 和 $\overline{GF}$ 上需要规定如下周期性条件: $q(x, y + \bar{t}) = q(x, y)$. 其中 q 表示任一流动参数,而 $\bar{t}$ 是栅距.

§5 有限差分计算

在数字式电子计算机尚未获得广泛使用之前,流体力学中风行的理论方法是求解析解——把流动参数在流场中的分布用解析式表达出来. 但是能够求出其解析解的问题是极少的,只是对于一些最简单的问题或是对于所研究的问题作了大量的简化之后才能找到解析解. 无疑,解析解对于流动规律性的研究是十分重要的. 由于跨音速流动的支配方程是非线性的,即使是小扰动跨音速流场亦然如此,更何况实用上被绕流物体的形状都相当复杂,因此欲寻求跨音速流动的解析解更是十分困难的. 对于大量的气体动力学问题而言,过去通过理论分析往往只能得到一些定性的结果,而得不到定量的流场分布。

另一条途径则是求数值解. 在数值求解过程中不可避免地会遇到大量繁琐的数值计算工作. 随着数字式电子计算机运算速度的不断加快和存贮量不断加大,近年来对于气动方程的数值解法得到了飞速发展，并形成了**计算流体力学**这一门新学科.

下面来讨论理想完全气体的平面定常跨音速流动的一种具体的数值解法——时间推进有限差分法.

(一) 坐标变换

平面叶栅绕流问题的求解域如图 2.1 所示. 为了便于精确处理边界条件，现将图 2.1 中的物理平面变换到图 2.2 所示的计算平面上来，从而把图 2.1 中由 $ABCDEFGA$ 所界定的不规则域变换成为图 2.2 中规则的矩形域. 计算平面 (ξ, η) 与物理平面 (x, y) 间的对应关系为

$$\xi = \xi(x) = \begin{cases} e^x & x < 0 \\ 1 + x & 0 \leqslant x \leqslant 1 \\ 3 - e^{(1-x)} & x > 1 \end{cases} \tag{2.27}$$

$$\eta = \eta(x, y) = \frac{y - y_l(x)}{y_u(x) - y_l(x)} \tag{2.28}$$

其中 $y_u(x)$ 和 $y_l(x)$ 分别为物理平面中求解域的上边界方程和下边界方程.

对于方程组 (2.25) 进行上述空间自变量的代换，可得

$$\frac{\partial \boldsymbol{U}}{\partial t} + b\frac{\partial \boldsymbol{F}}{\partial \xi} + e\frac{\partial \boldsymbol{F}}{\partial \eta} + d\frac{\partial \boldsymbol{G}}{\partial \eta} \tag{2.29}$$

其中

$$b = \frac{d\xi}{dx}, \qquad e = \frac{\partial \eta}{\partial x}, \qquad d = \frac{\partial \eta}{\partial y} \tag{2.30}$$

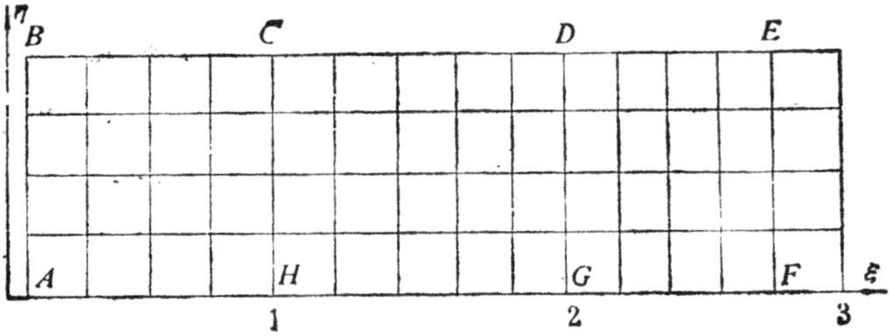

图 2.2 在计算平面上求解域的示意图

（二）离散化

所谓数值解就是要把流场中各点的流动参数以数值形式而不是用解析式表达出来。这就必须把流场划分成为很多小网格，并用诸网格节点处的流动参数值以离散形式来表示此流场。这样一个过程称之为**离散化**。

首先将求解域离散化。作三族分别平行于三个坐标平面的网格平面，它们将流场划分成若干个网格，网格的角点称为网格点。这些网格点的坐标可表达为

$$t = n\Delta t, \qquad \xi = i\Delta\xi, \qquad \eta = j\Delta\eta$$

Δt表示 t 向的网格间距，称为 t 的差分；$\Delta\xi$ 表示 ξ 向的网格间距，称为 ξ 的差分；$\Delta\eta$ 表示 η 向的网格间距，称为 η 的差分。于是网格点的位置可用 $(n\Delta t,\ i\Delta\xi,\ j\Delta\eta)$ 或 $(n,\ i,\ j)$ 来表示。而该网格点处的向量 $\boldsymbol{U}$ 可记作

$$\boldsymbol{U} = \boldsymbol{U}(n\Delta t,\ i\Delta\xi,\ j\Delta\eta) = \boldsymbol{U}_{i,j}^{n}$$

数值计算的目的就在于求出这些 $\boldsymbol{U}_{i,j}^{n}$ 值。

随后对于微分方程组 (2.29) 作离散化处理。这就是要用某个代数方程组(称为差分方程)来近似地替代微分方程 (2.29)。构造差分方程的方法是多种多样的，最常用的一种方法是用相应的差商来近似地替代微分方程中的微商。

对于给定的微分方程来说，与之相应的差分方程并不是唯一的，也不是无条件的。我们希望，当随着 $\Delta\xi$，$\Delta\eta$ 和 Δt 的减小，差分方程的解逼近于微分方程的解，这就是所谓差分格式的收敛性问题。关于收敛性问题的讨论将涉及较多的数学理论，并且对于非线性偏微分方程 (2.29) 的各种差分格式说来，欲从数学上严格证明其收敛性，目前还有困难，因此不作进一步讨论。

同一个微分方程可以用不同的差分方程来替代。但是这些差分方程的精度——逼近微分方程的精确程度可以是不同的。乍看起来，似乎差分方程的精度愈高愈好，但是与高精度相对应的往往是使计算的复杂程度也相应增加，因此精度的阶数也不应过高。

目前常用的差分格式多数属于二阶精度.在文献[9]中采用了国际上广泛使用的 MacCormack 二阶精度的两步差分格式[10].

作为时间推进有限差分问题，是指已知第 n 时刻流场各节点处的 $\boldsymbol{U}_{i,j}^{n}$ 来求定下面第 $n+1$ 时刻流场各节点处的 $\boldsymbol{U}_{i,j}^{n+1}$. 在文献[9]中所用的具体差分格式为

1. 预估步

$$\begin{aligned}\dot{U}_{i,j}^{n} = U_{i,j}^{n} - \Delta t[& b_{i+\frac{1}{2},j}(F_{i+1,j}^{n} - F_{i,j}^{n})/\Delta\xi \\ & + e_{i,j+\frac{1}{2}}(F_{i,j+1}^{n} - F_{i,j}^{n})/\Delta\eta \\ & + d_{i,j+\frac{1}{2}}(G_{i,j+1}^{n} - G_{i,j}^{n})/\Delta\eta\end{aligned} \tag{2.31}$$

2. 校正步

$$\begin{aligned}\widetilde{U}_{i,j}^{n} = \dot{U}_{i,j}^{n} - \Delta t[& b_{i-\frac{1}{2},j}(\dot{F}_{i,j}^{n} - \dot{F}_{i-1,j}^{n})/\Delta\xi \\ & + e_{i,j-\frac{1}{2}}(\dot{F}_{i,j}^{n} - \dot{F}_{i,j-1}^{n})/\Delta\eta \\ & + d_{i,j-\frac{1}{2}}(\dot{G}_{i,j}^{n} - \dot{G}_{i,j-1}^{n})/\Delta\eta\end{aligned} \tag{2.32}$$

3. 平均步

$$\widetilde{U}_{i,j}^{n+1} = \frac{1}{2}\left(U_{i,j}^{n} + \widetilde{U}_{i,j}^{n}\right) \tag{2.33}$$

4. 光滑步

$$\begin{aligned}U_{i,j}^{n+1} = \widetilde{U}_{i,j}^{n+1} + \frac{1}{4}[& \theta_{i+\frac{1}{2},j}^{\xi}(\widetilde{U}_{i+1,j}^{n+1} - \widetilde{U}_{i,j}^{n+1}) \\ & - \theta_{i-\frac{1}{2},j}^{\xi}(\widetilde{U}_{i,j}^{n+1} - \widetilde{U}_{i-1,j}^{n+1})] + \frac{1}{4}[\theta_{i,j+\frac{1}{2}}^{\eta}(\widetilde{U}_{i,j+1}^{n+1} - \widetilde{U}_{i,j}^{n+1}) \\ & - \theta_{i,j-\frac{1}{2}}^{\eta}(\widetilde{U}_{i,j}^{n+1} - \widetilde{U}_{i,j-1}^{n+1})]\end{aligned} \tag{2.34}$$

在光滑步中，通过带自动开关的光滑函数 θ 把激波强间断化为连续变化区[11]:

$$\left.\begin{aligned}\theta_{i+\frac{1}{2},j}^{\xi} &= \varphi\left(\frac{|\rho_{i+1,j} - \rho_{i,j}|}{\max\limits_{k,l}|\rho_{k+1,l} - \rho_{k,l}|}\right)^{r} \\ \theta_{i-\frac{1}{2},j}^{\xi} &= \varphi\left(\frac{|\rho_{i,j} - \rho_{i-1,j}|}{\max\limits_{k,l}|\rho_{k,l} - \rho_{k-1,l}|}\right)^{r}\end{aligned}\right\} \tag{2.35}$$

$$\left.\begin{aligned}\theta^{\eta}_{i,j+\frac{1}{2}} &= \varphi\left(\frac{|\rho_{i,j+1}-\rho_{i,j}|}{\max\limits_{k,l}|\rho_{k,l+1}-\rho_{k,l}|}\right)^r\\ \theta^{\eta}_{i,j-\frac{1}{2}} &= \varphi\left(\frac{|\rho_{i,j}-\rho_{i,j-1}|}{\max\limits_{k,l}|\rho_{k,l}-\rho_{k,l-1}|}\right)^r\end{aligned}\right\} \tag{2.36}$$

其中

$$\varphi = \phi \times \begin{cases}1, \text{ 当 } \rho_{i+1,j}-\rho_{i,j} \geqslant c \text{ 或 } \rho_{i,j+1}-\rho_{i,j} \geqslant c \text{ 时}\\ \delta, \text{ 当 } \rho_{i+1,j}-\rho_{i,j} < c \text{ 或 } \rho_{i,j+1}-\rho_{i,j} < c \text{ 时}\end{cases} \tag{2.37}$$

r, ϕ, δ, c 分别为适当选定的常数.

对上述差分格式进行稳定性分析，可得到如下稳定性条件：

$$\Delta t \leqslant \left[\frac{|u|}{\Delta x} + \frac{|v|}{\Delta y} + a\sqrt{\frac{1}{(\Delta x)^2} + \frac{1}{(\Delta y)^2}}\right]^{-1} \tag{2.38}$$

其中 a 是音速.

应当指出，上述稳定性准则是在局部线化、常系数假设前提下得到的，因此只能作为实际数值求解中选取时间步长的参考.

（三）边界点处流动参数的确定

前述差分格式(2.31)—(2.34)式只可用来确定内格点处的流动参数 $U^{n+1}_{i,j}$. 下面来简单说明一下边界格点处 $U^{n+1}_{i,j}$ 的确定方法.

1. 周期性区边界 BC, AH, DE, GF 上 $U^{n+1}_{i,j}$ 的确定方法

BC, AH, DE, GF 上格点处的流动参数可根据周期性条件而与计算域的内点作相同方式的处理. 应当指出的是，对于激波系局限于叶片区内的流动，可任选压力面或吸力面周期性条件. 当激波系外伸到叶片区之外时，为保证物理上的正确性，就须要进行具体分析，例如，对于压气机叶栅说来，在有外伸头激波系时就应选择压力面周期性条件[12].

在其它几个边界上，则与内点有所不同. 因为对于时间推进法来说，需要根据 t 时刻各格点处的流动参数值来确定 $t+\Delta t$ 时

刻边界上各格点处的流动参数. 但因为只知道在计算域内部这一侧的流动参数值，所以对于边界格点就不能用和内点相同的方式来处理.

由于支配方程在全流场是统一的双曲型方程，所以可运用特征理论来求定下一时刻边界上的流动参数. 在第四章中将证明，在所研究的时间相关二维空间问题中，过每条边界线将有一个流特征面和两个波特征面. 在流特征面上可以给出两个流特征相容条件,而在每个波特征面上均给出一个波特征相容条件.

但是，并不是每个特征面上的特征相容条件都能被用来计算边界格点处下一时刻的流动参数的. 根据对各个特征面的法向量 $\boldsymbol{\lambda}$ 的方向的分析可知,对于某些特征面而言，随着时间增长，它们由求解域内部走向边界,意即它们把求解域内部的信息传至边界,那末这些特征面上的特征相容条件可用来计算边界格点处下一时刻的流动参数. 反之,对于另一些特征面,随着时间增长，它们由边界走向求解域内部,这就是说,它们将把边界上的信息传至求解域内部. 对于这样的特征面应规定边界条件，但这些特征面上的特征相容条件不能用来计算边界格点处下一时刻的流动参数[13].

下面针对每个边界分别进行讨论.

2. 进口边界 AB 上，$U_{i,j}^{n+1}$ 的确定

根据第四章中的特征分析可得如下结论:

当轴向进口速度为亚音速或音速时，在进口边界上需要规定三个边界条件，例如规定 p_1，ρ_1 和 M_1. 而第二族波特征相容条件可作为计算补充条件用来计算进口边界上的流动参数.

在进口边界上流动参数沿 y 向是均匀分布的假设下，第二族波特征相容条件为

$$\frac{\partial u}{\partial t}=(u-a)\left[\frac{1}{\rho a}\frac{\partial p}{\partial x}-\frac{\partial u}{\partial x}\right] \tag{2.39}$$

3. 出口边界 EF 上，$U_{i,j}^{n+1}$ 的确定

第四章中的特征分析导致如下结论:

当出口轴向分速为亚音速时，在出口边界上需要规定一个边

界条件，例如可规定背压 p_2. 此时，两个流特征相容条件和第二族波特征相容条件可作为计算补充条件用来计算出口边界处的流动参数.

在出口边界上背压沿 y 向均匀分布的假设下，两个流特征相容条件和第二族波特征相容条件分别为

$$\frac{\partial v}{\partial t} = -u\frac{\partial v}{\partial x} - v\frac{\partial v}{\partial y} \tag{2.40}$$

$$\frac{\partial \rho}{\partial t} = \frac{u}{a^2}\frac{\partial p}{\partial x} - u\frac{\partial \rho}{\partial x} - v\frac{\partial \rho}{\partial y} \tag{2.41}$$

$$\frac{\partial u}{\partial t} = -(u + a)\left[\frac{1}{\rho a}\frac{\partial p}{\partial x} + \frac{\partial u}{\partial x}\right] - a\frac{\partial v}{\partial y} - v\frac{\partial u}{\partial y} \tag{2.42}$$

4. 物面边界 $\widehat{CD}$, $\widehat{HG}$ 上 $U_{i,j}^{n+1}$ 的确定

第四章中的特征分析告诉我们，在叶片表面上需要规定一个边界条件，这就是物面相切条件. 此时两个流特征相容条件和第二族波特征相容条件可作为计算补充条件用来计算叶片表面处的流动参数. 它们分别可写为

$$\frac{\partial q}{\partial t} = \left(u\frac{\partial v}{\partial x} + v\frac{\partial v}{\partial y} + \frac{1}{\rho}\frac{\partial p}{\partial y}\right)\cos\phi - \left(u\frac{\partial u}{\partial x} + v\frac{\partial u}{\partial y} + \frac{1}{\rho}\frac{\partial p}{\partial x}\right)\sin\phi \tag{2.43}$$

$$\frac{\partial \rho}{\partial t} = \frac{1}{a^2}\frac{\partial p}{\partial t} - \left(u\frac{\partial \rho}{\partial x} + v\frac{\partial \rho}{\partial y}\right) + \frac{1}{a^2}\left(u\frac{\partial p}{\partial x} + v\frac{\partial p}{\partial y}\right) \tag{2.44}$$

$$\frac{\partial p}{\partial t} = -(u + a\cos\phi)\frac{\partial p}{\partial x} - (v + a\sin\phi)\frac{\partial p}{\partial y} - \rho a\left[(u\cos\phi + a)\frac{\partial u}{\partial x} + v\cos\phi\frac{\partial u}{\partial y} + u\sin\phi\frac{\partial v}{\partial x} + (v\sin\phi + a)\frac{\partial v}{\partial y}\right] \tag{2.45}$$

其中，q 为速度向量的模，ϕ 为物面外法线与 x 轴之夹角。

§6 算例

（一）例题 1

为了检验所用的数值方法，今计算一种具有简单几何形状的三角形叶栅．叶片压力面为一条直线，吸力面则由两段直线组成，前、后缘楔角各为 5°． 当来流 M 数为 1.40 时很容易推算出由前缘压力面处所发出的激波应达到吸力面上的角顶处．用时间推进法计算所得静压场如图2.3所示[9]．图中也画出了激波所应具有的理论位置．

由图 2.3 可见，激波位置大体上与理论位置相符，激波宽度约为三倍网格宽度．计算出来的进气气流方向与吸力面前缘几何角相差仅 0.16°，说明在给定来流 M 数和静压比之下，使用上面介绍的方法计算出来的攻角大体上是可信的．

（二）例题 2

在文献[14]中给出了一种超临界涡轮叶栅的纹影仪照片等实验结果．在文献[9]中使用本章所描述的方法对于上述叶栅的几种工况进行了数值计算． 在图 2.4 中给出了高亚音出口流速的叶栅槽道内等 Mach 数线分布；在图 2.5 中给出了同一叶栅在出口流速为超音速条件下的叶栅槽道内等 Mach 数线分布．沿叶面速度分布的计算值与文献[14]中给出的实验结果的比较画在图 2.6 中．

在计算与图 2.5 及图 2.6 相对应的超音出口流速工况时，发现若对于栅后计算域边界 DE 和 GF 使用周期性边界条件的话，尽管计算仍保持稳定，并且可以得到渐近解，但在叶片后缘附近的计算结果与真实流场明显不符．于是改用尾流边界条件，得到了与实验较为符合的结果． 有关尾流边界条件的讨论，可参见第四章．

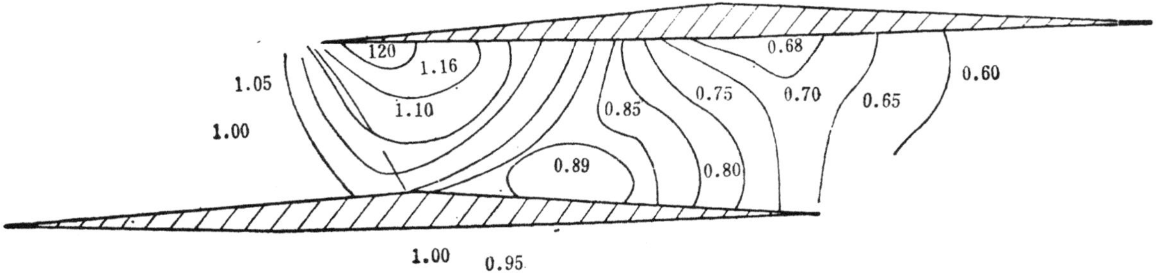

图 2.3

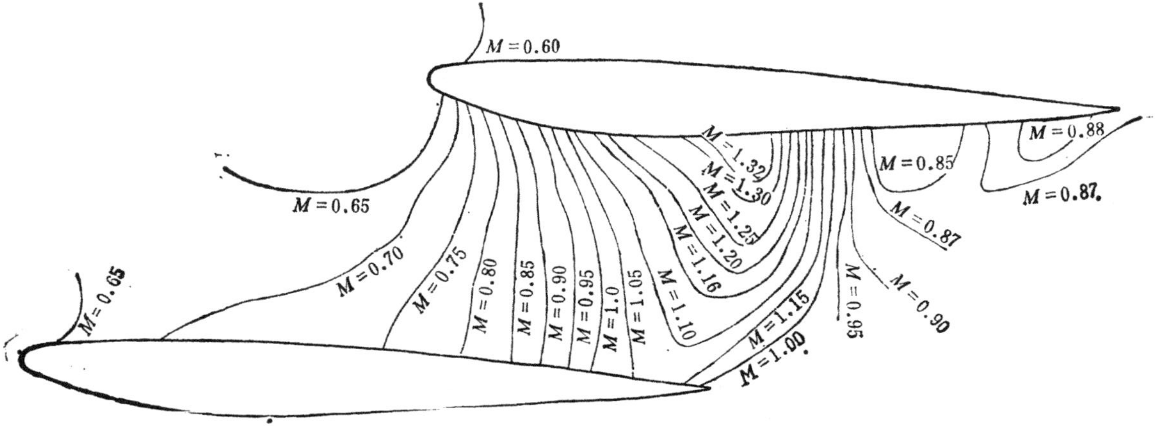

图 2.4　亚音出口流速工况下叶栅槽道内等 Mach 数线分布

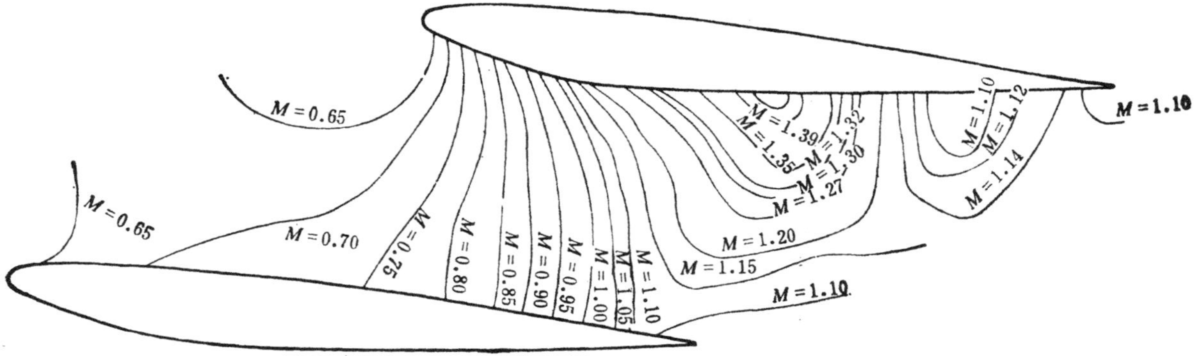

图 2.5 超音出口流速工况下叶栅槽道内等 Mach 数线分布

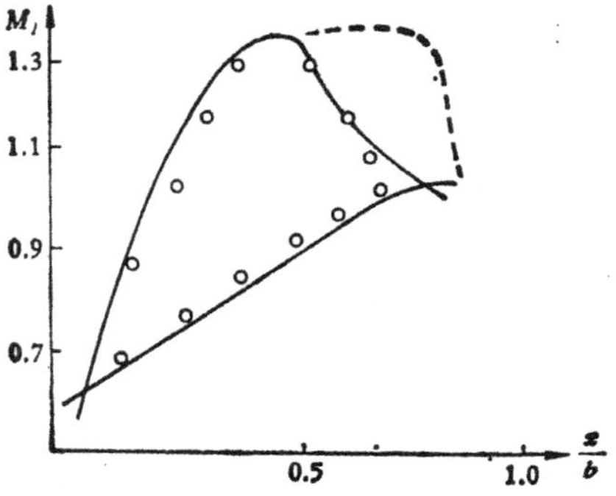

图 2.6 叶面速度分布的计算值与实验结果的比较

§7 小结

（一）对于激波形状、数目和位置均为未知的叶轮机械中跨音速带激波的流场来说，时间推进法是少数几种具有处理上述流场能力的方法之一.

（二）采用本章中所介绍的时间推进有限差分法时，由于主要依靠电子计算机的存贮和运算能力，就方法本身说来，直接使用的数学工具相当简单，物理概念比较清晰.

（三）由于增加了一个时间变量，并且直接求解一阶偏微分方程组，所以时间推进法的一个最大缺点就是需要的计算机内存较大，耗费计算时间较长. 以文献[9]为例，在 FilexC-256 计算机上（内存为 64K，平均浮点运算速度约为每秒 19 万次），对于每个节点每一时间步须运算时间为 0.012 秒. 例如当格点数为 41×16＝656 时，得到工程上可用的渐近解需要运算时间约 80 分钟左右.

参 考 文 献

[1] Кочин, Н. Е., Кибель, И. А., Розе, Н. В., Теоретическая Гидромеханика, Часть II, Государственное Издательство Физико-математической Литературы, 1963.

[2] von Neumann, J., Richtmyer, R. D., A Method for the Numerical Calculation of Hydrodynamic Shocks, *J. of Applied Physics*, **21**, 232—257, 1950.
[3] Moretti, G., and Abbett, M., A Time-dependent Computational Method for Blunt Body Flows, *AIAA Journal*, 4(12), 2136—2141, 1966.
[4] Couston, M., Time Marching-Finite Area Method, VKI Lecture Series 84, 1976.
[5] Roache, P. J., Computational Fluid Dynamics, Hermosa Publishers, 1972.
[6] Ludloff, H. F. and Friedman, M. B., Aerodynamics of Blasts——Diffraction of Blast Around Finite Corners, *J. of Aeronautical Sciences*, 1955(1), 27—34.
[7] Gopalakrishnan, S. and Bozzla, R. A., Numerical Technique for the Calculation of Transonic Flow in Turbomachinery Cascades, ASME paper 71-GT-42, 1971.
[8] Gopalakrishnan, S. and Bozzla, R. A., Computation of Shocked Flows in Compressor Cascades, ASME paper 72-GT-31, 1972.
[9] 林保真、薛学勤、周盛，跨音带冲波二维平面叶栅流场计算，航空学报，1978(1)60—70.
[10] MacCormack, R. W., The Effect of Viscosity in Hypervelocity Impact Cratering, AIAA paper 69-354, 1969.
[11] Harten, A. and Zwas, G., Switched Numerical Shuman Filters for Shock Calculations, *Journal of Engineering Mathematics*, 1972, 207—216.
[12] Kurzrock, J. W. and Novick, A. S., Transonic Flow Around Compressor Rotor Blade Elements, AD766248, AD766249, 1973.
[13] 朱幼兰、钟锡昌、陈炳木、张作民，初边值问题差分方法及绕流，科学出版社，1980.
[14] Sampson, R. G., Calculation of Flow Through Supercritical Turbine Cascades with a View to Designing Blade with Reduced Shock Strength, VKI Technical Note 57, 1970.

第三章　时间推进有限面积流线迭代法

§1　引言

平面叶栅中带激波的跨音速流场的数值模拟是一个具有相当难度的气体动力学问题，而时间推进法则是处理上述问题的强有力的方法之一.

在第二章中我们介绍了时间推进有限差分法. 这种方法是从微分型的基本方程出发来构造差分格式的. McDonald 首先提出了**时间推进有限面积法**[1]. 这种方法是从积分型的基本方程出发来构造差分格式. 它的特点是允许任意地剖分网格，易于适应具有复杂几何形状边界的问题；而且在每一时间步都保证差分格式的守恒性，能较准确地计算激波，因此为达到同样的精度可以采用较粗的网格，从而节省了计算的时间. 但是在 McDonald 所提出的方法中，由于采用了比较复杂的六边形网格，并且在基本方程中采用了均熵关系，因此化费的计算时间还是较多的.

Denton 发展了一种更为快速的时间推进有限面积法[2]。他采用曲线四边形网格，并以均总焓关系式作为能量方程，还构造了一种稳定性较好的差分格式.

文献 [3] 对 Denton 的修正格式作了适当改造，以减少所需存贮单元.

文献 [4] 在文献 [3] 的基础上，采用逐次加密网格技术，使计算加速收敛，同时对于几种数值处理物面边界的近似方法进行了数值试验，并作了比较.

为进一步提高计算精度和减少计算时间，文献 [5] 在文献 [3] 及 [4] 的基础上，把时间推进有限面积法和流线迭代法[6,7] 结合起来，提出了**时间推进有限面积流线迭代法**. 其基本想法是在计算中采用活动网格（一族网格线是流线，它的位置在计算过程中需要不断地调整；另一族网格线则是平行于叶栅额线的固定直线）． 采用平行于叶栅额线的直线作为一族网格线的好处是易于履行周期性条件，而采用流线作为另一族网格线的优点则是可使网格线分布更为合理以及更加主要的是可使差分格式大为简化．

§2 基本方程组和定解条件

（一）基本方程组

理想可压缩常比热完全气体的平面运动的基本方程组可取定如下：

$$\frac{\partial}{\partial t}\iint_A \rho dxdy + \oint_s \rho \boldsymbol{q}\cdot\boldsymbol{n}ds = 0 \tag{3.1}$$

$$\frac{\partial}{\partial t}\iint_A \rho u dxdy + \oint_s [(p+\rho u^2)\boldsymbol{i} + (\rho uv)\boldsymbol{j}]\cdot\boldsymbol{n}ds = 0 \tag{3.2}$$

$$\frac{\partial}{\partial t}\iint_A \rho v dxdy + \oint_s [(\rho uv)\boldsymbol{i} + (p+\rho v^2)\boldsymbol{j}]\cdot\boldsymbol{n}ds = 0 \tag{3.3}$$

$$\frac{\gamma}{\gamma-1}\frac{p}{\rho} + \frac{1}{2}(u^2+v^2) = i_0 = \text{const} \tag{3.4}$$

上面的连续方程(3.1)及 x 和 y 方向的动量方程(3.2)，(3.3)分别为第一章中方程(1.45)，(1.51)和(1.50)在平面运动这一特殊情况中的表示式．关于能量方程今说明如下：

如果我们考察无粘、完全气体的平面绝热定常运动，早期的时间推进法就采用非定常运动的能量方程(1.43)． 但由于我们所关心的只是最后得到的定常流场，而对于达到定常状态所经历的非定常过程则并不感兴趣，因此可以忽略(1.43)中的非定常项而并不会影响最终的定常流场． 若再忽略质量力 $\boldsymbol{f}$ 并考虑到如果在叶栅进口处转焓 H 是均匀分布的，则在全流场将有 $H=\text{const}$．又由于此时在全流场 $\boldsymbol{r}=$常数，$\boldsymbol{\omega}=$常数，所以从(1.15)式即可得到式(3.4). 由上述可知，式(3.4)在定常状态时是精确的，这个简化并可使得最终得到的定常流场能保持过激波间断时总焓守恒,改善了激波捕捉特性,而且可以节省计算时间和减少所需计算机的存贮量.

（二）边界条件

今规定求解域为图 3.1 中的区域 *ABSCDEFPGH*. 其边界包括进、出口边界,周期性区域的边界和物面边界.

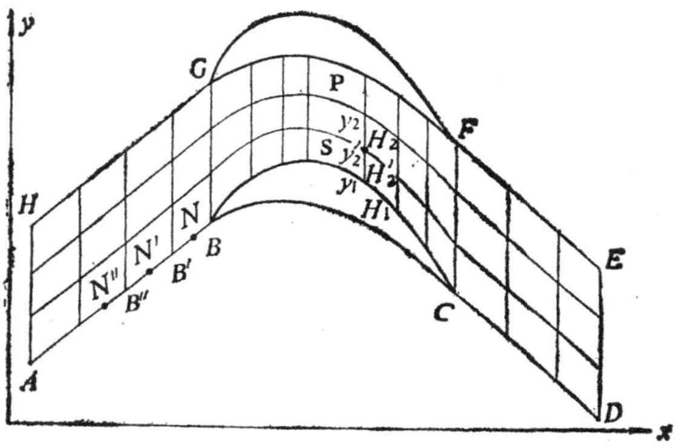

图 3.1 求解域、网格线、计算点

进口边界 $\overline{AH}$ 和出口边界 $\overline{DE}$ 均平行于 y 轴; *ABGH* 和 *CDEF* 分别为叶片前、后周期性流动区域. 应该指出的是，现在取为周期性区域边界的 $\overset{\frown}{AB}$, $\overset{\frown}{HG}$ 和 $\overset{\frown}{CD}$, $\overset{\frown}{FE}$ 都是流线，它们的位置事先并不知道,而是作为解的一部分求出来的.

在第四章中,根据偏微分方程组的特征理论,讨论了定解条件问题. 其结论如下:

对于进口边界 $\overline{AH}$ 来说，当进口轴向 Mach 数小于或等于 1 时，应该也只能规定三个边界条件. 例如在文献 [5] 中规定了进口滞止压力 p_{01}、滞止温度 T_0 以及进气角 β_1.

在出口边界 $\overline{DE}$ 上,当出口轴向 Mach 数小于 1 时，必须也只需规定一个边界条件. 例如在文献 [5] 中规定出口静压 p_2.

在叶片前、后周期性区域的边界 $\widehat{AB}$ 和 $\widehat{GH}$, $\widehat{CD}$ 和 $\widehat{EF}$ 上规定流动的周期性条件.

而在叶片表面上,应该也只能规定一个边界条件,这就是气流速度向量必须和物面相切.

(三) 初始条件

如同第二章中所述,初始条件是由于采用时间推进法而必须具备的,它在原则上可以任意规定(通常规定为连续的)而不影响最终得到的定常解. 当然,我们希望把初始场尽可能规定得接近真解,这样可使时间推进过程较快地达到稳定. 关于初始场的具体规定方法,将在后面作专门叙述.

§3 求解域的离散化

(一) 求解域的确定

前面已经指出,周期性区域的边界(图 3.1 中的 $\widehat{AB}$, $\widehat{HG}$ 和 $\widehat{CD}$, $\widehat{FE}$) 都是流线,它们是作为解的一部分求出来的. 具体说来,我们首先按文献 [3] 中的办法把叶片的钝前、后缘适当削尖,然后分别从叶片的尖前、后缘出发作与 x 轴夹角分别为 β_1 (规定的进气角)和 β_2 (由经验估计的出气角的近似值)的直线作为周期性区域边界的初始位置,然后在计算过程中不断地进行调整. 也就是说,在计算过程中,周期性区域的边界是不断地变化的,只有当解趋于定常时,它们才收敛到确定的位置.

(二) 关于网格线的确定

前已指出,以流线和平行于 y 轴的直线作为网格线. 由于流线的位置预先并不知道,而是作为解的一部分待求的,因此在计算过程中网格线需要不断调整,只有当解趋于定常时,一族网格线才趋于真实流线.

如图 3.1 所示,把初始求解域 $ABSCDEFPGH$ 在 x 方向分为

若干条平行于 y 轴的宽度可不等的条带．这些条带的边，即平行于 y 轴的网格线称为**节距线**．把每一条节距线都等分成相同的若干段，这些小段的边界点就是**初始格点**．将不同节距线上相应的初始格点连成的曲线称为**初始拟流线**，它们组成了一族**初始网格线**．

在计算过程中,有一族网格线(节距线)是固定不变的,而另一族网格线则要不断地作适当的调整，以保证这些拟流线逐渐地趋于真实的流线．具体调整的方法是:

1. 首先确定叶片前、后周期性区域中的第一条流线 $\overset{\frown}{AB}$ 和 $\overset{\frown}{CD}$ 的位置．今以 $\overset{\frown}{AB}$ 为例说明之(参见图 3.2)．

从前缘点 B 出发，根据已经求得的计算点 N 处的速度方向定出 B' 点；再从 B' 点出发，根据计算点 N' 处的速度方向定出 B'' 点,以此类推，就定出了修正后的网格线 $\overset{\frown}{AB}$．用完全同样的方法可定出修正后的网格线 $\overset{\frown}{CD}$． 新定出的 $\overset{\frown}{AB}$，$\overset{\frown}{CD}$ 与叶片背弧一起构成了新网格的第一条网格线．将 $\overset{\frown}{AB}$ 和 $\overset{\frown}{CD}$ 分别沿 y 轴方向平移一个栅距，就得到 $\overset{\frown}{HG}$ 和 $\overset{\frown}{FE}$ 的新位置． 若拟流线共有 K 条,则新的 $\overset{\frown}{HG}$，$\overset{\frown}{FE}$ 和叶片内弧一起构成了新网格的第 K 条网格线．

2. 调整其余各条拟流线的位置．这只要能确定各条节距线上诸网格点的新位置就行． 今以第 I 条节距线为例说明之(参见图 3.2)．

首先求出通过此第 I 条节距线的流量 $G(I)$． 然后设该节距线与第一条拟流线的交点为 H_1，其 y 向坐标为 y_1，轴向密流为 ρ_1u_1；该节距线与第二条拟流线的交点为 H_2，其 y 向坐标为 y_2，轴向密流为 ρ_2u_2． 经调整后 H_1 变为 H_1'，H_2 变为 H_2'，它们的 y 向坐标分别变为 y_1' 和 y_2'． 其中 y_1' 值已由前一小段中的办法确定．则由

$$\frac{1}{2}(\rho_1u_1+\rho_2u_2)(\tilde{y}_2-y_1')=G(I)/(K-1)$$

求出 $\tilde{y}_2$，再由下式即可求出 y_2':

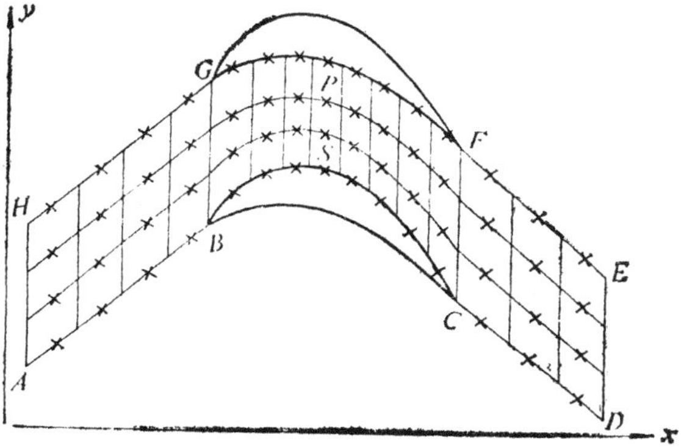

图 3.2 关于流线调整示意图

$$y'_2 = y_2 + \bar{a}(\tilde{y}_2 - y_2)$$

其中 $\bar{a}$ 为松弛因子.

用同样的方法可以求出全流场所有新格点的位置.

（三）计算单元和计算点的确定

如图 3.1 所示，×表示计算点的位置，它位于同一拟流线上两个相邻格点间的中点处．又规定计算单元为以计算点为中心的两个小网格单元所组成． 如图 3.3 所示，对于计算点 G 来讲，其计算单元为 $CFDAEBC$，A，E，B，C，F，D 为格点，H，G，K 为计算点．

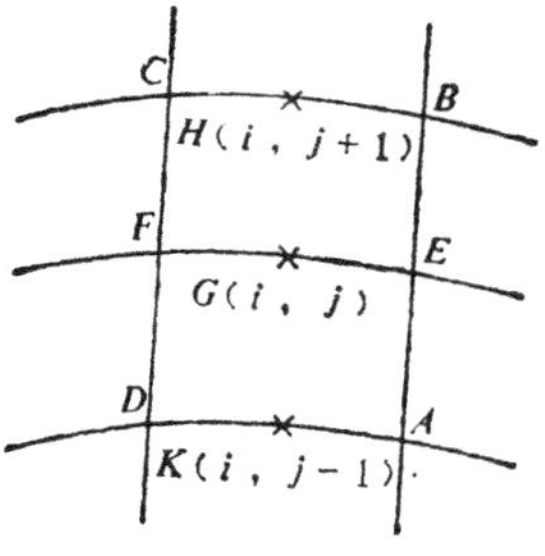

图 3.3 计算单元图

在计算过程中，格点 A，E，B，C，F，D 的位置是不断变化的，因而计算点 H，G，K 的位置也在不断地浮动．

在求上、下边界流线上计算点处的流动参数时，需要向外延伸一个小网格单元，以便使得所考虑的计算点仍为计算单元的中心．如图 3.3 所示，当 G 为上边界的计算点时，则 $EBCF$ 为延伸之小网格单元；而当 G 为下边界的计算点时，则 $AEFD$ 为延伸之小网格单元。

§4　差分格式

（一）格式 I

现对方程（3.1），（3.2），（3.3）中的积分进行离散化．将图 3.3 中的计算单元 $CFDKAEBHC$ 作为上述方程中面积分的积分域 A，其周界线即为封闭线积分的积分域 S．当求面积分时，被积函数在计算单元的中心 $G(i, j)$ 处取值；而在求线积分时，分成四段 $\overline{CFD}$，$\widehat{DKA}$，$\overline{AEB}$，$\widehat{BHC}$ 积分然后求和．而对每一段积分时，被积函数在该段的中点处取值．但是 $\overline{CFD}$ 和 $\overline{AEB}$ 段的中点 F 和 E 是网格点而非计算点，因此，其上的流动参数并没有直接计算出来．如何确定 F 点和 E 点处的流动参数？确定 F 点和 E 点处流动参数的不同的近似方法就决定了不同的差分格式．Denton 提出了如下的近似方法[2]：今以 E 点为例说明之，ρ，u，v 取其上风值即取计算点 (i, j) 处的值；而 p 则取其下风值即取计算点 $(i+1, j)$ 处的值．这样得到的差分格式称为**对置差分格式**（Opposed-difference Scheme）．按照上述 Denton 的方法，对方程(3.1)，(3.2)，(3.3) 中的积分进行离散化，可得到下面的差分格式——格式 I：

$$\begin{aligned}\rho_{i,j}^{(n+1)} = \rho_{i,j}^{(n)} + \frac{\Delta t}{\Delta A_{i,j}}\{&-(\rho u)_{i,j}^{(n)}(y_{i+\frac{1}{2},j+1} - y_{i+\frac{1}{2},j-1}) \\ &+ (\rho u)_{i-1,j}^{(n)}(y_{i-\frac{1}{2},j+1} - y_{i-\frac{1}{2},j-1}) \\ &+ (\rho u)_{i,j+1}^{(n)}(y_{i+\frac{1}{2},j+1} - y_{i-\frac{1}{2},j+1}) \\ &- (\rho u)_{i,j-1}^{(n)}(y_{i+\frac{1}{2},j-1} - y_{i-\frac{1}{2},j-1}) \\ &+ [(\rho v)_{i,j-1}^{(n)} - (\rho v)_{i,j+1}^{(n)}](x_{i+\frac{1}{2}} - x_{i-\frac{1}{2}})\}\end{aligned} \tag{3.5}$$

$$p_{i,j}^{(n+1)} = \frac{\gamma}{\gamma-1}\rho_{i,j}^{(n+1)}\left[i_0 - \frac{1}{2}(u^2+v^2)_{i,j}^{(n)}\right] \tag{3.6}$$

$$\begin{aligned}(\rho u)_{i,j}^{(n+1)} = (\rho u)_{i,j}^{n} + \frac{\Delta t}{\Delta A_{i,j}}\{&-[p_{i+1,j}^{(n+1)} + (\rho u^2)_{i,j}^{(n)}] \\ &\times(y_{i+\frac{1}{2},j+1} - y_{i+\frac{1}{2},j-1}) + [p_{i,j}^{(n+1)} + (\rho u^2)_{i-1,j}^{(n)}]\end{aligned}$$

$$\times (y_{i-\frac{1}{2},j+1} - y_{i-\frac{1}{2},j-1}) + [p_{i,j+1}^{(n+1)} + (\rho u^2)_{i,j+1}^{(n)}]$$
$$\times (y_{i+\frac{1}{2},j+1} - y_{i-\frac{1}{2},j+1}) - [p_{i,j-1}^{(n+1)} + (\rho u^2)_{i,j-1}^{(n)}]$$
$$\times (y_{i+\frac{1}{2},j-1} - y_{i-\frac{1}{2},j-1}) + [(\rho uv)_{i,j-1}^{(n)} - (\rho uv)_{i,j+1}^{(n)}]$$
$$\times (x_{i+\frac{1}{2}} - x_{i-\frac{1}{2}})\} \tag{3.7}$$

$$(\rho v)_{i,j}^{(n+1)} = (\rho v)_{i,j}^{(n)} + \frac{\Delta t}{\Delta A_{i,j}} \{-(\rho uv)_{i,j}^{(n)}(y_{i+\frac{1}{2},j+1} - y_{i+\frac{1}{2},j-1})$$
$$+ (\rho uv)_{i-1,j}^{(n)}(y_{i-\frac{1}{2},j+1} - y_{i-\frac{1}{2},j-1})$$
$$+ (\rho uv)_{i,j+1}^{(n)}(y_{i+\frac{1}{2},j+1} - y_{i-\frac{1}{2},j+1})$$
$$- (\rho uv)_{i,j-1}^{(n)}(y_{i+\frac{1}{2},j-1} - y_{i-\frac{1}{2},j-1})$$
$$+ [p_{i,j-1}^{(n+1)} + (\rho v^2)_{i,j-1}^{(n)} - p_{i,j+i}^{(n+1)} - (\rho v^2)_{i,j+1}^{(n)}]$$
$$\times (x_{i+\frac{1}{2}} - x_{i-\frac{1}{2}})\} \tag{3.8}$$

其中

$$\Delta A_{i,j} = \frac{1}{2} [(y_{i+\frac{1}{2},j+1} - y_{i+\frac{1}{2},j-1})$$
$$+ (y_{i-\frac{1}{2},j+1} - y_{i-\frac{1}{2},j-1})](x_{i+\frac{1}{2}} - x_{i-\frac{1}{2}})$$

（二）格式 II

我们知道，流线迭代法是处理平面叶栅亚音速绕流计算问题的强有力的方法之一． 它的主要特点是以流线作为一族网格线，在计算过程中其位置需要不断调整，最终才收敛到确定的位置[7]．在平面叶栅跨音速绕流计算中，若以流函数作为自变量[6]，或以流线作为一族网格线[8]，也能使方程的形式变得简单． 若采用积分型的基本方程，那末以流线作为一族网格线将可使基本方程得到很大的简化，这是因为穿过流线的质量通量和动量通量为零的缘故．为此，我们把时间推进有限面积法同流线迭代法结合起来，得到如下差分格式——格式 II：

$$\rho_{i,j}^{(n+1)} = \rho_{i,j}^{(n)} + \frac{\Delta t}{\Delta A_{i,j}} [-(\rho u)_{i,j}^{(n)}(y_{i+\frac{1}{2},j+1} - y_{i+\frac{1}{2},j-1})$$
$$+ (\rho u)_{i-1,j}^{(n)}(y_{i-\frac{1}{2},j+1} - y_{i-\frac{1}{2},j-1})], \tag{3.9}$$

$$p_{i,j}^{(n+1)} = \frac{\gamma - 1}{\gamma} \rho_{i,j}^{(n+1)} \left[i_0 - \frac{1}{2} (u^2 + v^2)_{i,j}^{(n)}\right] \tag{3.10}$$

$$
\begin{aligned}
(\rho u)_{i,j}^{(n+1)} = (\rho u)_{i,j}^{(n)} + \frac{\Delta t}{\Delta A_{i,j}} \{ & -[p_{i+1,j}^{(n+1)} + (\rho u^2)_{i,j}^{(n)}] \\
& \times (y_{i+\frac{1}{2},j+1} - y_{i+\frac{1}{2},j-1}) + [p_{i,j}^{(n+1)} + (\rho u^2)_{i-1,j}^{(n)}] \\
& \times (y_{i-\frac{1}{2},j+1} - y_{i-\frac{1}{2},j-1}) + p_{i,j+1}^{(n+1)}(y_{i+\frac{1}{2},j+1} - y_{i-\frac{1}{2},j+1}) \\
& - p_{i,j-1}^{(n+1)}(y_{i+\frac{1}{2},j-1} - y_{i-\frac{1}{2},j-1})\}
\end{aligned} \tag{3.11}
$$

$$
v_{i,j}^{(n+1)} = u_{i,j}^{(n+1)}(y_{i+\frac{1}{2},j} - y_{i-\frac{1}{2},j})/(x_{i+\frac{1}{2}} - x_{i-\frac{1}{2}}) \tag{3.12}
$$

式中Δt为时间步长，$\Delta A_{i,j}$为图 3.3 中计算单元 $CFDAEBC$ 的面积．上标表示时间步数，下标 (i, j) 表示计算点之编号，而非整数下标则表示格点的编号．例如格点 A 的坐标为 $(x_{i+\frac{1}{2}}, y_{j-1})$，计算点 G 的坐标为 (x_i, y_j) 等等．

显然，对于每一个时间步，每一计算点的计算工作量而言，格式 II 比格式 I 几乎可节省一半．

在每个时间步 Δt 中，计算顺序如下：

1. 用 (3.5) 式或 (3.9) 式求出 $\rho_{i,j}^{(n+1)}$．

2. 用 (3.6) 式求出 $p_{i,j}^{(n+1)}$．

3. 用 (3.7) 及 (3.8) 式或 (3.11) 及 (3.12) 式分别求出 $u_{i,j}^{(n+1)}$ 及 $v_{i,j}^{(n+1)}$．

上述两个基本格式的精度为一阶．

（三）修正格式

为了提高格式精度，需要对上述基本格式进行修正．这里采用在文献 [3] 中提出的修正格式．其基本思想如下：

例如，当沿图 3.3 中的 AEB 边积分时，E 点处的 ρ 在基本格式中是用计算点 $G(i, j)$ 上的密度值 $\rho_{i,j}$ 来代替，现在则用如下方法来确定 ρ_E．首先按 $(i-1, j)$，(i, j)，$(i+1, j)$ 三个计算点上的 ρ 值作二次插值得到 E 点处之 ρ，并记以 $\overline{\rho_E}$；而实际积分时用的 ρ_E 则是 $\rho_{i,j}$ 和 $\overline{\rho_E}$ 的线性组合：

$$
\rho_E = \alpha \rho_{i,j} + (1-\alpha)\bar{\rho}_E \tag{3.13}
$$

式中 α 称为组合系数，$0 \leqslant \alpha \leqslant 1$．当 $\alpha = 1$ 时，即为基本格式，其精度为一阶；当 $\alpha = 0$ 时，格式的空间精度为二阶．在一般情况下，当开始进行计算时，取 $\alpha=1$，随着时间向前推进，α 的值逐渐减小，当计算接近收敛时，α 的值取为零. 因此对于最终得到的定常解而言，其精度是二阶.

对于 u 和 v，其修正的方法与 ρ 相同，但对 p 进行修正时则采用偏下风的二次插值，即用 (i, j)，$(i+1, j)$，$(i+2, j)$ 三个计算点上的 p 值作二次插值以求得 $\bar{p}_E$，然后再与 $p_{i+1,j}$ 作线性组合以求得实际积分时用的 p_E.

采用修正格式后，每个时间步的计算工作量增加了，但计算结果的准确度提高了. 数值试验证实了上述结论.

§5 边界计算点上流动参数的确定

上一节中的差分格式只能用来确定求解域内部计算点上的流动参数. 现在来介绍边界计算点上流动参数的确定方法.

(一) 进口边界上流动参数的确定

由前述知，在进口边上规定了滞止压力 p_{01}，滞止温度 T_0 及进气角 β_1 这三个边界条件. 为了确定进口边界上的流动参数，还需要一个计算补充条件. 由于进口边放置得离叶片足够远，从物理上考虑知，在进口边附近流动参数是接近于均匀分布的，因此我们采用附加条件：$\partial p/\partial l=0$（其中 l 为沿拟流线弧长）作为计算补充条件.

由规定的 p_{01} 和 T_0，可按状态方程算出滞止密度：

$$\rho_{01}=p_{01}/RT \tag{3.14}$$

然后使用附加条件 $\partial p/\partial L=0$，可把边界内第一排计算点上的压力值沿拟流线送至相应的进口边界格点上. 设此压力值为 p^1（注意，在进口边上不同格点处，这个 p_1 值可以是不同的.），于是可按如下公式算出进口边界上各格点处的 M_1 和 ρ_1：

$$M_1=\left\{\frac{2}{\gamma-1}\left[\left(\frac{p_{01}}{p_1}\right)^{\gamma-1/\gamma}-1\right]\right\}^{\frac{1}{2}} \tag{3.15}$$

$$\rho_1=\rho_{01}\left(\frac{p_1}{p_{01}}\right)^{1/\gamma} \tag{3.16}$$

再由滞止焓的定义及规定的 β_1 算出进口边界上各格点处的 u_1 和 v_1:

$$q_1 = \left\{2\left[i_0 - \frac{\gamma}{\gamma - 1}\frac{p_1}{\rho_1}\right]\right\}^{\frac{1}{2}} \tag{3.17}$$

$$u_1 = q_1 \cos\beta_1 \tag{3.18}$$

$$v_1 = q_1 \sin\beta_1 \tag{3.19}$$

这样，在不定常的时间推进过程中，进口边上各格点处的 u_1、v_1、p_1，ρ_1 都在变化，而且它们在进口边上的分布也都是不均匀的，只有当时间 t 充分大以后，它们才分别趋于确定值，而且在进口边上它们的分布也趋于均匀． 实际的数值计算证明了这一点．

(二) 出口边上流动参数的确定

由前述知，在出口边界上只规定了出口压力 p_2 这一个边界条件，因此为了确定出口边上的流动参数还需要三个计算补充条件．这里我们以 $\partial u/\partial L = 0$，$\partial v/\partial L = 0$ 及能量方程 (3.6) 作为计算补充条件．

首先使用附加条件 $\partial u/\partial L = 0$ 和 $\partial v/\partial L = 0$ 把边界内最后一排计算点上的 u 和 v 值分别沿拟流线送到出口边界的相应格点上，并分别以 u_2，v_2 表示之． 再用能量方程算出出口边界上各格点处的密度 ρ_2:

$$\rho_2 = \frac{\gamma}{\gamma - 1} p_2 \left[i_0 - \frac{1}{2}(u_2^2 + v_2^2)\right]^{-1} \tag{3.20}$$

并按下式算出出气角 β_2

$$\beta_2 = \mathrm{tg}^{-1}(v_2/u_2) \tag{3.21}$$

由上述知，在出口边界上，除压力 p_2 固定不变外，其它流动参数 ρ_2，u_2，v_2 及 β_2 在不定常时间推进过程中都在不断调整，而且沿着出口边这些流动参数的分布也是不均匀的，只有当时间 t 充分大以后，它们才分别趋于确定值，而且在出口边上它们的分布也趋于均匀．实际的数值计算充分证明了这一点．

严格说来，边界上的流动参数应根据边界条件及相应的特征相容条件来确定．在进、出口边界上使用上述附加条件是一种近似计算的手段．由于进、出口边界取得离叶片较远，同时我们不断修正拟流线使之不断地趋于真实流线，因而这种近似可以达到相当准确的程度，同时又使得计算大大简化了．

（三）周期性区域边界上流动参数的确定

确定周期性区域下边界计算点处的流动参数时，采用了与内点相同的算法．这样势必要用到求解域外计算点上的流动参数值，但它们可以从周期性条件简单地得到．对于周期性区上边界处的计算点则不需要再进行类似的计算，而可根据周期性条件直接将下边界计算点处的流动参数值送到相应的上边界计算点处．

（四）物面边界上流动参数的确定

物面边界上流动参数的确定往往是数值计算中比较困难的一部分．在文献［4］中对几种物面边界的数值处理方法作了初步的数值试验，结果表明如下两种方法是比较好的．

1. 文献［2］中采用的方法

采用与内点相同的算法来确定物面边界上计算点处的流动参数，但这时就需要用到求解域外点上的流动参数值，它们是按相应的求解域内计算点及边界上计算点处的流动参数值用抛物外推（或线性外推）得到的．然后用与求内点处参数完全相同的方法求出物面边界计算点处的诸流动参数．并且在每一个时间步计算之后，把叶面边界上的法向速度分量丢掉，以保证流动速度向量与物面相切的边界条件得到满足．

2. 采用法向动量方程来确定物面边界计算点处的压力[9]．

物面处的法向动量方程为

$$\frac{\partial p}{\partial n}=\frac{\rho v_\tau^2}{R_\psi} \tag{3.22}$$

这里的 $\boldsymbol{n}$ 表示由物面指向背离曲率中心的法向量，ρ、v_τ、R_w 分别表示该边界计算点处的密度、速度和曲率半径.

如图 3.4 所示，B 为物面上计算点，A 为 $\boldsymbol{n}$ 上与 B 邻近的点．以一阶精度逼近微分方程 (3.22) 的有限差分方程为[9]

$$p_B = p_A - \Delta n \frac{\rho_A v_{A\tau}^2}{R_w} \tag{3.23}$$

式中 $\Delta n = AB$． 在计算中，A 点是取物面法线与相邻的拟流线或节距线的交点，其上的流动参数值由相邻的诸内计算点处的流动参数值插值得到.

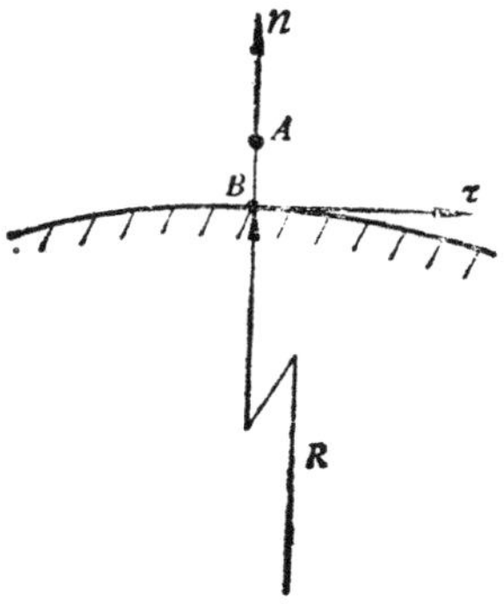

图 3.4 物面法向动量方程用图

在应用公式 (3.23) 时，较准确地确定曲率 $(1/R_w)$ 是非常重要的．确定 $(1/R_w)$ 的具体方法可参见文献 [4].

在文献 [4] 中的数值试验表明，对于叶片通道内无激波或仅在尾部附近有激波的情况，用法向动量方程来确定物面边界计算点处的压力，对于计算结果的准确度有所改善.

§6 初始流场的确定及逐次加密网格技术的采用

(一) 初始流场的确定

按文献 [3] 中的方法，尽可能简单而又适当地给出初始场，具体办法是： 预估进口边上的静压 p_1，而出口边上静压 p_2 是给定的，我们根据压力沿 x 方向为线性分布的假设来确定初始压力分布．再按均熵假设定出初始密度分布；然后由能量方程求得各计算点上速度的绝对值，最后假设拟流线方向即为流线方向，从而可求出各计算点处的 u 和 v.

显然，这样给出的初始场是相当粗糙的.

（二）逐次加密网格技术

众所周知，初始场的好坏将大大影响计算的收敛速度．为加速收敛，可采用逐次加密网格技术[10,4]．其基本思想是，先用稀网格进行计算，待稀网格上的解基本趋近定常后，再用密网格进行计算．此时，由稀网格上的计算结果，用线性插值得到密网格的初始场．一般说来，这样得到的密网格的初始场是相当好的，它能使在密网格上的计算过程加速收敛．在文献［4］中采用了两次加密网格．最初的网格为：叶片前、后周期性区中，x 向均匀地各取三个格点，叶片区中 x 向取七个格点；y 向取四个格点，全场共五十二个格点．第一次加密后的网格为：叶片前、后周期性区中，x 向均匀地各取五个格点，叶片区中 x 向取十一个格点；y 向取七个格点，全场共一百四十七个格点．第二次加密后的网格，也就是最终的网格为：叶片前、后周期性区中，x 向各取十个格点，叶片区中 x 向取二十一个格点；y 向取七个格点，全场共二百八十七个格点．

在计算过程中，首先用最稀的网格计算 200 个时间步，再用中间网格计算 200 个时间步，最后用最密的网格计算 400 个时间步．文献［4］中的数值试验表明，在达到同样的计算结果准确度的前提下，采用上述逐次加密网格技术之后，可节省三分之一以上的计算时间．

§7 关于收敛情况的判断

在数值计算过程中，可从以下几个方面来检查收敛情况[3]．

（一）引入

$$\Delta p \equiv \max_{i,j} |p_{i,j}^{(n)} - p_{i,j}^{(n-1)}| \tag{3.24}$$

$$\Delta \rho \equiv \max_{i,j} |\rho_{i,j}^{(n)} - \rho_{i,j}^{(n-1)}| \tag{3.25}$$

$$\Delta u \equiv \max_{i,j} |u_{i,j}^{(n)} - u_{i,j}^{(n-1)}| \tag{3.26}$$

$$\Delta v \equiv \max_{i,j} |v_{i,j}^{(n)} - v_{i,j}^{(n-1)}| \tag{3.27}$$

根据实际需要和所取时间步长的大小，选取适当的正的小量 ε，当 $\max(\Delta p, \Delta \rho, \Delta u, \Delta v) < \varepsilon$ 时，即可认为所得的结果在某种意义下已趋于定常解.

（二）检查总体质量守恒满足的程度

以 ψ_A，ψ_D，ψ_B 分别表示通过进口截面 AH、出口截面 DE 和叶片区中间站截面的质量流量. 数值试验表明，随着时间步数 n 增大，这三个截面上的质量流量分别逐步趋于确定值，并且它们之间的差也逐步趋近于零. 到 800—900 个时间步左右，ψ_A，ψ_D，ψ_B 之间的差已小于 1—2%，可以认为数值解从全场整体来看已近似满足定常状态下的连续方程.

（三）检查在整个求解域上满足定常状态下的 y 向动量方程的情况

定常状态下 y 向的动量方程为

$$\frac{\partial}{\partial x}(\rho u v) + \frac{\partial}{\partial y}(p + \rho v^2) = 0$$

将上式在整个求解域上作二重积分，并应用 Gauss 公式可得

$$\iint_A \left[\frac{\partial}{\partial x}(\rho u v) + \frac{\partial}{\partial y}(p + \rho v^2)\right] dx dy$$

$$= \oint_S [(\rho u v)\boldsymbol{i} + (p + \rho v^2)\boldsymbol{j}] \cdot \boldsymbol{n} ds = 0$$

因为在周期性区域的上、下边界处的线积分相互抵消，且物面上法向速度为零，于是可得

$$-\int_{\overline{AH}} \rho u v dy + \int_{\overline{DE}} \rho u v dy - \int_{\overset{\frown}{BSC}} p dx + \int_{\overset{\frown}{GPF}} p dx = 0 \tag{3.28}$$

若引入符号：

$$M_{12} \equiv \int_{\overline{AH}} \rho u v dy - \int_{\overline{DE}} \rho u v dy \tag{3.29}$$

$$P_{K1} \equiv \int_{\widehat{GPF}} p dx - \int_{\widehat{BSC}} p dx \tag{3.30}$$

则当趋于定常解时，应有 $M_{12} \to P_{K1}$. 数值试验表明，在 800—900 个时间步左右，M_{12} 和 P_{K1} 已较接近.

（四）检验出气角 β_2 的变化情况

数值试验表明，$\beta_2 = \mathrm{tg}^{-1}\left(\frac{v}{u}\right)_2$ 在计算过程中不断变化着，随着时间步数 n 的增大，β_2 逐步趋于确定值，且沿出气边上 β_2 的分布亦趋于均匀. 这也是数值解已趋近定常解的一个标志.

§8 关于差分格式稳定性的说明

文献 [4] 在局部常系数假定的前提下，从 CFL 条件出发，推出了基本格式 I 的稳定性必要条件：

$$\Delta t \leqslant \frac{\Delta x_{\min}}{\frac{\gamma+1}{2\gamma}\sqrt{u^2+v^2} + \frac{a}{\sqrt{\gamma}}\sqrt{1+\frac{(\gamma-1)^2}{4\gamma}M^2}} \tag{3.31}$$

这里 a 为当地音速，$\Delta x_{\min}$ 为网格的最小 x 轴向间距.

在文献 [3] 中以理想完全气体的一维不定常运动的基本方程为模型方程，用 von Neumann 方法对所用的修正格式作了稳定性分析，并得到如下的稳定性条件：

$$\Delta t \leqslant \frac{\gamma_1 \Delta x_{\min}}{\frac{\gamma+1}{2\gamma} q + \frac{a}{\sqrt{\gamma}}\sqrt{1+\frac{(\gamma-1)^2}{4\gamma}M^2}} \tag{3.32}$$

其中

$$\gamma_1 \equiv \frac{16\alpha}{19 - 6\alpha + 3\alpha^2} \tag{3.33}$$

对于基本格式而言，$\alpha = 1$，则 $\gamma_1 = 1$. 可见此时式 (3.31) 和 (3.32) 的结果完全一致.

应当指出，上述这些结果都是近似的. 或者是在局部常系数假设的前提下得到了基本格式稳定性的必要条件，或者是以理想完全气体一维不定常运动的基本方程为模型方程，在局部线化的前提下，用 von Neumann 方法得到了修正格式的稳定性条件，它们与真实情况都存在着一定的距离．因此，上述稳定性条件只能作为实际计算时确定时间步长的参考．

§9 平面叶栅算例和结果分析

为了考核本章中所述方法的有效性和灵活性，在文献 [11] 中选择了六个具有典型意义的例子作为考核对象．下面仅介绍其中三个例子的结果．它们是：

1. 无激波的 Hobson 跨音速冲击式涡轮叶栅绕流．

2. 807 跨音涡轮动叶中部截面处的跨音速叶栅绕流．

3. 高弯度双圆弧压气机平面叶栅的亚音速绕流．

在这些例子的计算过程中，从 500 个时间步左右开始修正流线，一般每隔 10 个时间步修正一次．令

$$SY_j \equiv \max_i |y_{i,j}^{(m)} - y_{i,j}^{(m-1)}| \tag{3.34}$$

其中 $y_{i,j}^{(m)}$ 表示通过 m 次修正流线后，第 j 条流线上第 i 站处的 y 坐标值．

另外，一般在第 600 个时间步左右开始用基本格式 II 替代基本格式 I，并同时用 §4，(三) 中所述方法对格式 II 进行修正．此时，时间步长 Δt 和修正流线时的松弛因子 $\bar{a}$ 都应适当减小．

(一) 拟流线趋于真实流线的收敛过程

本章中所述方法是否成功将在很大程度上取决于拟流线能否收敛于真实的流线以及这个收敛过程的快慢．

数值试验表明，随着时间步数 n 的增大，SY_j，$(j=1, 2, \cdots, 7)$ 急剧且单调地下降，并很快就趋于稳定．这就表明，拟流线经修正很快就趋于真实的流线．

为了具体地说明 SY_j 随 n 的变化情况，现把 Hobson 叶片的计算结果绘于图 3.5 中，七条拟流线的 SY 随着 n 的变化全部落在

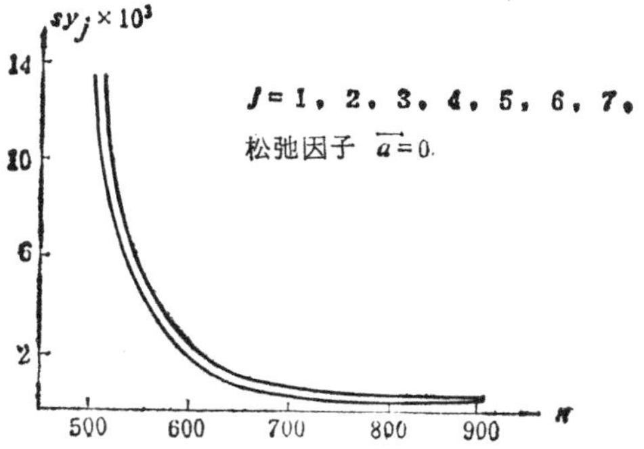

图 3.5 关于流线调整过程的收敛性

图中两条曲线之间. 由此可见,就拟流线位置的修正而言,其收敛速度是很快的. 这一点正是时间推进有限面积流线迭代法能获得成功的基础.

（二）例 1 无激波的 Hobson 跨音速冲击式涡轮叶栅绕流

此叶栅的几何及气动数据取自文献[12].

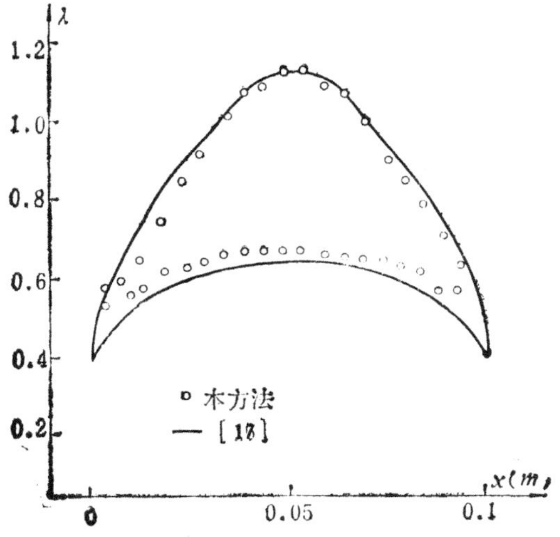

图 3.6 Hobson 叶片表面 λ 数分布

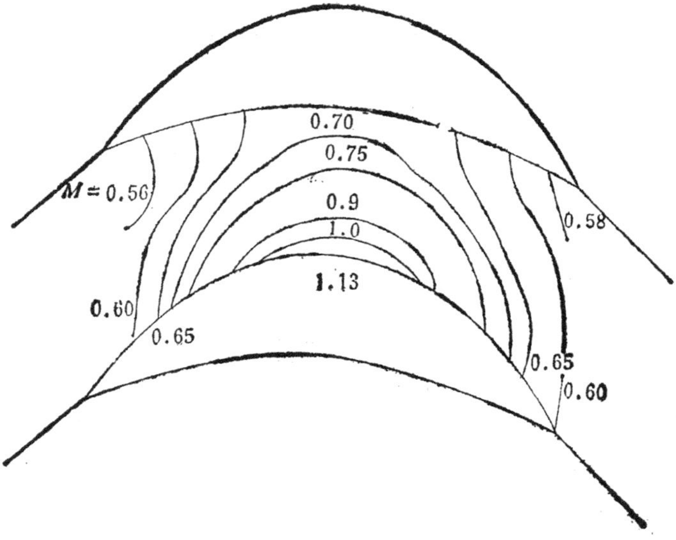

图 3.7 Hobson 叶栅叶片区内的 Mach 数分布

计算所得叶片表面速度系数 λ 分布如图 3.6 所示。

$$\lambda = \sqrt{u^2+v^2}/a_*,$$

其中 a_* 为临界音速. 由图可见，除叶片前、后缘附近外，计算结果同 [17] 中的精确解的符合程度是良好的.

计算所得叶片区内 Mach 数分布如图 3.7 中所示. 由图可见，算得的叶片区内 Mach 数分布的对称性相当好. 因为精确解是完全对称的，所以从这一方面也说明了计算结果的可靠性.

（三）例 2 807 跨音涡轮动叶中部截面处的跨音速叶栅绕流

关于此叶栅的几何及气动数据可参见文献 [11].

计算所得叶片表面压力分布如图 3.8 所示. 图中还画出了实验数据. 由图可见，数值计算结果与实验数据的吻合程度是令人满意的.

计算得到的叶片区内 Mach 数分布示于图 3.9 中. 计算表明，在靠近叶片尾缘处的叶背上有激波，这同纹影仪照片是相符的，

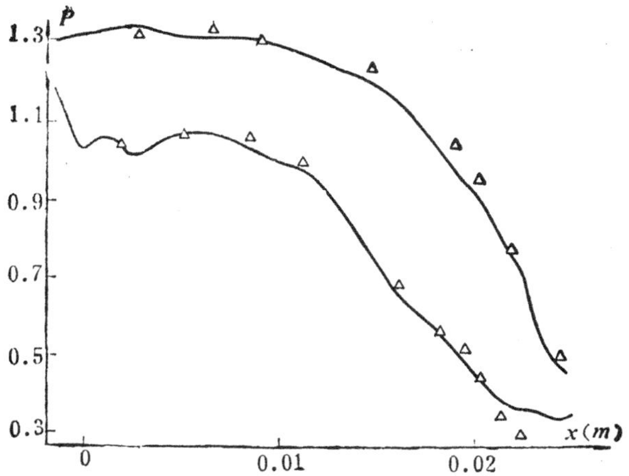

图 3.8 807 叶栅叶面压力分布

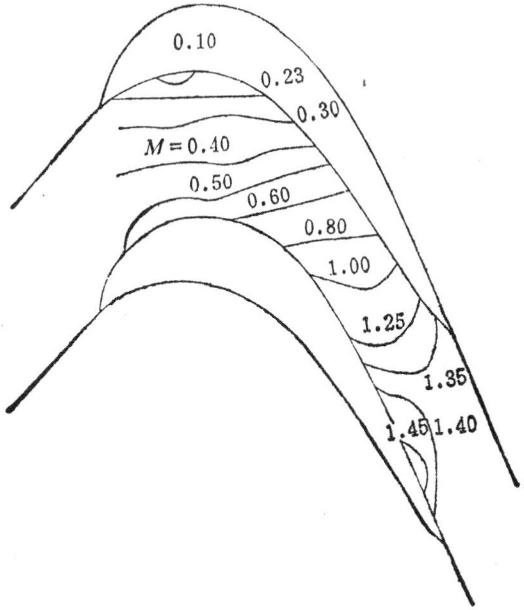

图 3.9 807 叶栅叶片区内 Mach 数分布

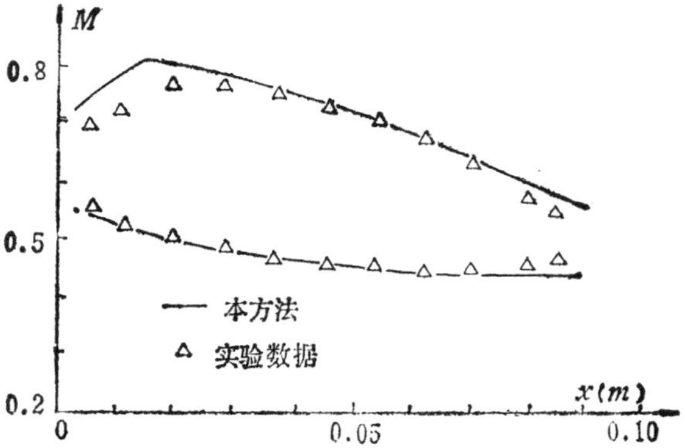

图 3.10 高弯度双圆弧压气机平面叶栅叶片表面 M 数分布

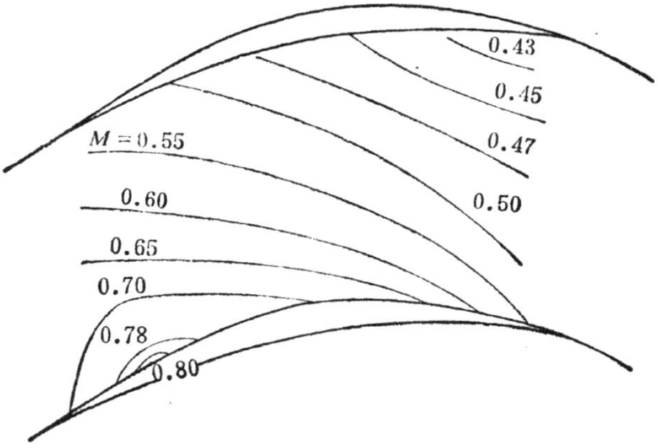

图 3.11 叶片区内 M 数分布

(四) 例 3 高弯度双圆弧压气机平面叶栅的亚音速绕流

此叶栅的几何及气动数据取自文献[13].

计算所得叶片表面 Mach 数分布如图 3.10 所示. 图中同时画出了实验数据. 由图可见，计算结果和实验数据的吻合程度是令人满意的.

计算所得叶片区内的 Mach 数分布示于图 3.11 中。

§10 任意旋成面叶栅的跨音速绕流

对于近代高负荷航空发动机的涡轮、压气机或大功率凝汽式蒸汽涡轮来说，其特点是径高比减小，气流 Mach 数增高，通道的子午扩张角增大，因而气流的三维效应相当显著．为了更合理地组织叶轮机械中的流动，必须用三维流动理论来指导设计，才能达到所希望的高效率． 作为叶轮机械中三维流动理论的初步近似，可以假定气体沿任意旋成面流动．这个任意旋成流面假定比起圆柱流面假定前进了一步，它更接近于实际流动的状况，因此任意旋成面叶栅模型比平面叶栅模型更为合理．

下面将文献 [3] 中计算平面叶栅跨音速绕流的方法推广到任意旋成面叶栅的情况．首先导出关于任意旋成面叶栅中流动的时间相关的积分型基本方程，然后用类似于 [3] 中的计算方案数值求解上述基本方程．

（一）坐标系的选择

任意旋成面叶栅和平面叶栅的不同之处就在于考虑了流面半

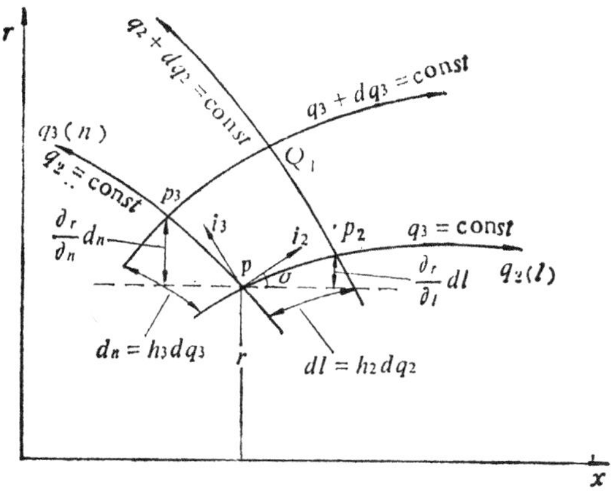

图 3.12 (a) 在子午面上，任意旋成流面 $q_3 = \text{const}$ 和与之正交的旋成面 $q_2 = \text{const}$ 的表示

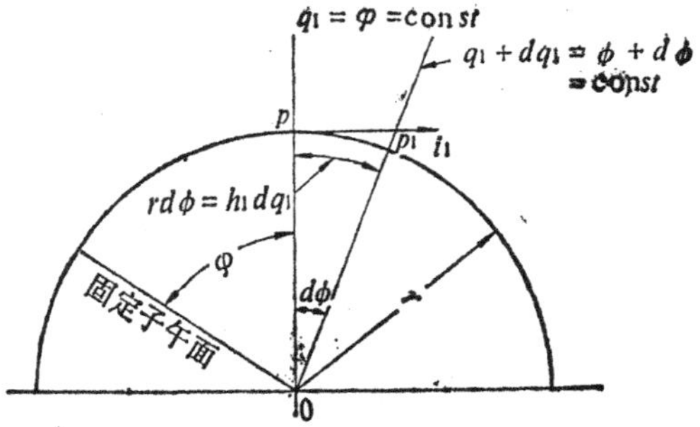

图 3.12(b) 子午面 $q_1=\varphi=$ const 的表示

径和流片厚度沿 Z 轴变化的影响．既然要讨论流片厚度对于流场的影响，无疑我们考察的是该流片中的流动．众所周知，为讨论上述流片中的流动，采用轴对称正交曲线坐标系 (q_1, q_2, q_3) 是比较方便的[14]． 如图 3.12(a) 和图 3.12(b) 所示，坐标曲面 $q_1=\varphi=$ const 为半平面(半个子午面)，$0\leq\varphi\leqslant 2\pi$；坐标曲面 $q_3=$ const 是旋成流面；坐标曲面 $q_2=$ const 是与上述旋成流面正交的旋成面．

今规定：$\frac{\partial}{\partial l}$ 为沿 q_2 坐标曲线对其弧长求导数；而 $\frac{\partial}{\partial n}$ 则为沿 q_3 坐标曲线对其弧长求导数．

（二）出发的微分方程组及定解条件

今考察在以常角速度 ω 绕 z 轴转动的动叶轮中以某个任意旋成流面为中面，法向厚度为 $\tau(l)$ 的一流片层中的理想、常比热完全气体的绝热运动．

采用固结于动叶轮的轴对称正交曲线坐标系 (q_1, q_2, q_3)．由此坐标系的定义知，在所考察的流片的上、下界面(旋成流面)处有 $w_n=0$，(这里 w_n 为相对速度向量在 q_3 坐标轴方向的投影．)如果所考察的流片较薄，则有理由假定在整个流片中对任何流动参数均有 $\frac{\partial}{\partial n}=0$，这相当于考察该流片中某种沿 n 方向平均的流动．在上述假定下，在整个流片中显然有 $w_n=0$．此时所考察的气流运动可化为二维问题，并得到如下连续方程和运动方程：

1. 连续方程

$$\frac{\partial \rho}{\partial t}+\frac{1}{r}\frac{\partial}{\partial \varphi}(\rho w_\varphi)+\frac{1}{r}\frac{\partial}{\partial l}(r\rho w_l)+\rho w_l K_n=0 \quad (3.35)$$

其中 r 为流面半径，w_φ 和 w_l 分别为相对速度向量在 q_1 和 q_2 坐标轴方向的投影，K_n 为 q_3 坐标曲线的曲率．

2. 运动方程

$$\frac{\partial w_\varphi}{\partial t}+w_l\frac{\partial w_\varphi}{\partial l}+\frac{w_\varphi}{r}\frac{\partial w_\varphi}{\partial \varphi}+\left(\frac{w_l w_\varphi}{r}+2\omega w_l\right)\sin\sigma + \frac{1}{\rho r}\frac{\partial p}{\partial \varphi}=0 \quad (3.36)$$

$$\frac{\partial w_l}{\partial t}+w_l\frac{\partial w_l}{\partial l}+\frac{w_\varphi}{r}\frac{\partial w_l}{\partial \varphi}-\frac{1}{r}(w_\varphi+\omega r)^2\sin\sigma + \frac{1}{\rho}\frac{\partial p}{\partial l}=0 \quad (3.37)$$

其中 σ 为旋成流面的母线与转动轴（z 轴）的夹角．

3. 能量方程

由于我们讨论的流动是绝热的，气体的质量力又假定可略去不计，同时因为我们所关心的只是最终得到的定常流场，因此可略去能量方程中的 $\frac{1}{\rho}\frac{\partial p}{\partial t}$ 项．于是由（1.30）式可得

$$\frac{DH}{Dt}=0$$

上式可以化成

$$\gamma\frac{\partial p}{\partial t}+w_l\frac{\partial p}{\partial l}+\frac{w_\varphi}{r}\frac{\partial p}{\partial \varphi}-a^2\left(\frac{\partial \rho}{\partial t}+w_l\frac{\partial \rho}{\partial l}+\frac{w_\varphi}{r}\frac{\partial \rho}{\partial \varphi}\right)=0 \quad (3.38)$$

上述方程组（3.35），（3.36），（3.37），（3.38）可以写成如下矩阵方程的形式[15]：

$$Q_1\frac{\partial Z}{\partial t}+Q_2\frac{\partial Z}{\partial l}+Q_3\frac{\partial Z}{r\partial \varphi}+Y=0 \quad (3.39)$$

其中

$$Z=\begin{bmatrix}\rho\\ w_l\\ w_\varphi\\ p\end{bmatrix}\qquad Q_1=\begin{bmatrix}1&0&0&0\\0&1&0&0\\0&0&1&0\\-a^2&0&0&\gamma\end{bmatrix}$$

$$Q_2=\begin{bmatrix}w_l&\rho&0&0\\0&w_l&0&\dfrac{1}{\rho}\\0&0&w_l&0\\-a^2w_l&0&0&w_l\end{bmatrix}\qquad Q_3=\begin{bmatrix}w_\varphi&0&\rho&0\\0&w_\varphi&0&0\\0&0&w_\varphi&\dfrac{1}{\rho}\\-a^2w_\varphi&0&0&w_\varphi\end{bmatrix}$$

$$Y=\begin{bmatrix}\dfrac{\rho w_l}{r}\sin\sigma+\rho w_lK_n\\ -\dfrac{\sin\sigma}{r}(w_\varphi+\omega r)^2\\ \sin\sigma\left(\dfrac{w_lw_\varphi}{r}+2\omega w_l\right)\\ 0\end{bmatrix}$$

这与在文献[3]中§2讨论的平面叶栅的基本方程组类似，只需将 W_l 视为 u，w_φ 视为 v，l 相当于x，而 $rd\varphi$ 相当于 dy.

可见方程组(3.39)的特征性质与平面流动情况相同. 于是关于定解条件可得如下结论:

1. 在(l,φ)平面上，若进口边界为 $l=l_1$ 直线，当$0<W_l\leqslant a$时，必须规定三个进口条件. 例如在[15]中给定进口滞止压力 p_{01}，滞止温度 T_{01} 及进气角 β_1.

2. 在(l,φ)平面上，若出口边界为 $l=l_2$ 直线，当 $0<w_l<a$ 时，必须规定一个出口条件. 例如在[15]中给定出口压力 p_2.

3. 在叶片表面上，必须规定一个边界条件，这就是流动速度向量必须与物面相切.

4. 在叶片前、后周期性区域的边界上规定有周期性条件成立.

（三）积分型的基本方程

首先来推导散度型的微分方程.

连续方程（3.35）可以写成如下散度形式:

$$\frac{\partial \rho}{\partial t} + \nabla \cdot (\rho \boldsymbol{w}) = 0 \tag{3.40}$$

分别将方程（3.36），（3.37）与（3.35）适当组合可得如下散度型的运动方程:

$$\frac{\partial}{\partial t}(\rho w_\varphi) + \nabla \cdot [(p + \rho w_\varphi^2)\boldsymbol{i}_\varphi + \rho w_\varphi w_l \boldsymbol{i}_l] + \rho \sin\sigma \left(\frac{w_l w_\varphi}{r} + 2\omega w_l \right) = 0 \tag{3.41}$$

$$\frac{\partial}{\partial t}(\rho w_l) + \nabla \cdot [\rho w_l w_\varphi \boldsymbol{i}_\varphi + (p + \rho w_l^2)\boldsymbol{i}_l] - pK_n - \frac{p}{r}\sin\sigma - \frac{\rho \sin\sigma}{r}(w_\varphi + \omega r)^2 = 0 \tag{3.42}$$

由［14］中第 508 页知，$K_n = \frac{1}{h_2 h_3}\frac{\partial h_3}{\partial q_2}$，这里 h_1，h_2，h_3 是 Lamé 系数. 根据定义知，$dl = h_2 dq_2$，$dn = h_3 dq_3$，这里 dn 为相邻两个旋成流面 $q_3 = \text{const}$ 和 $q_3 + dq_3 = \text{const}$ 之间的法向距离，故可视为流片法向厚度 τ，因而有 $h_3 = \tau/dq_3$. 又沿 l 坐标线 dq_3 不变，所以最后可得

$$K_n = \frac{1}{h_3}\frac{\partial h_3}{\partial l} = \frac{1}{\tau}\frac{\partial \tau}{\partial l}$$

对于我们考察的旋成流面而言，τ 只依赖于 l，故上式可改写为

$$K_n = \frac{1}{\tau}\frac{d\tau}{dl} \tag{3.43}$$

将方程（3.40），（3.41），（3.42）分别在以 S 为其封闭周界面的任意体积 V 中积分，并应用 Gauss 积分公式及式（3.43）可得如下积分形式的连续方程和运动方程[15]:

$$\frac{\partial}{\partial t}\iiint_V \rho dV + \oiint_S \rho \boldsymbol{w}\cdot \boldsymbol{n} dS = 0 \tag{3.44}$$

$$\frac{\partial}{\partial t}\iiint_V \rho w_\varphi dV + \oiint_S [p\boldsymbol{i}_\varphi + \rho w_\varphi \boldsymbol{w}]\cdot \boldsymbol{n} dS + \iiint_V \frac{\rho}{r} w_l \sin\sigma (w_\varphi + 2\omega r) dV = 0 \tag{3.45}$$

$$\frac{\partial}{\partial t}\iiint_V \rho w_l dV + \oiint [p\boldsymbol{i}_l + \rho w_l \boldsymbol{w}]\cdot \boldsymbol{n} dS - \iiint_V \left[\frac{p}{\tau}\frac{d\tau}{dl} + \frac{p}{r}\sin\sigma + \frac{\rho}{r}\sin\sigma (w_\varphi + \omega r)^2\right] \times dV = 0 \tag{3.46}$$

其中 $\boldsymbol{n}$ 是封闭周界面 S 上的外法线单位向量．我们指出，在 [16] 中给出的 l 向运动方程缺少

$$-\iiint_V \left[\frac{p}{\tau}\frac{d\tau}{dl} + \frac{p}{r}\sin\sigma\right] dV$$

项，它们对计算结果的影响将在后面讨论．

至于能量方程，若在叶栅进口边上给定不随时间变化的均匀的相对滞止温度 T_{01}，则在整个流场将有

$$H = i + \frac{1}{2}(w_\varphi^2 + w_l^2) - \frac{1}{2}\omega^2 r^2 = \text{const}$$

由此可得

$$p = \frac{\gamma - 1}{\gamma}\rho\left[H - \frac{1}{2}(w_\varphi^2 + w_l^2) + \frac{1}{2}\omega^2 r^2\right] \tag{3.47}$$

其中

$$H = c_p T_{01} - \frac{1}{2}\omega^2 r_1^2$$

r_1 为叶栅进口边处的流面半径

（四）求解域的离散化

我们所考察的流动区域（求解域）如图 3.13 所示． 在计算平面 (φ, l) 上，S_1 旋成流面上的求解域为图 3.14 中的 $ABCDEFGHA$．

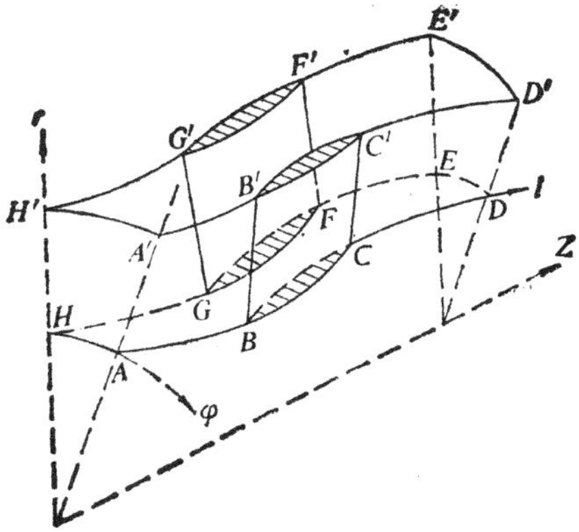

图 3.13　流动区域

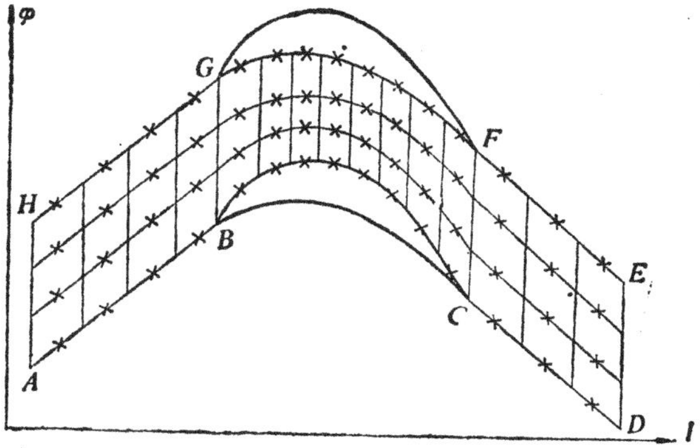

图 3.14　计算平面上的求解域、网格线、计算点

将求解域在 l 方向分成若干条平行于 φ 轴的条带（它们的宽度可以是不相等的），这些条带平行于 φ 轴的边称为节距线，它们是一族网格线．将每一条节距线都等分成相同的若干段，这些小段的边界点称为格点．将不同节距线上相应的格点连成的曲线称为拟流线，它们是另一族网格线．

规定图 3.14 中的×为计算点，又规定计算单元为这样一个体积：它的中面为图 3.14 中以计算点为中心的两个小网格单元，在确定上、下边界计算点处的流动参数时，必须向求解域外延伸一个小网格单元，以使所考虑的计算点仍为计算单元的中心．而计算单元的高度则为给定的流片法向厚度．和平面叶栅情况不同，现在流片厚度 τ 是 l 的函数．

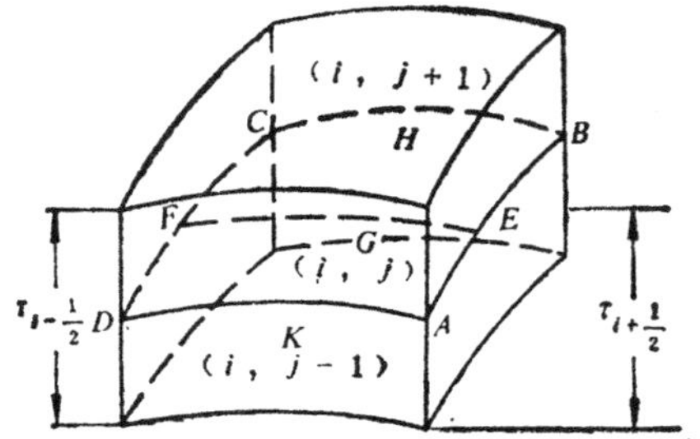

图 3.15 计算单元

在图 3.15 上示出了确定计算点 $G(i, j)$ 处流动参数时所用的计算单元． A, B, C, D, E, F 都是格点，$G(i, j)$, $H(i, j+1)$, $K(i, j-1)$ 是计算点．应该指出，它的上、下表面及中面皆为旋成流面．

（五）差分格式

按 Denton 的'对置差分格式'[2] 的基本思想，对方程 (3.44)—(3.47) 进行离散化近似处理，得到如下基本格式：

$$
\begin{aligned}
\rho_{i,j}^{(n+1)} = \rho_{i,j}^{(n)} + \frac{\Delta t}{\Delta V_{i,j}} [& -(\rho w_l)_{i,j}^{(n)}(dS_l)_{i+\frac{1}{2}} \\
& + (\rho w_l)_{i-1,j}^{(n)}(dS_l)_{i-\frac{1}{2}} + (\rho w_l)_{i,j+1}^{(n)}(dS_l)_{j+1} \\
& - (\rho w_\varphi)_{i,j+1}^{(n)}(dS_\varphi)_{j+1} - (\rho w_l)_{i,j-1}^{(n)}(dS_l)_{j-1} \\
& + (\rho w_\varphi)_{i,j-1}^{(n)}(dS_\varphi)_{j-1}]
\end{aligned} \tag{3.48}
$$

$$
p_{i,j}^{(n+1)} = \frac{\gamma - 1}{\gamma} \rho_{i,j}^{(n+1)} \left[H - \frac{1}{2}(w_l^2 + w_\varphi^2)_{i,j}^{(n)} + \frac{1}{2}\omega^2 r_i^2\right] \tag{3.49}
$$

$$
\begin{aligned}
(\rho w_l)_{i,j}^{(n+1)} = (\rho w_l)_{i,j}^{(n)} + \frac{\Delta t}{\Delta V_{i,j}} \{ & -[p_{i+1,j}^{(n+1)} \\
& + (\rho w_l^2)_{i,j}^{(n)}](dS_l)_{i+\frac{1}{2}} + [p_{i,j}^{(n+1)} + (\rho w_l^2)_{i-1,j}^{(n)}](dS_l)_{i-\frac{1}{2}}
\end{aligned}
$$

$$+ [p_{i,j+1}^{(n+1)} + (\rho w_l^2)_{i,j+1}^{(n)}](dS_l)_{j+1} - (\rho w_l w_\varphi)_{i,j+1}^{(n)}(dS_\varphi)_{j+1}$$
$$- [p_{i,j-1}^{(n+1)} + (\rho w_l^2)_{i,j-1}^{(n)}](dS_l)_{j-1} + (\rho w_l w_\varphi)_{i,j-1}^{(n)}(dS_\varphi)_{j-1}\}$$
$$+ \Delta t \frac{p_{i,j}^{(n+1)}}{\tau_i}\left(\frac{d\tau}{dl}\right)_i + \Delta t \frac{\sin\sigma_i}{r_i}[p_{i,j}^{(n+1)} + \rho_{i,j}^{(n)}(w_{\varphi i,j}^{(n)}$$
$$+ \omega r_i)^2] \tag{3.50}$$

$$(\rho w_\varphi)_{i,j}^{(n+1)} = (\rho w_\varphi)_{i,j}^{(n)} + \frac{\Delta t}{\Delta V_{i,j}}\{-(\rho w_l w_\varphi)_{i,j}^{(n)}(dS_l)_{i+\frac{1}{2}}$$
$$+ (\rho w_l w_\varphi)_{i-1,j}^{(n)}(dS_l)_{i-\frac{1}{2}} + (\rho w_l w_\varphi)_{i,j+1}^{(n)}(dS_l)_{j+1}$$
$$- [p_{i,j+1}^{(n+1)} + (\rho w_\varphi^2)_{i,j+1}^{(n)}](dS_\varphi)_{j+1} - (\rho w_l w_\varphi)_{i,j-1}^{(n)}(dS_l)_{j-1}$$
$$+ [p_{i,j-1}^{(n+1)} + (\rho w_\varphi^2)_{i,j-1}^{(n)}](dS_\varphi)_{j-1}\} - \Delta t \frac{\rho_{i,j}^{(n)}}{r_i} w_{li,j}^{(n)}$$
$$\times \sin\sigma_i(w_{\varphi i,j}^{(n)} + 2\omega r_i) \tag{3.51}$$

其中

$$(dS_l)_{i+\frac{1}{2}} = \tau_{i+\frac{1}{2}} r_{i+\frac{1}{2}}(\varphi_{i+\frac{1}{2},j+1} - \varphi_{i+\frac{1}{2},j-1})$$
$$(dS_l)_{i-\frac{1}{2}} = \tau_{i-\frac{1}{2}} r_{i-\frac{1}{2}}(\varphi_{i-\frac{1}{2},j+1} - \varphi_{i-\frac{1}{2},j-1})$$
$$(dS_l)_{j+1} = \tau_i r_i(\varphi_{i+\frac{1}{2},j+1} - \varphi_{i-\frac{1}{2},j+1})$$
$$(dS_\varphi)_{j+1} = \tau_i(l_{i+\frac{1}{2}} - l_{i-\frac{1}{2}})$$
$$(dS_l)_{j-1} = \tau_i r_i(\varphi_{i+\frac{1}{2},j-1} - \varphi_{i-\frac{1}{2},j-1})$$
$$(dS_\varphi)_{j-1} = \tau_i(l_{i+\frac{1}{2}} - l_{i-\frac{1}{2}})$$
$$\Delta V_{i,j} = \frac{1}{2}[(dS_l)_{i+\frac{1}{2}} + (dS_l)_{i-\frac{1}{2}}](l_{i+\frac{1}{2}} - l_{i-\frac{1}{2}})$$

这里 Δt 为时间步长,上标表示时间步数，下标 (i, j) 表示计算点编号,而非整数下标表示格点编号．例如图 3.15 中 A 点之坐标为 $(l_{i+\frac{1}{2}}, \varphi_{j-1})$，$B$ 点之坐标为 $(l_{i+\frac{1}{2}}, \varphi_{j+1})$，$F$ 点之坐标为 $(l_{i-\frac{1}{2}}, \varphi_j)$ 等等．

上述基本格式的精度为一阶．为了提高格式的精度，需要进行修正．修正的方法和平面叶栅情况中完全相同．

（六）边界计算点上流动参数的确定方法

和平面叶栅情况中类似,故不赘述．

（七）初始场的确定

和平面叶栅情况相同.

（八）无量纲化

选用如下诸特征量作为无量纲化尺度:

特征长度 L_* 为叶片沿 l 向的宽度,

特征速度 $a_* = \left[\frac{2(\gamma-1)}{(\gamma+1)} c_p T_{01}\right]^{1/2}$,

特征密度 $\rho_* = \left(\frac{2}{\gamma+1}\right)^{\frac{1}{\gamma-1}} \rho_{01}$,

特征压力为 $\rho_* a_*^2$,

特征时间为 L_*/a_*.

这样方程组(3.44)—(3.47)经无量纲化后形式保持不变.

（九）平滑处理

在平面叶栅跨音速绕流的计算结果中，可观察到流动参数在 y 向出现波动,例如出气角 β_2 一般以 $(2\Delta y)$ 为周期而波动，在有些例子中波动的幅度可以超过 2°. 正如文献[2]所指出的那样，此种 y 向波动乃来自差分格式中规定的 y 向取点的方法，因此有必要在计算中引入 y 向(或 φ 向)的平滑处理. 可以采用如下平滑公式:

$$\bar{f}_{i,j} = f_{i,j} + s(f_{i,j+1} + f_{i,j-1} - 2f_{i,j}) \tag{3.52}$$

这里 f 表示任一流动参数, s 为平滑系数，一般可取 $s = 0.005$—0.01, 在每一时间步后平滑一次.

（十）数值试验结果[15]

今以北京重型电机厂实验室(以下简称北重)提供的一个十万瓩蒸汽轮机末级动叶片的中部截面所组成的平面叶栅作为数值试验的对象. 这是一个带有激波的跨音速叶栅绕流流场，并有实验结果可供比较.

至于旋成面叶栅的跨音速绕流，由于缺少可用的几何数据和实验结果，我们对由上述叶剖面所组成的直叶片中假想的任意旋成流面上的叶栅中的流动作了数值试验.

1. 流片厚度变化及流面半径变化对于流场的影响

对于上述由北重的平面叶栅所构成的直叶栅，我们对如下三种不同情况进行了计算. 在这三种情况中都取 $\omega=50$ 转/秒.

(i) $\tau_i=\text{const}$，$r_i=\text{const}$，此即平面叶栅情况.

(ii) $r_i=\text{const}$，τ_i 在叶片区中随 z 线性增长，增长系数为 $\operatorname{tg}10^\circ$，并取进口边处的流片厚度为 L_*.

(iii) r_i 在叶片区中随 z 线性增长，增长系数为 $\operatorname{tg}10^\circ$，此时旋成流面为锥面. 而且 τ_i 在叶片区中随 l 线性增长，增长系数也为 $\operatorname{tg}10^\circ$. 并取进口边处 $r_1=5L_*$，$\tau_1=L_*$.

计算得到的叶面 M 数分布见图 3.16. 由此可见:

(1) τ_i, r_i 的变化对于压力面上 M 数分布的影响不太大，但在吸力面上却引起了 M 数分布的较大变化.

(2) 在情况 (i) 和 (ii) 中，吸力面上 M 数分布有较大差别，

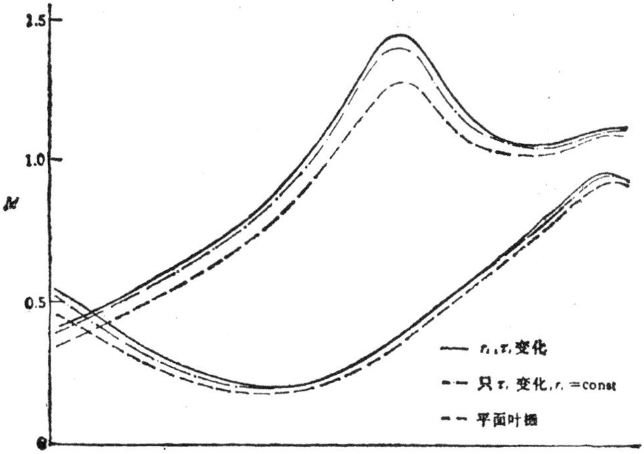

图 3.16 叶片厚度变化、流面半径变化对流场的影响

但在情况 (ii) 和 (iii) 中吸力面上 M 数分布的差别则较小. 这表明,流片法向厚度的变化对于吸力面上 M 数分布有较大的影响.

2. 为了考察 l 向运动方程中的 $\left(-\iiint_V \frac{p}{\tau}\frac{d\tau}{dl}dV\right)$ 对于计算结果的影响，我们还用文献 [16] 中的方程对上述情况 (ii) 进行了计算. 在图 3.17 中将此计算结果与本方法的计算结果作了比较. 由图可见，$\left(-\iiint_V \frac{p}{\tau}\frac{d\tau}{dl}dV\right)$ 这一项对计算结果有相当大的影响,它是不应该被丢掉的.

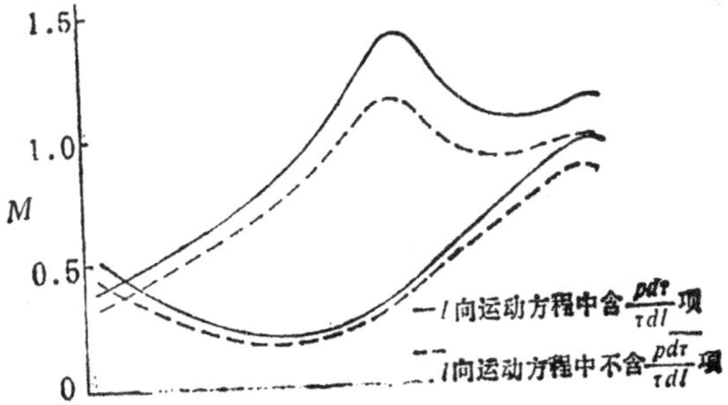

图 3.17 $\left(-\iiint_V \frac{p}{\tau}\frac{d\tau}{dl}dV\right)$ 对于计算结果的影响

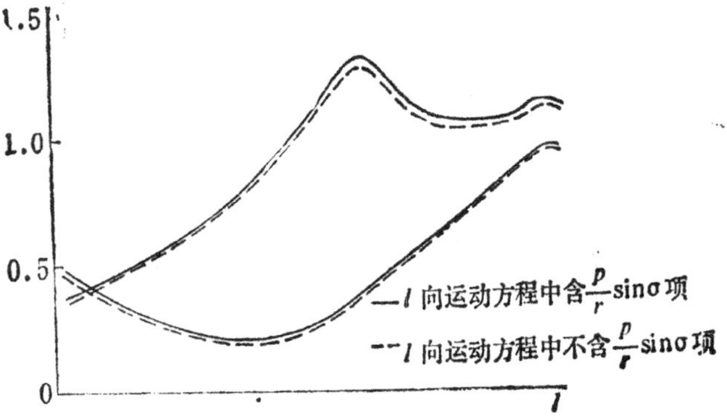

图 3.18 $\left(-\iiint_V \frac{p}{r}\sin\sigma dV\right)$ 对于计算结果的影响

3. 为了考察 l 向运动方程中的 $\left(-\iiint_V \frac{p}{r}\sin\sigma dV\right)$ 对于计算结果的影响，我们用文献 [16] 中的方程和本方法分别计算了如下情况：

$\tau_i=\text{const}$，r_i 在叶片区中随 z 线性增长，增长系数为 tg 10°，在进口边处取 $r_1=5L_*$.

计算所得叶面 M 数分布示于图 3.18 中. 由图可见，二者的差别还是明显的，因此 $\left(-\iiint_V \frac{p}{r}\sin\sigma dV\right)$ 这一项也是不应该被丢掉的.

§11 小结

本章在前九节中介绍了一种计算带激波的平面跨音速流动的简单而有效的方法. 几个典型例子的数值试验已经表明了它求解亚音速和跨音速，有激波和无激波，涡轮叶栅和压气机叶栅中流动问题的能力. 该方法的主要特点是：

1. 由于采用时间推进法，无论是在亚音速区还是超音速区，其基本方程都是双曲型的，故全场可采用统一的计算格式，且能自动捕捉激波，方法易于理解，编制程序简单. 与跨音松弛法相比，优点是没有无旋假设，从而应用范围广，但缺点是计算时间较长，所需存贮量较大.

2. 以无粘完全气体的绝热定常运动中的 Bernoulli 方程作为能量方程，它并非真正的不定常运动的能量方程，因此本方法属于"伪不定常方法". 采用这个能量方程的好处是在平面定常绝热运动中穿过激波时，它仍然应精确成立，而且可节省计算时间与存贮量.

3. 从积分型的基本方程出发构造差分格式，即所谓"有限面积法". 其优点是：(i) 可任意地剖分网格，在这一点上它具有有限元方法的长处，易于适应具有复杂几何形状边界的问题. (ii) 保证差分格式在每一时刻都是守恒的，这一点对于跨音速内部流动来说特别重要．为达到同样满意的结果可以采用较粗的网格，从而节省了计算时间．(iii) 差分格式稳定性较好．

4. 采用了逐步加密网格技术，加速了计算的收敛过程，从而节省了计算时间．

5. 采用了活动的流线网格，这样就把"时间推进有限面积法"与"流线迭代法"结合起来，使得网格线分布更为合理，差分格式大为简化，可以进一步减少所需的计算工作量．关于采用活动的流线网格问题，考核的例子还不够多，有待于进一步研究与完善．

在第 10 节中介绍了任意旋成面叶栅跨音速绕流的一种计算方法以及数值试验的一些初步结果．从中可得如下三点初步看法：

1. 流片厚度变化及流面半径变化对于吸力面上M数分布有相当大的影响，因此任意旋成面叶栅的跨音速绕流计算是必要的．

2. 任意旋成面叶栅的跨音速绕流计算所需要的计算时间并不比平面叶栅有明显增加，故在实用上也是可行的．

3. 在文献 [21] 的准三维计算部分中的 l 向动量方程中所丢掉的两项并不是高阶小量，它们对计算结果有相当大的影响．

参考文献

[1] McDonald, P. W., The Computation of Transonic Flow Through Two-Dimensional Gas Turbine Cascades, ASME 71-GT-89, 1971.

[2] Denton, J. D., A Time Marching Method For Two-and Three-dimensional Blade to Blade Flows, ARC R & M 3775, 1975.

[3] 张耀科、沈孟育、龚增锦，平面叶栅跨音绕流的数值试验，计算数学，**1978** (4)，9—26.

[4] 刘绍中，平面叶栅跨声速绕流计算的加速收敛和边界处理，清华大学工程力学系研究生论文，1981.

[5] Shen Mengyu and Chen Xidi, A Time Marching Finite Area Streamline Iteration Method and Its Application to Transonic Flow Around Plane Cascade, Proceedings of The Second Asian Congress of Fluid Mechanics, 1983.

[6] 沈孟育、龚增锦、张耀科，平面叶栅跨音速绕流计算的一种新方法，工程热物理学报，**1**(3)，230—236，1980.

[7] 中国科学院计算所三室，用流线迭代法求解叶轮机械的气动问题，叶轮机械气动热力计算、设计与试验经验交流会文集，1977.

[8] 胡国荣，用全位势方程求解跨音速平面叶栅流场的松弛迭代算法，北京航空学

院喷气推进系研究生论文，1981.
[9] MacGormack, R. W., Steady Supersonic Flowfield with Embedded Subsonic Regions, Computational Method and Problems in Aeronautical Fluid Dynamics, 1976.
[10] South, J. C., Jr., Application of a Multi-Level Grid Method to Transonic Flow Calculation, Transonic Flow Problems in Turbomachinery, 1976.
[11] 陈细俤，时间相关有限面积流线迭代法及其在平面跨音速叶栅绕流计算中的应用，清华大学工程力学系研究生论文，1982.
[12] Hobson, D. E., Shock-free Transonic Flow in Turbomachinery Cascades, ph. D. Thesis, Cambridge University, U. K, 1974.
[13] Breugelmans, F. A. E., The Cascade and Rotor Section Performance of A 48° Cambered D. C. A. Airfoil, VKI Lecture Series 59, 1973.
[14] Vavra, M. H., Aero-Thermodynamics and Flow in Turbomachines, John Wiley & Sons. Inc., 1960.
[15] 张耀科、沈孟育、龚增锦，任意旋成面叶栅跨音绕流的数值试验，数值计算与计算机应用，1(4)，243—252，1980.
[16] Denton, J. D., Extension of The Finite Area Time Marching Method to Three Dimensions, VKI Lecture Series 84, 1976.

第四章 关于时间推进法中边界条件的讨论

§1 引言

在计算流体力学中，边界条件的提法以及边界的数值处理方法是十分重要的．它往往是计算成败的关键，也是影响计算精度的重要因素．对于每一个具体问题来说，都必须考虑：1.计算区域各部分边界上应提定解条件的个数；2.各部分边界上定解条件的具体提法；3.各部分边界上的计算补充条件的提法和流动参数的具体算法．

在平面叶栅定常跨音绕流计算中，采用时间推进法，一般说可以从伪非定常气动方程组出发，以一个虚拟时间过程的渐近解来作为相应的定常流动问题的解．这时将求解定常跨音速流动的混合型偏微分方程组，化为方程类型单一的双曲型方程组，使得数值求解过程的物理概念清晰，计算程序逻辑简单．而且由于方程组的双曲型性质，便于在边界上应用特征理论．根据不同的进、出口条件和边界性质，在不同类型的边界点上选用合适的特征相容条件．正是由于这些特征相容条件精确地刻划了边界点与相邻内点处流动参数之间的内在联系，使得边界的数值处理更合理、更精确．数值试验表明，流场解的最终数值结果对于边界上特征相容方程的空间有限差分精度并不敏感，即使在相对较粗的网格系中，往往有可能得到满足工程应用所需的数值结果．

然而应该指出，边界的数值处理并不是一定要应用特征相容方程，在许多情况下，采用一些近似的边界数值处理方法，也能得到满意的结果．

在这一章中，我们从基本气动方程组出发，推导了适合于边界点处的通用特征相容方程组，并根据双曲型方程组的特征理论，讨论了平面叶栅跨音速绕流问题中边界条件的提法，最后对于几种不同的物面边界近似数值处理方法进行了数值试验，比较了它们对最终得到的流场解的影响，并讨论了关于进口边界条件的具体提法。

§2 特征相容方程组的推导

对于含有二个自变量的双曲型偏微分方程组，特征线的概念为大家所熟知，其物理意义也比较直观。在平面超音速流场任一点 Q 处的扰动仅波及其下游由 Q 点发出的两条 Mach 线所夹的范围之内，而且 Q 点也只能接受位于其上游由 Q 点发出的两条 Mach 线所夹范围内传来的扰动影响。因此，在超音速流场中扰动的传播是有界的，Mach 线就是微弱扰动传播的边界，也就是特征线。沿着特征线，流动参数遵循着一定的变化规律，反映这些规律的微分方程称为特征相容方程或特征相容条件。

在二维非定常气动方程组中，由于引入了时间变量 t，自变量数目为三个。对于含有三个及三个以上自变量的方程组，需要应用通用的 m 维特征理论。

（一）微分形式的基本方程组

在 Cartesian 坐标系中，无粘可压缩常比热完全气体平面绝热运动的基本方程组可以写成为

$$\left.\begin{aligned}
&\frac{\partial\rho}{\partial t}+u\frac{\partial\rho}{\partial x}+v\frac{\partial\rho}{\partial y}+\rho\left(\frac{\partial u}{\partial x}+\frac{\partial v}{\partial y}\right)=0\\
&\frac{\partial u}{\partial t}+u\frac{\partial u}{\partial x}+v\frac{\partial u}{\partial y}+\frac{1}{\rho}\frac{\partial p}{\partial x}=0\\
&\frac{\partial v}{\partial t}+u\frac{\partial v}{\partial x}+v\frac{\partial v}{\partial y}+\frac{1}{\rho}\frac{\partial p}{\partial y}=0\\
&k\frac{\partial p}{\partial t}+u\frac{\partial p}{\partial x}+v\frac{\partial p}{\partial y}-a^2\left(\frac{\partial\rho}{\partial t}+u\frac{\partial\rho}{\partial x}\right.\\
&\qquad\left.+v\frac{\partial\rho}{\partial y}\right)=0
\end{aligned}\right\}\tag{4.1}$$

这是一阶拟线性偏微分方程组，其中 $k=1$ 对应于第二章中所采用的方程组的形式，$k=\gamma$ 则对应于第三章中所采用的方程组. 应当指出，$k=\gamma$ 时 (4.1) 中最后一个方程并不是无粘完全气体平面绝热非定常流动的能量方程，但当达到定常状态时，它趋近于正确的能量方程. 而在时间推进法中，感兴趣的只是最后得到的定常流场，无需要求模拟真实的非定常中间过程，故而采用这个能量方程是允许的.

方程组 (4.1) 具有四个未知量 ρ, u, v, p 和三个自变量 t, x, y. 对它进行特征分析需要采用通用的 m 维空间的特征理论[1,2]. 为此，首先将方程组 (4.1) 改写成如下普遍的向量积的形式:

$$\left.\begin{array}{l}\sum_{j=1}^{n} \boldsymbol{a}_{ij} \cdot \nabla u_j = b_i \\ (i=1, 2, \cdots, n)\end{array}\right\} \tag{4.2}$$

这里 ∇ 为 Hamilton 运算子，即

$$\nabla u_j = \begin{pmatrix} \dfrac{\partial u_j}{\partial x_1} \\ \dfrac{\partial u_j}{\partial x_2} \\ \vdots \\ \dfrac{\partial u_j}{\partial x_m} \end{pmatrix}$$

式中 $u_1, u_2, \cdots, u_n (n=4)$ 分别表示未知量 ρ, u, v, p; $x_1, x_2, \cdots, x_m (m=3)$ 分别表示自变量 t, x, y.

对照方程组(4.1)，可列出 $\boldsymbol{a}_{ij}$ 的表示式如下:

$$\begin{cases} \boldsymbol{a}_{11} = (1, u, v) \\ \boldsymbol{a}_{12} = (0, \rho, 0) \\ \boldsymbol{a}_{13} = (0, 0, \rho) \\ \boldsymbol{a}_{14} = (0, 0, 0) \end{cases} \qquad \begin{cases} \boldsymbol{a}_{21} = (0, 0, 0) \\ \boldsymbol{a}_{22} = (1, u, v) \\ \boldsymbol{a}_{23} = (0, 0, 0) \\ \boldsymbol{a}_{24} = \left(0, \dfrac{1}{\rho}, 0\right) \end{cases}$$

$$
\begin{cases}
\boldsymbol{a}_{31} = (0, 0, 0) \\
\boldsymbol{a}_{32} = (0, 0, 0) \\
\boldsymbol{a}_{33} = (1, u, v) \\
\boldsymbol{a}_{34} = \left(0, 0, \dfrac{1}{\rho}\right)
\end{cases}
\qquad
\begin{cases}
\boldsymbol{a}_{41} = (-a^2, -a^2u, -a^2v) \\
\boldsymbol{a}_{42} = (0, 0, 0) \\
\boldsymbol{a}_{43} = (0, 0, 0) \\
\boldsymbol{a}_{44} = (k, u, v)
\end{cases}
$$

（二）特征面的定义

一般说来，每个梯度 ∇u_j 有 m 个分量，故 n 个梯度 ∇u_j，$(j=1, 2, \cdots, n)$ 共有 mn 个分量：$\partial u_j/\partial x_\mu$，$(j=1, 2, \cdots, n;\ \mu=1, 2, \cdots, m)$.

设若在 m 维空间的点 Q 处，在某个适当选定的坐标系中，这些梯度在 $(m-1)$ 个坐标轴方向的分量均为已知，即任意给定了 $(m-1)n$ 个分量，则其余 n 个分量，例如 $\partial u_j/\partial x_\nu$，$(j=1, 2, \cdots, n)$，$\nu$ 为某固定值，一般说可以用方程组 (4.2) 来确定. 因为，如果改写 (4.2)，把上述这 n 个梯度分量留在左边，其余均移至右边，可得

$$
\left.
\begin{array}{c}
\displaystyle\sum_{j=1}^{n} C_{ij}\frac{\partial u_j}{\partial x_\nu} = d_i \\
(i = 1, 2, \cdots, n)
\end{array}
\right\}
\tag{4.2$'$}
$$

这是关于这 n 个未知梯度分量的代数方程组. 方程的数目与未知量的数目相等，一般说可以唯一地确定这 n 个未知梯度分量.

但是也可能存在这样的 $(m-1)$ 维的超平面 E，对于给定的平行于 E 的 $(m-1)n$ 个梯度分量而言，方程组 (4.2)，即 (4.2) 不能唯一地确定其余 n 个梯度分量. 这样的超平面 E 就称为方程组 (4.2) 在 Q 点的特征面.

显然，如果 E 是特征面，则方程组 (4.2)$'$ 中关于 n 个未知梯度分量的系数行列式等于零. 这就意味着对应于 (4.2)$'$ 的线性齐次方程组是线性相关的，亦即存在着这样一组不全为零的乘因子 $\alpha_1, \alpha_2, \cdots, \alpha_n$，将它们分别乘方程组 (4.2)$'$，即 (4.2) 中相应的方程，然后相加，可得一个这样的线性组合，它将不包含上述 n 个未

知梯度分量中的任何一个. 这个线性组合为

$$\sum_{i=1}^{n} \alpha_i \sum_{j=1}^{n} \boldsymbol{a}_{ij} \cdot \nabla u_j = \sum_{i=1}^{n} \alpha_i \boldsymbol{b}_i \tag{4.3}$$

即

$$\sum_{j=1}^{n} \boldsymbol{A}_j \cdot \nabla u_j = B \tag{4.3)'$$

其中

$$\boldsymbol{A}_j \equiv \sum_{i=1}^{n} \alpha_i \boldsymbol{a}_{ij}, \qquad B \equiv \sum_{i=1}^{n} \alpha_i b_i$$

由上述知,方程 (4.3)′ 中将不包含 $\partial u_j/\partial x_\nu$, $(j = 1, 2, \cdots, n)$ 中的任何一个. 这就意味着 $\boldsymbol{A}_j$, $(j = 1, 2, \cdots, n)$ 全部平行于超平面 E.

(三) 特征法向和特征方程

为了确定 m 维空间中任一点 Q 处的特征面, 只需确定该特征面的法向即可. 今以 $\boldsymbol{\lambda} = (\lambda_1, \lambda_2, \cdots, \lambda_m)$ 表示 Q 点处特征面 E 的法向量,称之为“特征法向”. 于是有

$$\left.\begin{array}{l} \boldsymbol{\lambda} \cdot \boldsymbol{A}_j = 0 \\ (j = 1, 2, \cdots, n) \end{array}\right\} \tag{4.4}$$

即

$$\left.\begin{array}{l} \alpha_1(\boldsymbol{\lambda} \cdot \boldsymbol{a}_{11}) + \alpha_2(\boldsymbol{\lambda} \cdot \boldsymbol{a}_{21}) + \cdots + \alpha_n(\boldsymbol{\lambda} \cdot \boldsymbol{a}_{n1}) = 0 \\ \alpha_1(\boldsymbol{\lambda} \cdot \boldsymbol{a}_{12}) + \alpha_2(\boldsymbol{\lambda} \cdot \boldsymbol{a}_{22}) + \cdots + \alpha_n(\boldsymbol{\lambda} \cdot \boldsymbol{a}_{n2}) = 0 \\ \cdots\cdots\cdots\cdots\cdots\cdots\cdots\cdots\cdots\cdots \\ \alpha_1(\boldsymbol{\lambda} \cdot \boldsymbol{a}_{1n}) + \alpha_2(\boldsymbol{\lambda} \cdot \boldsymbol{a}_{2n}) + \cdots + \alpha_n(\boldsymbol{\lambda} \cdot \boldsymbol{a}_{nn}) = 0 \end{array}\right\} \tag{4.4)'$$

这是一个关于 $\alpha_1, \alpha_2, \cdots, \alpha_n$ 的线性齐次方程组. 欲存在非零解的充要条件是其系数行列式等于零. 即

$$\begin{vmatrix} \boldsymbol{\lambda} \cdot \boldsymbol{a}_{11} & \boldsymbol{\lambda} \cdot \boldsymbol{a}_{12} & \cdots & \boldsymbol{\lambda} \cdot \boldsymbol{a}_{1n} \\ \boldsymbol{\lambda} \cdot \boldsymbol{a}_{21} & \boldsymbol{\lambda} \cdot \boldsymbol{a}_{22} & \cdots & \boldsymbol{\lambda} \cdot \boldsymbol{a}_{2n} \\ \cdots & \cdots & \cdots & \cdots \\ \boldsymbol{\lambda} \cdot \boldsymbol{a}_{n1} & \boldsymbol{\lambda} \cdot \boldsymbol{a}_{n2} & \cdots & \boldsymbol{\lambda} \cdot \boldsymbol{a}_{nn} \end{vmatrix} = 0 \tag{4.5}$$

我们称 (4.5) 为一阶拟线性偏微分方程组 (4.2) 的“特征方程”.

考虑到方程组 (4.1) 与 (4.2) 之间的对应关系,很容易写出方

程组 (4.1) 的特征方程:

$$\begin{vmatrix} d & \rho\lambda_2 & \rho\lambda_3 & 0 \\ 0 & d & 0 & \lambda_2/\rho \\ 0 & 0 & d & \lambda_3/\rho \\ -a^2 d & 0 & 0 & (k-1)\lambda_1 + d \end{vmatrix} = 0$$

即

$$d^2[d^2 + (k-1)\lambda_1 d - a^2(\lambda_2^2 + \lambda_3^2)] = 0 \qquad (4.5)'$$

其中

$$d \equiv \lambda_1 + u\lambda_2 + v\lambda_3$$

显然,特征方程 (4.5)′ 具有如下四个实根:

$$d_{1,2} = 0 \qquad (4.6)$$

$$d_3 = \frac{1}{2}\left[-(k-1)\lambda_1 + \sqrt{(k-1)^2\lambda_1^2 + 4a^2(\lambda_2^2 + \lambda_3^2)}\right], \qquad (4.7)$$

$$d_4 = \frac{1}{2}\left[-(k-1)\lambda_1 - \sqrt{(k-1)^2\lambda_1^2 + 4a^2(\lambda_2^2 + \lambda_3^2)}\right], \qquad (4.8)$$

因此方程组 (4.1) 是双曲型的.

$d_{1,2} = 0$ 为二重特征根,对应着流特征,表示信息沿流体迹线传播;而 $d = d_3$ 和 $d = d_4$ 对应着波特征,分别称为第一族和第二族波特征.

(四) 通过边界的特征面和特征相容条件的普遍表达式

正如 Kentzer[3] 所概述的那样,通过边界的某些特征面上的特征相容条件可以用来作为计算补充条件,它们同在该边界处规定的边界条件一起可用来确定边界处诸流动参数的瞬时值. 文献 [4—8] 应用特征理论讨论了平面叶栅跨音速绕流问题中各种不同类型边界处边界条件的提法和相应的计算补充条件.

现在针对更为普遍的支配方程组 (4.1) 来推导通过边界的特征面和特征相容条件的普遍表达式.

根据特征法向 $\boldsymbol{\lambda} = (\lambda_1, \lambda_2, \lambda_3)$ 的定义知, λ_1 为 $\boldsymbol{\lambda}$ 在 t 方向的分量,而 (λ_2, λ_3) 表示特征法向 $\boldsymbol{\lambda}$ 在平面 (x, y) 中的分量.

当我们要讨论通过边界的特征面和其上的特征相容条件时,

(λ_2, λ_3) 当然应沿着边界的法向，因此一个自然的选择是将 (λ_2, λ_3) 取成边界的外法线单位向量 $\boldsymbol{n}$. 这是因为 $\boldsymbol{\lambda}$ 定义为特征法向，其模并无限制，故总可以选得使 $\lambda_2^2 + \lambda_3^2 = 1$. 若令 ϕ 为边界外法向与 x 轴间的夹角，则有 $\lambda_2 = \cos\phi$, $\lambda_3 = \sin\phi$.

确定了 $\boldsymbol{\lambda}$ 的空间分量 (λ_2, λ_3) 之后，时间分量 λ_1 即可根据方程 (4.6), (4.7), (4.8) 分别求出. 于是对应于 $d = 0$ 的流特征面和对应于 $d = d_3$ 及 $d = d_4$ 的第一族波特征面，第二族波特征面都被确定了.

下面来推导相应的特征相容方程组. 首先根据方程组 (4.4)′ 求出诸乘因子 $\alpha_i\ (i = 1, 2, \cdots, n)$，然后将它们代入 (4.3) 即可求出相应的特征相容方程组.

先推导波特征相容条件. 当 $d = d_3$ 或 $d = d_4$ 时，考虑到 $\lambda_2 = \cos\phi$, $\lambda_3 = \sin\phi$, 方程组 (4.4)′ 为

$$
(\alpha_1, \alpha_2, \alpha_3, \alpha_4)\begin{pmatrix} d & \rho\cos\phi & \rho\sin\phi & 0 \\ 0 & d & 0 & \dfrac{\cos\phi}{\rho} \\ 0 & 0 & d & \dfrac{\sin\phi}{\rho} \\ -a^2 d & 0 & 0 & d + (k-1)\lambda_1 \end{pmatrix} = \mathbf{0}
$$

式中 $\mathbf{0}$ 为零向量. 上式即为

$$
\left.\begin{aligned} & d\alpha_1 - a^2 d\alpha_4 = 0 \\ & \rho\cos\phi\,\alpha_1 + d\alpha_2 = 0 \\ & \rho\sin\phi\,\alpha_1 + d\alpha_3 = 0 \\ & \frac{1}{\rho}(\cos\phi\,\alpha_2 + \sin\phi\,\alpha_3) + [d + (k-1)\lambda_1]\alpha_4 = 0 \end{aligned}\right\} \tag{4.9}
$$

此方程组的系数矩阵的秩为 3，因此有一个 α 可以自由选取. 为简单起见，取 $\alpha_4 = 1$. 然后由方程组 (4.9) 很易求出：

$$
\alpha_1 = a^2
$$

$$
\alpha_2 = -\frac{\rho a^2\cos\phi}{d}
$$

$$\alpha_3 = -\frac{\rho a^2 \sin\phi}{d}$$

因此，对于 $d = d_3$，$d = d_4$ 分别得到关于α_i 的二组解

$$\boldsymbol{\alpha} = \left(a^2,\ -\frac{\rho a^2\cos\phi}{d_3},\ -\frac{\rho a^2 \sin\phi}{d_3},\ 1\right)$$

和

$$\boldsymbol{\alpha} = \left(a^2,\ -\frac{\rho a^2\cos\phi}{d_4},\ -\frac{\rho a^2 \sin\phi}{d_4},\ 1\right)$$

将它们分别代入 (4.3) 即可求得第一族波特征相容条件和第二族波特征相容条件.

再推导流特征相容条件. 当 $d = 0$ 时，并考虑到 $\lambda_2 = \cos\phi$，$\lambda_3 = \sin\phi$，方程组 (4.4)′ 为

$$(\alpha_1,\ \alpha_2,\ \alpha_3,\ \alpha_4)\begin{pmatrix} 0 & \rho\cos\phi & \rho\sin\phi & 0 \\ 0 & 0 & 0 & \dfrac{\cos\phi}{\rho} \\ 0 & 0 & 0 & \dfrac{\sin\phi}{\rho} \\ 0 & 0 & 0 & (k-1)\lambda_1 \end{pmatrix} = \mathbf{0}$$

即

$$\left.\begin{aligned} &\rho\cos\phi\alpha_1 = 0 \\ &\rho\sin\phi\alpha_1 = 0 \\ &\frac{1}{\rho}(\cos\phi\alpha_2 + \sin\phi\alpha_3) + (k-1)\lambda_1\alpha_4 = 0 \end{aligned}\right\} \tag{4.10}$$

此方程组的系数矩阵的秩为 2，故有二组独立的解. 由 (4.10) 可知，$\alpha_1 = 0$，其余三个系数满足一个关系式，故有二个 α 可以自由选定. 为方便起见，今取 $\alpha_4 = 0$，$\alpha_2 = \sin\phi$，则有 $\alpha_3 = -\cos\phi$；若又取 $\alpha_4 = 1$，$\alpha_3 = 0$，则有 $\alpha_2 = -\dfrac{(k-1)\lambda_1\rho}{\cos\phi}$. 由此得到满足方程组 (4.10) 的如下两组独立的解

$$\boldsymbol{\alpha} = (0,\ \sin\phi,\ -\cos\phi,\ 0)$$

和

$$\boldsymbol{\alpha}=\left(0,\ -\frac{(k-1)\lambda_1\rho}{\cos\phi},\ 0,\ 1\right)$$

将它们分别代入 (4.3) 可得两个流特征相容条件.

至此,已经确定出四组 $\boldsymbol{\alpha}_i$ 的解,由于 $\boldsymbol{\alpha}_i$ 是通过求解不定齐次线代数方程组得到的,具有一定的任意性,为了保证最后组成的特征相容方程组是线性无关的,必须验证这四组 $\boldsymbol{\alpha}_i$ 是线性无关的.事实上

$$\Delta=\begin{vmatrix} a^2 & -\dfrac{\rho a^2\cos\phi}{d_3} & -\dfrac{\rho a^2\sin\phi}{d_3} & 1 \\ a^2 & -\dfrac{\rho a^2\cos\phi}{d_4} & -\dfrac{\rho a^2\sin\phi}{d_4} & 1 \\ 0 & \sin\phi & -\cos\phi & 0 \\ 0 & -\dfrac{(k-1)\rho\lambda_1}{\cos\phi} & 0 & 1 \end{vmatrix}$$

$$=\rho a^4\left(\frac{1}{d_4}-\frac{1}{d_3}\right)\neq 0$$

因此,由上述四个 $\boldsymbol{\alpha}$ 分别得到的四个特征相容方程是线性无关的.将它们稍加整理,即可得到如下通过边界的特征面上的特征相容条件的普遍表达式:

第一族波特征关系式

$$\rho a^2\left(\frac{\partial u}{\partial x}+\frac{\partial v}{\partial y}\right)-\frac{\rho a^2}{d_3}\cos\phi\left(\frac{\partial u}{\partial t}+u\frac{\partial u}{\partial x}+v\frac{\partial u}{\partial y}\right.$$
$$\left.+\frac{1}{\rho}\frac{\partial p}{\partial x}\right)-\frac{\rho a^2}{d_3}\sin\phi\left(\frac{\partial v}{\partial t}+u\frac{\partial v}{\partial x}+v\frac{\partial v}{\partial y}\right.$$
$$\left.+\frac{1}{\rho}\frac{\partial p}{\partial y}\right)+k\frac{\partial p}{\partial t}+u\frac{\partial p}{\partial x}+v\frac{\partial p}{\partial y}=0$$

第二族波特征关系式

$$\rho a^2\left(\frac{\partial u}{\partial x}+\frac{\partial v}{\partial y}\right)-\frac{\rho a^2}{d_4}\cos\phi\left(\frac{\partial u}{\partial t}+u\frac{\partial u}{\partial x}+v\frac{\partial u}{\partial y}\right.$$
$$\left.+\frac{1}{\rho}\frac{\partial p}{\partial x}\right)-\frac{\rho a^2}{d_4}\sin\phi\left(\frac{\partial v}{\partial t}+u\frac{\partial v}{\partial x}+v\frac{\partial v}{\partial y}\right.$$

$$
\left.\begin{aligned}
&+\frac{1}{\rho}\frac{\partial p}{\partial y}\Big)+k\frac{\partial p}{\partial t}+u\frac{\partial p}{\partial x}+v\frac{\partial p}{\partial y}=0\\
&\text{流特征关系式}\\
&\sin\phi\left(\frac{\partial u}{\partial t}+u\frac{\partial u}{\partial x}+v\frac{\partial u}{\partial y}+\frac{1}{\rho}\frac{\partial p}{\partial x}\right)-\cos\phi\\
&\quad\times\left(\frac{\partial v}{\partial t}+u\frac{\partial v}{\partial x}+v\frac{\partial v}{\partial y}+\frac{1}{\rho}\frac{\partial p}{\partial y}\right)=0\\
&k\frac{\partial p}{\partial t}+u\frac{\partial p}{\partial x}+v\frac{\partial p}{\partial y}-a^2\left(\frac{\partial \rho}{\partial t}+u\frac{\partial \rho}{\partial x}+v\frac{\partial \rho}{\partial y}\right)\\
&\quad-\frac{(k-1)\rho\lambda_1}{\cos\phi}\Big(\frac{\partial u}{\partial t}+u\frac{\partial u}{\partial x}+v\frac{\partial u}{\partial y}\\
&\quad+\frac{1}{\rho}\frac{\partial p}{\partial x}\Big)=0
\end{aligned}\right\}\quad(4.11)
$$

前二个波特征相容方程反映了流场中扰动信息沿波特征面的传播规律．后二个流特征相容方程分别表示沿流体质点轨迹面(即流特征面)应当满足动量守恒和能量守恒关系．这里采用两个动量方程的组合形式作为流特征相容方程，以便更多地利用两个动量方程的信息．在 $k=1$ 的正确非定常方程情况中，最后一个流特征方程实际上就是能量方程．

§3 平面叶栅绕流问题边界条件的提法及适合于每一类边界的具体的特征相容条件

我们知道，应用时间推进法求解时，总是根据上一时刻的流场计算出下一时刻的流场．因此，如果随着时间增长，特征面由边界走向求解域内部，就意味着上一时刻边界处的信息，在下一时刻将沿着该特征面传到流场内部，于是对应于该特征面在边界处应该给一个定解条件．反之，若随着时间增长，特征面由求解域内部走向边界，它意味着该特征面上的特征相容条件给出了一个联系上一时刻流场内部的诸流动参数与下一时刻边界处的诸流动参数之间的关系式，因此可以作为计算补充条件用来确定边界处的流动参数．显然，为了能够在计算过程中的每一时刻都能唯一地确定边界处的全部流动参数，必须要求在每一类边界上规定的边界条件的个数与计算补充条件个数的总和等于独立流动参数的个数[4,5].

下面就平面叶栅绕流问题的几种不同类型边界分别讨论之.

(一) 壁面边界

壁面边界包括叶片的上、下表面. 若叶片表面外法线单位向量为 $\boldsymbol{n}$，由 ϕ 角的定义知

$$\boldsymbol{n}=(\cos\phi,\ \sin\phi)$$

如图 4.1 所示.

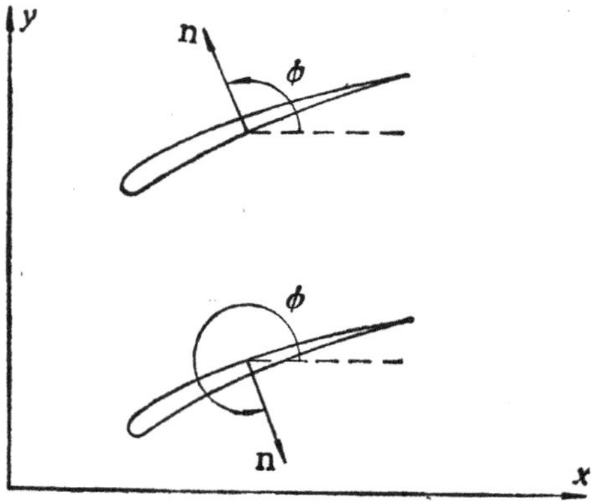

图 4.1 叶片表面外法线单位向量

由物面相切条件知

$$\boldsymbol{q}\cdot\boldsymbol{n}=0$$

即

$$u\cos\phi+v\sin\phi=0 \tag{4.12}$$

首先来分析通过叶片表面的流特征面. 由 $d=0$ 及 (4.12) 式可得

$$\lambda_1^0=0$$

故流特征法向 $\boldsymbol{\lambda}^0=(0,\ \cos\phi,\ \sin\phi)=\boldsymbol{n}$. 可见，通过叶片表面

的流特征面是以叶片表面为底，母线平行于 t 轴的柱面。由此可得如下结论：

(i) 叶片表面上的信息通过流特征面不能传至求解域的内部，因此在叶片表面上对于流特征不要提边界条件。

(ii) 通过叶片表面的流特征面联系着叶片表面的不同时刻，因此可以利用流特征相容方程从叶片表面上一时刻的流动参数来计算叶片表面下一时刻的流动参数。

其次来分析第一族波特征面。由 $d = d_3$，即 $\lambda_1 + u\cos\phi + v\sin\phi = d_3$，及 (4.12) 式可得

$$\lambda_1 = d_3$$

代入 (4.7) 式可得

$$\lambda_1^{\mathrm{I}} = a/\sqrt{k}$$

故 $\boldsymbol{\lambda}^{\mathrm{I}}$ 在时间轴上的分量是正值。由图 4.2 可见，随着时间增长，第一族波特征面从叶片表面走向求解域的内部。这意味着，叶片边界处的信息将沿着第一族波特征面传至流场内部。故在叶片表面上，对于第一族波特征需要提一个边界条件。同时也可知，不能利用第一族波特征相容方程来计算下一时刻叶片表面处的流动参数。

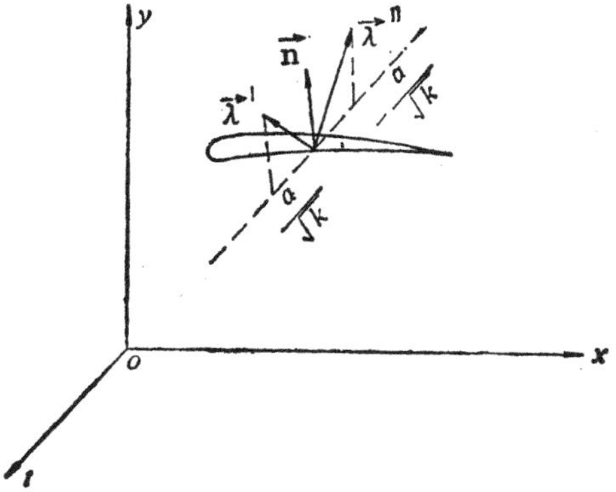

图 4.2 叶面边界波特征面走向

最后来分析第二族波特征面. 由 $d = d_4$ 即 $\lambda_1 + u\cos\phi + v\sin\phi = d_4$ 及 (4.12) 式可得

$$\lambda_1 = d_4$$

代入 (4.8) 式可得

$$\lambda_1^{\mathrm{II}} = -a/\sqrt{k}$$

故 $\boldsymbol{\lambda}^{\mathrm{II}}$ 在时间轴上的分量是负值. 由图 4.2 知, 随着时间增长, 第二族波特征面从求解域内部走向叶片表面. 因此, 第二族波特征相容方程可用来计算下一时刻叶片表面处的流动参数. 同时也知道,在叶片表面上对于第二族波特征不需要提边界条件.

综上所述,可得如下结论:

在叶片表面上需要提一个边界条件,这就是物面相切条件;两个流特征相容方程和第二族波特征相容方程可作为计算补充条件用来计算叶片表面处的流动参数. 于是在叶片表面上总共得到四个方程,而独立的流动参数也是四个,故上述方程组是封闭的. 这些方程是

$$\left.\begin{aligned}
&\cos\phi\frac{\partial u}{\partial t} + \sin\phi\frac{\partial v}{\partial t} = 0\\
&\sin\phi\left(\frac{\partial u}{\partial t} + u\frac{\partial u}{\partial x} + v\frac{\partial u}{\partial y} + \frac{1}{\rho}\frac{\partial p}{\partial x}\right)\\
&\quad - \cos\phi\left(\frac{\partial v}{\partial t} + u\frac{\partial v}{\partial x} + v\frac{\partial v}{\partial y} + \frac{1}{\rho}\frac{\partial p}{\partial y}\right) = 0\\
&k\frac{\partial p}{\partial t} + u\frac{\partial p}{\partial x} + v\frac{\partial p}{\partial y} - a^2\left(\frac{\partial \rho}{\partial t} + u\frac{\partial \rho}{\partial x}\right.\\
&\quad \left. + v\frac{\partial \rho}{\partial y}\right) = 0\\
&k\frac{\partial p}{\partial t} + (u + a\sqrt{k}\cos\phi)\frac{\partial p}{\partial x} + (v + a\sqrt{k}\sin\phi)\\
&\times\frac{\partial p}{\partial y} + \rho a\sqrt{k}\left[\left(u\cos\phi + \frac{a}{\sqrt{k}}\right)\frac{\partial u}{\partial x} + v\cos\phi\frac{\partial u}{\partial y}\right.\\
&\left. + u\sin\phi\frac{\partial v}{\partial x} + \left(v\sin\phi + \frac{a}{\sqrt{k}}\right)\frac{\partial v}{\partial y}\right] = 0
\end{aligned}\right\}\qquad(4.13)$$

在这里，物面相切条件取微分形式，由于ϕ不随t变化，故将(4.12)式对t求偏导数可得(4.13)中的第一个方程。

(二) 进口边界

在进口边界处，$\phi=180°$。

对于流特征，$d=\lambda_1+u\cos\phi+v\sin\phi=\lambda_1-u=0$，故有

$$\lambda_1^0=u$$

由于$\boldsymbol{\lambda}^0$在时间轴上的分量为正值，故随着时间增长，流特征面从进口边界走向求解域的内部。结论是，在进口边界上对于流特征需要规定二个边界条件。

对于第一族波特征，$d=\lambda_1-u=d_3$，代入(4.7)式得到

$$\lambda_1^{\mathrm{I}}=\frac{(k+1)u+\sqrt{(k+1)^2u^2+4k(a^2-u^2)}}{2k}$$

由此知，$\boldsymbol{\lambda}^{\mathrm{I}}$在时间轴上的分量为正值。随着时间增长，第一族波特征面也是从进口边界走向求解域的内部。因而在进口边界上，对于第一族波特征需要规定一个边界条件。

对于第二族波特征，$d=\lambda_1-u=d_4$，代入(4.8)式得到

$$\lambda_1^{\mathrm{II}}=\frac{(k+1)u-\sqrt{(k+1)^2u^2+4k(a^2-u^2)}}{2k}$$

这时，可能出现两种不同的情形：

(i) 当$u\leqslant a$时，$\lambda_1^{\mathrm{II}}\leqslant 0$，即$\boldsymbol{\lambda}^{\mathrm{II}}$在时间轴上的分量或为负或为零，因而随着时间增长，第二族波特征面或从流场内部走向进口边界，或从进口边界走向进口边界。总之，此时第二族波特征相容方程可作为计算补充条件用来计算进口边界处的流动参数。

由(4.11)中的第二个方程，并考虑到$\phi=180°$，$d_4=\lambda_1^{\mathrm{II}}-u$，可得

$$\rho a^2\left(\frac{\partial u}{\partial x}+\frac{\partial v}{\partial y}\right)+\frac{\rho a^2}{\lambda_1^{\mathrm{II}}-u}\left(\frac{\partial u}{\partial t}+u\frac{\partial u}{\partial x}+v\frac{\partial u}{\partial y}\right.$$
$$\left.+\frac{1}{\rho}\frac{\partial p}{\partial x}\right)+k\frac{\partial p}{\partial t}+u\frac{\partial p}{\partial x}+v\frac{\partial p}{\partial y}=0 \qquad (4.14)$$

只要进口边界放置得离叶片足够远，来流就接近均匀，于是可略去流动参数的 y 向偏导数. 又设若作为边界条件规定了进口压力(它不随时间而变)，则有 $\partial p/\partial t=0$，此时，(4.14) 可简化为

$$\frac{\partial u}{\partial t}=-\lambda_1^{\mathrm{II}}\frac{\partial u}{\partial x}-\frac{a^2+u(\lambda_1^{\mathrm{II}}-u)}{\rho a^2}\frac{\partial p}{\partial x} \tag{4.14'}$$

(ii) 当 $u>a$ 时，$\lambda_1^{\mathrm{II}}>0$. 由于 $\boldsymbol{\lambda}^{\mathrm{II}}$ 在时间轴上的分量为正值，因而随着时间增长，第二族波特征面将从进口边界走向求解域的内部. 于是，在进口边界上，对于第二族波特征需要规定一个边界条件.

综上所述，可得如下结论：

当 $u\leqslant a$ 时，在进口边界上需要规定三个边界条件，而第二族波特征相容方程 (4.14) 或 (4.14)′ 可以作为计算补充条件用来计算进口边界处的流动参数. 当 $u>a$ 时，进口边界上需要规定四个边界条件，亦即全部进口流动参数都应给定，它们不受叶栅存在的影响.

(三) 出口边界

在出口边界处，$\phi=0°$.

对于流特征 $d=\lambda_1+u\cos\phi+v\sin\phi=\lambda_1+u=0$，故有

$$\lambda_1^0=-u$$

$\boldsymbol{\lambda}^0$ 在时间轴上的分量为负值. 随着时间增长，流特征面从流场内部走向出口边界，故而两个流特征相容方程可作为计算补充条件用来计算出口边界处的流动参数. 由 (4.11) 中的第三，第四个方程，并考虑到 $\phi=0°$ 及 $\lambda_1=-u$ 可得

$$\frac{\partial v}{\partial t}=-u\frac{\partial v}{\partial x}-v\frac{\partial v}{\partial y}-\frac{1}{\rho}\frac{\partial p}{\partial y} \tag{4.15}$$

和

$$\frac{\partial \rho}{\partial t}=\frac{ku}{a^2}\frac{\partial p}{\partial x}-u\frac{\partial \rho}{\partial x}-v\frac{\partial \rho}{\partial y}+\frac{(k-1)\rho u}{a^2}\Big(\frac{\partial u}{\partial t}+u\frac{\partial u}{\partial x}+v\frac{\partial u}{\partial y}\Big)+\frac{k}{a^2}\frac{\partial p}{\partial t}+\frac{v}{a^2}\frac{\partial p}{\partial y} \tag{4.16}$$

设若作为边界条件规定了出口反压，且假定在边口边界上反压为均匀分布，则有 $\partial p/\partial t = 0$ 及 $\partial p/\partial y = 0$，于是(4.15)和(4.16)分别简化为

$$\frac{\partial v}{\partial t} = -u\frac{\partial v}{\partial x} - v\frac{\partial v}{\partial y}, \tag{4.15'}$$

$$\frac{\partial \rho}{\partial t} = \frac{ku}{a^2}\frac{\partial p}{\partial x} - u\frac{\partial \rho}{\partial x} - v\frac{\partial \rho}{\partial y} + \frac{(k-1)\rho u}{a^2} \times\left(\frac{\partial u}{\partial t} + u\frac{\partial u}{\partial x} + v\frac{\partial u}{\partial y}\right), \tag{4.16'}$$

对于第二族波特征，$d = \lambda_1 + u = d_4$，代入(4.8)式得到

$$\lambda_1^{II} = \frac{-(k+1)u - \sqrt{(k+1)^2u^2 + 4k(a^2 - u^2)}}{2k}$$

由此知 λ^{II} 在时间轴上的分量为负值．随着时间增长，第二族波特征面从流场内部走向出口边界，故而第二族波特征相容方程可作为计算补充条件用来计算出口边界处的流动参数．由(4.11)的第二个方程，并考虑到 $\phi = 0°$，$d_4 = \lambda_1^{II} + u$，可得

$$\frac{\partial u}{\partial t} = \lambda_1^{II}\frac{\partial u}{\partial x} + \frac{(\lambda_1^{II} + u)u - a^2}{\rho a^2}\frac{\partial p}{\partial x} + (\lambda_1^{II} + u)\frac{\partial v}{\partial y} - v\frac{\partial u}{\partial y} + \frac{\lambda_1^{II} + u}{\rho a^2}\left(k\frac{\partial p}{\partial t} + v\frac{\partial p}{\partial y}\right) \tag{4.17}$$

设若规定了出口反压，且假定在出口边界上反压是均匀分布的，则(4.17)式可简化为

$$\frac{\partial u}{\partial t} = \lambda_1^{II}\frac{\partial u}{\partial x} + \frac{(\lambda_1^{II} + u)u - a^2}{\rho a^2}\frac{\partial p}{\partial x} + (\lambda_1^{II} + u)\frac{\partial v}{\partial y} - v\frac{\partial u}{\partial y} \tag{4.17'}$$

对于第一族波特征，$d = \lambda_1^{I} + u = d_3$，代入(4.7)式得到

$$\lambda_1^{I} = \frac{-(k+1)u + \sqrt{(k+1)^2u^2 + 4k(a^2 - u^2)}}{2k}$$

可能出现如下两种不同情形：

(i) 当 $u < a$ 时，$\lambda_1^{I} > 0$．此时 λ^{I} 在时间轴上的分量为正

值．随着时间增长，第一族波特征面从出口边界走向流场内部，故在出口边界上对于第一族波特征需要规定一个边界条件．

(ii) 当 $u \geqslant a$ 时，$\lambda_1^{\mathrm{I}} \leqslant 0$．此时 $\boldsymbol{\lambda}^{\mathrm{I}}$ 在时间轴上的分量或为负值或为零．随着时间增长，第一族波特征面或从流场内部走向出口边界或从出口边界走向出口边界，故而第一族波特征相容方程可作为计算补充条件用来计算出口边界处的流动参数．由 (4.11) 中第一个方程并考虑到 $\phi = 0$ 及 $d_3 = \lambda_1^{\mathrm{I}} + u$ 可得

$$\frac{\partial p}{\partial t} = \frac{1}{k}\left\{\left[\frac{a^2-(\lambda_1^{\mathrm{I}}+u)u}{\lambda_1^{\mathrm{I}}+u}\right]\frac{\partial p}{\partial x} - v\frac{\partial p}{\partial y} - \frac{\rho a^2\lambda_1^{\mathrm{I}}}{\lambda_1^{\mathrm{I}}+u}\frac{\partial u}{\partial x}\right.$$
$$\left. + \frac{\rho a^2}{\lambda_1^{\mathrm{I}}+u}\frac{\partial u}{\partial t} + \frac{\rho a^2 v}{\lambda_1^{\mathrm{I}}+u}\frac{\partial u}{\partial y} - \rho a^2\frac{\partial v}{\partial y}\right\} \tag{4.18}$$

综上所述，可得如下结论：

当 $u < a$ 时，在出口边界上需要规定一个边界条件，设若规定了不随时间变化的出口反压，并假定在出口边界上反压均匀分布，则 (4.15)′, (4.16)′ 和 (4.17)′ 可作为计算补充条件用来计算出口边界处的流动参数．当 $u \geqslant a$ 时，在出口边界上无需规定边界条件，此时出口边界处的流动参数可由 (4.15), (4.16), (4.17) 和 (4.18) 计算出来．

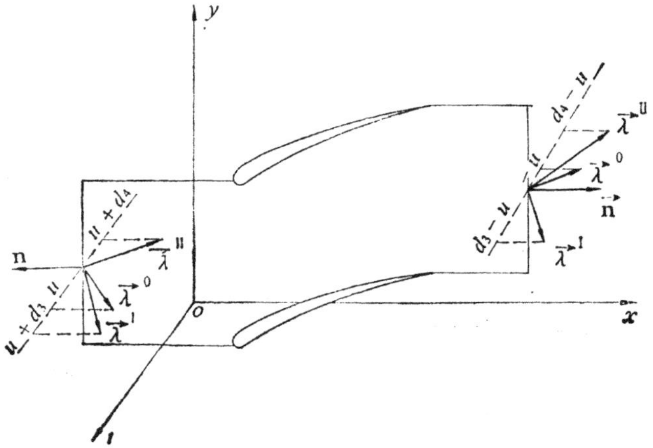

图 4.3 通过进、出口边界的诸特征面的走向

（四）周期性区域边界

在平面叶栅绕流问题中，还有一类边界条件，即栅前区和栅后区边界上应满足周期性条件，此条件乃来自物理上的考虑。这个条件在计算过程中可以按如下简单方式实现，即在边界线外侧另外添设一条虚设网格线，在此虚设网格线上流动参数的值根据周期性条件可取自对侧邻近边界的一条网格线上相应点处的值，从而边界点可作为内点处理。通常只计算一条周期区边界线上的流动参数，然后迫使另一条周期区边界线上各点处的流动参数值等于对侧边界线上相应点处的相应流动参数值[6]；或者同时计算两条周期区边界线上的流动参数，然后取其平均值作为公共值，以实现周期性条件[7]。

（五）尾流边界

从物理上考虑，栅前区与栅后区情况不尽相同。栅前区由于处于诸叶片的上游，粘性影响微弱，按无粘流求解可以认为是相当精确的。因此在处理栅前区边界时，只需使用周期性条件。

栅后区位于叶栅下游，叶片上的边界层将流向下游成为尾流，因而存在着尾流与主流掺混扯平的过程。为了使无粘模型的数值结果接近于物理上的真实流动，必须考虑这一过程。实验表明，当叶栅出口流动为亚音速时，主流与尾流之间的掺混扯平相当迅速，尾流粘性层在叶片下游很短距离内迅速变宽，而不再是一个薄层，这时应用周期性条件是合适的。但当叶栅出口流动为超音速时，纹影仪图象表明，在叶片下游相当长距离之内尾流仍是一薄层，此时应将周期性条件改为尾流条件，即认为尾流两侧边界是间断面，在间断面两侧对应点处满足静压相等，速度方向与尾流间断面相切。于是有

$$\left(\frac{\partial p}{\partial t}\right)_1=\left(\frac{\partial p}{\partial t}\right)_2 \tag{4.19}$$

$$\beta_1'=\beta_2' \quad (=\beta') \tag{4.20}$$

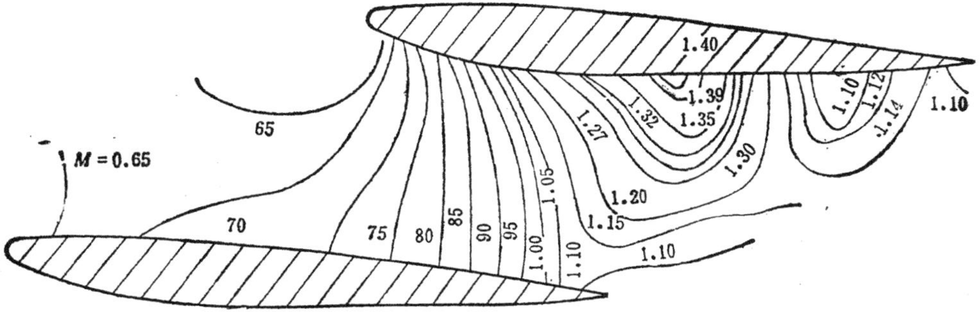

图 4.4　计算的 V. K. I 叶栅中等 M 数线分布

这里 β' 表示尾流边界与栅距方向(即 y 轴)间的夹角. 下标"1"和"2"分别表示尾流间断面的上、下侧.

栅后区的尾流边界将随时间推进过程而不断改变，利用与对壁面边界所进行的相类似的特征分析，将第二族波特征相容条件代入(4.19)式,并注意到 β' 角的定义及(4.20)式,可以得到[6]

$$\frac{\partial\beta'}{\partial t}=\left\{(A_2-A_1)+\left[\left(\rho a\sqrt{k}\,\frac{\partial u}{\partial t}\right)_1+\left(\rho a\sqrt{k}\,\frac{\partial u}{\partial t}\right)_2\right]\right.$$
$$\left.\times\cos\beta'-\left[\left(\rho a\sqrt{k}\,\frac{\partial v}{\partial t}\right)_1+\left(\rho a\sqrt{k}\,\frac{\partial v}{\partial t}\right)_2\right]\sin\beta'\right\}\Big/$$
$$\{[(\rho a\sqrt{k}\,u)_1+(\rho a\sqrt{k}\,u)_2]\sin\beta'+[(\rho a\sqrt{k}\,v)_1$$
$$+(\rho a\sqrt{k}\,v)_2]\cos\beta'\} \tag{4.21}$$

式中

$$A\equiv-\left[u\frac{\partial p}{\partial x}+v\frac{\partial p}{\partial y}+\rho a^2\left(\frac{\partial u}{\partial x}+\frac{\partial v}{\partial y}\right)\right]$$

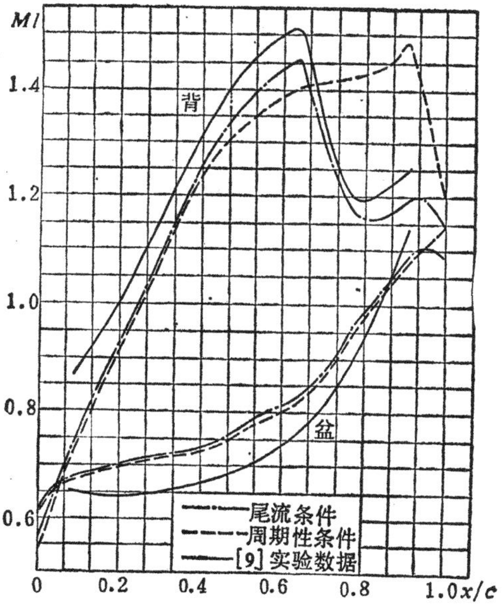

图 4.5 栅后区使用周期性条件与尾流条件所得叶面 M 数分布的对比

$$\frac{\partial u}{\partial t} = -\left[u\frac{\partial u}{\partial x} + v\frac{\partial u}{\partial y} + \frac{1}{\rho}\frac{\partial p}{\partial x}\right]$$

$$\frac{\partial v}{\partial t} = -\left[u\frac{\partial v}{\partial x} + v\frac{\partial v}{\partial y} + \frac{1}{\rho}\frac{\partial p}{\partial y}\right]$$

为了说明使用尾流条件的必要性，这里给出一个算例．对于 V. K. I 的一个涡轮叶栅，在图 4.4 中给出了进、出口静压比等于 0.4566 时的等 Mach 数线分布．由图可见，与文献［9］中给出的纹影仪照片所示的波系是相符的．

图 4.5 比较了在栅后区边界处使用周期性条件与尾流条件所得到的叶片表面 Mach 数分布，计算是对同一叶栅在同一工况下进行的．由图可见，尽管这两种计算过程都是稳定的，并都得到了流场的稳定解，但在叶片尾部结果的差别是相当显著的，这说明使用周期性条件造成了严重的失真．

（六）激波间断

在有些数值计算中，将流场内激波分离出来，作为内边界处理，这称为激波拟合法．这时特征相容条件为精确拟合激波间断提供了有效的手段．其基本思路是，在激波间断面的超音速流一侧，采用内点方程组的单侧差分确定全部流动参数，而在亚音速流一侧，除了全部流动参数之外，还引入一个新的未知量，即激波运动速度 U_s，这些未知量可利用激波关系式，即 Rankine-Hugoniot 条件，以及第一族波特征相容方程来求解，然后对激波运动速度积分得到激波位置，于是过激波后全部流动参数可唯一确定．

但在叶栅跨音速绕流中，流场内部波系相当复杂．激波数目和位置往往无法预先估计，因此采用一种通用的激波拟合过程是相当困难的．实际计算中较多采用激波捕捉法，利用人工粘性（或数值粘性）使其在计算过程中激波能自然形成．但对个别流场，波系较简单，且事先有一定的了解，采用激波拟合法可望使求解过程更精确、更有效．

§4 边界的近似数值处理

在许多工程问题的数值计算中，应用特征相容方程来计算边界处的流动参数并不总是方便的．其原因是：特征相容方程推导繁杂，给分析工作造成困难；内点方程组与边界点方程组形式不一定相协调． 例如在第三章中内点采用有限面积法构造的差分式，若在边界点采用特征相容方程的有限差分式，这相当于在同一计算过程中交替使用积分型与微分型的基本方程．解决这些困难的办法是寻找一些合理的近似处理方法．计算实践表明，只要处理恰当，也能得到满意的结果．

在第二章中，内点基本方程组是微分型的，采用特征相容方程来计算边界处的流动参数；而在第三章中，内点基本方程组是积分型的，则主要借助于某些合理的近似条件作为计算补充条件用来确定边界处的流动参数．这些近似处理方法在以微分型基本方程出发的时间推进有限差分法中也常被采纳．

在文献[8]中讨论了叶面边界的几种近似数值处理方法及其对计算结果的影响．

(1) y 向线性外推法[7]

首先按边界点与邻近内点的流动参数线性外推出虚设网格点处的相应流动参数，然后按内点格式计算出边界点上的全部流动参数．为满足物面相切条件，将叶面点上的法向速度分量扔掉，只保留速度在边界上的切向分量．

(2) 等熵修正法[10]

先按(1)中的办法算出叶面点上的诸流动参数，然后设想扔掉法向速度分量的过程为一个小扰动等熵过程，因此可应用总焓守恒和等熵公式来补充修正压力与密度．数值试验表明，用这种算法所得到的结果与(1)相差甚微．

(3) 速度贴面法

与(1)的做法相类似，但修正叶面速度时不是扔掉法向分量，而是将速度向量偏转到与叶面相切．即

$$q = \sqrt{u^2 + v^2}$$
$$\tilde{u} = q\cos\theta$$
$$\tilde{v} = q\sin\theta$$

这里 $\tilde{u}$, $\tilde{v}$ 为修正后的速度分量，θ 为叶片表面倾角．三个算例的数值结果表明，这种算法所得结果与(1)相差很小．

(4) y 向抛物外推法[11]

将(1)中的线性外推改为利用边界点及邻近边界的二个内点上的流动参数作三点抛物外推得到虚设网格点处的相应流动参数，然后用内点格式计算出边界点处的全部流动参数．再扔掉法向速度分量以满足物面相切条件．数值计算表明，结果比(1)有明显改善．

(5) 特征关系法[8]

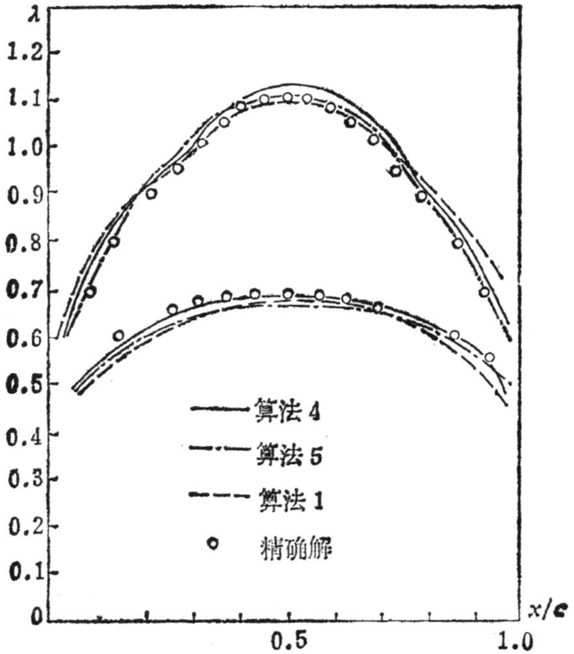

图 4.6 Hobson 叶型叶面速度分布

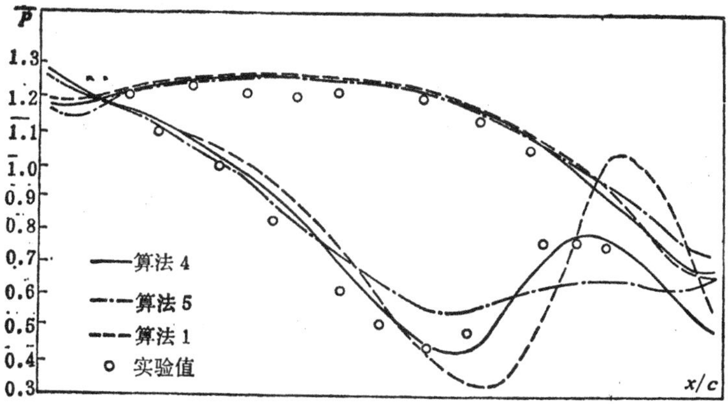

图 4.7　北重跨音速叶栅叶面压力分布

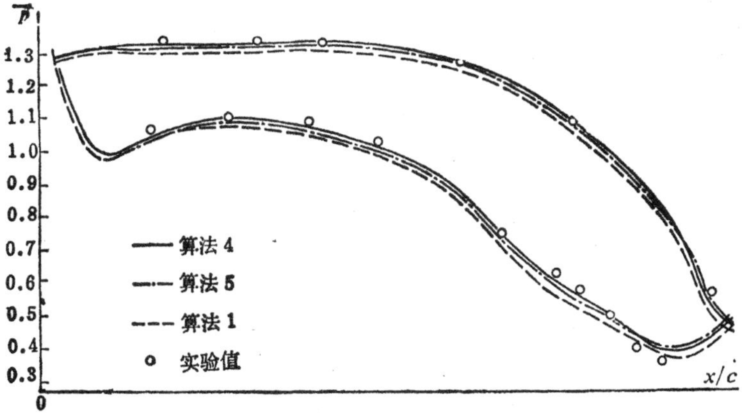

图 4.8　807跨音速涡轮动叶中部叶面压力分布

利用特征相容方程组 (4.13) 来计算叶面边界点上的流动参数.

对于上述五种算法,比较了三个算例，它们是 Hobson 跨音速叶栅，北重跨音速叶栅和 807 跨音涡轮动叶中部叶栅. 数值试验结果示于图 4.6、图 4.7 和图 4.8 中,并和实验结果进行了比较. 三个算例均表明算法 (4) 较好，而算法 (1), (2) 和 (3) 的结果稍差一些．至于算法(5)，对于例1和例3，计算结果比较满意，而对例2这种在叶片区中部出现激波的情况，呈现出把激波抹平的现象．

上述几种叶面边界的近似处理方法的计算过程都是稳定的，只是最终数值结果有些偏差而已，说明这些方法都是合理的，有效的．但这丝毫不能说明边界数值处理方法的选择无关重要．许多数值计算表明，不适当的边界数值处理，相当于在边界上人为地引入扰动，当这些扰动量过大时，会造成数值结果严重失真，或者使计算过程收敛很慢，甚至发散．这在进、出口边界处理上表现得更为明显．

§5 关于进口边界条件的具体提法

前面我们根据关于通过边界的特征面的走向的讨论解决了当采用时间推进法来求解平面叶栅跨音速绕流问题时在求解域的各类不同边界上应规定的定解条件的个数问题．但是，这些定解条件的具体提法一般说来是应该依据物理问题的性质来确定的．

对于物面边界，周期区边界及出口边界可以较容易地根据问题的物理特点来确定或选定边界条件的具体提法．但是在进口边界上应规定哪三个定解条件，在物理上并不是很明显的．在文献[12]中对这个问题作了初步的探讨．

由特征分析知，流体质点的迹线是二重特征线，又知沿这条流特征线滞止焓 i_0 和熵 S 是守恒的，即有 $Di_0/Dt=0$ 及 $DS/Dt=0$．再依据完全气体的热力学关系式可知，沿着该条流特征线，滞止温度 T_0 和滞止压力 p_0 是守恒的．因此，若规定 p_0、T_0 作为进口边界上的两个定解条件是合理的．至于第三个定解条件则在物理上难于作出明确的选择，可以有各种不同的给法．例如可以给定进口 Mach 数 M_1，或进气角 β_1 或进口 y 向分速 v_1．因此，在进口速度为亚音速的条件下，至少下列三种进口边界条件的提法都是可能的：

(1) 规定 p_0，T_0，M_1．

(2) 规定 p_0, T_0, β_1.

(3) 规定 p_0, T_0, v_1.

我们无法从理论上证明这三种进口边界条件提法的等价性，除非对这三种提法所构成的三个定解问题能分别证明它们的适定性，然而这是相当困难的数学问题．在文献[12]中用数值试验的方法初步地探讨了上述问题．

先按第一种提法进行计算．此时在进口边界上规定了 p_0、T_0 和 M_1，计算补充条件为 $\partial v/\partial L=0$，再利用以下公式计算出其余的进口流动参数在每一时间步的值：

$$p_1=p_0\Big/\left(1+\frac{\gamma-1}{2}M_1^2\right)^{\frac{\gamma}{\gamma-1}}$$

$$\rho_1=\rho_0\Big/\left(1+\frac{\gamma-1}{2}M_1^2\right)^{\frac{1}{\gamma-1}}$$

$$|\boldsymbol{V}_1|=\left[2\left(c_pT_0-\frac{c_p}{R}\frac{p_1}{\rho_1}\right)\right]^{1/2}$$

$$\beta_1=\sin^{-1}(v_1/|\boldsymbol{V}_1|)$$

$$u_1=|\boldsymbol{V}_1|\cos\beta_1$$

由上可见，p_1, ρ_1, $|\boldsymbol{V}_1|$ 由定解条件 p_0, T_0, M_1 完全确定．在计算过程中只有 v_1, u_1, β_1 是不断变化的，直到最后才收敛到稳定值．

然后，使用上面得到的 β_1 和 v_1 的稳定值分别作为第二种提法

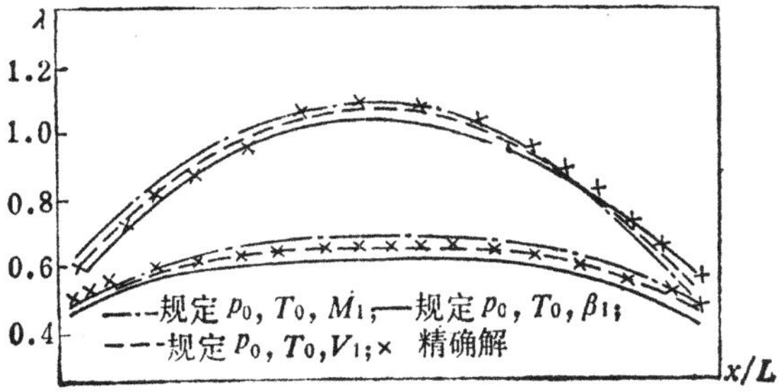

图 4.9

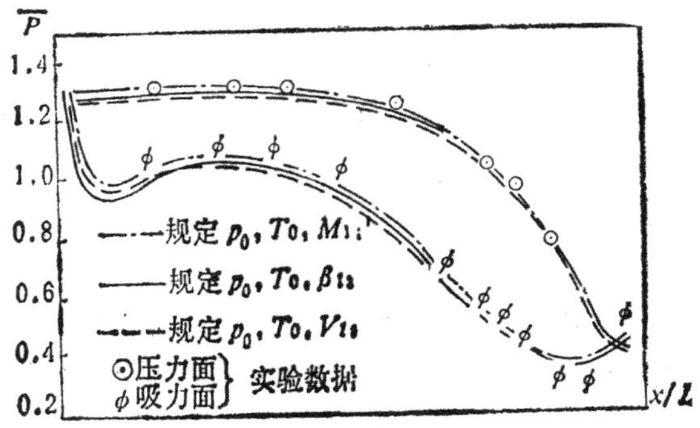

图 4.10

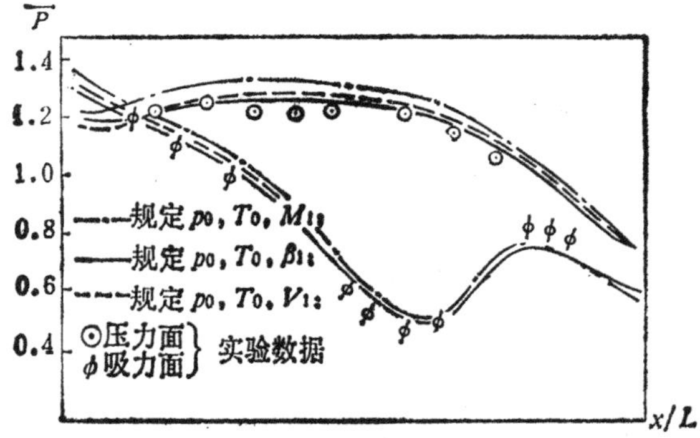

图 4.11

和第三种提法中的进口边界处的定解条件分别进行计算.

在文献 [12] 中按上述方法对下面三个例子进行了数值试验.

例 1. Hobson 跨音速冲击式涡轮叶栅. 计算结果如图 4.9 所示. 图中 λ 为叶面上无量纲速度, L 为叶片轴向弦长.

例 2. 807 跨音涡轮动叶中部叶栅. 计算结果如图 4.10 所示. 图中 $\overline{P}$ 为叶面上无量纲压力.

例 3. 北重跨音速叶栅. 计算结果如图 4.11 所示.

三个例子的数值试验表明, 上述三种不同进口边界条件提法的计算结果基本一致, 并与实验数据或精确解符合得相当好. 它说明了这三种进口边界条件的提法都是正确的，皆可用于工程设计计算．并且我们可以推测，上述三种进口边界条件的提法是等价的．

§6 小结

本章将一般双曲型方程组的特征理论应用于无粘常比热完全气体的平面绝热流动，推导出适用于各类边界的特征相容方程组的通用形式，并根据平面叶栅绕流问题的各类边界的性质和来流参数，讨论了应规定边界条件的个数及具体的特征相容方程组．

应当指出，边界条件的不适当给法将导致定解问题的不适定性．但在适当的定解条件下允许采用某些合理的近似关系来作为计算补充条件．通过有限算例说明，只要这些近似本身是合理的，对于最终数值结果不致产生严重偏差．选择合理的近似处理方法对改善流场解的精度是重要的．

数值试验表明，最终流场稳态解对于边界特征相容方程的空间有限差分精度并不敏感．在大多数工程计算中，边界条件和计算补充条件的差分格式可仿效内点方程组的方式构造．比如，若内点方程组采用二阶精度的两步差分式，在边界点上由于取单侧差分式往往降为一阶精度．必要时可将单侧差分式代之较多空间点的二阶精度格式，或者直接采用二阶精度的特征型差分格式[13]．

参 考 文 献

[1] von Mises, R., Mathematical Theory of Compressible Fluid Flow, Academic Press Inc., 100—107, 1958.

[2] Русанов, В. В., Характеристики общих уравнений газовой динамики, *ЖВММФ*, **3** (3), 508—527, 1963.

[3] Kentzer, C. P., Discretization of Boundary Conditions on Moving Discontinuities, Proceedings of The Second International Conference on Numerical Methods in Fluid Dynamics, 108—113, 1971.

[4] Gopalakrishnan, S., Bozzola, R., Numerical Representation of Inlet and Exit Boundary Conditions in Transient Cascade Flow, *Trans. of The ASME, Journal of Engineering for Power*, **95**(4), 340—344, 1973.

[5] Kurzrock, J. W., Novick, A. S., Transonic Flow Around Rotor Blade Elements,

Trans. of The ASME, Journal of Fluid Engineering, 97(4), 598—605, 1975.
[6] 林保真、薛学勤、周盛，跨音带冲波二维平面叶栅流场计算，航空学报，**1978**(1)，60—70.
[7] 张耀科、沈孟育、龚增锦，平面叶栅跨音绕流的数值试验，计算数学，**1978**(4)，9—26.
[8] 张耀科、沈孟育，关于跨音叶栅物面边界条件的数值试验，空气动力学学报，**1982**(4)，13—17.
[9] Sampson, R. G., Calculation of The Flow Through Supercritical Turbine Cascades with a View to Designing Blades with Reduced Shock Strength, VKI TN57, 1970.
[10] 张耀科、龚增锦、沈孟育，关于用时间相关法求解平面叶栅跨音速绕流的一些问题，工程热物理学报，**1**(4)，337—340，1980.
[11] Denton, J. D., Extension of The Finite Area Time Marching Method to Three Dimensions, VKI Lecture Series 84, 1976.
[12] Zhang Yaoke, Shen Mengyu, On The Numerical Treatment of The Entry Boundary Conditions in Transonic Flow Through Plane Cascade, Proceedings of The Second Asian Congress of Fluid Mechanics, 265—270, 1983.
[13] 朱幼兰、钟锡昌、陈炳木、张作民，初边值问题差分方法及绕流，科学出版社，1980.

第五章 叶轮机械中跨音速非定常及定常流动的位函数描述

§1 引言

尽管在流体力学中使用位函数已有很长历史，但是，把类型相关有限差分格式与位函数方程相结合，通过线松弛方法定量地求解出跨音速无粘流场数值解一事，还是直到七十年代才得以在电子计算机上实现的[1]. 从文献[1]的发表直到现在，在飞机和导弹等外流空气动力学领域之内，跨音速流场数值解工作得到了蓬勃的发展.

对于当代高速叶轮机械说来，流场的跨音速性质格外突出. 而通常的说法是，使用位函数求解跨音速带激波流场时，适用的 Mach 数范围是激波前法向 Mach 数应在 1.30 以内. 因此，对于叶轮机械中的跨音速流场说来，使用位函数进行描述是否合适，还需进行具体分析.

限制激波前法向 Mach 数在 1.30 以下，已成为使用位函数描述跨音速流场的一个约束条件. 这一约束条件的具体含义是，当满足此条件时，则跨音速位势流所对应的等熵激波与 Rankine-Hugoniot 激波突跃之间的符合程度是令人满意的. 当激波前法向 Mach 数超过 1.30 时，不仅上述两类间断之间的差别逐渐增长，在经常出现的曲面激波之后，流场偏离无旋流也将越来越严重，这时再使用位函数模型就不再合适了. 但是，从真实跨音速流场角度来分析可知，在很多情况下，粘性所起的作用相当大. 一旦激波前法向 Mach 数超过 1.30，则激波-附面层干扰已相当严重，大尺度分离流已成为不可避免. 如果在选择物理-数学模型时不考虑分离流效应的话，所计算出的流场必将与实际流场有较大偏差. 但这时并不能把上述偏差都归罪于使用了位函数. 即使是使用 Euler 方程组来求解时(这在跨音速无粘意义下是精确的)，可以想象，所得到的解与实际流场之间必然仍在定量意义上存在差别，因为同样没有考虑大尺度分离流效应．由此可见，当考虑到与实验数据对比时，一旦激波前法向 Mach 数超出约 1.30 之后，则在跨音速无粘假设的前提下，恐怕任何方法都不可能与实验数据定量符合．由此可见，与使用 Euler 方程组相比，在适用的速度范围和精度方面，使用位函数方程来描述跨音速无粘流动所失并不严重．然而，由于使用位函数，就可把方程组化为单个偏微分方程．再加上计算方法方面的因素，就可以使得计算速度大为加快．因此，目前对于求解叶轮机械中的跨音速流动问题说来，求解 Euler 方程组与求解位函数方程这两大类方法同时都在发展中．

目前对于叶轮机械跨音速无粘非定常流动也越来越重视．从工程背景考虑，与叶片颤振相关联的非定常气动问题属于其中的重要组成部分． 如第十二章中将分析的这一类问题的研究目标主要在于，叶片微幅振动是否将会随着时间推移而发散？这时流场的非定常性乃是由于叶片微幅振动而造成的．因此，流动参数的非定常脉动量相对于定常平均值应是高阶小量．这样就可以把诸流动参数看成是定常平均值与非定常高阶小量之和．并且可作进一步简化假设，就是不论定常平均流动是否无旋，由于非定常流动是高阶小量，所以流动的非定常部分总是有位的．因此，在目前的有关振荡叶片排非定常流动分析方法中，绝大多数都是建立在非定常位函数的基础之上．

在第二节中首先导出了三维非定常速度位方程以及在柱坐标中的表达形式．并给出了定常速度位方程．在第三节中进一步由三维非定常速度位方程导出经常使用的三维非定常速度位振幅方程．第四节介绍由三维问题简化到二维平面叶栅情况．对于无粘绝热可压流使用位函数就意味着引入了均熵条件．但事实上在气流穿过激波时将存在熵增，因此，使用位函数究竟能否考虑流场中的激波，就是一个值得注意的问题．在第五节中，在定常前提下讨论了与位函数相对应的等熵激波现象．由于位函数在穿过叶片尾流时存在间断，这就构成了使用位函数时所特有的尾流边界条件问题．在第六节中，在定常流前提之下讨论了这一问题．

§2 三维速度位方程

现研究一个孤立转子周围的非定常无粘跨音速流场．

设工质为完全气体，不考虑质量力，无粘，不考虑传热，均熵，叶片排围绕旋转轴的角速度 ω_1 不随时间而变化． 当转子上的全部叶片以相同的自振圆频率 ω 作微幅振动时，相对流动与绝对流动都是非定常的．

由上述前提可知，若进一步假设进入叶轮前的气流绝对旋度为零，则全流场应均为绝对无旋流．对于这一类非定常流场，在相对坐标系之内可使用如下的气动方程组来描述：

连续方程

$$\frac{\partial \rho}{\partial t} + \nabla(\rho \boldsymbol{w}) = 0 \tag{5.1}$$

Lamb 型运动方程

$$\frac{\partial \boldsymbol{w}}{\partial t} + \nabla\left(\frac{w^2}{2}\right) - \boldsymbol{w} \times (\nabla \times \boldsymbol{v}) - \omega_1^2 \boldsymbol{r} = -\frac{1}{\rho}\nabla p \tag{5.2}$$

根据均熵条件，而应有

$$p/\rho^\gamma = \text{常数} \tag{5.3}$$

绝对无旋条件

$$\nabla \times \boldsymbol{v} = 0 \tag{5.4}$$

式中 $\boldsymbol{w}$ 为相对速度，$\boldsymbol{v}$ 为绝对速度，$\boldsymbol{r}$ 表示流场中任一点与旋转轴之间的垂直距离向量，p 及 ρ 分别代表该点处的静压与静密度．$\boldsymbol{w}$ 与 $\boldsymbol{v}$ 之间满足

$$\boldsymbol{v} = \boldsymbol{w} + \boldsymbol{\omega}_1 \times \boldsymbol{r} \tag{5.5}$$

根据绝对无旋条件(5.4)，可定义速度位 ϕ'．绝对速度 $\boldsymbol{v}$ 与速度位 ϕ' 之间的关系是

$$\boldsymbol{v} = \nabla \phi' \tag{5.6}$$

在第一章 §4 基本方程的分析与讨论一节中已指出，当把绝对无旋条件(5.4)代人 Lamb 型运动方程之后，可得广义 Cauchy-

Lagrange 积分

$$\frac{\partial\phi'}{\partial t}+\frac{w^2}{2}+\int\frac{dp}{\rho}-\frac{\omega_1^2r^2}{2}=F(t) \tag{5.7}$$

式中的 $F(t)$ 是一个与空间坐标无关的常数.式(5.7)又被称为非定常 Bernoulli 方程. 在文献[2]中指出, 可取 $F(t)=0$ 而不影响式(5.7)之通用性. 原因是最终感兴趣的流动参数只与 ϕ' 的空间导数 $\nabla\phi'$ 有关,与 ϕ' 的时间偏导数及 ϕ' 的绝对数值无关. 因此,当使用

$$\phi=\phi'+\int F(t)dt \tag{5.8}$$

来代替式(5.7)中的 ϕ' 时,将不影响式(5.7)的通用性. 在这里,我们取 $F(t)$ 为 $F(t)+C$. C 为一个与空间坐标及时间自变量均无关之常数.例如在研究叶片微幅振动所导致的非定常流场时,可以认为叶片微幅振动将不会造成远前方流动参数的非定常变化. 因而可取

$$C=\left\{\frac{w^2}{2}+\frac{a^2}{\gamma-1}-\frac{1}{2}\omega_1^2r^2\right\}_{\text{远前方}} \tag{5.9}$$

这样一来,式(5.7)即可写成

$$\frac{\partial\phi}{\partial t}+\frac{1}{2}w^2+\int\frac{dp}{\rho}-\frac{1}{2}\omega_1^2r^2=C \tag{5.10}$$

以及用

$$\boldsymbol{v}=\nabla\phi \tag{5.11}$$

来代替式(5.6).

下面主要使用连续方程(5.1)及非定常 Bernoulli 方程(5.10)来导出非定常位函数方程.

将(5.1)展开,可得

$$\frac{\partial\rho}{\partial t}+\boldsymbol{w}\cdot\nabla\rho+\rho\nabla\cdot\boldsymbol{w}=0 \tag{5.12}$$

引入式(5.5)之后,可写成

$$\frac{\partial\rho}{\partial t}+\boldsymbol{w}\cdot\nabla\rho+\rho\nabla\cdot(\boldsymbol{v}-\boldsymbol{\omega}_1\times\boldsymbol{r})=0$$

因

$$\nabla \cdot (\boldsymbol{\omega}_1 \times \boldsymbol{r}) = 0$$

所以上式变成

$$\frac{\partial \rho}{\partial t} + \boldsymbol{w} \cdot \nabla \rho + \rho \nabla \cdot \boldsymbol{v} = 0 \tag{5.13}$$

引入式(5.11)，则式(5.13)可写成

$$\frac{1}{\rho} \frac{\partial \rho}{\partial t} + \frac{\boldsymbol{w}}{\rho} \cdot \nabla \rho + \nabla^2 \phi = 0 \tag{5.14}$$

再将式(5.10)对自变量 t 求偏导数，得

$$-\frac{\partial}{\partial t}\left(\frac{\partial \phi}{\partial t} + \frac{1}{2} w^2\right) = \frac{1}{\rho} \frac{\partial p}{\partial t} \tag{5.15}$$

在均熵假设之下，有

$$\frac{dp}{d\rho} = a^2 \tag{5.16}$$

式中 a 为音速. 于是(5.15)式化为

$$-\frac{\partial^2 \phi}{\partial t^2} - \frac{\partial}{\partial t}\left(\frac{w^2}{2}\right) = \frac{a^2}{\rho} \frac{\partial \rho}{\partial t} \tag{5.17}$$

再对于式(5.10)求梯度，可得

$$\nabla\left(\frac{\partial \phi}{\partial t} + \frac{w^2}{2} - \frac{1}{2} \omega_1^2 r^2\right) = -\frac{a^2}{\rho} \nabla \rho \tag{5.18}$$

式(5.18)两边都与 $\boldsymbol{w}$ 作点积，可得

$$\frac{\boldsymbol{w}}{\rho} \cdot \nabla \rho = -\frac{1}{a^2}\left[\boldsymbol{w} \cdot \frac{\partial}{\partial t}(\nabla \phi) + \boldsymbol{w} \cdot \nabla\left(\frac{w^2}{2}\right) - \boldsymbol{w} \cdot \nabla\left(\frac{\omega_1^2 r^2}{2}\right)\right] \tag{5.19}$$

因

$$\boldsymbol{w} \cdot \nabla\left(\frac{\omega_1^2 r^2}{2}\right) = w_r(\omega_1^2 r)$$

式(5.19)可写成

$$\frac{\boldsymbol{w}}{\rho} \cdot \nabla \rho = -\frac{1}{a^2}\left[\boldsymbol{w} \cdot \frac{\partial}{\partial t}(\nabla \phi) + \boldsymbol{w} \cdot \nabla\left(\frac{w^2}{2}\right) - w_r(\omega_1^2 r)\right] \tag{5.20}$$

将式(5.17)及(5.20)代入方程(5.14)中，可得

$$a^2\nabla^2\phi = \frac{\partial^2\phi}{\partial t^2} + \frac{\partial}{\partial t}\left(\frac{w^2}{2}\right) + \boldsymbol{w}\cdot\frac{\partial}{\partial t}(\nabla\phi)$$
$$+ \boldsymbol{w}\cdot\nabla\left(\frac{w^2}{2}\right) - w_r(\omega_1^2 r) \tag{5.21}$$

w_r 表示柱坐标系中 $\boldsymbol{w}$ 的径向分速.

在前面所作的诸假设前提之下,应有

$$\frac{\partial \boldsymbol{v}}{\partial t} = \frac{\partial \boldsymbol{w}}{\partial t} \tag{5.22}$$

因而

$$\boldsymbol{w}\cdot\frac{\partial}{\partial t}(\nabla\phi) = \frac{\partial}{\partial t}\left(\frac{w^2}{2}\right) \tag{5.23}$$

于是式(5.21)化为

$$a^2\nabla^2\phi = \frac{\partial^2\phi}{\partial t^2} + \frac{\partial}{\partial t}(w^2) + \boldsymbol{w}\cdot\nabla\left(\frac{w^2}{2}\right) - w_r(\omega_1^2 r) \tag{5.24}$$

式(5.24)就是适用于叶轮机械的非定常速度位方程.

如在第一章中所指出的,在研究叶轮机械流动问题时,使用固定在转子上的相对坐标系是很方便的. 在本章中为了不与位函数的符号 ϕ 相混淆,而将柱坐标中的自变量改记为 (r, θ, z). 下面就使用相对柱坐标系 (r, θ, z) 来把式(5.24)展开. 为了这一目的, 首先来推导位函数 ϕ 与相对速度 $\boldsymbol{w}$ 诸分量 w_r, w_θ, w_z 之间的关系. 由无旋条件(5.4)可知

$$\begin{cases} \dfrac{\partial v_z}{\partial r} = \dfrac{\partial v_r}{\partial z} \\ \dfrac{\partial v_r}{\partial \theta} = \dfrac{\partial (r v_\theta)}{\partial r} \\ \dfrac{\partial v_\theta}{\partial z} = \dfrac{\partial v_z}{r\partial \theta} \end{cases} \tag{5.4a}$$

由 $\boldsymbol{w}$ 与 $\boldsymbol{v}$ 之间的关系式(5.5)可得

$$\begin{aligned} v_r &= w_r \\ v_\theta &= w_\theta + \omega_1 r \\ v_z &= w_z \end{aligned} \tag{5.5a}$$

将式(5.5a)代入式(5.4a)中,得

$$\begin{cases}\dfrac{\partial w_z}{\partial r}=\dfrac{\partial w_r}{\partial z}\\[2ex]\dfrac{\partial w_r}{r\partial\theta}=\dfrac{\partial w_\theta}{\partial r}+2\omega_1+\dfrac{w_\theta}{r}\\[2ex]\dfrac{\partial w_\theta}{\partial z}=\dfrac{\partial w_z}{r\partial\theta}\end{cases}\tag{5.25}$$

根据式(5.11)及(5.5a),可得

$$\begin{cases}\dfrac{\partial w_r}{\partial r}=\dfrac{\partial^2\phi}{\partial r^2}=\phi_{rr}\\[2ex]\dfrac{\partial w_\theta}{r\partial\theta}=\dfrac{1}{r^2}\dfrac{\partial^2\phi}{\partial\theta^2}=\dfrac{1}{r^2}\phi_{\theta\theta}\\[2ex]\dfrac{\partial w_z}{\partial z}=\dfrac{\partial^2\phi}{\partial z^2}=\phi_{zz}\\[2ex]\dfrac{\partial w_\theta}{\partial r}=\dfrac{\partial w_r}{r\partial\theta}-2\omega_1-\dfrac{w_\theta}{r}\end{cases}\tag{5.26}$$

将式(5.25),(5.26)代入式(5.24),整理后得

$$\begin{aligned}&(a^2-w_r^2)\phi_{rr}+(a^2-w_\theta^2)\frac{1}{r^2}\phi_{\theta\theta}+(a^2-w_z^2)\phi_{zz}\\&-2w_rw_\theta\frac{1}{r}\phi_{r\theta}-2w_\theta w_z\frac{1}{r}\phi_{\theta z}-2w_rw_z\phi_{rz}+\frac{w_r}{r}\\&\times(a^2+v_\theta^2)=\phi_{tt}+2\left(w_r\phi_{rt}+\frac{1}{r}w_\theta\phi_{\theta t}+w_z\phi_{zt}\right)\end{aligned}\tag{5.27}$$

由式(5.27)可见,除去位函数ϕ之外,在方程中还涉及到另一个未知量,即音速a。可通过对方程(5.10)略加变换而引入另一个方程,来作为(5.27)的辅助方程。前已述及,现假设流场均熵。对于方程(5.10)中所包含的项$\int\frac{dp}{\rho}$,可通过式(5.3)以及音速式(5.16)而得

$$\int\frac{dp}{\rho}=\frac{a^2}{\gamma-1}\tag{5.28}$$

方程(5.28)代入(5.10)中,可得

$$\frac{\partial\phi}{\partial t}+\frac{w^2}{2}+\frac{a^2}{\gamma-1}-\frac{1}{2}\omega_1^2r^2=C \tag{5.29}$$

式 (5.29) 就是式 (5.27) 的辅助方程．

定常三维流动问题可视为非定常三维流动之特例．若上述诸假设均不变，并进一步假定相对运动为定常时，则方程 (5.27) 可化为

$$\begin{aligned}&(a^2-w_r^2)\phi_{rr}+(a^2-w_\theta^2)\frac{1}{r^2}\phi_{\theta\theta}+(a^2-w_z^2)\phi_{zz}\\&-2w_rw_\theta\frac{1}{r}\phi_{r\theta}-2w_\theta w_z\frac{1}{r}\phi_{\theta z}-2w_rw_z\phi_{rz}\\&+\frac{w_r}{r}(a^2+v_\theta^2)=0\end{aligned} \tag{5.30}$$

相应地方程 (5.29) 可化为

$$1/2w^2+\frac{a^2}{\gamma-1}-\frac{1}{2}\omega_1^2r^2=C \tag{5.31}$$

式 (5.31) 就是式 (5.30) 的辅助方程．

§3　三维非定常扰动速度位振幅方程

由上节中的定义式 (5.11) 可知，速度位 ϕ 是 t，r，θ，z 四个自变量的函数．但如本章引言中所指出的，书中具体讨论的非定常流动限于与叶片颤振有关的一类问题．对于叶片颤振说来，最关心的问题是叶片的微幅振动是否会发散．因此，在这一类非定常气动问题中，与流场流动参数的定常平均值相比，非定常扰动量应为高阶小量． 于是就可把全速度位 ϕ 视为定常平均速度位 ϕ_0 与非定常扰动速度位 $\tilde{\varphi}$ 两部分的线性迭加．即

$$\phi=\phi_0+\tilde{\varphi} \tag{5.32}$$

以及

$$\begin{cases}w_r=w_{r_0}+\tilde{w}_r; & w_{r_0}=\phi_{0r}; & \tilde{w}_r=\tilde{\varphi}_r\\ w_\theta=w_{\theta_0}+\tilde{w}_u; & w_{\theta_0}=\dfrac{1}{r}\phi_{0\theta}-w_1r; & \tilde{w}_\theta=\dfrac{1}{r}\tilde{\varphi}_\theta\\ w_z=w_{z_0}+\tilde{w}_z; & w_{z_0}=\phi_{0z}; & \tilde{w}_z=\tilde{\varphi}_z\end{cases} \tag{5.33}$$

式中下标“0”均表示该物理量的定常平均部分．又因

$$v_\theta = v_{\theta_0} + \tilde{v}_\theta = w_{\theta_0} + \omega_1 r + \tilde{w}_\theta$$

而有

$$\begin{cases} v_{\theta_0} = w_{\theta_0} + \omega_1 r \\ \tilde{v}_\theta = \tilde{w}_\theta \end{cases} \tag{5.34}$$

方程(5.10)减去方程(5.31)，可得

$$a^2 = a_0^2 - (\gamma - 1)\Big\{\phi_t + \frac{1}{2}(w_r^2 - w_{r_0}^2) + \frac{1}{2} \times (w_\theta^2 - w_{\theta_0}^2) + \frac{1}{2}(w_z^2 - w_{z_0}^2)\Big\} \tag{5.35}$$

通过式(5.33)及(5.34)，可将式(5.27)与(5.35)中各非定常气动量都分解成定常平均量和非定常周期性脉动量两部分之和．略去高阶小量之后，可由式(5.27)中分离出有关 ϕ_0 的方程为

$$(a_0^2 - w_{r_0}^2)\phi_{0rr} + (a_0^2 - w_{\theta_0}^2)\frac{1}{r^2}\phi_{0\theta\theta} + (a_0^2 + w_{z_0}^2)\phi_{0zz} - 2w_{\theta_0}w_{r_0}\frac{1}{r}\phi_{0r\theta} - 2w_{\theta_0}w_z\frac{1}{r}\phi_{0z\theta} - 2w_{r_0}w_{z_0}\phi_{0rz} + \frac{(a_0^2 + v_{\theta_0}^2)}{r}\phi_{0r} = 0 \tag{5.36}$$

从而得到有关非定常扰动速度位 $\tilde{\varphi}$ 的方程为

$$(a_0^2 - w_{r_0}^2)\tilde{\varphi}_{rr} + (a_0^2 - w_{\theta_0}^2)\frac{1}{r^2}\tilde{\varphi}_{\theta\theta} + (a_0^2 - w_{z_0}^2)\tilde{\varphi}_{zz} - 2w_{r_0}w_{\theta_0}\frac{1}{r}\tilde{\varphi}_{r\theta} - 2w_{\theta_0}w_{z_0}\frac{1}{r}\tilde{\varphi}_{\theta z} - 2w_{r_0}w_{z_0}\tilde{\varphi}_{rz}$$
$$- \Big\{(\gamma + 1)w_{r_0}(w_{r_0})_r + (\gamma - 1)w_{r_0}\frac{1}{r^2}\phi_{0\theta\theta} + (\gamma - 1)w_{r_0}(w_{z_0})_z + (\gamma - 1)\frac{w_{r_0}^2}{r} + 2w_{\theta_0}\Big(\frac{w_{r_0}}{r}\Big)_\theta + 2w_{z_0}(w_{r_0})_z - \frac{(a_0^2 + v_{\theta_0}^2)}{r}\Big\}\tilde{\varphi}_r - \Big\{(\gamma - 1)w_{\theta_0}(w_{r_0})_r$$

$$+(\gamma+1)w_{\theta_0}\cdot\frac{1}{r^2}\phi_{0\theta\theta}+(\gamma-1)w_{\theta_0}(w_{z_0})_z$$

$$+[(\gamma-1)w_{\theta_0}+2v_{\theta_0}]\frac{w_{r_0}}{r}+2w_{r_0}\left(\frac{w_{r_0}}{r}\right)_\theta$$

$$+2w_{z_0}\left(\frac{w_{z_0}}{r}\right)_\theta\bigg\}\frac{1}{r}\tilde{\varphi}_\theta-\Big\{(\gamma-1)w_{z_0}(w_{r_0})_r$$

$$+(\gamma-1)w_{z_0}\frac{1}{r^2}\phi_{0\theta\theta}+(\gamma+1)\cdot w_{z_0}(w_{z_0})_z$$

$$+(\gamma-1)\frac{w_{z_0}\cdot w_{r_0}}{r}+2w_{\theta_0}\left(\frac{w_{z_0}}{r}\right)_\theta+2w_{r_0}\cdot(w_{r_0})_z\Big\}\tilde{\varphi}_z$$

$$=\tilde{\varphi}_{tt}+2\left(w_{r_0}\tilde{\varphi}_{rt}+\frac{1}{r}w_{\theta_0}\tilde{\varphi}_{\theta t}+w_{z_0}\tilde{\varphi}_{zt}\right)+(\gamma-1)$$

$$\times\left[(w_{r_0})_r+\frac{1}{r^2}\phi_{0\theta\theta}+(w_{z_0})_z+\frac{w_{r_0}}{r}\right]\tilde{\varphi}_t \qquad (5.37)$$

若进一步假设 $\tilde{\varphi}$ 及相应的非定常扰动量作简谐振动，即

$$\tilde{\varphi}=\varphi\cdot e^{i\omega t} \qquad (5.38)$$

式中的 φ 是非定常扰动速度位 $\tilde{\varphi}$ 的振幅，它只是空间坐标的函数。

当将式(5.38)代入方程(5.37)中时，就可得到如下的一个偏微分方程：

$$(a_0^2-w_{r_0}^2)\varphi_{rr}+(a_0^2-w_{\theta_0}^2)\frac{1}{r^2}\varphi_{\theta\theta}+(a_0^2-w_{z_0}^2)\varphi_{zz}$$

$$-2w_{r_0}w_{\theta_0}\frac{1}{r}\varphi_{r\theta}-2w_{\theta_0}w_{z_0}\frac{1}{r}\varphi_{\theta z}-2w_{r_0}w_{z_0}\varphi_{rz}$$

$$-\Big\{(\gamma+1)w_{r_0}(w_{r_0})_r+(\gamma-1)w_{r_0}\frac{1}{r^2}\phi_{0\theta\theta}$$

$$+(\gamma-1)w_{r_0}(w_{z_0})_z+(\gamma-1)\frac{w_{r_0}^2}{r}+2w_{\theta_0}\left(\frac{w_{r_0}}{r}\right)_\theta$$

$$+2w_{z_0}(w_{r_0})_z-\frac{(a_0^2+v_{\theta_0}^2)}{r}-i2\omega w_{r_0}\Big\}\varphi_r$$

$$-\Big\{(\gamma-1)w_{\theta_0}(w_{r_0})_r+(\gamma+1)w_{\theta_0}\cdot\frac{1}{r^2}\phi_{0\theta\theta}$$

$$+(\gamma-1)w_{\theta_0}(w_{z_0})_z+\frac{w_{r_0}}{r}[(\gamma-1)w_{\theta_0}+2v_{\theta_0}]$$

$$+2w_{r_0}\left(\frac{w_{r_0}}{r}\right)_\theta+2w_{z_0}\left(\frac{w_{z_0}}{r}\right)_\theta-i2\omega w_{\theta_0}\Big\}\frac{1}{r}\varphi_\theta$$

$$-\Big\{(\gamma-1)w_{z_0}\cdot(w_{r_0})_r+(\gamma-1)w_{z_0}\frac{1}{r^2}\phi_{0\theta\theta}$$

$$+(\gamma+1)w_{z_0}(w_{z_0})_z+(\gamma-1)\cdot\frac{w_{z_0}w_{r_0}}{r}$$

$$+2w_{\theta_0}\cdot\left(\frac{w_{z_0}}{r}\right)_\theta+2w_{r_0}(w_{r_0})_z-i2\omega w_{z_0}\Big\}\varphi_z$$

$$+\Big\{\omega^2-i\omega(\gamma-1)\Big[(w_{r_0})_r+\frac{1}{r^2}\phi_{0\theta\theta}+(w_{z_0})_z$$

$$+\frac{w_{r_0}}{r}\Big]\Big\}\varphi=0 \tag{5.39}$$

可以看到，在此方程中只涉及到三个空间自变量（r，θ，z）．式（5.39）就是三维非定常扰动速度位的振幅方程．

§4 二维速度位方程

在第二章第四节中已讨论了平面叶栅简化模型问题．若假定在所讨论的流场中径向分速 $w_r\equiv 0$，则意味着假定气流沿圆柱面流动．再设想沿圆柱面的母线将此圆柱面割开，并展开为一个平面，就构成了二维平面无限叶栅模型．在第二章第四节中已讨论了如何把叶轮机械可压无粘流气动方程组由柱坐标系中的空间三维问题简化为直角坐标系二维平面问题．现同样引入 $w_r=0$ 圆柱面流动假定，则三维定常速度位方程（5.30）及（5.31）分别简化为

$$(a^2-w_\theta^2)\frac{1}{r^2}\phi_{\theta\theta}+(a^2-w_z^2)\phi_{zz}-2w_\theta w_z\frac{1}{r}\phi_{z\theta}=0 \tag{5.40}$$

及

$$\frac{1}{2}(w_\theta^2+w_z^2)+\frac{a^2}{\gamma-1}=C \tag{5.41}$$

为了同通常的描述平面流动问题的符号相一致，现规定如下的对应关系:

$$\begin{cases} dz \sim dx & w_z \sim U \\ rd\theta \sim dy & w_\theta \sim V \end{cases} \tag{5.42}$$

则可将式 (5.40) 及 (5.41) 改写成

$$(a^2 - U^2)\phi_{xx} + (a^2 - V^2)\phi_{yy} - 2UV\phi_{xy} = 0 \tag{5.43}$$

及

$$\frac{1}{2}(U^2 + V^2) + \frac{a^2}{\gamma - 1} = C \tag{5.44}$$

与上述定常二维全位势方程对应，可导出非定常二维全位势方程.

现由三维非定常速度位方程 (5.27) 出发，同样引入圆柱面流动假设，并依式 (5.42) 所表达的对应关系改写，则可得

$$\begin{aligned}(a^2 - U^2)\phi_{xx} + (a^2 - V^2)\phi_{yy} - 2UV\phi_{xy} \\ = \phi_{tt} + 2(U\phi_{xt} + V\phi_{yt})\end{aligned} \tag{5.45}$$

同时式 (5.29) 化为

$$\phi_t + \frac{1}{2}(U^2 + V^2) + \frac{a^2}{\gamma - 1} = C \tag{5.46}$$

由 (5.45) 及 (5.46) 出发，可导出描述二维平面振荡叶栅跨音速无粘非定常绕流的非定常扰动速度位方程及其振幅方程. 根据定义式 (5.32) 以及

$$\begin{cases} U = U_0 + u & U_0 = \phi_{0x} & u = \tilde{\varphi}_x \\ V = V_0 + v & V_0 = \phi_{0y} & v = \tilde{\varphi}_y \end{cases} \tag{5.47}$$

且假定 $|u| \ll |U_0|$ 和 $|v| \ll |V_0|$. 又由 (5.46) 可得

$$a^2 = a_0^2 - (\gamma - 1)\left\{\phi_t + 1/2(U^2 - U_0^2) + \frac{1}{2}(V^2 - V_0^2)\right\} \tag{5.48}$$

将式 (5.32), (5.47), (5.48) 代入方程 (5.45), 略去高阶微量，整理可得描述定常平均流动的方程

$$(a_0^2 - U_0^2)\phi_{0xx} + (a_0^2 - V_0^2)\phi_{0yy} - 2U_0V_0\phi_{0xy} = 0 \tag{5.49}$$

(式中下标“0”的意义同前，即表示为该量的定常平均值.)以及描

述非定常扰动量的方程

$$
\begin{aligned}
&(a_0^2 - U_0^2)\tilde{\varphi}_{xx} + (a_0^2 - V_0^2)\tilde{\varphi}_{yy} - 2U_0V_0\tilde{\varphi}_{xy} \\
&\quad - \{(\gamma + 1)U_0(U_0)_x + (\gamma - 1)U_0(V_{0y}) \\
&\quad + 2V_0(V_0)_x\}\tilde{\varphi}_x - \{(\gamma - 1)V_0(U_0)_x \\
&\quad + (\gamma + 1)V_0(V_0)_y + 2U_0(U_0)_y\}\tilde{\varphi}_y \\
&= \tilde{\varphi}_{tt} + 2U_0\tilde{\varphi}_{xt} + 2V_0\tilde{\varphi}_{yt} + (\gamma - 1)[(U_0)_x \\
&\quad + (V_0)_y]\tilde{\varphi}_t
\end{aligned}
\tag{5.50}
$$

若进一步引入简谐振动假定(5.38)，则可由方程(5.50)得到

$$
\begin{aligned}
&(a^2 - U_0^2)\varphi_{xx} + (a^2 - V_0^2)\varphi_{yy} - 2U_0V_0\varphi_{xy} \\
&\quad - \{(\gamma + 1)U_0(U_0)_x + (\gamma - 1)U_0(V_0)_y \\
&\quad + 2V_0(V_0)_x + i2\omega U_0\}\varphi_x - \{(\gamma - 1)V_0(U_0)_x \\
&\quad + (\gamma + 1)V_0(V_0)_y + 2U_0(U_0)_y + i2\omega V_0\}\varphi_y \\
&\quad + \{\omega^2 - i\omega(\gamma - 1)[(U_0)_x + (V_0)_y]\}\varphi = 0
\end{aligned}
\tag{5.51}
$$

方程(5.51)就是二维非定常扰动速度位 $\tilde{\varphi}$ 的振幅方程.

方程(5.51)还是相当繁琐的，在第十三章中讨论了进一步的简化. 在第十四章中对于简化后方程的解法作了描述，并给出了一些计算结果.

§5 位函数模型中的等熵激波

除开近年来精心设计的某些无激波绕流物体在设计工况下工作之外，一般来讲，跨音速流场中都会有激波存在. 激波的存在将意味着流场中存在熵源和熵梯度. 但在本章中则是讨论使用位函数模型来描述跨音速流场. 前面已谈到，由无旋条件出发来建立位函数方程时，假设流场均熵. 这样一来，从逻辑上就会出现如下疑问：既然气流流过激波有熵增，而使用位函数模型时又略去了熵增，那么位函数模型究竟能不能反映激波的存在？以及能不能反映过激波时流动参数存在间断等一系列在跨音速流场中极为重要的物理现象？ 在本节中，将从二维定常位函数方程(5.43)及(5.44)出发，对于上述问题进行讨论.

为了回答上述问题，首先应从数学角度作一些简单的阐述. 从

物理上看，一提到激波，就会联想到过激波的静压陡增，总压下降和熵值增加，而从数学角度出发，则流场中的激波就意味着某一偏微分方程或偏微分方程组的解存在着间断．当解出现间断时，则在定解域之内，解就不再是连续函数．或者说在间断处存在奇性．但是，在古典偏微分方程理论中，所讨论的内容限于解为连续函数的情况．当在解中存在有奇性时，古典偏微分方程理论就不再合适．针对这一类问题而出现了弱解理论[3]．所谓弱解，就是指在一个域 D 之内，偏微分方程或偏微分方程组有解 $\boldsymbol{u}(\boldsymbol{r})$，此解在若干子域 D_1，$D_2\cdots$ 之内是连续的，但在诸子域的分界面上则是间断的，且在间断面处满足一定的间断条件．对于这样的解，就称为弱解．这里的 $\boldsymbol{r}$ 表示域 D 中内点的矢径．

若从方程的性质上看，则弱解与方程的拟线性是紧密地联系在一起的．线性偏微分方程与拟线性偏微分方程的本质区别在于，前者若初值连续，则解恒连续而无间断；后者即使初值连续，解亦未必连续，而有可能出现间断．

下面就来具体讨论与使用位函数模型来描述二维定常跨音速流场的方程 (5.43) 及 (5.44) 相对应的等熵激波．

当暂且撇开一些辅助方程时，可以认为方程 (5.43) 是由连续方程和无旋条件导出的．因此，可把式 (5.43) 写成与之等价的偏微分方程组如下：

$$\begin{cases}\dfrac{\partial(\rho U)}{\partial x}+\dfrac{\partial(\rho V)}{\partial y}=0\\[2mm]\dfrac{\partial U}{\partial y}-\dfrac{\partial V}{\partial x}=0\end{cases}\tag{5.52}$$

利用辅助方程把式中的密度 ρ 消掉，则方程组 (5.52) 可化为

$$\begin{cases}\dfrac{\partial}{\partial x}\left\{\left[1-\dfrac{\gamma-1}{\gamma+1}\lambda^2\right]^{\frac{1}{\gamma-1}}\cdot\lambda_x\right\}\\ \qquad+\dfrac{\partial}{\partial y}\left\{\left[1-\dfrac{\gamma-1}{\gamma+1}\lambda^2\right]^{\frac{1}{\gamma-1}}\cdot\lambda_y\right\}=0\\[2mm]\dfrac{\partial\lambda_x}{\partial y}-\dfrac{\partial\lambda_y}{\partial x}=0\end{cases}\tag{5.53}$$

式中 $\lambda = q/a_*$，$\lambda_x = U/a_*$，$\lambda_y = V/a_*$，$q = (U^2 + V^2)^{\frac{1}{2}}$，$U$ 及 V 分别表示速度 $\boldsymbol{q}$ 在 x 及 y 两个方向的分速；a_* 为临界速度。文献 [4] 对于方程组 (5.53) 根据弱解理论进行了分析。分析表明，若在某一子域内局部超音即 $\lambda > 1.0$，则方程 (5.53) 的解在跨过一条光滑曲线时就可能出现间断。若存在间断，则间断前后的气流参数应满足下列条件:

$$\begin{cases} \operatorname{tg}\theta \cdot \left\{\left[1-\dfrac{\gamma-1}{\gamma+1}\lambda_1^2\right]^{\frac{1}{\gamma-1}} \cdot \lambda_{x_1} - \left[1-\dfrac{\gamma-1}{\gamma+1}\lambda_2^2\right]^{\frac{1}{\gamma-1}} \cdot \lambda_{x_2}\right\} \\ = \left\{\left[1-\dfrac{\gamma-1}{\gamma+1}\lambda_1^2\right]^{\frac{1}{\gamma-1}} \cdot \lambda_{y_1} - \left[1-\dfrac{\gamma-1}{\gamma+1}\lambda_2^2\right]^{\frac{1}{\gamma-1}} \cdot \lambda_{y_2}\right\} \\ (\lambda_{x_1} - \lambda_{x_2}) = -(\lambda_{y_1} - \lambda_{y_2}) \cdot \operatorname{tg}\theta \end{cases} \tag{5.54}$$

方程组 (5.54) 中的下标“1”和“2”分别表示间断前与间断后，θ 表示激波间断与 x 轴之夹角。由方程组 (5.54) 可见，只需给出间断前的气流参数以及 θ 角，则可求定激波后的 λ_{x_2} 及 λ_{y_2}。

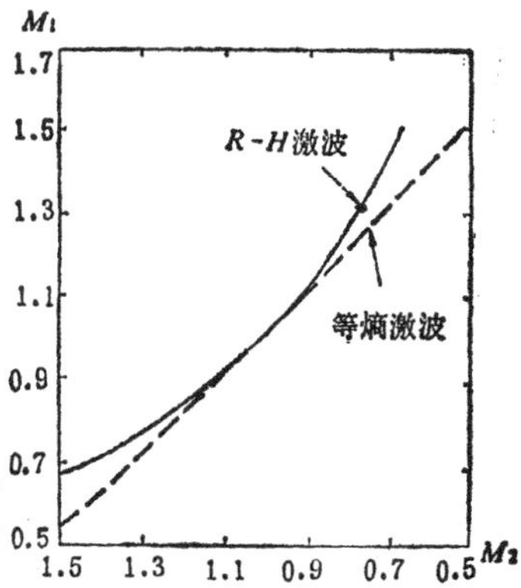

图 5.1 等熵激波与 Rankine-Huguniot 正激波对比

如上所述，当使用位函数模型来描述二维定常跨音速流场时，相应的偏微分方程为 (5.43) 或偏微分方程组 (5.52)，相应的间断条件是代数方程组 (5.54)。当去掉无旋假设之后，与上述二者相对应的是 Euler 方程组以及 Rankine-Hugoniot 激波突跃条件。进一步对比可知，虽然 Rankine-Hugoniot 激波突跃条件与式 (5.54) 所描述的间断条件都意味着流场中出现间断，但在定量上则是不同的．前者对应着过激波有熵增；后者所表达的间断条件则与均熵流假设一致，即激波前与激波后的熵值相同．由于这一缘故，所以把与方程组（5.54）相对应的间断命名为”等熵激波”．

上述分析表明，尽管在推导位函数方程时引入了均熵流假设，但是在使用位函数方程来描述跨音速流场时，位函数方程的解是可以有间断存在的．但这一类间断所对应的突跃条件则与 Rankine Hugoniot 激波突跃条件有所不同，所以被称为“等熵激波”．

在文献［4］中给出了两种间断条件对比的图线，如图 5.1 所示．由图可见，当激波前法向 Mach 数小于 1.30 时，两种激波间断条件基本相合．当 Mach 数进一步增长时，二曲线之间的偏离逐渐增大．

关于为什么在波前法向 Mach 数较低时等熵激波会成为 Rankine-Huguniot 激波间断的良好近似一事，下面再从物理角度略作解释．

现考虑一道正激波，波前气流速度为 u_1，波后流速为 u_2．正激波前后的速度应当满足 Prandtl 关系式

$$u_1 \cdot u_2 = a_*^2 \tag{5.54}$$

式中 a_* 为临界音速．当正激波很弱时，可以认为

$$u_1 = a_*(1+\varepsilon) \tag{5.55}$$

式中 ε 为一个一阶小量．现将式（5.55）代入式（5.54），并保留 ε 的一次项，就可得

$$u_2 = a_*(1-\varepsilon) \tag{5.56}$$

过正激波的熵增则为

$$\Delta S = S_2 - S_1 = c_v \cdot \ln\left[\left(\frac{p_2}{p_1}\right)\left(\frac{\rho_1}{\rho_2}\right)^\gamma\right] \tag{5.57}$$

此外，正激波前后的气流参数之间存在着如下的两个关系：

$$\rho_1 u_1 = \rho_2 u_2 \tag{5.58}$$

$$\frac{p_2}{p_1} = 1 + \frac{2\gamma u_1(u_1-u_2)}{(\gamma+1)a_*^2 - (\gamma-1)u_1^2} \tag{5.59}$$

将式(5.56)，(5.57)及式(5.58)，(5.59)代入式(5.57)中，则可得

$$\Delta S=\frac{2}{3}c_v\cdot\gamma(\gamma^2-1)\varepsilon^3 \tag{5.60}$$

由式(5.60)可见，当 $\varepsilon\to 0$ 时，$\Delta S\to 0$. 此时正激波就蜕化为等熵激波. 式(5.60)还表明，当激波前法向 Mach 数超过 1.0 不多时，ΔS 确实不大. 因而用等熵激波来代替 Rakine-Huguniot 激波所导致的误差也不大.

最后，再把两种激波间断的关系式分别列写于下.

等熵激波关系为

$$\begin{cases}\operatorname{tg}\theta\cdot\left\{\left[1-\dfrac{\gamma-1}{\gamma+1}\lambda_1^2\right]^{\frac{1}{\gamma-1}}\cdot\lambda_{x_1}\right.\\ \qquad\left.-\left[1-\dfrac{\gamma-1}{\gamma+1}\lambda_2^2\right]^{\frac{1}{\gamma-1}}\cdot\lambda_{x_2}\right\}\\ \qquad=\left\{\left[1-\dfrac{\gamma-1}{\gamma+1}\lambda_1^2\right]^{\frac{1}{\gamma-1}}\cdot\lambda_{y_1}\right.\\ \qquad\left.-\left[1-\dfrac{\gamma-1}{\gamma+1}\lambda_2^2\right]^{\frac{1}{\gamma-1}}\cdot\lambda_{y_2}\right\}\\ (\lambda_{x_1}-\lambda_{x_2})=-(\lambda_{y_1}-\lambda_{y_2})\cdot\operatorname{tg}\theta\\ \dfrac{\gamma}{\gamma-1}\dfrac{p_1}{\rho_1}+\dfrac{q_1^2}{2}=\dfrac{\gamma}{\gamma-1}\dfrac{p_2}{\rho_2}+\dfrac{q_2^2}{2}\\ \dfrac{p_1}{\rho_1^\gamma}=\dfrac{p_2}{\rho_2^\gamma}\end{cases} \tag{5.61}$$

Rankine-Huguniot 激波关系为

$$\begin{cases}\rho_2 q_{n_2}=\rho_1 q_{n_1}\\ p_2+\rho_2 q_{n_2}^2=p_1+\rho_1 q_{n_1}^2\\ q_{t_1}=q_{t_2}\\ \dfrac{\gamma}{\gamma-1}\dfrac{p_2}{\rho_2}+\dfrac{1}{2}(q_{n_2}^2+q_{t_2}^2)\\ =\dfrac{\gamma}{\gamma-1}\dfrac{p_1}{\rho_1}+\dfrac{1}{2}(q_{n_1}^2+q_{t_1}^2)\end{cases} \tag{5.62}$$

在方程(5.61)与(5.62)中，q 表示速度，λ 表示速度系数，下标“1”和“2”分别表示激波前和激波后，下标“t”和“n”分别表示激波面的切向和法向． 通过对比式(5.61)与(5.62)可以发现，在等熵激波关系式(5.61)中并不包含法向动量方程．由于在过等熵激波处法向动量方程不再被满足，于是会有“等熵波阻”伴随等熵激波而出现．这尽管有其不严格处，但数值试验表明，在跨音速范畴之内“等熵波阻”的数值与无粘波阻相差不多．在外流气动领域中，常使用这一概念来作为估算波阻大小的一种工程手段．

§6 位函数模型中的尾流边界条件

在本节中，将在定常流前提之下来讨论使用位函数时所特有的尾流边界条件问题．

作为描述流场的一种数学模型，除了微分方程之外还应当有相应的定解条件．对于这里所讨论的定常流动问题说来，就是边界条件．在前面的章节中已谈到，对于叶轮机械流场说来，如欲求解，则需满足叶片吸力面与压力面上的物面边界条件，进口与出口处的远场条件，以及反映叶轮机械流动特点的周期性边界条件．这些从物理角度出发所提出的边界条件对于各种方法都应具有通用性． 但是，本章所讨论的是用位函数模型来描述叶轮机械流场．当使用位函数模型时，将会遇到处理尾流边界条件的特殊性问题．为了说明问题的特殊性，可以同第二、三、四、章中所讨论的时间推进法作一对比． 二者所讨论的都是二维平面叶栅跨音速无粘流动．如果叶片下游气流为亚音，在物理模型中可认为穿过尾流时诸流动参数呈连续变化．因此，当如前几章所介绍的，即使用时间推进法来求解 Euler 方程组时，由于直接使用 u, v, p, ρ 等流动参数来作为未知数，所以无需专门考虑尾流边界条件．但在下文中则将指出，当使用位函数来作为待求未知函数时，穿过尾流将存在位函数的间断．因此，一旦使用位函数模型，则必须正确处理带间断的尾流条件．

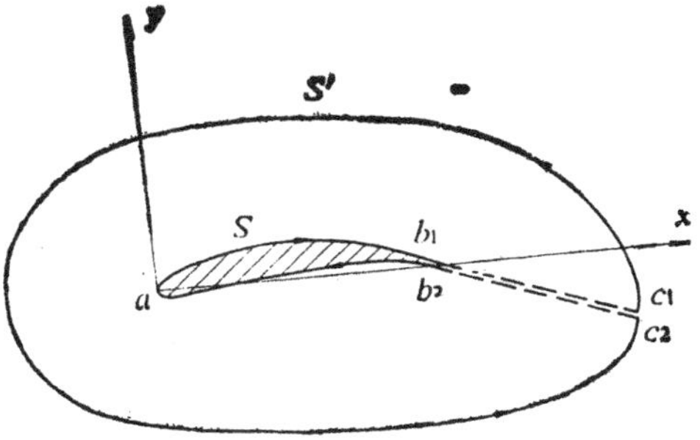

图 5.2 围绕叶型的环量积分示意图

现首先来说明，当使用位函数模型时，为什么位于尾流间断面两侧的位函数是不连续的．

众所周知，围绕叶型应有环量存在．此环量将与气流过叶栅之折转直接相关联．现首先根据位函数来描述此环量．

现画出叶栅中的一个叶型如图 5.2 所示．图中 a 点表示前缘点．在尖后缘处，位于吸力面一侧与压力面一侧的相应点分别记为 b_1 与 b_2．若记环量为 Γ，根据环量的定义，应有

$$
\begin{aligned}
\Gamma &= \oint \boldsymbol{q} \cdot d\boldsymbol{S} = \oint (U dx + V dy) \\
&= \oint \left(\frac{\partial \phi}{\partial x} dx + \frac{\partial \phi}{\partial y} dy \right) = \oint d\phi \\
&= \int_a^{b_1} d\phi - \int_a^{b_2} d\phi = \phi_{(b_1)} - \phi_{(b_2)} \\
&= \phi(x_{t,e}, y_b - 0) - \phi(x_{t,e}, y_b + 0) = \Delta\phi_{t,e}
\end{aligned}
\tag{5.63}
$$

式中的封闭曲线积分是沿叶型型线进行的．$\boldsymbol{q}$ 表示速度向量，$\boldsymbol{q}$ 在 x 与 y 两方向之分速分别为 U 和 V，ϕ 表示位函数，$d\boldsymbol{S}$ 表示沿叶型型面曲线所取的一个微弧段向量，下标“t, e”表示叶型之后缘点，$y_b + 0$ 与 $y_b - 0$ 分别表示在后缘处位于上叶面与下叶面二点之 y 坐标．在尖后缘处，曲线积分应分为两段．由式 (5.63) 可见，围绕叶型的环量 Γ 应当等于叶型后缘点处的位函数间断值 $\Delta\phi_{t,e}$.

如图所示，若在叶型型线之外再取一条封闭曲线 S'，且曲线 S' 与尾流间断的上下边界分别相交于 $c_{1(x_c,y_c+0)}$ 及 $c_{2(x_c,y_c-0)}$ 两点处．这样一来，就由曲线 S，S' 以及割缝的上下边界 b_1c_1 及 c_2b_2 来构成一个围道积分曲线如图 5.2 中的箭头所示． 并且用下标"j"来表示此割缝．由气流无旋条件得知，在此围道曲线所界定的域内，旋度处处等于零，所以由 Stokes 公式知

$$\oint \boldsymbol{q}\cdot d\boldsymbol{S}=\int_S \boldsymbol{q}\cdot d\boldsymbol{S}-\int_{S'}\boldsymbol{q}\cdot d\boldsymbol{S}$$

$$+\int_b^c[\boldsymbol{q}_{(x_j,y_j+0)}-\boldsymbol{q}_{(x_j,y_j-0)}]d\boldsymbol{S}_j=0 \qquad (5.64)$$

式中等号右边的第三个积分是沿割缝曲线进行的．$d\boldsymbol{S}_j$ 表示在割缝曲线上的一个微段向量．由物理上可知

$$\boldsymbol{q}_{(x_j,y_j+0)}=\boldsymbol{q}_{(x_j,y_j-0)} \qquad (5.65)$$

于是

$$\int_{S'}\boldsymbol{q}\cdot d\boldsymbol{S}=\int_S \boldsymbol{q}\cdot d\boldsymbol{S} \qquad (5.66)$$

又因

$$\int_{S'}\boldsymbol{q}\cdot d\boldsymbol{S}=\phi_{(x_c,y_c+0)}-\phi_{(x_c,y_c-0)} \qquad (5.67)$$

以及

$$\int_S \boldsymbol{q}\cdot d\boldsymbol{S}=\phi_{(x_{t,e},y_{t,e}+0)}-\phi_{(x_{t,e},y_{t,e}-0)}=\Delta\phi_{t,e}=\Gamma \qquad (5.63)$$

最后可得，在尾流边界上任一位置处均有

$$\phi_{(x_c,y_c+0)}-\phi_{(x_c,y_c-0)}=\phi_{(x_{t,e},y_{t,e}+0)}$$

$$-\phi_{(x_{t,e},y_{t,e}-0)}=\Delta\phi_{t,e}=\Gamma \qquad (5.68)$$

式 (5.68) 表明，在尾流边界上任一位置处，尾流边界两侧位函数间断都等于环量 Γ． 这就意味着，在叶型后缘点处的位函数间断将拖向下游，并保持常值，从而形成尾流间断．

§7 小结

可将本章内容小结如下：

(一) 采用位函数模型来描述跨音无粘流场已在飞机及导弹外流空气动力学中得到了广泛的应用．此种模型在描述叶轮机械

跨音速无粘流场方面亦具有良好前景.

（二）在柱坐标系中推导了三维非定常及定常速度位方程.

（三）根据非定常脉动量与定常平均量相比为高阶小量假设，导出了三维非定常扰动速度位方程.进一步假定整个非定常流场都做简谐振动之后，可将时间自变量与空间自变量分离，从而导出三维非定常扰动速度位振幅方程.

（四）导出了定常流动二维全位势方程、二维非定常速度位方程，二维非定常扰动速度位方程以及其振幅方程.

（五）当对于跨音速带激波流动使用位函数模型来描述时，虽使用均熵假设，但能够反映激波的存在，以及过激波的流动参数间断变化这一些对于跨音速流动极为重要的物理现象.

（六）当使用位函数模型来描述叶轮机械流场时，由于穿过尾流时位函数将出现间断，所以存在着与之相关联的尾流边界条件问题.在本章最后一节中专门对此做了讨论.

参 考 文 献

[1] Murman, E. M., Cole, J. D., Calculation of Plane Steady Transonic Flows, *AIAA Journal,* 9, 114—121, 1971.

[2] Ландау, Л. Л., Лифшиц, Е. М., Механика сплошных сред, Гостехиздат, 1954. [连续介质力学(第一册)，彭旭麟译，人民教育出版社，24—25，1958].

[3] Lax, P. D., Weak Solution of Non-Linear Hyperbolic Equations and Their Numerical Computation, *Comm. Pure Appl. Math.,* 7, 159—193, 1954.

[4] Steger, J. L., Baldwin, B. S., Shock Waves and Drag in the Numerical Calculation of Isentropic Transonic Flow, NASA TN D-6997, 1972.

第六章　平面叶栅跨音速绕流松弛法数值解

§1　引言

在第二章到第四章中，介绍了作者们使用时间推进法计算二维定常叶栅跨音速无粘流场的两种计算方案．对于无粘流来讲，当采用足够密的网格时，可以认为时间推进法的结果在无粘意义上是精确的．但是，目前我国还有不少单位的计算机容量较小，且速度较慢．当使用时间推进法来计算时，为了准确而若拟采用较密网格时，则耗费机时偏多．有的计算机内存也不一定够用．为便于在我国叶轮机械气动计算中能够广泛采用跨音速流场计算方法，就需要进一步发展降低计算时间和所需内存的流场计算程序．

出于上述考虑而探讨了在外流领域得到广泛应用的跨音松弛法．并且在第五章中已谈到使用位函数模型描述跨音速流场所带来的收益．即由于求解单个偏微分方程以及使用隐式有限差分格式，所以在计算速度上可获得数量级的提高．同时由于未知函数只有一个速度位，也节省了所需的计算机存贮量．但是，与外流跨音速流场对照，叶轮机械跨音速流场有很多自己的特点．即使是简化为最简单的二维平面叶栅，也仍有很多独特之处．这些特点主要通过边界条件而在跨音速定常流的数学模型及计算方案中体现出来．例如，与孤立翼型绕流问题不同，对于叶栅绕流说来，进出口流动条件的不对称性是普遍的．再如，作为叶轮机械流场的特征之一，是流场沿周向具有周期性．对于二维平面叶栅，也需要考虑流场的周期性条件．由此可见，当把外流领域广泛应用的跨音松弛法用于二维平面叶栅的跨音速绕流时，需要充分考虑这些特点，并作相应的改动.

在本章中将介绍两种计算方案. 一种是应用了弦线法向小扰动假设来作进一步简化，因而仅适用于薄而微弯叶型叶栅；另一种是使用二维全位势方程，采用拟流线斜交坐标系. 因而可在叶片表面上精确应用边界条件. 最后给出了一些典型的计算结果.

§2 弦线法向小扰动位势方程及边界条件

在上一章中，从柱坐标系三维位函数方程出发，通过圆柱面流动假设，而得到描述二维平面叶栅流动的二维定常全位势方程(5.43). 现将式(5.43)改写为

$$(a^2 - U'^2)\phi_{x'x'} - 2U'V'\phi_{x'y'} + (a^2 - V'^2)\phi_{y'y'} = 0 \quad (6.1)$$

由第五章可知，这里的坐标(x', y')以及相应的分速(U', V')分别对应于轴向及周向.

众所周知，轴流压气机叶尖叶型以及蒸汽轮机末几级叶尖处的跨音速叶型都是薄而微弯的，其形状颇接近于平板叶型. 在这种情况下，可由方程(6.1)出发来作进一步简化.

由于叶型薄而微弯，可把流场中任一点处的速度 $\boldsymbol{q}$ 看成是已知未扰动直匀流的速度 $\boldsymbol{q}_{as}$ 与在该点处的扰动速度 $\boldsymbol{\mathcal{Q}}$ 的向量和

$$\boldsymbol{q} = \boldsymbol{q}_{as} + \boldsymbol{\mathcal{Q}} \quad (6.2)$$

对于薄而微弯叶型所构成的叶栅而言，最好分别沿叶型弦线

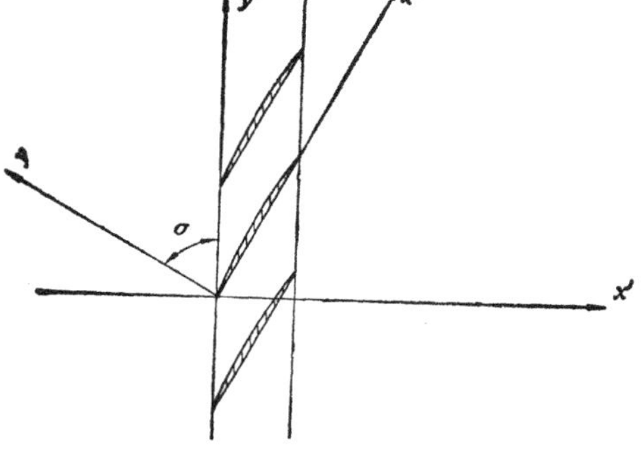

图 6.1

及弦线法向方向来讨论对于流场的扰动. 由图 6.1 可见，这意味着应将坐标 (x', y') 旋转角度σ,而使用坐标 (x, y).

因为在任何 Cartesian 坐标系中，全位势方程的形式不会发生变化,所以当使用 (x, y) 坐标时,方程 (6.1) 应化为

$$(a^2 - U^2)\phi_{xx} - 2UV\phi_{xy} + (a^2 - V^2)\phi_{yy} = 0 \qquad (6.3)$$

在下文中均改为在 (x, y) 坐标之内来讨论问题.

由式 (6.2) 可知，若

$$\begin{cases} \boldsymbol{q} = U\boldsymbol{i} + V\boldsymbol{j} \\ \boldsymbol{\mathscr{Q}} = u\boldsymbol{i} + v\boldsymbol{j} \end{cases} \qquad (6.4)$$

则诸分速之间的关系式为

$$\begin{cases} U = q_{as}\cos\alpha + u \\ V = q_{as}\sin\alpha + v \end{cases} \qquad (6.5)$$

式中 α 表示未扰动直匀流速度向量 $\boldsymbol{q}_{as}$ 与 x 轴之夹角.

根据小扰动假设，$|u|$，$|v| \ll q_{as}$.

现可定义一个扰动速度位 φ，扰动速度位 φ 与全速度位 ϕ 之间的关系是

$$\phi = q_{as}(x\cos\alpha + y\sin\alpha) + \varphi \qquad (6.6)$$

以及扰动速度位 φ 与扰动分速间的关系

$$\begin{cases} \dfrac{\partial\varphi}{\partial x} = u \\ \dfrac{\partial\varphi}{\partial y} = v \end{cases} \qquad (6.7)$$

根据上述小扰动条件，就可对二维全位势方程 (6.3) 进行相应简化.

将式 (6.5) 代入 (6.3) 的系数表达式中. 根据小扰动假设，u, v 及 α 均应为小量. 当保留一阶小量而略去高阶时,可将 (6.3) 的三个系数分别表达为

$$\begin{cases} a^2 - U^2 = a_{as}^2 - q_{as}^2 - (\gamma + 1)q_{as}\cdot u \\ a^2 - V^2 = a_{as}^2 - (\gamma - 1)q_{as}\cdot u \\ U\cdot V = q_{as}\cdot(q_{as}\cdot\alpha + v) \end{cases} \qquad (6.8)$$

式中的 a_{as} 表示与未扰动直匀流 q_{as} 相对应的音速.

为了能做进一步简化处理,需补充如下两个假定:

$$\begin{cases}|a_{as}^2 - q_{as}^2| \gg q_{as}\cdot|u| & (6.9a)\\ a_{as}^2 \gg q_{as}\cdot|u| & (6.9b)\end{cases}$$

根据 (6.9) 所表达的两个假定,可由 (6.8) 中进一步略去一阶小量,而得到

$$\begin{cases}a^2 - U^2 = a_{as}^2 - q_{as}^2\\ a^2 - V^2 = a_{as}^2\\ U\cdot V = 0\end{cases} \tag{6.10}$$

于是二维全位势方程 (6.3) 就化为线化小扰动速度位方程

$$(1 - M_{as}^2)\frac{\partial^2\varphi}{\partial x^2} + \frac{\partial^2\varphi}{\partial y^2} = 0 \tag{6.11}$$

方程 (6.11) 已蜕化为一个常系数线性方程，这自然无法反映混合型方程的特点，所以对于描述跨音速流动显然是不合适的. 此外,在得到方程 (6.11) 时使用了假定式 (6.9a)，但式 (6.9a) 要求 q_{as} 与 a_{as} 之数值不能过于接近，亦即不允许 $M_{as}\sim 1.0$. 对于跨音速流动说来,是无法满足式 (6.9a) 的.

当取消简化假设式 (6.9a) 之后，则二维全位势方程应简化为

$$\left(1 - M_{as}^2 - \frac{\gamma+1}{q_{as}}\cdot M_{as}^2\cdot\frac{\partial\varphi}{\partial x}\right)\frac{\partial^2\varphi}{\partial x^2} + \frac{\partial^2\varphi}{\partial y^2} = 0 \tag{6.12}$$

通常将方程 (6.12) 称为跨音速小扰动速度位方程. 下面来分析方程 (6.12) 左方第一项系数的物理意义.

流场中任一点处的当地 Mach 数可表达为

$$M^2 = \frac{q^2}{a^2} = \left(\frac{q^2}{q_{as}^2}\right)\left(\frac{q_{as}^2}{a_{as}^2}\right)\left(\frac{a_{as}^2}{a^2}\right) \tag{6.13}$$

根据小扰动假设，可将 (6.13) 右边的三个连乘项分头展开. 当保留一阶小量而略去高阶时,得

$$\begin{cases}\left(\dfrac{q^2}{q_{as}^2}\right) = 1 + \dfrac{2u}{q_{as}}\\ \left(\dfrac{q_{as}^2}{a_{as}^2}\right) = M_{as}^2\end{cases} \tag{6.14}$$

$$\left(\frac{a_{as}^2}{a^2}\right) = 1 + (\gamma - 1) \cdot M_{as}^2 \cdot \left(\frac{u}{q_{as}}\right)$$

将式 (6.14) 代回式 (6.18) 后，可得

$$(1 - M^2) = \left[1 - M_{as}^2 - \frac{\gamma + 1}{q_{as}} \cdot M_{as}^2 \cdot \varphi_x\right] \tag{6.15}$$

于是可将方程 (6.12) 也记为

$$(1 - M^2)\varphi_{xx} + \varphi_{yy} = 0 \tag{6.16}$$

由方程(6.16)可见，若流场中某点处 $M < 1.0$，则方程为椭圆型；$M > 1.0$，为双曲型；$M = 1.0$，蜕化为抛物型.

对于轴流压气机动叶叶尖及蒸汽轮机末级动叶叶尖，叶型薄而微弯，假设 $|v| \ll q_{as}$ 自无问题. 但对于假设 $|u| \ll q_{as}$ 则尚需进一步分析. 叶栅绕流流场远前方与远后方一般具有不对称性. 因此 $|u| \ll q_{as}$ 的条件对于全流场未必很合适. 此外，在驻点处应有 $U = V = 0$，即

$$\begin{cases} u = -q_{as} \cdot \cos\alpha \\ v = -q_{as} \cdot \sin\alpha \end{cases} \tag{6.17}$$

当 $|\alpha| \ll 1.0$ 时，式 (6.17) 化为

$$\begin{cases} u = -q_{as} \\ v = 0 \end{cases} \tag{6.17a}$$

由式 (6.17a) 可见，在驻点附近 u 并非高阶小量.

若只保留 $|v| \ll q_{as}$ 而解除 $|u| \ll q_{as}$ 之约束，文献 [1] 由二维全位势方程 (6.3) 出发，导出了如下的方程

$$\frac{1 - M_{as}^2 - \dfrac{\gamma + 1}{q_{as}} \cdot M_{as}^2 \cdot \varphi_x - \dfrac{\gamma + 1}{2q_{as}^2} \cdot M_{as}^2 \cdot \varphi_x^2}{1 - \dfrac{\gamma - 1}{q_{as}} \cdot M_{as}^2 \cdot \varphi_x - \dfrac{\gamma - 1}{2q_{as}^2} \cdot M_{as}^2 \cdot \varphi_x^2} \times \varphi_{xx} + \varphi_{yy} = 0 \tag{6.18}$$

对于方程 (6.18) 可称之为 x 向大扰动速度位方程，或弦线法向小扰动速度位方程. 经推证可知，方程 (6.18) 等号左边首项的系数可近似认为

$$\frac{1 - M_{as}^2 - \frac{\gamma + 1}{q_{as}} \cdot M_{as}^2 \cdot \varphi_x - \frac{\gamma + 1}{2q_{as}^2} \cdot M_{as}^2 \cdot \varphi_x^2}{1 - \frac{\gamma - 1}{q_{as}} \cdot M_{as}^2 \cdot \varphi_x - \frac{\gamma - 1}{2q_{as}^2} \cdot M_{as}^4 \cdot \varphi_x^2}$$

$$= 1 - M^2 \tag{6.19}$$

因而亦可将方程 (6.18) 记为

$$(1 - M^2)\varphi_{xx} + \varphi_{yy} = 0 \tag{6.20}$$

对于二维平面叶栅跨音速绕流问题，文献 [2] 使用跨音速小扰动速度位方程(6.12)得到了线松弛解. 文献 [3] 使用弦线法向小扰动速度位方程 (6.18) 得到了线松弛解. 由前面分析可见，这些方法都仅适用于薄而微弯叶型所构成的叶栅. 下面具体结合文献[3]所用的坐标变换及边界条件来作一些简单介绍.

为了便于在栅前区及栅后区应用周期性边界条件，在文献 [3] 中引入了斜交坐标系 (ξ, η). 两种坐标之间的变换关系是

$$\begin{cases} x = \xi + \eta \cdot \sin\sigma \\ y = \eta\cos\sigma \end{cases} \tag{6.21}$$

式中的 σ 为叶栅安装角，如图 6.2 所示.

将坐标变换式 (6.21) 代入方程 (6.20)，可得

$$\begin{aligned}(1 - M^2)\varphi_{\xi\xi} + \{&\text{tg}^2\sigma \cdot \varphi_{\xi\xi} - 2\,\text{tg}\,\sigma \cdot \sec\sigma \cdot \varphi_{\xi\eta} \\ &+ \sec^2\sigma\varphi_{\eta\eta}\} = 0\end{aligned} \tag{6.22}$$

式中

$$(1 - M^2) = \frac{1 - M_{as}^2 - \frac{\gamma + 1}{q_{as}} \cdot M_{as}^2 \cdot \varphi_\xi - \frac{\gamma + 1}{2q_{as}^2} \cdot M_{as}^2 \cdot \varphi_\xi^2}{1 - \frac{\gamma - 1}{q_{as}} \cdot M_{as}^2 \cdot \varphi_\xi - \frac{\gamma - 1}{2q_{as}^2} \cdot M_{as}^2 \cdot \varphi_\xi^2}$$

方程 (6.22) 就是下面待求解的基本方程. 除此之外，还需加上能量方程

$$\frac{a^2}{\gamma - 1} + \frac{1}{2}q^2 = \text{常数} \tag{6.23}$$

来作为辅助方程，用以确定当地音速 a 及当地 Mach 数.

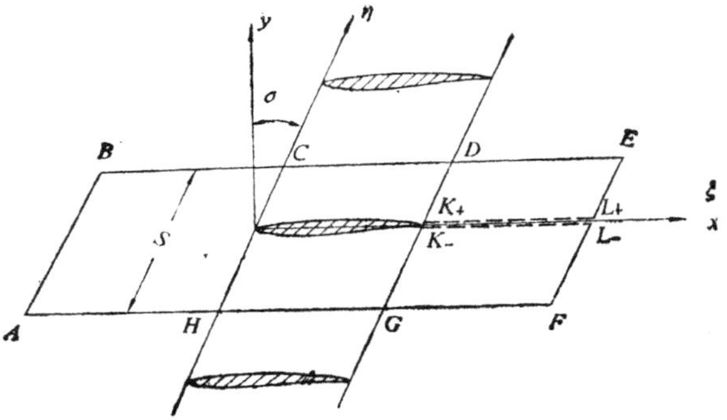

图 6.2　二维叶栅流场的计算域

下面在 (ξ, η) 计算平面之内来讨论定解条件.

在叶片表面上应满足相切条件. 设叶型型面在 (x, y) 坐标系内可表示为

$$y = f_{\pm(x)} \tag{6.24}$$

式中 f 的下标 "+" 号与 "−" 号分别表示上下叶面. 在 (x, y) 坐标系内的相切条件为

$$U \cdot f'_{\pm(x)} - v = 0 \tag{6.25}$$

当 $\alpha = 0°$ 时, 在 (ξ, η) 坐标系内则是

$$-(q_{as} + \varphi_\xi) \cdot f'_\pm - \varphi_\xi \cdot \operatorname{tg}\sigma + \varphi_\eta \cdot \sec\sigma = 0 \tag{6.26}$$

或写成

$$\varphi_\eta = \cos\sigma \cdot [q_{as} \cdot f'_\pm + \varphi_\xi \cdot (f'_\pm + \operatorname{tg}\sigma)] \tag{6.27}$$

式中的

$$f'_\pm = \frac{df_\pm}{dx}.$$

根据弦线法向小扰动假设, 可在 $y = 0$ 线上满足物面相切条件. 经坐标变换之后, $y = 0$ 线在 (ξ, η) 平面上化为 $\eta = 0$ 线. 由此得知, 物面相切条件只与叶型型线斜率有关, 与叶型具体位置无关. 当然, 这只适用于薄而微弯叶型情况.

根据周期性条件, 图 6.2 中在 $AHGF$ 和 $BCDE$ 边界上有

$$\begin{cases} \varphi_{\xi(\xi,-s/2)} = \varphi_{\xi(\xi,s/2)} \\ \varphi_{\eta(\xi,-s/2)} = \varphi_{\eta(\xi,s/2)} \end{cases} \tag{6.28}$$

在第五章中已谈到，当使用位函数模型时，叶片后缘处将拖出一个尾涡间断面．在此间断面的两侧对应点处，可应用静压相等、法向分速相等、速度方向相同的条件．具体来讲，就是在图 6.2 的 K_+L_+ 和 K_-L_- 边界上有

$$\begin{cases}\varphi_{\eta(\xi,0^+)} = \varphi_{\eta(\xi,0^-)} \\ \varphi_{(\xi,0^+)} - \varphi_{(\xi,0^-)} = \Gamma\end{cases} \tag{6.29}$$

式中 Γ 为叶型的环量，

$$\Gamma = \varphi_{(\xi_{te},0^+)} - \varphi_{(\xi_{te},0^-)} \tag{6.30}$$

下标"te"表示叶型后缘点．

在进口处，即图 6.2 中的 AB 线上，将给定来流 Mach 数 M_1；进口气流角 α_1（指进口速度向量 $\boldsymbol{q}_1$ 与 x 轴之夹角）；静压 P_1；密度 ρ_1．这时存在着如下关系：

$$\begin{cases}a_1 = \sqrt{\dfrac{\gamma p_1}{\rho_1}} \\ q_1 = M_1 a_1 \\ U_1 = q_1 \cos\alpha_1 \\ V_1 = q_1 \sin\alpha_1\end{cases} \tag{6.31}$$

根据 (6.31) 式进行变换，即可求出进口边界上的 $(\varphi_\xi)_1$ 及 $(\varphi_\eta)_1$ 值来．上面式中的下标"1"表示是进口边界 AB 上的值．

出口边界 EF 上的流动参数用下标"2"来表示．在出口边界 EF 上给定反压 P_2，由等熵条件即可求出密度 ρ_2，以及音速 a_2．再进一步可由能量方程确定出口速度的模 q_2．

§3 有限差分近似

可根据 Jameson 旋转差分格式[4]的思想来分析文献[3]中所求解的基本方程 (6.22)．为此，首先对于二维全位势方程 (6.3) 进行坐标变换．如果使用局部流动坐标系 (s, n)，s 及 n 分别代表流向以及流线的法向，则方程 (6.3) 可写成

$$(1 - M^2)\phi_{ss} + \phi_{nn} = 0 \tag{6.32}$$

对比式 (6.32) 与式 (6.22) 可以发现，两式子中的 ϕ_{ss} 与 $\varphi_{\xi\xi}$ 相对

应，而 ϕ_{nn} 则与 $\{\operatorname{tg}^2\sigma\cdot\varphi_{\xi\xi}-2\operatorname{tg}\sigma\sec\sigma\varphi_{\xi\eta}+\sec^2\sigma\cdot\varphi_{\eta\eta}\}$ 相对应. 由文献[4]可知,在离散化过程中，对于 ϕ_{ss} 的处理必须考虑到在各节点处偏微分方程类型的变化，对于 ϕ_{nn} 则与该节点处的方程类型无关，亦即恒取中心差分格式. 对于文献[3]中所求解的基本方程(6.22)说来，由于在与 ϕ_{ss} 相对应的项中不包含 $\varphi_{\xi\eta}$ 及 $\varphi_{\eta\eta}$ 项，所以差分格式构造比较简单. 现对于文献[3]中所用的差分格式具体介绍如下.

设用 i 表示沿 ξ 向的节点编号,用 j 表示沿 η 向的节点编号,则可把某一节点的坐标记为 $(\xi_{i,j},\eta_{i,j})$. 该节点处的位函数则记为 $\varphi^n_{i,j}$. 这里上标 n 表示第 n 次迭代值. 对于文献[3]中所用的不等距网格来讲,将差分记为

$$\begin{cases}\Delta\xi_i=\xi_{i+1,j}-\xi_{i,j}\\ \Delta\eta_j=\eta_{i,j+1}-\eta_{i,j}\end{cases}\tag{6.33}$$

则与式(6.22)相对应的内点差分方程为

$$\begin{aligned}&\{(1-\mu_{i,j})\cdot D_{ij}[\varphi_{\xi\xi}]_A+\mu_{i-1,j}D_{i-1,j}[\varphi_{\xi\xi}]_B\}\\&\quad+\operatorname{tg}^2\sigma\{(1-\mu_{i,j})[\varphi_{\xi\xi}]_A+\mu_{i,j}[\varphi_{\xi\xi}]_c\}\\&\quad-2\operatorname{tg}\sigma\cdot\sec\sigma[\varphi_{\xi\eta}]+\sec^2\sigma[\varphi_{\eta\eta}]=0\end{aligned}\tag{6.34}$$

式中

$$D_{i,j}=1-M^2_{i,j}\tag{6.35}$$

$$[\varphi_\xi]=\frac{\varphi^n_{i+1,j}-\varphi^n_{i-1,j}}{\Delta\xi_i+\Delta\xi_{i-1}}\tag{6.36}$$

$$\mu_{i,j}=\begin{cases}0 & \text{当 } D_{i,j}\geqslant 0\\ 1 & \text{当 } D_{i,j}<0\end{cases}\tag{6.37}$$

$$\begin{aligned}[\varphi_{\xi\xi}]_A=&\left\{2\left[\Delta\xi_{i-1}\cdot\varphi^n_{i+1,j}-\frac{\Delta\xi_i+\Delta\xi_{i-1}}{\omega_s}\varphi^{n+1}_{i,j}-\left(1-\frac{1}{\omega_s}\right)\right.\right.\\&\left.\left.\times(\Delta\xi_i+\Delta\xi_{i-1})\varphi^n_{i,j}+\Delta\xi_i\cdot\varphi^{n+1}_{i-1,j}\right]\right\}\Big/[\Delta\xi_i\\&\cdot\Delta\xi_{i-1}\cdot(\Delta\xi_i+\Delta\xi_{i-1})]\end{aligned}\tag{6.38}$$

$$\begin{aligned}[\varphi_{\xi\xi}]_B=&\{2[(\Delta\xi_{i-1}+\Delta\xi_{i-2})\varphi^{n+1}_{i,j}-\Delta\xi_{i-1}\cdot\varphi^n_{i,j}\\&-(\Delta\xi_{i-1}+\Delta\xi_{i-2})\varphi^{n+1}_{i-1,j}+\Delta\xi_{i-1}\varphi^n_{i-2,j}]\}/[\Delta\xi_{i-1}\\&\cdot\Delta\xi_{i-2}\cdot(\Delta\xi_{i-1}+\Delta\xi_{i-2})]\end{aligned}\tag{6.39}$$

$$[\varphi_{\xi\xi}]_c = \{2[\Delta\xi_{i-1}\cdot\varphi^{n}_{i+1,j} - \Delta\xi_{i-1}\cdot\varphi^{n}_{i,j} - \Delta\xi_i\varphi^{n+1}_{i,j} + \Delta\xi_i\varphi^{n+1}_{i-1,j}]\}/[\Delta\xi_i\cdot\Delta\xi_{i-1}\cdot(\Delta\xi_i + \Delta\xi_{i-1})] \tag{6.40}$$

$$[\varphi_{\xi\eta}] = \{[\Delta\eta_j(\varphi^{n}_{i+1,j} - \varphi^{n}_{i,j} - \varphi^{n}_{i+1,j-1} + \varphi^{n}_{i,j-1}) + \Delta\eta_{j-1}(\varphi^{n}_{i,j+1} - \varphi^{n}_{i-1,j+1} - \varphi^{n}_{i,j} + \varphi^{n}_{i-1,j})]\}/[\Delta\eta_j\cdot\Delta\eta_{j-1}\cdot(\Delta\xi_i + \Delta\xi_{i-1})] \tag{6.41}$$

$$[\varphi_{\eta\eta}] = \{2[\Delta\eta_{j-1}\cdot\varphi^{n+1}_{i,j+1} - (\Delta\eta_j + \Delta\eta_{j-1})\cdot\varphi^{n+1}_{i,j} + \Delta\eta_j\cdot\varphi^{n+1}_{i,j-1}]\}/[\Delta\eta_j\cdot\Delta\eta_{j-1}\cdot(\Delta\eta_j + \Delta\eta_{j-1})] \tag{6.42}$$

式 (6.38) 中的 ω_s 为亚音超松弛因子.

对于周期性条件式 (6.28) 可列出相应的有限差分式为

$$\begin{cases}\varphi^{n+1}_{i,J} - \varphi^{n+1}_{i-1,J} = \varphi^{n+1}_{i,1} - \varphi^{n+1}_{i-1,1}\\ \varphi^{n+1}_{i,J} - \varphi^{n+1}_{i,J-1} = \varphi^{n+1}_{i,2} - \varphi^{n+1}_{i,1}\end{cases} \tag{6.43}$$

对照图 6.2 可知，$j = 1$ 对应于边界 $AHGF$；而 $j = J$ 对应于边界 $BCDE$.

对式 (6.43) 的两个式子联立求解可得

$$\begin{cases}\varphi^{n+1}_{i,J} = 1/2(\varphi^{n+1}_{i,2} + \varphi^{n+1}_{i,J-1}) + 1/2(\varphi^{n+1}_{i-1,J} - \varphi^{n+1}_{i-1,1})\\ \varphi^{n+1}_{i,1} = 1/2(\varphi^{n+1}_{i,2} + \varphi^{n+1}_{i,J-1}) - 1/2(\varphi^{n+1}_{i-1,J} - \varphi^{n+1}_{i-1,1})\end{cases} \tag{6.44}$$

对于物面边界和尾流边界，都是把 φ_η 嵌入到内点基本方程中去，而得到边界点的诸差分式. 具体推导从略. 物面边界与尾流边界在处理上的不同点在于，由于物面边界有式 (6.27) 与之对应，所以 φ_η 作为已知量；而在尾流边界上则须将 φ_η 作为未知量来与诸未知的 φ 值联立求解.

§4 二维全位势方程解法

上节所介绍的方法只适用于薄而微弯叶型情况. 为了适用于任意厚度与任意弯度叶型，则应求解二维全位势方程 (6.3). 文献 [5] 对于上述问题提出了一种解法. 现简略介绍如下.

在文献 [4] 中使用局部流动坐标 (s, n) 而得到方程 (6.32).

$$(1 - M^2)\phi_{ss} + \phi_{nn} = 0 \tag{6.32}$$

式中

$$\phi_{nn} = \frac{1}{q^2}(V^2\phi_{xx} - 2UV\phi_{xy} + U^2\phi_{yy}) \tag{6.45}$$

为了适用于求解任意叶型叶栅绕流问题，文献[5]选用流线与平行于 y 轴的直线(即 $x=$ 常数线)作为两族坐标线，从而构成局部斜交坐标系. 选用这种 (s, y) 坐标系的优点是可用混合差分格式来代替较复杂的旋转差分格式，从而简化了数值计算. 此外，物面边界条件的处理也比较方便. 所用的坐标如图 6.3 所示。

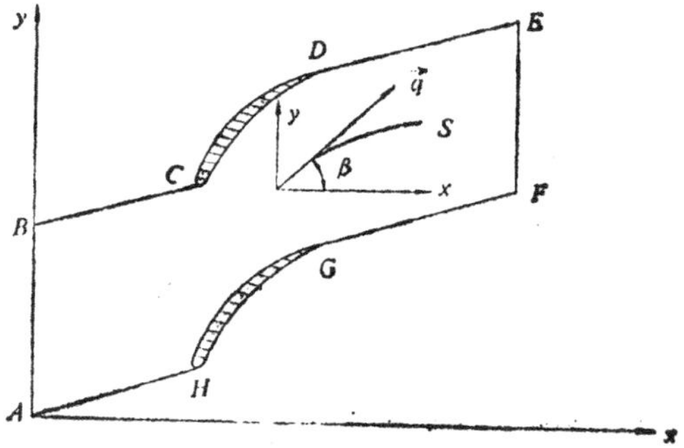

图 6.3　文献 [5] 所用的局部拟流线坐标系

将式 (6.32) 变换到 (s, y) 坐标系中，可得

$$(1 - M^2)\Phi_{ss} + \mathrm{tg}^2\beta \cdot \Phi_{ss} - 2\,\mathrm{tg}\,\beta \cdot \sec\beta \cdot \Phi_{ys} + \sec^2\beta\Phi_{yy} = 0 \tag{6.46}$$

令

$$\Phi = q_{as} \cdot \cos\beta_{as} \cdot x + q_{as} \cdot \sin\beta_{as} \cdot y + \varphi \tag{6.47}$$

式中 φ 为扰动速度位；$\boldsymbol{q}_{as}$ 为一未扰动直匀流之速度向量；β_{as} 为 $\boldsymbol{q}_{as}$ 与 x 轴之夹角. 由式 (6.47) 可知

$$\Phi_s = \varphi_s + q_{as} \cdot \cos(\beta - \beta_{as}) \tag{6.48}$$

$$\Phi_{ss} = \varphi_{ss} - q_{as} \cdot \sin(\beta - \beta_{as}) \cdot \frac{\partial\beta}{\partial s} \tag{6.49}$$

式 (6.47) 及式 (6.49) 代入式 (6.46) 可得

$$(1 - M^2)\varphi_{ss} + \mathrm{tg}^2\beta \cdot \varphi_{ss} - 2\,\mathrm{tg}\,\beta \cdot \sec\beta \cdot \varphi_{sy} + \sec^2\beta \cdot \varphi_{yy} = (1 - M^2 + \mathrm{tg}^2\beta) \cdot q_{as} \cdot \sin(\beta - \beta_{as}) \cdot \frac{\partial\beta}{\partial s} \tag{6.50}$$

以及能量方程

$$a^2+\frac{\gamma-1}{2}q^2=a_{as}^2+\frac{\gamma-1}{2}q_{as}^2 \tag{6.51}$$

作为计算时的辅助方程之用.

此时物面相切条件为

$$\Phi_y=\Phi_s\cdot\sin\beta \tag{6.52}$$

若以扰动速度位 φ 来表示,则是

$$\varphi_y=[\varphi_s+q_{as}\cdot\cos(\beta-\beta_{as})]\cdot\sin\beta - q_{as}\cdot\sin\beta_{as} \tag{6.53}$$

其余边界条件给法类似于上一节所述. 对于式(6.50)在内点及边界点处的差分处理亦与上节所述相同. 但须指出, 这里的 β 角是待求变量, 因而需反复修正流线来确定. 即在线松弛迭代开始时,首先假设初始拟流线位置,从而得到初始 β 角的分布. 然后在松弛迭代过程中伴随流线修正过程来不断修正 β 角.

对于沿 x 向第 i 站说来,流线修正过程如下:

(i) 用梯形积分公式求出该站处气流的总流量 G_i,

$$G_i=\sum\Delta G_j=1/2(\rho_{i,1}\cdot q_{i,1}\cdot\cos\beta_{i,1}\cdot\Delta y_1 + \rho_{i,J}\cdot q_{i,J}\cdot\cos\beta_{i,J}\cdot\Delta y_{J-1})+1/2\sum_{j=2}^{J-1}\rho_{i,j} \cdot q_{i,j}\cdot\cos\beta_{i,j}\cdot(\Delta y_j+\Delta y_{j-1}) \tag{6.54}$$

(ii) 该站处的流管平均流量为

$$\overline{\Delta G_i}=\frac{G_i}{(J-1)} \tag{6.55}$$

式中 J 表示所取的流线数目.

(iii) 求出位于该站处每根流管的相对流量误差 $\Delta\widetilde{G}_j$

$$\Delta\widetilde{G}_j=\frac{\overline{\Delta G_i}-\Delta G_{i,j}^*}{\Delta G_{i,j}^*} \tag{6.56}$$

$$\Delta G_{i,j}^*=1/2[(\rho q\cos\beta)_{i,j+1}+(\rho q\cos\beta)_{i,j}]\cdot\Delta y_j \tag{6.57}$$

(iv) 对于流线坐标 y 进行修正

$$y_j=y_{j-1}+(1+\omega_L\cdot\Delta\widetilde{G}_j)(y_j^*-y_{j-1}^*) \tag{6.58}$$

式中 ω_L 为低松弛因子. 在计算中通常取 $\omega_L=0.05\sim0.1$.

§ 5 有关线松弛迭代过程的若干注释

对于具体线松弛迭代过程不详细介绍，而仅简述如下．在沿着从进口边界到出口边界的每一轴向站处，将此站处每个节点所对应的内点差分方程及边界点差分式联立，从而构成对应于此轴向站的封闭线代数方程组．然后逐个在每一轴向站处求解对应的线代数方程组，这个过程称为进行扫描，对于全流场的每个节点均完成一次扫描之后，就是进行了一次迭代．于是每个节点都得到了一个新的 φ 值，或记为每个节点处的 φ 值均由 $\varphi_{i,j}^{n}$ 化为 $\varphi_{i,j}^{n+1}$．反复进行上述迭代过程，直到二次迭代之间在每一节点处均满足

$$\max_{i,j}|\varphi_{i,j}^{n+1}-\varphi_{i,j}^{n}|\leqslant\varepsilon \tag{6.59}$$

则认为迭代过程已收敛．（ε 为一规定的小量．）

对于所讨论的叶栅绕流问题，在松弛迭代过程中针对一些具体问题作了特殊处理．现简要说明如下：

1. 混合导数项的七点差分近似

由式 (6.27) 与 (6.25) 对比可知，由于采用了斜交坐标而导致 $\varphi_{\xi\eta}$ 项的出现．对于 $\varphi_{\xi\eta}$ 项曾使用过以下两个差分式．即

$$(\varphi_{\xi\eta})_{i,j}=\frac{[\varphi_{i+1,j+1}-\varphi_{i+1,j-1}]-[\varphi_{i-1,j+1}-\varphi_{i-1,j-1}]}{4\Delta\xi\Delta\eta} \tag{6.60}$$

以及

$$\begin{aligned}(\varphi_{\xi\eta})_{i,j}=\{&[(\varphi_{i,j+1}-\varphi_{i-1,j+1})-(\varphi_{i,j}-\varphi_{i-1,j})]\\&-[(\varphi_{i+1,j}-\varphi_{i,j})-(\varphi_{i+1,j-1}\\&-\varphi_{i,j-1})]\}/2\Delta\xi\Delta\eta\end{aligned} \tag{6.61}$$

数值结果表明 $\varphi_{\xi\eta}$ 项对于激波捕获特性有显著影响．当使用式 (6.60) 时发生严重的激波弥散．其原因是式 (6.60) 只具有一阶精度，而式 (6.61) 则具有二阶精度． 后来改用式 (6.61) 代替式 (6.60)，激波捕获特性得到了显著的改善．

2. 叶片前后缘点奇异性的处理

在叶片前缘点处，叶型型面的斜率变为无穷大，现讨论对于此

奇点的处理方法．由于在前缘附近斜率变化急剧，除非为此专门进行坐标变换或者局部加密网格等措施，否则是无法给予合适处理的． 常用的简化近似处理的方式之一是通过截去叶型最前方的一小段来得到有限的叶片型面斜率值．文献 [3] 也使用了这种处理方式．但经过这样处理之后，在表示前缘的同一节点处，由于叶型上下表面斜率在此点会具有不同的斜率值，通过物面相切条件自然就得到两个不同的 φ 值，也就是出现了双解现象．当在前缘点附近进行线松弛扫描时，由于需使用前缘点的 φ 值，就出现了如何处理双解的问题．在文献 [3] 中当在前缘点上游进行线松弛扫描而须使用前缘点 φ 值时，系取上下叶型型面不同 φ 值的算术平均值来作为共同值．

除了在叶型后缘处，叶型型面的斜率同样会变为无穷大之外，后缘点还存在自身的独特问题．众所周知，在叶型后缘点处应当符合 Kutta-Жуковский 条件．但此条件是针对尖后缘翼型提出的．而真实的叶型都存在后缘圆角，也就是说，并非理想化了的尖后缘叶型．这时就需要进行环量修正．具体的做法是，利用二次插值来把叶型上下型面向后延伸，而得到一个人为的尖后缘点．假定网格节点的间距为 $\Delta\xi$，延伸出的尖后缘点距离真实后缘点的距离为 Δx，且位势差随距离呈二次方关系而衰减，于是有

$$\frac{\Delta\varphi_0-\Delta\varphi^*}{\Delta\varphi_1-\Delta\varphi^*}=\frac{\Delta x^2}{(\Delta x+\Delta\xi)^2} \tag{6.62}$$

或写成 $\Delta\varphi^*$ 的显式型式为

$$\Delta\varphi^*=\frac{-\Delta x^2\cdot\Delta\varphi_1+(\Delta x+\Delta\xi)^2\cdot\Delta\varphi_0}{\Delta\xi\cdot(2\Delta x+\Delta\xi)} \tag{6.63}$$

式中 $\Delta\varphi^*$ 即为修正环量值．而

$$\Delta\varphi_1=\varphi_{it-1,jw+0}-\varphi_{it-1,jw-0} \tag{6.64}$$

$$\Delta\varphi_0=\varphi_{it,jw+0}-\varphi_{it,jw-0} \tag{6.65}$$

如图 6.2 所示，$(it,\ jw+0)$ 与 $(it,\ jw-0)$ 分别对应于图中的 K_+ 及 K_- 两点．

当求出 $\Delta\varphi^*$ 之后，就可以对于环量进行松弛迭代如下：

$$\Delta\varphi = \omega_p \cdot \Delta\varphi^* + (1 - \omega_p) \cdot \Delta\varphi_0 \qquad (66.6)$$

式中 ω_p 为松弛因子，典型值为 $\omega_p = 0.1$。

3. 循环追赶法

在线松弛迭代求解过程中，必然会遇到如何求解所得的线代数方程组的问题. 对于孤立翼型绕流流场说来，所面临的是标准型三对角线代数方程组. 这时可采用标准的追赶法求解 [1]. 但对于二维叶栅流场来讲，问题要复杂一些. 现具体解释如下.

由于叶栅流场所特有的周期性边界条件，使得最后得到的线代数方程组不再是标准型三对角线型式. 具体来讲，就是线代数方程组的系数矩阵，在第一排和最后一排出现了非标准型的一些非零元素. 因此，需对于所用的追赶法作相应的修改，即采用循环追赶法求解. 详细的递推过程见下章.

4. 加速收敛措施

在没有更合适的初场可供使用时，一般来讲，从全场 $\varphi = 0$ 作为初始场也可以获得收敛解. 但若对于两组或两组以上几何及气动参数相近的叶栅流场进行数值计算时，使用一个流场的数值结果来作为另一组的初场时，往往可以加速收敛.

此外，在线松弛迭代过程中，可采用简单的逐次加密网格作为加速收敛的措施. 即先在粗网格上得到收敛解，用来作为细网格的初始场. 新增加的网格点上的 φ 值是通过简单的线性内插而得到的. 在使用得当时，可以成倍地提高计算效率.

§6 一些算例

对于轴流压气机的扩压叶栅说来，进口来流 Mach 数小于以及大于 1.0 的跨音速流场都是工程上感兴趣的. 这里对于这两种情况分头给出使用文献 [3] 的程序所得到的数值结果.

算例之一是 D. C. A 2-8-10 双圆弧叶型叶栅. 双圆弧叶型的弯角为 10°，叶型最大相对厚度为 6%，进口来流 Mach 数为 0.902，进出口静压比为 1.225，叶栅稠度为 1.176，叶栅安装角为 55°.

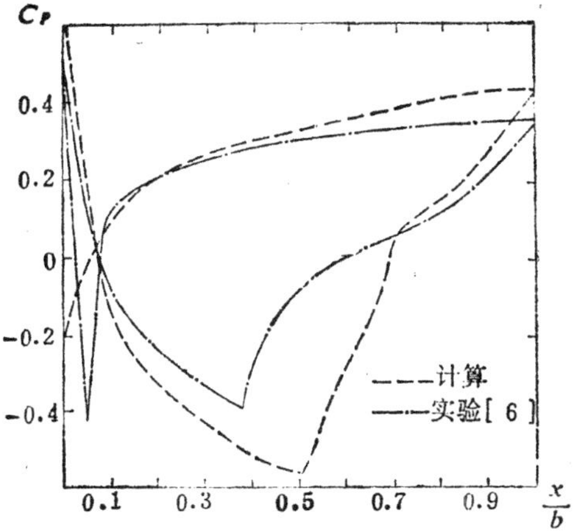

图 6.4 高亚音速来流 Mach 数之下的叶型表面压力分布对比

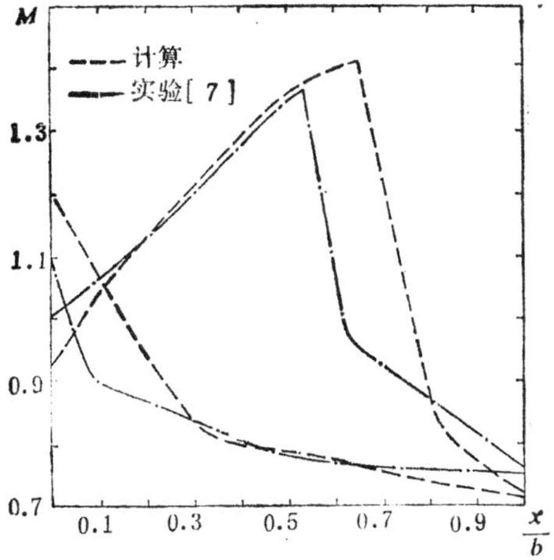

图 6.5 进口来流超音速时计算与实验物面 Mach 数分布对比

在图 6.4 中给出了取自文献 [6] 的实验压力分布与采用文献 [3] 计算出的压力分布的对比.

算例之二是 D. C. A 9.57° 叶栅. 也是双圆弧叶型,最大厚度比为 4.66%,叶型弯角为 9.57°,叶栅稠度为 1.4618,叶栅安装角为 $\sigma = 51.35°$,进口 Mach 数为 1.05,进出口静压比为 1.4195.

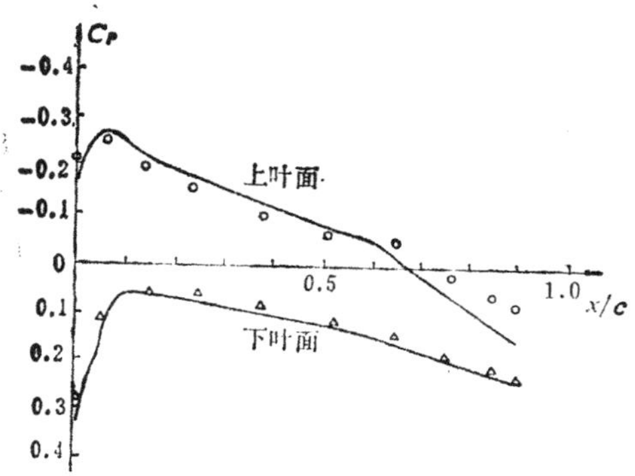

图 6.6 进口来流为不可压流时的压力分布对比

图 6.5 中给出了取自文献[7]的实验 M 数分布与计算结果之对比.

算例之三也是双圆弧叶型叶栅. 数据取自文献 [8]. 这是一组低速定常与非定常实验结果.进口流速为 61 米/秒. 图 6.6 给出了低速条件下沿物面压力系数 c_p的分布.图中的实验点数据取自文献 [8]. 图中的曲线则表示使用文献[3]中所介绍的方法得到的计算结果. 由图中的实验与计算对比可见，二者之间的符合程度比前面谈到的跨音速绕流算例一以及算例二为好.

尽管在低速条件下理论计算与实验压力分布较为一致，从而在低速条件下证实了方法及程序的可信性. 但由图 6.4 与 6.5 可见,对于扩压叶栅跨音速带激波流场说来,采用本章所介绍的无粘方法所得到的计算结果只能认为在定性意义上是合理的. 但从定量上看,则与实验物面速度分布还存在明显的差别. 由图可见,计算与实验相差最多之处还是位于通道激波附近. 两个算例计算出的激波位置都偏后；激波前的 Mach 数都偏高. 这些定量上的偏差是可以进行物理解释的. 因为用文献 [3] 中的方法与程序仅仅是进行了跨音速无粘流场计算. 在激波附近，由于激波附面层干扰作用，实验压力分布或速度分布自然应与无粘流计算结果存在定量上的偏差. 如若二者精确一致，反而成为不易理解的. 由此可见，倘若想使计算结果与实验结果的符合程度能够得到质的改善，则考虑粘性特别是分离流的效应看来是不可少的．因为这里所讨论的算例是适用于风扇或轴流压气机的扩压叶栅，与涡轮叶栅或孤立翼型跨音速流场相比，考虑粘性及分离流影响就来得格外重要．

此外，叶型前后缘附近也算不准．对于很多种现有的有限差分方法说来，前后缘问题属于带有普遍性的缺陷．在本章所介绍的方法中，这一问题同样存在，应进一步予以改进．

§7 小结

根据本章中所给出的数值结果，可对文献［3］中给出的计算方法做出如下评价：

1. 对于扩压叶栅跨音速绕流问题说来，所给出的数值结果，在定性上与实验是相符的；激波捕获特性可以认为是良好的；作为跨音速无粘计算结果也是符合物理解释的．

2. 对于跨音速叶栅无粘绕流计算说来，与求解 Euler 方程组的数值方法相比，使用位函数方程进行有限差分松弛迭代求解，一般均可以显著地节省计算机机时与内存，适合于工程上应用．但由于引入无旋有位假定，所以应用范围受到限制．一般要求激波前的法向 Mach 数不大于 1.30．

3. 本章中所介绍的一些算法与程序还只是初步的，距离工程应用尚有差距．例如在提高数值结果精确度、进行粘性修正，以及加速收敛等方面，都需进一步改进．

参 考 文 献

［1］ 罗时钧，郑郁文，王蝶茜，钱鸿，跨音速定常势流的混合差分法，国防工业出版社，1979．

［2］ Sator, F. G., Computation of Transonic Flow with Detached Bow-Shocks through Two-Dimensional Turbomachinery Cascade, Proceedings The 10th Congress of the International Council of the Aeronautical Sciences, 434—442, 1976.

［3］ 周盛、林保真，平面叶栅绕流问题的跨音松弛解，北京航空学院科研参考资料 BH-C366，1979．

［4］ Jameson, A., Iterative Solution of Transonic Flows over Airfoils and Wings

Including Flows at Mach 1.0, *Comm. Pure & Appl. Math.*, **27**, 283—309, 1974.

[5] 胡国荣，平面叶栅大扰动跨音绕流计算，北京航空学院硕士研究生论文，1980.

[6] Starken, H., Untersuchung der Strömung in ebenen Überschallverzögerungsgittern, Ph. D. Dissertation, Rheinisch-Westfälische Technische Hochschule Aachen, Aachen, 1971.

[7] Breugelmans, F. A. E., Starken, H., The Cascade and Rotor Section Performance of A 9.57° Cambered D. C. A. Air-foil, VKI Lecture Series-59, 1973.

[8] Carta, F. O., An Experimental Investigation of Gapwise Periodicity and Unsteady Aerodynamic Response in an Oscillating Cascade, NASA CR 3513, 1982.

第七章　定常跨音速势方程的线松弛迭代解法

§1　引言

采用松弛法求解定常跨音速势方程，和时间推进法不同，它直接求解拟线性混合型偏微分方程．其主要关键之一是构造适当的差分格式．在构造有限差分格式时，其基本思路是在格式中引入方向特性，以保证流场超音速区差分方程的依赖域包含微分方程的依赖域．文献[1]首次成功地用数值法求解了小扰动跨音速势方程，是一项奠基性的工作．根据亚音速流场与超音速流场中扰动传播的不同特点，在流场的亚音速区和超音速区分别构造了不同的差分格式．在流场的亚音速点，方程是椭圆型的，采用中心差分式，而在超音速点，方程是双曲型的，故需采用上风差分式，这就是著名的类型相关格式．文献[2]构造了旋转差分格式，使得超音速区差分格式的方向偏差仍然保证差分方程具有适当的依赖域，从而成功地求解了适用于大扰动跨音速流动的全位势方程．

另一个主要关键是如何求解所得到的差分方程组．如若采用松弛迭代法，那末关键就在于构造合适的迭代格式，以保证迭代过程快速收敛．跨音速势方程的松弛迭代格式可写成如下一般形式[3]：

$$NC + \sigma R = 0 \tag{7.1}$$

这里 N 是离散线性算子，σ 是松弛因子，$C^n_{i,j} = \phi^{n+1}_{i,j} - \phi^n_{i,j}$ 称为校正量，$R_{i,j}$ 为残差．若将欲求解的方程写成 $L\phi = 0$，L 为某一算子，则 $R_{i,j} = L\phi^n_{i,j}$，其中上标 n 表示第 n 趟松弛扫描迭代，下标 (i,j) 表示函数在空间点 $(i\Delta x, j\Delta y)$ 处取值．

于是，构造合适的迭代格式的问题可归结为选择合适的离散

线性算子 N. 一般来说,要求N尽可能简单,最好是下三角形或块三对角型矩阵,以便能依次确定出未知量 $\phi_{i,j}^{n+1}$.

如果将第 n 趟扫描迭代看成是第 n 个时间层，则上述松弛迭代过程可视为伪时间相关过程． 这时 $C = \Delta t\phi_t$，若N近似于微分算子 $\left(\frac{1}{\Delta x}\right)F$，则方程 (7.1) 可以写成

$$F\phi_t + \sigma\frac{\Delta x}{\Delta t}L\phi = 0 \tag{7.2}$$

借助于上述伪时间相关过程分析可以讨论松弛迭代过程的收敛性问题．

本章可以看成是上一章的续篇．在介绍了小扰动跨音速势方程的类型相关格式和全位势方程的旋转差分格式，并基于线松弛迭代过程的伪时间相关分析导出了构造这类格式应遵循的一些准则之后，不难看出第六章 § 3 中给出的有限差分格式实际上是它的应用特例．接着由第六章列出的内点差分方程和边界点差分式给出了线松弛迭代过程的具体数值解法．

§ 2 小扰动跨音速势方程差分格式的构造

在 Cartesian 坐标系 oxy 中,小扰动跨音速势方程可写成如下一般形式:

$$A\phi_{xx} + \phi_{yy} = 0 \tag{7.3}$$

式中 $A = 1 - M^2$.

在小扰动近似中,由于特征线关于 x 轴的局部对称性,故而在超音速点，仅仅在 x 方向采用上风差分就能引入所需要的方向偏差.

从方程 (7.3) 构造的差分格式一般不具有守恒性，因而捕获激波的性能较差．为了得到守恒型差分格式，必须细心选择使用开关函数的方法．令 $p_{i,j}$ 表示 $A\phi_{xx}$ 的中心差分式，而 $q_{i,j}$ 则表示 ϕ_{yy} 的中心差分式,即

$$p_{i,j} = A_{i,j}(\phi_{i+1,j} - 2\phi_{i,j} + \phi_{i-1,j})/\Delta x^2$$

$$q_{i,j} = (\phi_{i,j+1} - 2\phi_{i,j} + \phi_{i,j-1})/\Delta y^2$$

这里 $A_{i,j}$ 中所包含的关于 ϕ_x 的差分式采用中心差分.

定义开关函数 μ，它在超音速点取值 1 而在亚音速点取值 0：

$$\mu_{i,j} = \begin{cases} 0, \text{若 } A_{ij} \geqslant 0 \\ 1, \text{若 } A_{ij} < 0 \end{cases}$$

可以写出方程 (7.3) 的如下守恒型差分方程[4]：

$$p_{i,j} + q_{i,j} - \mu_{i,j}p_{i,j} + \mu_{i-1,j}p_{i-1,j} = 0 \tag{7.4}$$

若在上式中以 $\mu_{i,j}$ 替代其中的 $\mu_{i-1,j}$，就回到了 Murman 的原始非守恒差分格式[1]. 在亚音速点，$\mu_{i-1,j} = \mu_{i,j} = 0$；在超音速点则有 $\mu_{i-1,j} = \mu_{i,j} = 1$；而当流动从亚音速区进入超音速区时，$\mu_{i-1,j} = 0$，$\mu_{i,j} = 1$，它相应于音速点；流动离开超音速区进入亚音速区时，$\mu_{i-1,j} = 1$，$\mu_{i,j} = 0$，它相应于激波点. 表 7.1 给出了这四种不同类型点的判别式及与之相应的差分方程.

表 7.1　四种不同类型点的判别式及与之相应的差分方程

情况	$A_{i,j}$	$A_{i-1,j}$	类　型	差 分 方 程
I	$\geqslant 0$	$\geqslant 0$	亚音速点	$p_{i,j} + q_{i,j} = 0$
II	< 0	< 0	超音速点	$p_{i-1,j} + q_{i,j} = 0$
III	< 0	$\geqslant 0$	音 速 点	$q_{i,j} = 0$
IV	$\geqslant 0$	< 0	激 波 点	$p_{i,j} + p_{i-1,j} + q_{i,j} = 0$

图 7.1 中示出在叶背上出现局部超音速区结尾的正激波时，这四种不同类型点所相应的区域.

下面来构造小扰动跨音速势方程的线松弛迭代格式. 应当注意，这里对 ϕ_{xx} 的差分式取如下新旧值组合：

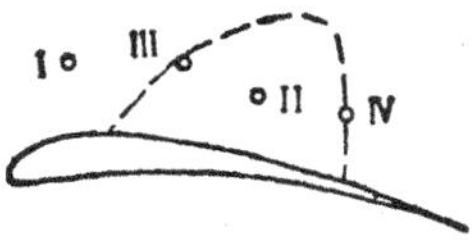

图 7.1　四种不同类型点

$$\phi_{xx}=\begin{cases}(\phi^{n+1}_{i-1,j}-2\bar{\Phi}_{i,j}+\phi^{n}_{i+1,j})/\Delta x^2, & 当\ A_{i,j}\geqslant 0\\(\phi^{n+1}_{i-2,j}-2\phi^{n+1}_{i-1,j}+\phi^{n+1}_{i,j})/\Delta x^2, & 当\ A_{i,j}<0\end{cases}\tag{7.5}$$

而 ϕ_{yy} 的差分式全以新值表示:

$$\phi_{yy}=(\phi^{n+1}_{i,j+1}-2\phi^{n+1}_{i,j}+\phi^{n+1}_{i,j-1})/\Delta y^2\tag{7.6}$$

且在亚音速点处采用如下超松弛迭代式:

$$\phi^{n+1}_{i,j}=\phi^{n}_{i,j}+\omega_s(\bar{\Phi}_{i,j}-\phi^{n}_{i,j})$$

故有

$$\bar{\Phi}_{i,j}=\phi^{n}_{i,j}+\frac{1}{\omega_s}(\phi^{n+1}_{i,j}-\phi^{n}_{i,j})\tag{7.7}$$

将(7.7)式首先代入(7.5)式，然后将(7.5)—(7.7)式代入(7.4)式,整理归并后可得[3]

$$\begin{aligned}&(C^{n}_{i,j+1}-2C^{n}_{i,j}+C^{n}_{i,j-1})/\Delta y^2\\&\quad+(1-\mu_{i,j})A_{i,j}\left(-\frac{2}{\omega_s}C^{n}_{i,j}+C^{n}_{i-1,j}\right)\Big/\Delta x^2\\&\quad+\mu_{i-1,j}A_{i-1,j}(C^{n}_{i,j}-2C^{n}_{i-1,j}+C^{n}_{i-2,j})/\Delta x^2+R_{i,j}=0\end{aligned}\tag{7.8}$$

式中 ω_s 为亚音速超松弛因子，$1\leqslant\omega_s\leqslant 2$.

若在整个流场中 ϕ_{yy} 均以相同的新值表示，不一定能保证在音速点处差分格式光滑地过渡，故代之以如下的新旧值组合形式[3]:

$$\begin{aligned}\phi_{yy}=&\left(\frac{1}{\omega_s}\right)(\phi^{n+1}_{i,j+1}-2\phi^{n+1}_{i,j}+\phi^{n+1}_{i,j-1})/\Delta y^2\\&+\left(1-\frac{1}{\omega_s}\right)(\phi^{n}_{i,j+1}-2\phi^{n}_{i,j}+\phi^{n}_{i,j-1})/\Delta y^2\end{aligned}\tag{7.9}$$

§3 全位势方程的旋转差分格式

在 Cartesian 坐标系中,无粘气体二维定常无旋运动的全位势方程为

$$(a^2-u^2)\phi_{xx}-2uv\phi_{xy}+(a^2-v^2)\phi_{yy}=0,\tag{7.10}$$

对上述方程欲构造具有正确方向偏差的差分格式比较复杂，因为事先并不知道当地气流方向．只有在某些特殊情况下才可以

采用简单的近似办法，即粗略地认为流动方向顺着 x 轴，因而可以类似于上述处理小扰动方程的方式，只沿 x 方向采用类型相关差分格式．对于弦向大扰动方程，由于存在 y 向小扰动假设，故仍可采用上述近似处理方式．但对于全位势方程而言，在一般情况下，上述这种简单的近似处理方式将是不合适的．当气流方向不与 x 轴重合时，可能存在着 $u^2 < a^2 < u^2 + v^2$ 的超音速点，在这种点处，有一条特征线位于 y 轴的下游一侧，因此由上述简单处理办法得到的差分格式的依赖域将不能完全包含微分方程的依赖域，即不满足 CFL 条件．从另一方面来看，对于此种只沿 x 方向采用类型相关差分的格式而言，在亚音速点，对于 ϕ_{xx}，ϕ_{xy}，ϕ_{yy} 恒取中心差分式；而在超音速点，对 ϕ_{xx}，ϕ_{xy} 将转换为上风差分式，此时 ϕ_{xx} 和 ϕ_{xy} 的差分式分别近似于 $(\phi_{xx} - \Delta x\phi_{xxx})$ 和 $\left(\phi_{xy} - \frac{\Delta x}{2}\phi_{xxy}\right)$ 的中心差分式，因而引入了如下人工粘性项：

$$\Delta x\{(u^2 - a^2)\phi_{xxx} + uv\phi_{xxy}\} = \Delta x\{(u^2 - a^2)u_{xx} + uvv_{xx}\}$$

因此，当 $u^2 < a^2 < u^2 + v^2$ 时，由 ϕ_{xx} 的差分式引入的人工粘性项的系数 $\Delta x(u^2 - a^2)$ 为负值，这在物理上是不允许的，在数值计算中它将导致数值不稳定性．在实际应用中，上述差分格式只适用于存在中等尺度的超音速区的情况．对于具有较大范围超音速区的流场，要求更为精心设计的差分格式，这就促使 Jameson 提出旋转差分格式[2]．

既然在一个固定坐标系中，仅沿 x 轴方向取上风差分不能保证得到正确的方向特性，而在流场中各点的流动方向又各不相同，自然会想到采用局部自然坐标系 (s, n)．其中 s 表示沿局部流线方向的线尺度，而 n 为沿流线法向的线尺度．在 (s, n) 坐标系中，全位势方程 (7.10) 取如下简单形式：

$$(a^2 - q^2)\phi_{ss} + a^2\phi_{nn} = 0 \tag{7.11}$$

然而实际差分运算又必需在固定的 Cartesian 坐标系 (x, y) 中进行，因而还需将 (7.11) 式中的二阶导数在 (x, y) 坐标系中表示出来。显然，对于 (s, n) 和 (x, y) 坐标系有如下转换关系式：

$$\phi_s = \phi_x \cos\alpha + \phi_y \sin\alpha = \left(\frac{u}{q}\right)\phi_x + \left(\frac{v}{q}\right)\phi_y$$

$$\phi_n = \phi_y \cos\alpha - \phi_x \sin\alpha = \left(\frac{u}{q}\right)\phi_y - \left(\frac{v}{q}\right)\phi_x$$

$$\phi_{ss} = \frac{1}{q^2}(u^2\phi_{xx} + 2uv\phi_{xy} + v^2\phi_{yy}) \tag{7.12}$$

$$\phi_{nn} = \frac{1}{q^2}(v^2\phi_{xx} - 2uv\phi_{xy} + u^2\phi_{yy}) \tag{7.13}$$

对于 (7.13) 式中各项，恒取中心差分式：

$$\left.\begin{aligned}
\phi_x &= \frac{\phi_{i+1,j} - \phi_{i-1,j}}{2\Delta x} \\
\phi_{xx} &= \frac{\phi_{i+1,j} - 2\phi_{i,j} + \phi_{i-1,j}}{\Delta x^2} \\
\phi_{xy} &= \frac{\phi_{i+1,j+1} - \phi_{i+1,j-1} - \phi_{i-1,j+1} + \phi_{i-1,j+1}}{4\Delta x\Delta y} \\
\phi_{yy} &= \frac{\phi_{i,j+1} - 2\phi_{i,j} + \phi_{i,j-1}}{\Delta y^2}
\end{aligned}\right\} \tag{7.14}$$

对于 (7.12) 式中各项，在亚音速点，取中心差分式，和 (7.14) 式一样；在超音速点，对 x 向导数取上风差分式：

$$\left.\begin{aligned}
\phi_x &= \frac{\phi_{i,j} - \phi_{i-2,j}}{2\Delta x} \\
\phi_{xx} &= \frac{\phi_{i,j} - 2\phi_{i-1,j} + \phi_{i-2,j}}{\Delta x^2}
\end{aligned}\right\} \tag{7.15}$$

至于其余两个二阶导数 ϕ_{xy} 和 ϕ_{yy}，则要根据 u 和 v 的不同符号，选取不同的差分式。今以 $u>0$ 的情况为例，列出表 7.2.

由表 7.2 可知，以 $u>0$ 和 $v>0$ 的情况为例，在网格点 (i, j) 处所列差分方程中所包含的网格点在空间中的取点方式如图 7.2 中所示。

由于差分格式随 v 的符号而改变方向，故称为旋转差分格式。当 $u>0$，$v>0$ 时，ϕ_{ss} 项中的 ϕ_{xx}，ϕ_{xy} 和 ϕ_{yy} 的上风差分近似

表 7.2　旋转差分格式

v	ϕ_{xy}	ϕ_{yy}
>0	$\dfrac{\phi_{i,j}-\phi_{i,j-1}-\phi_{i-1,j}+\phi_{i-1,j-1}}{\Delta x\Delta y}$	$\dfrac{\phi_{i,j}-2\phi_{i,j-1}+\phi_{i,j-2}}{\Delta y^2}$
<0	$\dfrac{\phi_{i,j+1}-\phi_{i,j}-\phi_{i-1,j+1}+\phi_{i-1,j}}{\Delta x\Delta y}$	$\dfrac{\phi_{i,j+2}-2\phi_{i,j+1}+\phi_{i,j}}{\Delta y^2}$
$=0$	$\dfrac{\phi_{i,j+1}-\phi_{i,j-1}-\phi_{i-1,j+1}+\phi_{i-1,j-1}}{2\Delta x\Delta y}$	$\dfrac{\phi_{i,j+1}-2\phi_{i,j}+\phi_{i,j-1}}{\Delta y^2}$

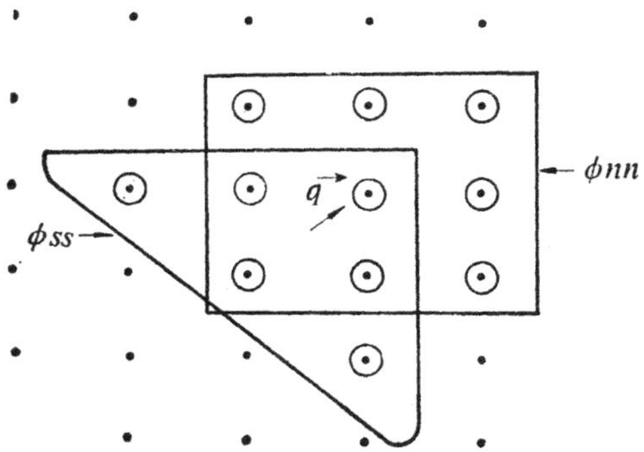

图 7.2　旋转差分格式的取点布局

分别为 $\phi_{xx}-\Delta x\phi_{xxx}$, $\phi_{xy}-\dfrac{\Delta x}{2}\phi_{xxy}-\dfrac{\Delta y}{2}\phi_{xyy}$ 和 $\phi_{yy}-\Delta y\phi_{yyy}$, 这相当于在超音速点处引入了如下人工粘性项

$$\left(1-\frac{a^2}{q^2}\right)\{\Delta x(u^2u_{xx}+uvv_{xx})+\Delta y(uvu_{yy}+v^2v_{yy})\}$$

显然,此人工粘性项关于 x 和 y 是对称的.

当 $u=0$ 或 $v=0$ 时，上述差分格式退化为类似于小扰动方程的类型相关格式.

到此为止，我们只是解决了列差分格式的选点问题．如何构造适合于线松弛迭代的迭代格式？什么样的迭代方式才能保证迭代过程收敛？这就需要在差分式中选取适当的新、旧值组合方式。为了解决这个问题，我们将借助于松弛迭代的伪时间相关过程分析. 下面就来讨论这个问题.

§4 线松弛迭代的伪时间相关分析

线松弛迭代是一种简单的迭代方式. 对于小扰动方程, §2 中已经给出了一种具体迭代算法. 仿效这种算法, 可以类似地构造拟线性方程 (7.10) 的线松弛迭代算法, 意即只限于对 x 向导数采用上风差分近似. 在迭代循环中, 方程的系数 $a^2 - u^2$, $2uv$ 和 $a^2 - v^2$ 均根据上次循环迭代旧值 ϕ_{ij}^n 计算得到, 而对于二阶导数 ϕ_{xx}, ϕ_{xy} 和 ϕ_{yy} 的近似差分式, 则利用邻近上游网格点处的已知值 $\phi_{i-2,j}^{n+1}$, $\phi_{i-1,j}^{n+1}$ 和下游网格点处的旧值 $\phi_{i+1,j}^n$ 代入计算求得, 以确定在 $x = i\Delta x$ 线上的未知量, 这时算子 N 为简单的三对角矩阵, 从而可导出超音速区的推进格式. 但如同 §3 中所述, 这种算法只适用于很特殊的情况.

当针对方程 (7.11) 的旋转差分格式时, 情况就复杂得多. 这时超音速点处的差分方程中包含了邻近下游点对 ϕ_{nn} 项的贡献 (参见图 7.2), 不再能得到上述简单的推进格式. 为了在一般情况下, 构造全位势方程 (7.10) 的迭代格式, 这里将借助于伪时间相关过程分析以提供构造线松弛迭代方式的某些准则.

在选择了满足差分格式具有适当依赖域要求的差分点之后, 构造适当迭代格式的关键是选取恰当的新、旧值组合方式. 设在 $x = i\Delta x$ 线上, 关于 ϕ_{xx} 的中心差分式采用如下新、旧值的组合形式[2]:

$$\phi_{xx} = \{\phi_{i-1,j}^{n+1} - (1 + K_1\Delta x)\phi_{ij}^{n+1} - (1 - K_1\Delta x)\phi_{ij}^n$$
$$+ \phi_{i+1,j}^n\}/\Delta x^2$$
$$= (\phi_{i+1,j}^n - 2\phi_{ij}^n + \phi_{i-1,j}^n)/\Delta x^2 - (C_{ij}^n - C_{i-1,j}^n)/\Delta x^2$$
$$- K_1 C_{ij}^n/\Delta x$$

其当量微分表示式为

$$\phi_{xx} - \frac{\Delta t}{\Delta x}(\phi_{xt} + K_1\phi_t)$$

这里 K_1 为任意给定值. 对其余两个二阶导数作类似分析, 可得到

全位势方程的迭代格式的当量微分方程的如下一般形式[3]:

$$(M^2-1)\phi_{ss}-\phi_{nn}+2\alpha\phi_{st}+2\beta\phi_{nt}+\gamma\phi_t=0 \quad (7.16)$$

式中系数 α, β 和 γ 取决于所选取的新、旧值的具体组合方式.

为了将二阶偏微分方程 (7.16) 化为标准型, 作如下变量置换:

$$\begin{cases} T=t-\dfrac{\alpha s}{M^2-1}+\beta n \\ s=s \\ n=n \end{cases}$$

方程 (7.16) 变成

$$(M^2-1)\phi_{ss}-\phi_{nn}-\left(\frac{\alpha^2}{M^2-1}-\beta^2\right)\phi_{TT}+\gamma\phi_T=0 \quad (7.17)$$

由此可知,在超音速点, ϕ_{ss} 和 ϕ_{nn} 的系数符号相反,因此 T 不可能是类时间方向. 究竟是以 s 还是 n 作为类时间方向, 这将取决于 ϕ_{TT} 的系数的符号. 由于在定常问题中, s 是类时间方向,故在非定常问题中,它也应当是类时间方向,为此将要求 $\dfrac{\alpha^2}{M^2-1}-\beta^2>0$, 于是 α 和 β 之间应满足如下相容条件:

$$\alpha>\beta\sqrt{M^2-1} \quad (7.18)$$

为了进一步分析对方程 (7.16) 诸系数值的限制, 需要找出方程 (7.16) 的特征锥面方程

$$F(s,n,t)=0 \text{ 或 } t=f(s,n) \quad (7.19)$$

依据偏微分方程的特征理论[5]知, 方程 (7.16) 的特征锥面是下述一阶非线性方程的解:

$$(M^2-1)p^2-q^2-2\alpha p-2\beta q=0 \quad (7.20)$$

而垂直于此特征锥面法线的平面方程是

$$sp+nq-t=0 \quad (7.21)$$

这里,

$$p=\frac{\partial f}{\partial s},\quad q=\frac{\partial f}{\partial n}.$$

由方程 (7.20) 解出 q:

$$q = -\beta \pm \sqrt{\beta^2 + (M^2 - 1)p^2 - 2\alpha p} \tag{7.22}$$

下面来找出平面族 (7.21) 式的包络面.

首先将 (7.22) 式代入 (7.21) 式可得

$$\pm n\sqrt{\beta^2 + (M^2 - 1)p^2 - 2\alpha p} = t + n\beta - sp \tag{7.23}$$

再由 (7.21) 式对 p 求导可得包络面方程:

$$\pm s\sqrt{\beta^2 + (M^2 - 1)p^2 - 2\alpha p} = -\frac{n}{2}[2p(M^2 - 1) - 2\alpha] \tag{7.24}$$

比较 (7.23) 与 (7.24) 式可解出 p:

$$p = \frac{n^2\alpha - st - sn\beta}{n^2(M^2 - 1) - s^2} \tag{7.25}$$

将 (7.25) 式代入 (7.23) 式, 经整理后即得到方程 (7.16) 的特征锥面方程如下[2]:

$$(M^2 - 1)(t^2 + 2\beta nt) - 2\alpha st + (\beta s - \alpha n)^2 = 0 \tag{7.26}$$

由此可见, 特征锥面与 s-n 平面相切于直线 $\beta s - \alpha n = 0$. 当 $\alpha > 0$, $\beta > 0$ 且 (7.18) 式成立时, 特征锥倾斜于负时间方向的上游一侧, 如图 7.3 所示. 由此知, 只要将流场迭代扫瞄的方向选得这样, 使扫过的区域总是包含着特征锥与 s-n 平面的切线的上风线, 就能保证迭代格式具有适当的依赖域.

从图中可以看出, 当 $M < 1$ 时, t 为类时间方向, 亚音速点的依赖域包含着 t 轴. 因此需要衰减项 $\gamma\phi_t$ 以减少初始数据的影

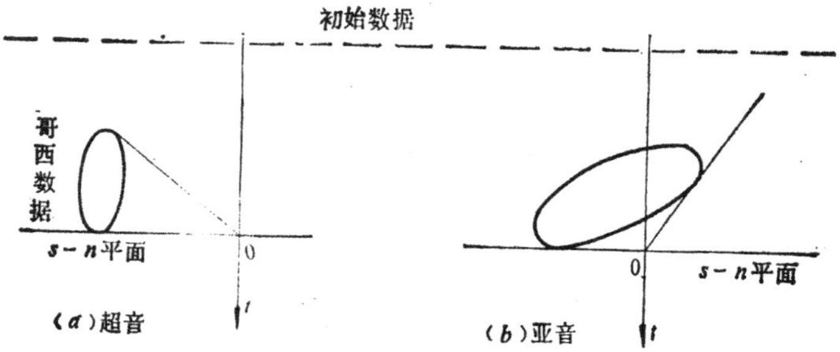

图 7.3 当量时间相关方程的特征锥

响，系数 γ 的大小可通过选择超松弛因子加以控制。

对于 $M>1$ 的超音速点，情况则很不相同。若假定方程 (7.16) 的系数为常数，则由图可见，在足够长的时间间隔之后，依赖域已不包含给定初始数据的区域，从此将不再受初始数据的影响。这就表明，无需衰减项 $\gamma\phi_t$ 就能达到定常解。事实上，基于局部常系数假设前提之上的 von Neumann 稳定性分析表明，当 $M>1$ 时，γ 应取为零。

下面我们来讨论亚音速区中线松弛迭代过程的收敛性问题。

在亚音速点，根据方程 (7.10) 的形式，可以构造下述标准的线松弛迭代格式[2]：

$$
\begin{aligned}
&(a^2-u^2)\frac{\phi_{i-1,j}^{n+1}-\frac{2}{\omega_s}\phi_{i,j}^{n+1}-2\left(1-\frac{1}{\omega_s}\right)\phi_{i,j}^{n}+\phi_{i+1,j}^{n}}{\Delta x^2}\\
&\quad-2uv\frac{\phi_{i+1,j+1}^{n}-\phi_{i+1,j-1}^{n}-\phi_{i-1,j+1}^{n}+\phi_{i-1,j-1}^{n}}{4\Delta x\Delta y}\\
&\quad+(a^2-v^2)\frac{\phi_{i,j+1}^{n+1}-2\phi_{i,j}^{n+1}+\phi_{i,j-1}^{n+1}}{\Delta y^2}=0
\end{aligned}
\tag{7.27}
$$

它等价于如下方程：

$$
\begin{aligned}
&\tau_1(C_{i,j}^{n}-C_{i-1,j}^{n})+\tau_2(-C_{i,j+1}^{n}+2C_{i,j}^{n}-C_{i,j-1}^{n})\\
&\quad+\tau_3C_{i,j}^{n}=R_{i,j}
\end{aligned}
\tag{7.28}
$$

式中

$$
\tau_1=\frac{a^2-u^2}{\Delta x^2},\quad \tau_2=\frac{a^2-v^2}{\Delta y^2},\quad \tau_3=\left(\frac{2}{\omega_s}-1\right)\frac{a^2-u^2}{\Delta x^2}
$$

显然，方程 (7.28) 可视为全位势方程的迭代格式的当量微分方程的一般形式 (7.16) 的一种特殊情况，此时相应的系数为

$$
\begin{aligned}
&\alpha=(a^2-u^2)\frac{\Delta t}{2\Delta x}\\
&\beta=0\\
&\gamma=\left(\frac{2}{\omega_s}-1\right)(a^2-u^2)\frac{\Delta t}{\Delta x^2}
\end{aligned}
$$

由此可明显看出，超松弛因子 ω_s 控制着衰减项（阻尼）的大

小，它必须小于2以保证得到正的阻尼。

下面用 von Neumann 方法来分析差分格式(7.27)的稳定性。今考察矩形域上规定周期性边界条件的情况，令

$$\phi^n_{i,j} = G^n e^{i(\bar{p}x+\bar{q}y)},$$

这里，$x = i\Delta x$，$y = j\Delta y$，$i = \sqrt{-1}$，$\bar{p}$，$\bar{q}$ 为任意整数，G 为传播因子.

将它代入(7.27)式，经整理后，可以得到关于传播因子的如下表示式：

$$G = -\frac{\tau_1(1 - e^{i\bar{p}\Delta x}) - \tau_3 - 2\left(\dfrac{uv}{\Delta x\Delta y}\right)\sin\bar{p}\Delta x\sin\bar{q}\Delta y}{\tau_1(1 - e^{-i\bar{p}\Delta x}) + \tau_2(2 - 2\cos\bar{q}\Delta y) + \tau_3} \quad (7.29)$$

由于 $\tau_2 > 0$，$\tau_3 > 0$，因此只要 $\tau_3 > \dfrac{2uv}{\Delta x\Delta y}$ 时，阻尼就足以抵消由 ϕ_{xy} 的差分式所引起的不稳定性效应，这时 $|G| < 1$，差分格式是稳定的。再依据 Lax 等价性定理可知，上述差分格式是收敛的.

对于超音速点，可以采用多种不同方式构造迭代格式. 文献[2]给出的下述迭代格式较简单，且满足由上述伪时间相关过程分析所得到的相容条件，并已在大量实际计算中经过考核认为是行之有效的. 此迭代格式是按下法构造的，对 ϕ_{nn} 的贡献项取如下差分式[2]：

$$\left.\begin{aligned}
\phi_{xx} &= \frac{\phi^{n+1}_{i-1,j} - \phi^{n+1}_{i,j} - \phi^n_{i,j} + \phi^n_{i+1,j}}{\Delta x^2}\\
\phi_{xy} &= \frac{\phi^{n+1}_{i-1,j-1} - \phi^{n+1}_{i-1,j+1} - \phi^n_{i+1,j-1} + \phi^n_{i+1,j+1}}{4\Delta x\Delta y}\\
\phi_{yy} &= \frac{\phi^{n+1}_{i,j+1} - 2\phi^{n+1}_{i,j} + \phi^{n+1}_{i,j-1}}{\Delta y^2}
\end{aligned}\right\} \quad (7.30)$$

这些差分式对 ϕ_{nn} 项所产生的当量时间相关项为

$$\frac{v}{q}\frac{\Delta t}{\Delta x}\phi_{nt}$$

对 ϕ_{ss} 的贡献项，当 $u > 0$，$v > 0$ 时，取如下差分式：

$$
\left.
\begin{aligned}
\phi_{xx} &= \frac{2\phi_{i,j}^{n+1} - \phi_{i,j}^{n} - 2\phi_{i-1,j}^{n+1} + \phi_{i-2,j}^{n}}{\Delta x^2} \\
\phi_{xy} &= \frac{2\phi_{i,j}^{n+1} - \phi_{i,j}^{n} - \phi_{i-1,j}^{n+1} - \phi_{i,j-1}^{n+1} + \phi_{i-1,j-1}^{n}}{\Delta x \Delta y} \\
\phi_{yy} &= \frac{2\phi_{i,j}^{n+1} - \phi_{i,j}^{n} - 2\phi_{i,j-1}^{n+1} + \phi_{i,j-2}^{n}}{\Delta y^2}
\end{aligned}
\right\} \tag{7.31}
$$

这些差分式对 ϕ_{ss} 项所产生的当量时间相关项为

$$
2(M^2 - 1)\left(\frac{u}{q}\frac{\Delta t}{\Delta x} + \frac{v}{q}\frac{\Delta t}{\Delta y}\right)\phi_{st} \tag{7.32}
$$

在音速线附近，$(M^2 - 1)$ 接近于零，这时为满足相容条件(7.18)，需要增大 ϕ_{st} 的系数，一个合适的使之稳定的项是

$$
\varepsilon_p\left[\frac{\Delta t}{\Delta x}\left(\frac{u}{q}\right)\phi_{xt} + \frac{\Delta t}{\Delta y}\left(\frac{v}{q}\right)\phi_{yt}\right] \tag{7.33}
$$

式中 ε_p 为一小量. 在实际计算中往往可以取 $\varepsilon_p = 0$.

由上面关于全位势方程迭代格式的一般形式的当量微分方程的讨论，回过来分析第六章 § 3 节中给出的迭代格式(6.39). 不难看出，对相当于 ϕ_{ss} 项的 $\phi_{\xi\xi}$ 的处理和小扰动方程的类型相关差分格式是一致的;而对于相当于 ϕ_{nn} 项的各项均取中心差分式，只是在 $\phi_{\xi\xi}$ 项中，对亚音速点取带松弛因子的中心差分式，而对超音速点则取不带松弛因子的中心差分式. 所不同的是采用了不等距差分格式，且对混合导数项只取旧值以替代新旧值的组合[6].

§ 5 线松弛迭代求解过程

这里根据第六章 § 3 中给出的内点基本方程和边界条件的差分式[6]，列出线松弛迭代的线代数方程组，并给出了采用追赶法求解该方程组的递推计算过程. 对于 ξ 方向的第 i 站给出求解算法，由上游至下游方向逐排进行松弛迭代，多次反复迭代扫瞄直至获得收敛解.

为书写简单起见，引入下述记号:

$$A_j = -2h_j \sec^2\sigma$$

$$B_j = -2(1-\mu_{i,j})(D_{i,j}+\mathrm{tg}^2\sigma)b_i/\omega_s + 2\mu_{i-1,j}D_{i-1,j}d_i$$
$$-2\mu_{i,j}C_i\,\mathrm{tg}^2\sigma - 2g_j\sec^2\sigma$$

$$C_j = -2f_j\sec^2\sigma$$

$$D_j = -2(1-\mu_{i,j})(D_{i,j}+\mathrm{tg}^2\sigma)\Big[a_i\varphi^n_{i+1,j}$$
$$-b_i\left(1-\frac{1}{\omega_s}\right)\varphi^n_{i,j} + c_i\varphi^{n+1}_{i-1,j}\Big]$$
$$-2\mu_{i-1,j}D_{i-1,j}(-e_i\varphi^n_{i,j} - d_i\varphi^{n+1}_{i-1,j} + e_i\varphi^n_{i-2,j})$$
$$-2D_{i,j}\,\mathrm{tg}^2\sigma(a_i\varphi^n_{i+1,j} - b_i\varphi^n_{i,j} + c_i\varphi^{n+1}_{i-1,j})$$
$$-2\,\mathrm{tg}\,\sigma\sec\sigma[\varphi_{\xi,\eta}]$$

式中

$$a_i = \frac{1}{\Delta\xi_i(\Delta\xi_i+\Delta\xi_{i-1})} \qquad b_i = \frac{1}{\Delta\xi_i\Delta\xi_{i-1}}$$

$$c_i = \frac{1}{\Delta\xi_{i-1}(\Delta\xi_i+\Delta\xi_{i-1})} \qquad d_i = \frac{1}{\Delta\xi_{i-1}\Delta\xi_{i-2}}$$

$$e_i = \frac{1}{\Delta\xi_{i-2}(\Delta\xi_{i-1}+\Delta\xi_{i-2})}$$

$$f_j = \begin{cases} \dfrac{1}{\Delta\eta_1^2} & j=1 \\ \dfrac{1}{\Delta\eta_j(\Delta\eta_j+\Delta\eta_{j-1})} & j=2,3,\cdots,J-1 \\ \dfrac{1}{\Delta\eta_{J-1}} & j=J\ (\text{栅前、栅后区}) \\ 0 & j=J\ (\text{槽道区}) \end{cases}$$

$$g_j = \begin{cases} \dfrac{1}{\Delta\eta_1^2} & j=1 \\ \dfrac{1}{\Delta\eta_j\Delta\eta_{j-1}} & j=2,3,\cdots,J-1 \\ \dfrac{1}{\Delta\eta_{J-1}^2} & j=J \end{cases}$$

$$
h_j = \begin{cases} -\dfrac{1}{\Delta\eta_1} & j = 1\text{（栅前、栅后区）} \\ 0 & j = 1\text{（槽道区）} \\ \dfrac{1}{\Delta\eta_{j-1}(\Delta\eta_j + \Delta\eta_{j-1})} & j = 2, 3, \cdots, J-1 \\ \dfrac{1}{\Delta\eta_{J-1}^2} & j = J \end{cases}
$$

其余符号沿用第六章 § 3 中的说明，这里 $[\varphi_{\xi,\eta}]$ 仍表示混合导数项 $\varphi_{\xi,\eta}$ 的差分式，在内点按 7 点差分公式表示，在边界点由 φ_η 的中心差分式表示，在上述两种情况均取上次松弛扫瞄趟的值.

在叶片槽道内，线代数方程组是

$$
\begin{pmatrix} \beta_1 & -\gamma_1 & & & & & 0 \\ -\alpha_2 & \beta_2 & -\gamma_2 & & & & \\ & \ddots & \ddots & \ddots & & & \\ & & -\alpha_j & \beta_j & -\gamma_j & & \\ & & & \ddots & \ddots & \ddots & \\ 0 & & & & -\alpha_{J-1} & \beta_{J-1} & -\gamma_{J-1} \\ & & & & & -\alpha_J & \beta_J \end{pmatrix} \begin{pmatrix} \varphi_{i,1}^{n+1} \\ \varphi_{i,2}^{n+1} \\ \vdots \\ \varphi_{i,j}^{n+1} \\ \vdots \\ \varphi_{i,J-1}^{n+1} \\ \varphi_{i,J}^{n+1} \end{pmatrix} = \begin{pmatrix} \delta_1 \\ \delta_2 \\ \vdots \\ \delta_j \\ \vdots \\ \delta_{J-1} \\ \delta_J \end{pmatrix}, \quad (7.34)
$$

这里

$$
\begin{cases} \alpha_j = A_j \\ \beta_j = B_j \\ \gamma_j = C_j \\ \delta_j = D_j \end{cases} \qquad j = 2, 3, \cdots, J-1
$$

$$
\begin{cases} \alpha_j = 0 \\ \beta_j = B_j \\ \gamma_j = C_j \\ \delta_j = D_j - 2\sec^2\sigma[\varphi_\eta]/\Delta\eta_1 \end{cases} \qquad j = 1
$$

$$
\begin{cases} \alpha_j = A_j \\ \beta_j = B_j \\ \gamma_j = 0 \\ \delta_j = D_j + 2\sec^2\sigma[\varphi_\eta]/\Delta\eta_{J-1} \end{cases} \qquad j = J
$$

其中 $[\varphi_{\tau_i}]$ 分别由相应的上、下叶面边界条件的差分式代入.

采用普通三对角线方程组的追赶法求解线代数方程组(7.34). 现给出追赶过程的递推关系式. 设

$$\varphi_{i,j}^{n+1} = p_j \varphi_{i,j+1}^{n+1} + q_j \tag{7.35}$$

将此递推关系式代入(7.34)中 $j = 2, 3, \cdots, J-1$ 时的方程可得

$$-\alpha_j(p_{j-1}\varphi_{i,j}^{n+1} + q_{j-1}) + \beta_j\varphi_{i,j}^{n+1} - \gamma_j\varphi_{i,j+1}^{n+1} = \delta_j$$

即

$$\varphi_{i,j}^{n+1} = \frac{\gamma_j}{\beta_j - \alpha_j p_{j-1}}\varphi_{i,j+1}^{n+1} + \frac{\delta_j + \alpha_j q_{j-1}}{\beta_j - \alpha_j p_{j-1}} \tag{7.36}$$

比较式(7.35)与(7.36)可得如下关于系数的递推关系式:

$$\left.\begin{array}{c} p_j = \dfrac{\gamma_j}{\beta_j - \alpha_j p_{j-1}} \quad q_j = \dfrac{\delta_j + \alpha_j q_{j-1}}{\beta_j - \alpha_j p_{j-1}} \\ (j = 2, 3, \cdots, J-1) \end{array}\right\} \tag{7.37}$$

比较(7.34)中第一式与(7.35)可知

$$p_1 = \frac{\gamma_1}{\beta_1} \quad q_1 = \frac{\delta_1}{\beta_1} \tag{7.38}$$

将式(7.38)代入(7.37)即可依次算出 p_j 和 q_j, $j = 2, 3, \cdots, J-1$.

将递推关系(7.35)代入(7.34)中最后一个方程可得

$$-\alpha_J(p_{J-1}\varphi_{i,J}^{n+1} + q_{J-1}) + \beta_J\varphi_{i,J}^{n+1} = \delta_J$$

可解得

$$\varphi_{i,J}^{n+1} = -\frac{\delta_J + \alpha_J q_{J-1}}{\alpha_J p_{J-1} - \beta_J} \tag{7.39}$$

将(7.39)代入递推关系式(7.35), 即可依次求出 $\varphi_{i,j}^{n+1}$, $j = J-1, J-2, \cdots, 2, 1$. 这就完成了一次追赶过程.

类似地,在叶栅前、后区域中可列出线代数方程组如下:

$$
\begin{pmatrix}
\beta_1 & -\gamma_1 & & & & & -\alpha_1 \\
-\alpha_2 & \beta_2 & -\gamma_2 & & 0 & & \\
 & & \ddots & & & & \\
 & -\alpha_j & \beta_j & -\gamma_j & & & \\
 & & & \ddots & & & \\
 & 0 & & -\alpha_J & \beta_J & -\gamma_J & \\
-\gamma_{J+1} & & & & -\alpha_{J+1} & \beta_{J+1} &
\end{pmatrix}
\begin{pmatrix}
\varphi_{i,1}^{n+1} \\ \varphi_{i,2}^{n+1} \\ \vdots \\ \varphi_{i,j}^{n+1} \\ \vdots \\ \varphi_{i,J}^{n+1} \\ \varphi_{\eta}
\end{pmatrix}
=
\begin{pmatrix}
\delta_1 \\ \delta_2 \\ \vdots \\ \delta_j \\ \vdots \\ \delta_J \\ \delta_{J+1}
\end{pmatrix}
\quad (7.40)
$$

这里

$$
\begin{cases}
\alpha_j = A_j \\
\beta_j = B_j \\
\gamma_j = C_j \\
\delta_j = D_j
\end{cases}
\qquad j = 2, 3, \cdots, J-1
$$

$$
\begin{cases}
\alpha_j = 2\sec^2\sigma/\Delta\eta_1 \\
\beta_j = B_j \\
\gamma_j = C_j \\
\delta_j = D_j
\end{cases}
\qquad j = 1
$$

$$
\begin{cases}
\alpha_j = A_j \\
\beta_j = B_j \\
\gamma_j = -2\sec^2\sigma/\Delta\eta_{J-1} \\
\delta_j = D_j
\end{cases}
\qquad j = J
$$

$$
\begin{cases}
\alpha_j = 1.0 \\
\beta_j = 0.0 \\
\gamma_j = -1.0 \\
\delta_j = \begin{cases} \varphi_{i-1,1}^{n+1} - \varphi_{i-1,J}^{n+1} & (\text{栅前区}) \\ \varphi_{i,1}^{n+1} - \varphi_{i,J}^{n+1} & (\text{栅后区}) \end{cases}
\end{cases}
\qquad j = J+1
$$

采用循环追赶法求解线代数方程组(7.40)，现给出追赶过程的递推关系式，设

$$
\varphi_{i,j}^{n+1} = P_j\varphi_{i,j+1}^{n+1} + Q_j\varphi_{\eta} + R_j \qquad (7.41)
$$

$$
(j = 1, 2, \cdots, J)
$$

这里为统一符号起见，可以 $\varphi_{i,J+1}^{n+1}$ 来表示 φ_{η}。

将(7.40)中的第一式与递推关系式(7.41)进行比较可得

$$P_1 = \frac{\gamma_1}{\beta_1} \quad Q_1 = \frac{\alpha_1}{\beta_1} \quad R_1 = \frac{\delta_1}{\beta_1} \tag{7.42}$$

将递推关系式 (7.41) 代入 (7.40) 中 $j = 2, 3, \cdots, J$ 时的方程可得

$$-\alpha_j(P_{j-1}\varphi_{i,j}^{n+1} + Q_{j-1}\varphi_\eta + R_{j-1}) + \beta_j\varphi_{i,j}^{n+1} - \gamma_j\varphi_{i,j+1}^{n+1} = \delta_j$$

经整理后可得

$$\varphi_{i,j}^{n+1} = \frac{\gamma_j}{\beta_j - \alpha_j P_{j-1}}\varphi_{i,j+1}^{n+1} + \frac{\alpha_j Q_{j-1}}{\beta_j - \alpha_j P_{j-1}}\varphi_\eta + \frac{\delta_j + \alpha_j R_{j-1}}{\beta_j - \alpha_j P_{j-1}} \tag{7.43}$$

比较 (7.41) 与 (7.43) 式可得

$$P_j = \frac{\gamma_j}{\beta_j - \alpha_j P_{j-1}}, \quad Q_j = \frac{\alpha_j Q_{j-1}}{\beta_j - \alpha_j P_{j-1}}, \quad R_j = \frac{\delta_j + \alpha_j R_{j-1}}{\beta_j - \alpha_j P_{j-1}}$$

$$(j = 2, 3, \cdots, J) \tag{7.44}$$

依据式 (7.42) 和 (7.44) 可依次确定全部递推系数 P_j, Q_j, R_j $(j = 1, 2, \cdots, J)$, 便完成了‘追’的过程.

在‘赶’的过程中,设

$$\varphi_{i,j}^{n+1} = t_j\varphi_{i,1}^{n+1} + s_j \quad j = 2, 3, \cdots, J \tag{7.45}$$

并为统一记号起见,令

$$\varphi_\eta = t_{J+1}\varphi_{i,1}^{n+1} + s_{J+1} \tag{7.46}$$

将 (7.45) 式中 $j = J$ 时的关系式代入 (7.40) 式中最后一个方程,可得

$$-\gamma_{J+1}\varphi_{i,1}^{n+1} - \alpha_{J+1}\varphi_{i,J}^{n+1} + \beta_{J+1}\varphi_\eta = \delta_{J+1} \tag{7.47}$$

又由递推关系 (7.41) 中当 $j = J$ 时的关系式可得

$$\varphi_{i,J}^{n+1} = P_J\varphi_{i,J+1}^{n+1} + Q_J\varphi_\eta + R_J = (P_J + Q_J)\varphi_\eta + R_J$$

将此式代入式 (7.47) 可得

$$\varphi_\eta = \frac{\gamma_{J+1}}{\beta_{J+1} - \alpha_{J+1}(P_J + Q_J)}\varphi_{i,1}^{n+1} + \frac{\delta_{J+1} + \alpha_{J+1}R_J}{\beta_{J+1} - \alpha_{J+1}(P_J + Q_J)}$$

比较此式与 (7.46) 式可得

$$
\left.\begin{aligned}
t_{J+1} &= \frac{\gamma_{J+1}}{\beta_{J+1} - \alpha_{J+1}(P_J + Q_J)} \\
s_{J+1} &= \frac{\delta_{J+1} + \alpha_{J+1} R_J}{\beta_{J+1} - \alpha_{J+1}(P_J + Q_J)}
\end{aligned}\right\} \tag{7.48}
$$

将式(7.45)和(7.46)代入式(7.41)可得

$$
\begin{aligned}
\varphi_{i,j}^{n+1} &= P_j(t_{j+1}\varphi_{i,1}^{n+1} + s_{j+1}) + Q_j(t_{J+1}\varphi_{i,1}^{n+1} + s_{J+1}) + R_j \\
&= (P_j t_{j+1} + Q_j t_{J+1})\varphi_{i,1}^{n+1} + P_j s_{j+1} + Q_j s_{J+1} + R_j
\end{aligned} \tag{7.49}
$$

比较(7.45)与(7.49)两式可得

$$
\left.\begin{aligned}
t_j &= P_j t_{j+1} + Q_j t_{J+1} \\
s_j &= P_j s_{j+1} + Q_j s_{J+1} + R_j \\
&(j = 2, 3, \cdots, J)
\end{aligned}\right\} \tag{7.50}
$$

依据(7.48)式和(7.50)式即可依次确定全部递推系数 t_j, s_j $(j = J+1, J, J-1, \cdots, 2)$.

由(7.40)式中第一个方程和(7.45)式中当 $j = 2$ 时的关系式可得

$$
\varphi_{i,1}^{n+1} = \frac{\delta_1 + \gamma_1 s_2 + \alpha_1 s_{J+1}}{\beta_1 - \gamma_1 t_2 - \alpha_1 t_{J+1}} \tag{7.51}
$$

再利用(7.45)式与(7.46)式即可求出全部 $\varphi_{i,j}^{n+1}$ 和 φ_η.

§6 小结

近几年来跨音松弛法已广泛应用于计算跨音速流动问题. 一般来说，构造一种适合于线松弛迭代的有效的差分格式是相当复杂的. 这里根据叶栅绕流问题的特点将文献[6]中求解跨音速混合流动问题的类型相关差分格式和文献[2]中求解全位势方程的旋转差分格式应用于跨音速叶栅绕流计算，给出线松弛迭代算法的细则，作为上一章内容的补充说明，并为以后有关章节的内容作准备. 为了提高差分格式的精度和改善边界条件的处理方法，需要进一步发展新的算法.

参 考 文 献

[1] Murman, E. M., Cole, J. D., Calculation of Plane Steady Transonic Flows. *AIAA Journal*, 9, 114--121, 1971.

[2] Jameson, A., Iterative Solution of Transonic Flow over Airfoils and Wings, Including Flow at Mach 1, *Comm. on Pure and Applied Math.*, 27, 283--309, 1974.

[3] Wirz, H. J., Smolderen, J. J., Numerical Methods in Fluid Dynamics, Hemisphere Publishing Corporation. 1978.

[4] Murman, E. M., Analysis of Embedded Shock Waves Calculated by Relaxation Methods, *AIAA Journal*, 12, 626—633, 1974.

[5] Петровский, И. Г., Лекции об уравнениях с частными производными, Государственное Издательство физико-математической литературы. Москва. 1961.

[6] 周盛、林保真，平面叶栅绕流问题的跨音松弛解，北航科研参考资料 BH-C-366, 1979.

第八章　高速轴流式叶轮机械的叶型研究

§1　引言

众所周知，叶片通常都是又弯又扭．这就意味着叶片的型面通常是三维空间中的任意曲面．所谓叶型，就是指用另外一个曲面与叶片型面相交时，所截出来的剖面形状．这些与叶片相截的曲面可能是以叶轮回转轴为中心的任意回转面、锥面或圆柱面，也可能是以回转轴为中心的圆柱面的切平面．

从叶型这样一种二维概念出发来研究三维空间中的叶片设计以及几何造型问题，是一种从历史上形成的传统工程处理方法．这是由叶片设计及制造过程中所涉及到的很多学科在发展过程中形成的．并且在当前仍有现实意义．在本章中则仅仅从气动角度来对于叶型研究的进一步发展作一些简单的探讨．

与叶轮机械叶片的叶型相对应的是飞机机翼的翼型．二者相比，近二十年来机翼翼型研究工作进展得更快些．其进展标志主要是从气动上引入新概念，发展了新方法．气动上的新概念和新方法指导了翼型研究工作的深入，而翼型研究的进展又反过来推动与促进气动理论的完善和发展，从而使得机翼翼型研究成为近年来相当活跃的领域，并取得了丰硕的成果．

鉴于机翼翼型与叶片叶型之间在历史上的渊源关系，以及今日翼型研究领先于叶型研究的现实情况，所以在下文中首先回顾机翼跨音速翼型的发展，随后转入叶型问题，简单介绍一下超临界翼型研究在压气机叶型设计领域的进展，最后讨论采用气动数值最优化来削弱跨音速叶栅流场中激波强度的一种数值方法．

§2　机翼跨音速翼型发展的简单回顾

从历史上看，轴流压气机叶片的原始叶型多来源于机翼的原始翼型．从机翼翼型理论角度来看，在轴流压气机中经常使用的诸如美国 NACA 65 系列以及苏联 CB-6 系列原始叶型等，一般属于本世纪四十年代左右的层流翼型范畴．与更早些时候的低速翼型相比，层流翼型的特点主要是最大厚度位置靠后，厚度变化平缓，气流在上翼面的较长范围内是加速流动，从而可以扩大层流区，以求减少摩擦阻力． 后来又进一步发现，层流翼型的临界 Mach 数比同样相对厚度的低速翼型要高． 所以这一类翼型曾广泛使用在第一代高亚音速喷气式飞机上．并且也被移植到叶轮机械中来，作为叶片的原始叶型使用．

在层流翼型兴盛期之后，翼型研究本应朝着提高跨音速性能的方向前进，然而却出现了一个颇为冷落的停滞时期．除开其它因素，单从学术观点上看，在当时"存在派"与"不存在派"的学术争论中，"不存在派"暂时占了上风一事，对于翼型研究的冷落具有不小的影响．

当来流 Mach 数 M_∞ 处于临界 Mach 数 M_* 与 1.0 之间，即 $M_* < M_\infty < 1.0$ 时，在翼型上翼面上将首先出现局部超音速区．此局部超音速区通常以正激波结尾，并由于激波而能造成相当大的损失．很容易设想，倘若不出现激波，则损失将大为下降．因此，能否在局部超音速区结尾处不出现激波？也就是能否由超音速流等熵地减速，并光滑地过渡为亚音速流？这一问题既具有理论上的吸引力又具有实际重要性．因而当时空气动力学界结合跨越音障问题展开了广泛的讨论． 在 1956 年 Morawetz 从数学上导出了"不存在"定理[1]．就是认为跨音速光滑位流解只是一个孤立解． 此种跨音速光滑位流解与亚音速光滑位流解将有所不同，这种解并不以连续的方式依赖于边界数据，或者说不存在对应于此绕流物体及来流 Mach 数 M_∞ 的小扰动光滑解．由于在文献[1]中已经从数学上证明了翼型绕流光滑跨音速位流解的不存在性，加以当时在实验研究中又总发现局部超音速区必然是伴随有激波出现，于是当时在这场"跨音速流争论"中，"不存在派"的论点就占据了优势．再加上其它一些背景，一时之间不少有关跨音翼型的

研究工作纷纷停顿．对于跨音速范围的飞行说来，在机翼设计上只能采用其它一些工程方法，例如尽量减少翼型的相对厚度，采用尖前缘，以及采用大后掠与小展弦比的机翼平面形状等．但是这些工程措施往往带来副作用，未必是最优方案．

六十年代初期，Pearcey 在实验研究的基础上提出了“尖峰式翼型”的概念[2]．从实验上阐明，实现几乎是无激波跨音速流动是可能的．Pearcey 把飞行包线与机翼翼型绕流相对照，发现在不同的飞行速度与高度处，阻力剧增极限状态的出现都对应着翼型激波波前 Mach 数基本相同．这就意味着阻力剧增极限状态与激波强度直接关联，与翼型上翼面从前缘到后缘的整个压力分布形式则关系不大．由此可见，为了提高翼型的跨音速气动性能，应当把着眼点放在削弱跨音速流场中激波强度上．尖峰式翼型通过加大翼型前缘圆角，而在前缘处形成一个膨胀波发生器，以求通过在局部超音速区之内的等熵压缩来削弱局部超音速区终止处的激波．所以尖峰式翼型具有大的前缘半径和凸度很小的上翼面形状．目前已有很多飞机使用了尖峰式翼型．

在尖峰式翼型经风洞吹风实验证实，获得了近似跨音速无激波流动之后，Nieuwland 及 Spee 对于 Morawetz 不存在定理重新作了讨论[3]．认为 Morawetz 所得到的有关跨音速无激波位流解对于边界形状不连续依赖的数学结论，乃是由于对物理模型从数学上过于苛刻地进行理想化的结果．Nieuwland 使用解析速度图法设计出了跨音速无激波翼型，且通过风洞实验证明了此种翼型在设计点处的无激波绕流性质．实验表明，当偏离设计条件时流场中虽出现了激波，但在一定范围内激波强度还是很弱的．这表明跨音速无激波流动确实是稳定的，而并不是稍遇扰动就将发散．

Whitcomb 进一步做了大量实验研究，并得到了超临界翼型[4]．与尖峰式翼型相比，位于上翼面的局部超音速区范围将更大，但最大当地速度并不很高，局部超音速区结尾处虽然有激波，但激波强度很弱．实验表明，这种存在有弱激波的跨音速流场，与纯粹无激波跨音速流场相比，在气动性能上有其优点．也就是从工程应用角度来看，并不一定非实现完全无激波跨音速流动．除此之外，与尖峰式翼型相比，超临界翼型后部载荷较大．实验表明，超临界翼型与尖峰式翼型相比，具有更高的临界 Mach 数．

从设计方法角度来看，尖峰式翼型与超临界翼型都是主要靠经验方法设计并通过大量实验不断修正而得到的．从充分发挥当代计算机日益增长的威力方面着手，Bauer，Garabedian 和 Korn 等人通过复特征线速度图法设计了无激波跨音速翼型[5]．后来 Sobeisky 又提出了设计跨音速无激波翼型的假想气体法，并正在将方法扩展到三维跨音速无激波机翼设计与叶栅设计中[6]．

在文献中常常把上面极为简略地提到的一些思路及概念统称为"超临界翼型技术"研究．由此可见，在跨音速翼型研究领域已迎来了百花齐放的兴旺局面，并在实践中显示了强大的生命力．为了进一步提高叶轮机械的性能，措施之一是改进叶型的设计方法．为了更新叶型的造型方法，从孤立翼型发展起来的超临界翼型技术向叶轮机械领域的扩展就成为一种很自然的趋势．近年来，在国际上已开始了这一进程．

§3 超临界翼型技术在轴流压气机叶型设计方面的应用

由于在飞机机翼领域中，超临界翼型技术近年来已取得巨大成就，同时也由于轴流压气机叶片叶型与机翼翼型之间传统上的渊源关系，近年来自然而然地开始了超临界翼型技术从机翼向压气机叶片叶型设计移植的过程．例如在文献 [7] 中介绍了把针对飞机机翼翼型设计而研究成功的复特征线速度图法用来设计超临界叶栅的工作．有关文献 [7] 的思路可简述如下．

将二维全位势方程 (5.46) 用于描述跨音速流场时，此方程为非线性混合型方程．通过速度图变换，可化为线性偏微分方程．对于超音速流所对应的双曲型方程说来，使用特征线法是一种合理的方法．但是在这里所面临的是跨音速混合型流动，即流场中存在有对应于椭圆型方程的亚音速区．为了能对于亚音速区定义复特征线坐标，通过解析延拓来把速度平面上的域延拓进入由两个独立复变量所构成的四维域中。通过保角映射为速度面内的单位圆，就可以对于单位圆构成边值问题的公式。这时对于复变量初值问题就可进行数值求解。

对于气体动力学中传统的反问题说来，应当是事先规定沿叶型型面的速度分布，然后来求解叶型型面的坐标。由此可见，所规定的速度分布的质量如何，对于叶型气动性能将有显著影响。影响气动性能最为严重的问题是叶背上发生附面层分离。因此，事先规定的沿叶型型面压力分布应满足叶背附面层不分离条件。在文献[7]中采用 Nash-MacDonald 分离参数 SEP，对其规定某一数值来作为判别附面层分离与否的准则。即若

$$SEP = -\frac{\theta}{q}\left(\frac{dq}{ds}\right) \geqslant 0.004 \tag{8.1}$$

则认为将发生紊流附面层分离。式中 θ 表示附面层动量厚度；q 表示附面层外边界处的主流速度；s 表示沿叶型表面的弧长。若按(8.1)式估算出型面上某一位置处的 SEP 值不满足分离准则的要求时，则需调整所规定的速度分布。

由于在设计过程中考虑了附面层修正，所以在无粘反问题解中所得到的叶型型面乃是附加上附面层位移厚度之后的当量叶型。真实的金属叶型形状还须由无粘解所得到的当量叶型中扣除附面层的位移厚度。

现在来对于使用文献[7]中办法所设计的一个超临界叶型叶栅作一简述，详情可见文献[8]。此叶栅的设计条件如下：进口来流 Mach 数为 0.78，气流转角为 25°，扩散因子为 0.66。在文献[8]中给出了设计时规定的沿叶型表面 Mach 数分布，以及当量叶型表面的几何形状。依轴向弦长来度量，在吸力面上有 36% 为局部超音速区，最大当地 Mach 数为 1.22。吸力面的型线应保证叶背附面层不发生分离。在压力面则应保持较高的静压水平。

在文献[8]中介绍了对于所设计的超临界叶型叶栅与供对比用的双圆弧叶型叶栅在叶栅风洞中进行的对比性吹风实验情况。由实验结果可见，直到进口 Mach 数 0.70 附近，两个叶栅的最小损

失系数几乎相同．当进口 Mach 数进一步增加时，双圆弧叶型叶栅的损失迅速增长． 与此不同的是，直到进口 Mach 数达到设计值即 0.78 时，超临界叶型叶栅仍维持低损失值，直到超过设计点之后损失方急剧增长．图 8.1 取自文献［8］中的图 6，此图表示进口 Mach 数为设计值时，超临界叶栅与双圆弧叶栅损失系数 $\bar{\omega}$ 随进口气流角 β_1 变化之对比．

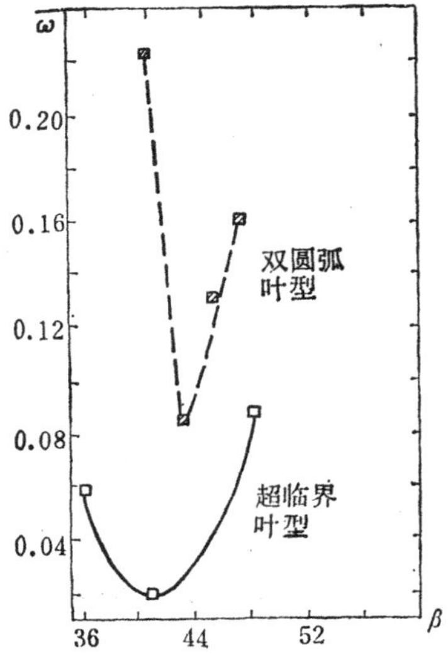

图 8.1 超临界叶型叶栅与双圆弧叶型叶栅损失系数随进口气流角变化之对比

由图可见，超临界叶型叶栅的最小损失系数只有与之对比的双圆弧叶型叶栅的相应值的 1/4 左右． 并且低损失攻角范围也远比双圆弧叶型叶栅来得宽广．

在文献［9］中则使用另外一种设计方法来设计超临界叶型叶栅． 设计条件为进口 Mach 数 0.8，气流转角为 36.8°，扩散因子为 0.5． 在文献［9］中所用的规定叶型表面压力分布的办法与文献［8］类似，即以保证叶背附面层不发生分离为前提．对于压力面上的压力分布则需进行调整，以便于实现所要求的气动力．在规定了沿叶型表面的压力分布以后，使用全位势有限差分线松弛法进行传统反问题叶型设计．在设计过程中通过调整规定的压力分布，经过三次反复之后得到了作者认为具有满意的厚度分布的叶型型面．但叶栅风洞吹风实验表明，此叶栅在低来流 Mach 数时损失系数过高，攻角变化范围也很狭窄．为了改进性能而设计了第二种叶型．这种叶型是经过七次对规定的压力分布进行修改之后而得到的．实验表明，在设计条件之下损失系数大幅度下降，且低损失的进口 Mach 数范围大为加宽，但低损失攻角变化范围则增加不多．

文献[8，9]所采用的方法都是规定叶型表面的压力分布，再根据规定的压力分布来求定叶型型面的几何形状．但物面压力分布与型面几何形状之间的关系非常复杂，很难事先分析压力分布对于叶型几何形状的影响．因此，计算结果就难免得到古怪的形状和厚度分布．如文献[7]所设计的叶型在90％弦向位置处就存在一个"蜂腰"．再如文献[9]中给出的叶型曾先后反复设计了7次，但所得厚度分布尚未达到可供工程实用程度．除此以外，机翼与跨音压气机叶片所面临的工程背景亦不完全相同．对于后者来说，进口相对来流为超音速的叶型设计问题甚至从工程角度受到更多的关注．因此，基本照搬高亚音速范畴之内的超临界翼型技术也还不能满足要求．

尽管上述方法还有很多不够完善处，但从初步实验结果来看，超临界翼型技术对于提高效率、扩大稳定工作范围来讲，确实是一条有吸引力的技术途径．可以认为文献[7—9]以及其它同类工作已经在把超临界翼型技术移植到叶轮机械领域中来的征途上迈开了第一步，并取得了可喜的成果．

由于在上述传统反问题中，事先如何规定物面压力分布问题尚未最后解决，所以出现了一些代替的办法．其中之一是气动数值最优化翼型设计方法．这一类方法的特点是反复求解正问题，而不涉及到反问题．在下一节中首先对此类方法作一概述，然后在§5中介绍将此类方法用于跨音速叶栅问题所作的一点尝试．

§4　气动数值最优化方法简述

数值最优化方法是一种近年来发展较快的数学方法．从工程科学的角度来看，这也是工程设计人员的一个有力工具．通过使用这一类方法，可以把很多工程设计问题从经验中解脱出来．目前在很多领域中，数值最优化方法已得到广泛应用．

对于机翼翼型设计问题说来，Hicks 及 Vanderplaats 把原来用于结构力学的数值最优化程序与求解气动正问题的流场计算方法相结合，而发展了气动数值最优化方法[10]．气动数值最优化方法与超临界翼型技术有关联，但二者应用范围并不相同．例如也可用于低速流动而不限于跨音速流范畴． 为了叙述上的方便，在本节中主要叙述气动数值最优化在翼型问题中的应用．下节再转入叶轮机械问题．

考察现有的一些翼型族的发展，可以发现主要是建立在大量风洞吹风实验基础之上的．晚些时候发展起来的一些翼型如尖峰式翼型和超临界翼型等亦不例外．具体的做法是，根据对于风洞吹风实验结果的分析，并结合工程上的具体要求，来不断修改翼型的几何形状，以便最后得到认为满意的翼型．

倘若把物理上的风洞吹风实验与在计算机上进行的数值试验相比拟的话，可以进行如下的对照．在风洞中对翼型吹风，则意味着翼型几何形状完全确定，借助吹风实验来获取压力分布以及举力、阻力和力矩系数．在计算机上进行的对应数值试验，也应当是翼型几何形状完全确定，待求压力分布与一些系数．因此，就是通常所说的求解气动正问题．由上述对照可知，通过风洞实验来反复修改翼型的过程相当于反复求解气动正问题的数值过程．但是，无论是借助风洞吹风，或者是借助计算机进行数值模拟，乃至于兼而有之，在改变翼型几何形状的过程中都必须由研究人员对于所得结果进行分析、综合及判断，这样才能够逐步逼近人们希望得到的翼型几何形状．

在计算机、计算技术与跨音速气体动力学发展到当代水平的形势下，对于上面所谈到的不断修改翼型形状的过程说来，就会联想到能否进行更为全面的数值模拟？也就是不仅用气动正问题的数值解来模拟每次风洞吹风实验，而且把人们对于实验结果与工程上具体要求的分析与综合也在计算机上加以数值模拟？具体说来，这就意味着用气动正问题的数值解来模拟风洞吹风实验，用数值最优化方法来对于正问题数值结果和各种工程要求进行综合考虑，经过反复迭代而得到在某一种工程要求之下的最满意的翼型几何形状．由此可见，一个气动数值最优化方法应当有两个主要组成部分．一是对于系统的分析，也就是气动正问题数值解法；二是根据人们希望此系统所达到的指标来最后确定这个系统，也就是对于系统的综合．具体说来，就是指数值最优化方法．对于跨音速气动正问题的求解方法当然希望尽量完善．例如应当考虑粘性．但限于目前发展水平，在气动数值最优化方法中，使用最多的还只限于跨音速无粘气动正问题解法．有关跨音速无粘气动正问题的求解方法，书中其它章节里有过一些介绍．在本节中，下面主要针对数值最优法简述一二．数值最优化本身已构成另一学科分支，限于篇幅，这里只能涉及最简单的概念．所以在下文中首先暂且撇开具体翼型设计的工程内容，更为概括地来考虑在任何一个工程设计问题中如何使用数值最优化这一类数学方法．

任何一个工程问题必然涉及到一个“系统”．所谓系统，可以理解为待研究的一系列具有相互联系的事物．任何一个系统必然存在于一定的“环境”之中。若环境对系统有输入，则系统对环境亦有输出．为了能够定量地对这个有待设计的系统进行描述，需要引入若干参数．这些参数可以分成两类．一类是设计参数，就是确定这个系统所必须的参数．一旦这些参数被确定，则系统就被完全确定． 第二类则是性能参数． 只要一个系统已被完全确定，则系统的全部性能参数也应完全确定．简单说来，就是“设计参数”确定“系统”，而“系统”又确定“性能参数”．因此，针对一个工程系统的设计问题说来，具体设计过程可以描述如下：

1. 对于系统的每个设计参数，逐个来确定其具体数值．这样就完全确定了一个设计方案．

2. 通过实验或者计算，得到此设计方案的性能参数．

3. 根据对于这一工程设计的具体要求，对上述设计方案作出评价．

4. 以对于设计方案的评价为依据，修改部分甚至全部设计参数，于是得到另一个修改了的设计方案．

5. 重复上述过程，使得所设计系统的性能参数不断得到改进，逐步实现最优．

由此可见，任何一个工程设计问题，只要涉及到不同方案的选

择和对比，事实上都是一个寻优过程，并存在共性．下面设法把属于共性的优化过程作一简单描述．设

$$\boldsymbol{x}=\{x_1, x_2, \cdots\cdots x_n\} \tag{8.2}$$

是描述某一设计方案的一组设计参数．若用 E^n 来代表由诸设计参数所构成的 n 维欧氏空间，则 $\boldsymbol{x}$ 就代表此空间中的一个向径，而且也代表一个具体设计方案．因此，优化问题可以陈述为：求

$$\boldsymbol{x}\in E^n \tag{8.3}$$

且满足约束

$$G_i(\boldsymbol{x})=g_i(\boldsymbol{x})-K_i\geqslant 0 \tag{8.4}$$

$$i=1, 2, \cdots\cdots I$$

$$H_j(\boldsymbol{x})=h_j(\boldsymbol{x})-L_j=0 \tag{8.5}$$

$$j=1, 2\cdots\cdots J$$

使得目标函数 $F(\boldsymbol{x})$ 为最大（或最小）．

式 (8.4) 及 (8.5) 表示“约束”．所谓约束，就是指在优化设计中必须满足的一系列条件．也就是一系列有具体数量要求的设计指标．满足这些约束，乃是完成该设计的前提．由式 (8.4) 及 (8.5) 可见，约束中包括有等式约束和不等式约束．式中的 $g_i(\boldsymbol{x})$ 与 $h_j(\boldsymbol{x})$ 表示系统的性能参数；K_i 与 L_j 则表示事先规定的一些常数值．

目标函数 $F(\boldsymbol{x})$ 也是一个性能参数，并且往往是本问题中最具有全局性影响的性能参数．优化设计的最终目的，就是要找到在满足诸约束条件式 (8.4) 与 (8.5) 的同时，能使目标函数 $F(\boldsymbol{x})$ 达到最大（或最小）的设计方案．这样一个 $\boldsymbol{x}$ 就代表最优设计方案．

如果不存在式 (8.4) 及 (8.5) 所表达的诸约束条件，则问题化为求一多变量函数 $F(\boldsymbol{x})$ 的最大值（或最小值）．如若能够对于 $F(\boldsymbol{x})$ 给出显式表达，这样一类问题在原则上是不难求解的．但是，通常 $F(\boldsymbol{x})$ 并没有事先已知的显式表达．此外，现在还要满足一系列约束条件．特别是一般情况下将存在一系列不等式约束条件，从而使得问题复杂化．当代各种数值最优化方法就是针对上

述难点而出现的，并已取得很大进展。

在撇开具体工程对象来对于优化问题的数学提法作了简单描述之后，下面转回到翼型的气动数值最优化设计问题。

为此，首先需要确定描述翼型型面几何形状的设计变量．现用 x 来表示翼型沿弦线之横坐标；$y_{上}$ 与 $y_{下}$ 分别表示翼型吸力面与压力面的纵坐标．并使用弦长对于上述诸量进行无量纲化．然后，使用多项式拟合方法，可以把翼型吸力面与压力面曲线分别表示为

$$y_{上} = a_0\sqrt{x} + \sum_{i=1}^{p} a_i x^i \tag{8.6}$$

$$y_{下} = d_0\sqrt{x} + \sum_{i=1}^{q} d_i x^i \tag{8.7}$$

在式 (8.6) 及 (8.7) 中，第一项的存在是为了较好地反映出前缘附近的变化。

对于几何形状不同的翼型说来，诸系数 a_0, a_i 以及 d_0, d_i 就会有不同的数值．这样就可以把设计变量 $\boldsymbol{x}$ 记为

$$\boldsymbol{x} = \{a_0, a_1, \cdots\cdots a_p, d_0, d_1, \cdots\cdots d_q\} \tag{8.8}$$

当然用幂函数多项式未必总是最合适的．也可以使用其它型式的多项式。

对于翼型设计问题说来，可以考虑把目标函数取为在设计工况下阻力系数 C_D 为最小，即

$$F(\boldsymbol{x}) = C_D(\boldsymbol{x}) \tag{8.9}$$

约束条件可以包括例如下列各项：翼型截面积小于某一规定值；设计工况举力系数大于某一规定值；对于某几个非设计工况（指不同来流 Mach 数及迎角值）规定 C_D 小于规定值或举力系数 C_L 大于某些规定数值，也可以是举阻比（C_L/C_D）各自大于某数值．这里提到的翼型截面积以及非设计工况的 C_D, C_L 以及（C_L/C_D）就对应于式 (8.4) 中所提到的性能参数．

如果打算借助气动数值最优化方法来设计翼型，则必须有两个子程序．一是翼型绕流正问题数值解程序．对于对应着每一个

x 的具体翼型说来，使用此程序就可以在不同来流条件下解出诸性能参数．二是数值最优化程序．使用此程序就可对于不同的 x 所对应的不同翼型进行综合与判断，以便找到对于规定的目标函数与约束说来是最优的翼型几何形状．

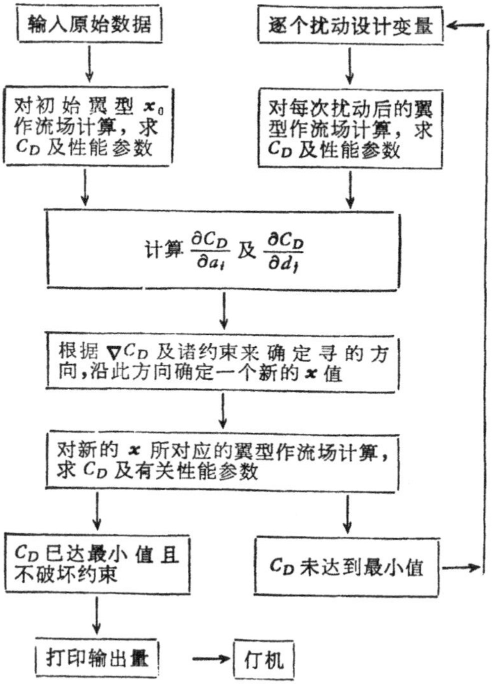

图 8.2　以阻力系数为目标函数的气动数值最优化方块图示意

现将翼型设计气动数值最优化的程序方块图示意于图 8.2．由图可见，为了能使程序得以开始运行，需给出一个原始翼型．即对于 x 给定一个初始值 x_0 以及来流 Mach 数、迎角和有关约束的规定．然后通过数值最优化子程序逐个扰动每一个设计变量，也就是描述翼型的多项式曲线的每一个系数．并在每次扰动之后，使用翼型绕流正问题数值计算程序求解流场，从而得到目标函数 C_D 及其它性能参数．根据原始翼型 x_0 及诸次扰动后的翼型正问题流场解数值结果，就可求出在 x_0 点处的 $\frac{\partial C_D}{\partial a_i}$ 与 $\frac{\partial C_D}{\partial d_j}$ 来．于是就得到在设计变量空间之内，对应于 x_0 点的目标函数的梯度 ∇C_D

$$\nabla C_D = \left\{\frac{\partial C_D}{\partial a_0};\ \frac{\partial C_D}{\partial a_1};\cdots\cdots\frac{\partial C_D}{\partial a_p};\ \frac{\partial C_D}{\partial d_0};\ \frac{\partial C_D}{\partial d_1};\cdots\frac{\partial C_D}{\partial d_q}\right\} \tag{8.10}$$

在得到梯度 ∇C_D 之后，就可在一 ∇C_D 方向上确定一个新的 x 点，并以此点为基础继续寻的，一直到 C_D 开始增加为止，或者是某一约束条件遭到破坏为止．若出现后一种情况，就须确定一个新方向，此方向既可减少 C_D 又不致于使任何约束受到破坏．经过若干次反复之后，当达到 C_D 的最小值且诸约束未破坏，则迭代过程就终止，于是就可以打印输出量了．

在对于翼型问题进行如上简述之后，下节转入叶栅问题．

§5 一种削弱跨音速叶栅流场中激波强度的数值方法

考查当代飞机发动机风扇及压气机跨音级可知，其中多数叶栅都是在跨音速绕流条件之下工作的．与低速叶栅相比，跨音速叶栅气动性能最显著的特点可以认为是，叶栅槽道中的激波以及激波(附面层)干扰几乎是不可避免的．因此，损失系数大幅度增加，低损失攻角范围变窄，且一旦音速线贯穿叶栅槽道，就将出现唯一攻角现象，从而增加了设计和调试的难度．

因此，在压气机与风扇设计过程中理应采用削弱叶片通道内的激波的措施．若能削弱流场中的激波，则将使性能得到较大改善．但是，考查现有的典型压气机设计体系可知，一般在设计过程中还不存在定量地削弱激波强度的技术步骤．众所周知，现有的压气机气动设计体系是在子午面内联立求解径向平衡方程和连续方程，从而得到各基元叶片的进出口速度三角形．再根据进出口速度三角形进行叶片的几何造型．由此可见，当进行各基元处的叶型造型时，尚难以与流场质量定量地关联起来．因为尚难做到根据子午面气动计算或更复杂的气动计算给出最优的叶型表面速度分布．即使事先给定速度分布，也难以得到合理的叶型几何形状．

为了能把叶型的气动造型方法纳入到现有的压气机设计体系中来，一种颇为自然的思路，就是仍沿用原有设计体系，通过几何造型方法先得到初始叶型，再在不改变叶型进出口几何角度的前提下对于型面做少量修改，以期削弱激波强度，从而使得性能获得一定程度上的改善．文献［11］就是从这样的角度出发，得到一种以正问题流场计算方法为基础，通过不断修改叶片形状以削弱激波强度的气动数值最优化方法．

从文献［11］的上述目标可见，优化过程中的设计变量必将与叶型几何形状直接关联．作为一次尝试，为了减少计算工作量，在文献［11］中力求尽量降低设计变量空间的维数．由于叶型前后缘附近曲率及斜率变化急剧，所以在反复改变叶片形状的过程中将不涉及，而只采用如下的三次多项式：

$$y = a_0 + a_1 x + a_2 x^2 + a_3 x^3 \tag{8.11}$$

来描述叶型上表面待修改部分的型面．于是，在这一具体优化问题中的设计变量就可以记为

$$\boldsymbol{a} = \{a_0, a_1, a_2, a_3\} \tag{8.12}$$

下一步的问题就是关于目标函数的提法．在机翼翼型的优化设计问题中，一般是取气动系数这一类积分量作为目标函数．仿照这种提法，则对于叶栅问题应提损失系数作目标函数．但是跨音速压气机叶栅的损失系数必然会涉及到粘性，特别是激波-附面层干扰效应将会对于 ϖ 有显著影响．目前这还是很困难的课题，手头还找不到能够精确地估算损失系数的叶栅正问题数值计算程序．此外，即使是对于发展得比较早的机翼翼型气动数值最优化方法说来，也还没有发展到精确估算跨音速粘性损失，而是使用无粘绕流解所得到的波阻来标志阻力的大小．因此，可以考虑用其它方式来表达以减少损失为目标的目标函数．

对于机翼跨音翼型，Pearcey 曾根据风洞吹风实验并结合对飞行状态的观查而得到如下看法[2]．当机翼翼型在不同来流 Mach

数及不同迎角之下出现严重分离流动时，翼型吸力面上的激波具有大体相同的强度，而与激波所在的弦向位置，以及激波上游究竟是加速或减速基本无关．或者可以认为，极限状况的出现主要与过激波的减速扩压程度有关，与从前缘到后缘的整体速度分布关系较小．如果认为这一提法也适用于叶栅跨音速流场的话，则就意味着可以用跨音速无粘流正问题流场数值解所得到的激波强度这一局部量来作为目标函数．例如，可以用叶型吸力面上激波足部点前的当地 Mach 数 M_s 来标志激波强度． 这样提目标函数的具体含义就是希望通过优化来把叶背上的激波强度削弱到最小．

但是，M_s 与叶型几何形状之间的关系是一种隐函数关系．现在采用代表叶型吸力面曲线的幂函数多项式的系数 $\boldsymbol{a}=\{a_0, a_1, a_2, a_3\}$ 来作为设计变量，就可将此函数关系写成

$$M_s = M_s(\boldsymbol{a}) \tag{8.13}$$

此函数关系无法从解析上具体列写出来，只能通过对于对应于每一个 $\boldsymbol{a}$ 值的叶栅流场作跨音速无粘数值解，用数值方法得到与表达此函数关系． 若在四维设计变量空间中逐点确定 $M_s(\boldsymbol{a})$ 函数关系的数值，这将是不胜其繁的．现在的目的只是找寻满足规定约束条件的 $M_s(\boldsymbol{a})$ 的最小值，所以可借助数值最优化方法实现．

设 $\boldsymbol{a}_0$ 对应于几何造型方法所得到的初始叶型．$\Delta\boldsymbol{a}=\boldsymbol{a}-\boldsymbol{a}_0$ 表示对于初始叶型形状的改动，也就是对于设计变量的扰动量．现围绕 $\boldsymbol{a}_0$ 对于函数 $M_s(\boldsymbol{a})$ 作 Taylor 级数展开．按照气动数值最优化的通常作法，应对此级数展开取二阶近似．即

$$\begin{aligned} M_s(\boldsymbol{a}) = {} & M_s(\boldsymbol{a}_0) + \nabla M_s(\boldsymbol{a}_0)\cdot\Delta\boldsymbol{a}^T \\ & + \frac{1}{2}\Delta\boldsymbol{a}^T\cdot C(\boldsymbol{a}_0)\cdot\Delta\boldsymbol{a} \end{aligned} \tag{8.14}$$

式中 $\nabla M_s(\boldsymbol{a}_0)$ 表示 $M_s(\boldsymbol{a})$ 在 $\boldsymbol{a}_0$ 点处的梯度，$C(\boldsymbol{a}_0)$ 表示在设计变量空间同一点 $\boldsymbol{a}_0$ 处相应之 Jacobi 矩阵．围绕点 $\boldsymbol{a}_0$ 对于诸设计变量依次进行扰动，并在每次扰动之后作跨音松弛解，就可得到它们．

在文献［11］中所进行的数值优化采用混合罚函数法如下．

目标函数

$$\min M_s(\boldsymbol{\alpha}) \tag{8.15}$$

约束条件

$$\begin{aligned} g_i(\boldsymbol{\alpha}) &\geqslant 0 \quad & i &= 1, 2, \cdots 2IM \\ h_j(\boldsymbol{\alpha}) &= 0 \quad & j &= 1, 2 \end{aligned} \tag{8.16}$$

式中 IM 为叶面上所安排的计算站数．在约束条件中，不等式约束条件是为保证叶型上表面待修改部分恒上凸，等式约束条件则为了保证叶型上表面待修型部分与固定不变部分之间的衔接．

现构造混合罚函数

$$P_{r(\boldsymbol{\alpha})} = M_{s(\boldsymbol{\alpha})} + r \cdot b_{(\boldsymbol{\alpha})} + r^{-1}[l_{(\boldsymbol{\alpha})} + e_{(\boldsymbol{\alpha})}] \tag{8.17}$$

式中

$$b_{(\boldsymbol{\alpha})} = -\sum_{i \in I_1} \ln g_{i(\boldsymbol{\alpha})} \tag{8.18}$$

$$l_{(\boldsymbol{\alpha})} = \sum_{i \in I_2} \{\min[0, g_{i(\boldsymbol{\alpha})}]\}^2 \tag{8.19}$$

$$e_{(\boldsymbol{\alpha})} = \sum_{j=1}^{2} h_{j(\boldsymbol{\alpha})}^2 \tag{8.20}$$

下标集 I_1 及 I_2 定义为

$$\begin{cases} I_1 = \{i \mid g_{i(\boldsymbol{\alpha}_0)} > 0, \ 1 \leqslant i \leqslant 2I_M\} \\ I_2 = \{i \mid g_{i(\boldsymbol{\alpha}_0)} \leqslant 0, \ 1 \leqslant i \leqslant 2I_M\} \end{cases} \tag{8.21}$$

式 (8.17) 中的 r 为罚因子，由 $r_k \to 0$ 的序列所组成．

具体采用 DFP 无约束最优化算法，一维搜索则采用三点抛物线法插值．由文献 [11] 的使用实践来看，罚函数法处理约束比较方便，而且计算过程也较易于控制．

应当提到的是，气动数值最优化方法在工程实用上最吸引人之处就在于它能够综合地考虑工程上各方面的要求．例如可包括设计点气动性能、非设计点气动性能、以及强度和工艺等各个方面．其中最主要的要求可体现为目标函数，其它各项要求则通过约束条件体现出来．例如，为保证过叶栅之气流转角，围绕叶型之环量应不小于某一规定值；当改变进口 Mach 数与攻角时，叶型吸力面上的 M_s 值应不大于某一规定值，以保证非设计点气动性能；叶型截面积应不少于某一规定值以满足强度要求等等。但文献[11]的工作只是初步的，尚处于探讨方法的可行性阶段，所以尚未把上述诸约束条件施加上去。

如前所述，气动数值最优化方法应具有两个组成部分，即气动正问题数值分析方法与数值最优化方法。文献[11]采用文献[12]给出的求解薄而微弯叶型叶栅跨音速无粘流场的线松弛解程序来反复计算每次修改叶型形状之后的流场，再配之以求解带有不等式约束的混合罚函数法数值最优化程序。在[11]中共有下列两种不同的计算方案。

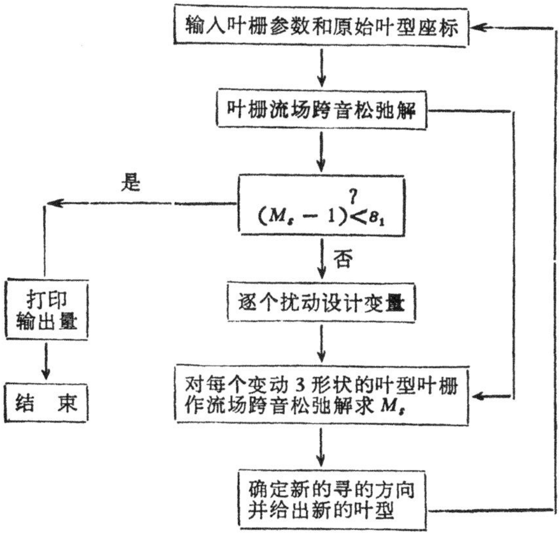

图 8.3　计算方案一的框图简介

对于方案一说来，是采用翼型气动数值最优化所用的传统处理方法。就是一旦设计变量 $\boldsymbol{a}$ 有所改变之后，就针对修改叶型形状的叶栅进行跨音速流场线松弛求解，以便根据优化所确定的寻的方向找到一个新的叶型。直到实现激波强度最小为止。具体计算框图如 8.3 所示。

在气动数值最优化程序的两个组成部分中，数值最优化程序本身所用机时并不多，90% 以上的机时消耗在多次进行流场正问题求解上面．因为当前使用气动数值最优化方法的障碍之一是消耗计算机时过长，所以应多方设法减少程序中流场正问题数值解所需的机时．计算表明，在优化过程之中，每次对于叶型形状的改变都不大．根据这一情况，而拟定了计算方案二．与方案一的差别如下．在一次流场线松弛解之后，在叶型修型过程中假设用线松弛解所得的音速线不再随着叶型形状的微小改动而改变，但激波前的 M_s 则仍将随叶型改变而改变．于是在叶型每次改变之后，在局部超音速区之内就可根据特征线法来求定对应于每个修改叶

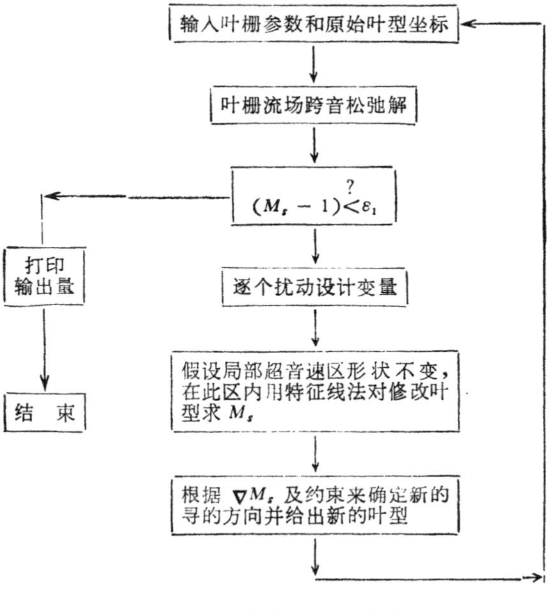

图 8.4　计算方案二的框图简介

型型面的 M_s．由于现在假设叶型改变时音速线形状及位置不变，然而实际并非必定如此．所以在借助局部超音速区内特征线求解而已实现了 $(M_s-1)<\varepsilon_1$ 之后，所得尚非最后的解．还需要对于所得叶型重做全流场跨音松弛解，反复数次之后直到收敛．计

算方案二的框图见图 8.4.

数值试验表明，在 Simens 7760 计算机上通过数值最优化得到一组叶型形状说来，采用计算方案一约须10分钟左右，采用计算方案二则可缩短到 5 分钟.

在文献 [11] 中给出了进口来流分别为亚音速及超音速的三个数值举例.

例一的来流 Mach 数为 $M_1 = 0.902$，原始叶型为双圆弧叶型，叶型弯角为 10°. 通过前面所谈到的气动数值最优化方法对于双圆弧叶型进行了修型. 修型前后的叶栅流场数值计算结果表明，激波前的 M_s 可由 1.127 下降到 1.005，扩散因子 D 可由 0.48 下降到 0.44. 由图 8.5 所给出的流场等 Mach 数分布图可见，优化前叶栅流场处于堵塞状态. 经优化修型之后，流场不再堵塞.

由于进口来流相对 Mach 数大于 1.0 时的跨音速叶栅流场的实际重要性，在文献 [11] 的例二中给出了进口来流 $M_1 = 1.05$ 时对于双圆弧叶型叶栅采用气动数值最优化方法修型的情况. 修型前后对比表明，激波前 M_s 由 1.386 下降为 1.247，扩压因子 D 由 0.56 下降为 0.51. 由图 8.6 所给出的叶栅槽道等 Mach 数分布图可见，修型之前的叶栅处于堵塞工况，优化修型之后流场不再堵塞.

文献 [11] 虽给出了一些数值举例，但只能认为工作属于初步尝试性质. 若要真正用到工程上面来，还有大量工作要做. 首先，对于这些数值举例尚未进行实验验证. 尽管前面曾提到气动数值最优化与借助风洞反复吹风实验来修改翼型之间的类比关系，但这绝不是说气动数值最优化方法能够代替实验研究. 而只是说它能够起到减少人力物力消耗，缩短研制周期的作用而已. 在文献 [11]的程序中尚未考虑粘性，这必然与实际情况不同. 加以在文献 [11] 中所用的跨音松弛法求解流场子程序仅适用于薄而微弯叶型，也尚未考虑对于圆锥面上几何造型叶型的修正方法. 尽管工作显然是初步的，但从有限的数值结果可知，通过改进叶型形状来提高跨音速叶栅性能还有不小的潜力可供挖掘. 气动数值最优化

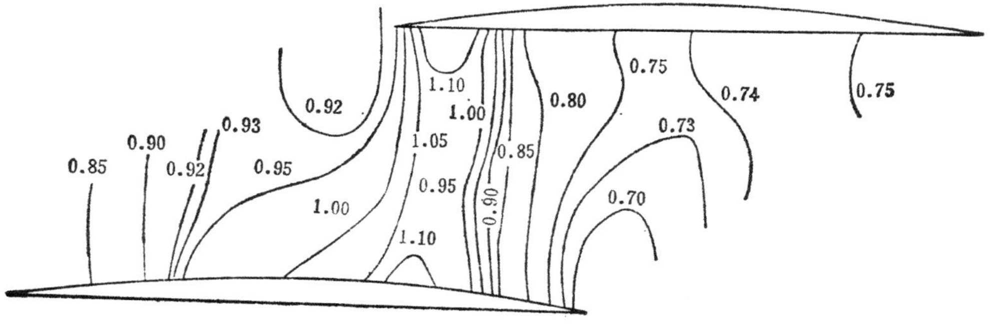

(a) 优化前

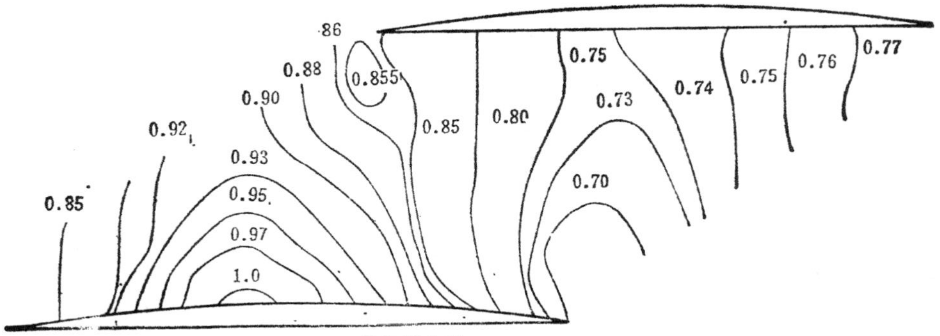

(b) 优化后

图 8.5 进口亚音速流优化前后叶栅槽道中的等 Mach 数线分布图

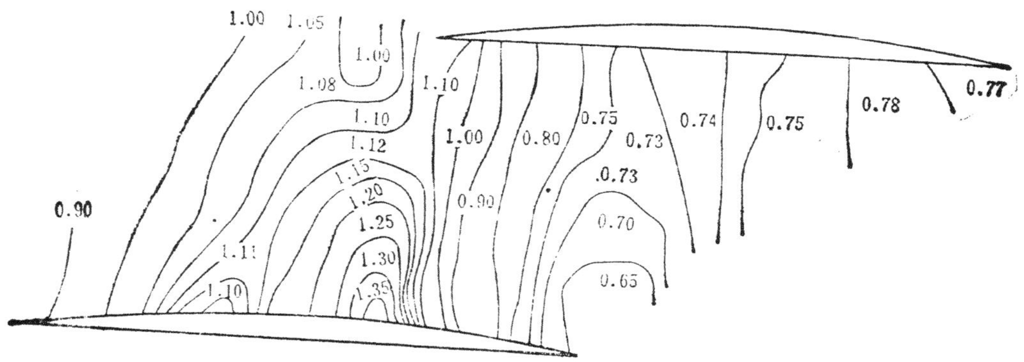

(a) 优化前

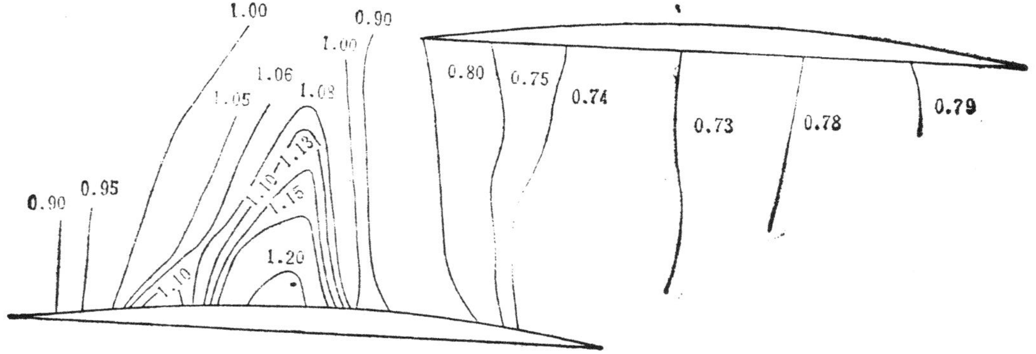

(b) 优化后

图 8.6 进口来流超音速情况下，优化前后叶栅槽道中的等 Mach 数线分布图

只是实现此目标的途径之一. 通过气动数值最优化来修改叶型,对于削弱激波的效果是明显的. 所消耗的机时也是可以接受的. 若能把约束条件考虑得更加完善, 并把叶栅稠度等几何参数考虑为设计变量,方法的作用可以更为明显. 总之,看来在不改变现有压气机叶片设计体系的前提下, 若能够再通过引入超临界翼型技术来修改叶型,有可能将有助于提高高速叶轮机械的性能.

§6 小结

1. 与早期的层流翼型族相比,当代翼型研究已取得长足进展. 由于机翼翼型的叶片叶型之间从历史上长期的渊源关系, 机翼翼型的超临界技术正在逐渐向叶轮机械领域发展.

2. 气动数值最优化方法在机翼翼型研究方面已取得一定进展,此种方法可用于跨音速问题研究,看来值得引入到叶轮机械领域中来.

3. 根据机翼方面对于实验的观查分析, 可以认为跨音速流场极限状态主要取决于流场中激波的强度. 若有几个翼型跨音速绕流流场的激波强度相同, 则它们的阻力剧增极限状态与沿翼型型面的总体压力分布关系不大. 上述对于机翼翼型的分析对于叶栅流场可能也有参考价值. 以上述分析为基础, 可以把激波强度作为目标函数,从而可把无粘流计算程序与优化程序相结合,而构成气动数值最优化程序.

参 考 文 献

[1] Morawetz, C. S., On the Non-Existence of Continuous Transonic Flows past Profiles, *Comm. Pure & Appl. Math.*, **9**, 45—68, 1956.

[2] Pearcey, H. H., The Aerodynamic Design of Section Shapes for Swept Wings, Advances in Aeronautical Sciences, 3, 277—322, 1962.

[3] Nieuwland, G. Y., Spee, B. M., Transonic Shock-Free Flow, Fact or Fiction?, AD685270, 1968.

[4] Whitcomb, R. T., Review of NASA Supercritial Airfoils, ICAS Paper 74—10, 1974.

[5] Bauer, F., Garabedian, P., Korn, D., Supercritical Wing Section, 1972.

[6] Sobieczky, H., Dulikravich, D. S., A Computational Design Method for Tran-

sonic Turbomachinery Cascades, ASME Paper 82-GT-117, 1982.
[7] Bauer, F., Garabedian, P., Korn, D., Supercritical Wing Section III, 1977.
[8] Stephens, H. E., Application of Supercritical Airfoil Technology to Compressor Cascade Comparison of Theoretical and Experimental Results, AIAA Paper 78—1138, 1978.
[9] Rechter, H., Schimming, P., Starken, H., Design and Testing of Two Supercritical Compressor Cascades, ASME Paper 79-GT-11, 1979.
[10] Hicks, R. M., Vanderplaats, G. N., An Assessment of Airfoil Design by Numerical Optimization, NASA TM-X-3092, 1974.
[11] Jiang, H. X., (蒋浩兴), Zhou, S., (周盛), Lin, B. Z., (林保真), A Numerical Method to Weaken Shock in Transonic Cascades, The Paper of 1983 Tokyo International Gas turbine Congress, 1983.

第九章 平面叶栅正问题、反问题及正、反混合问题的统一解法

§1 引言

近年来，航空发动机的压气机和涡轮都广泛采用“跨音级”．对于改善跨音级的性能而言，跨音速叶型型线的设计具有重要的意义． 从气动观点看，合理的叶栅设计方法应当是求解反问题．传统的反问题是按规定的进、出口条件及叶片吸力面和压力面上的流速分布来确定相应的叶型型线．在文献［1］和［2］中利用速度图法求解了上述反问题，分别设计了平面跨音速涡轮叶栅．速度图法的基本思想是以速度向量的大小和方向角作为独立的自变量．这样，音速线的位置在速度平面上是已知的，且对平面定常流动而言，基本方程组变为线性的，这些对于求解平面定常跨音速流动的反问题带来很大的方便．速度图法的缺点是只适用于求解反问题，若欲用来处理正问题将是不方便的，因此对于实用上很有价值的正、反混合问题来说，速度图法也是难于应用的[3]；另外，若欲将速度图法推广用来求解任意旋成面叶栅的反问题，此时基本方程组又将是非线性的，从而失去了速度图法的优越性．

此种传统的反问题从气动观点来看是比较理想的，但往往不能满足强度、冷却、工艺等方面的要求，从而可能造成设计的反复，为此需要利用反问题、正问题的程序交替迭代求解．

由于影响叶栅气动性能的主要因素是叶片吸力面上的速度分布，而叶片的厚度分布对于强度、冷却等方面的性能起着关键的作用，因此很自然地会提出如下一种新的反问题[4]：规定进、出口条件，叶片吸力面上的速度分布及叶片的厚度分布，欲确定相应的叶型型线． 借助于求解此种反问题可以设计兼顾气动性能和强度、

冷却等方面要求的叶栅型线.

为了能够进一步提高效率，借助合理的设计来削弱跨音速叶栅流场中的激波强度已成为重要的研究课题[5,6]. 然而，目前设计和试验成功一个无激波或者接近无激波的超临界叶栅还不是轻而易举的事. 因此，一旦得到了一个气动性能良好的叶栅，就希望能够尽量扩展它的使用范围. 一条途径是跨音速叶栅相仿律的研究，关于这个问题将在第十章中作详细介绍. 另一条途径的出发点是：在已有的性能良好的跨音速叶栅的基础上，经适当修改，使之能满意地应用于相近的运行工况，这就是所谓正、反混合问题的研究. 所谓正、反混合问题，简单地说就是在叶栅的一部分区域内提正问题，而在另一部分区域内则提反问题. 在外部流动的领域内，已经开展了这方面的研究工作[7].

在本章中将介绍一种关于平面跨音速叶栅正问题、反问题及正、反混合问题的统一解法[8]. 其中正问题的解法是在 [9] 的基础上发展起来的，采用了 von Mises 坐标系，导出了相应的旋转差分格式，从而使该方法能适应于在超音速区具有大的气流倾角的情况. 反问题的提法取自文献 [4]，它与传统的反问题不同，其设计条件中规定了叶片吸力面上的速度分布和叶片的厚度分布，从而是一种能兼顾到气动性能和强度、冷却等方面要求的平面跨音速叶栅的设计方法. 把上述正问题和反问题结合起来，就构成了本章中所研究的正、反混合问题. 它能用来局部修改跨音速叶型的型线，具有一定的实用意义.

§2 问题的提法

(一) 出发方程组

无粘性常比热完全气体的平面定常均能均熵流动的支配方程可取定如下：

1. 连续方程

$$\frac{\partial(\rho u)}{\partial x}+\frac{\partial(\rho v)}{\partial y}=0 \tag{9.1}$$

2. 无旋方程

$$\frac{\partial v}{\partial x}-\frac{\partial u}{\partial y}=0 \tag{9.2}$$

3. 能量方程

$$\frac{u^2+v^2}{2}+\frac{\gamma}{\gamma-1}\frac{p}{\rho}=\frac{\gamma+1}{2(\gamma-1)}a_*^2 \tag{9.3}$$

4. 过程方程

$$p^{\frac{1}{\gamma}}/\rho=\text{常数} \tag{9.4}$$

其中 a_* 是临界音速，对于给定的问题来说，它是一个已知常数。

（二）边界条件

求解域如图 9.1 中的 $13P422'4'S3'1'1$。

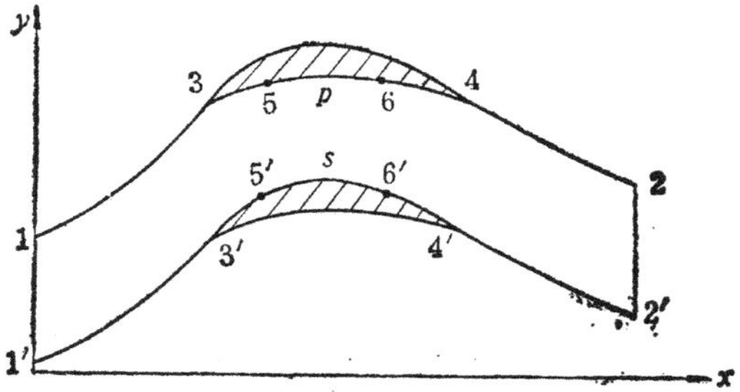

图 9.1 物理平面上的求解域

栅距 $\overline{11'}$，$\overline{22'}$ 是已知的；$\widehat{3P4}$ 是叶片的压力面型线，$\widehat{3'S4'}$ 是叶片的吸力面型线，对于正问题而言，它们的几何位置是已知的，对于反问题而言它们是待求的，而对于正、反混合问题则型线的一部分是已知的，但另一部分是待求的. $\widehat{13}$，$\widehat{1'3'}$ 及 $\widehat{42}$，$\widehat{4'2'}$ 分别是通过前、后驻点的流线，它们的位置事先是未知的，应作为解的一部分求出来. 规定叶片前、后延伸区的 x 向宽度均取为叶片的 x 向宽度 L_*.

1. 正问题的边界条件

依据特征分析[10]，在进、出气边的气流速度小于音速的情况下，正问题的边界条件如下：

(i) 在进气边 ($x=0$) 上给定滞止压力 p_0，滞止温度 T_0 及进气角 β_1.

(ii) 流线及流量条件

$1'3'S4'2'$ 为零流线，即 $\psi_{1'3'S4'2'}=0$;

$13P42$ 为 $\psi=G$ 流线，即 $\psi_{13P42}=G$.

其中叶片压力面 $\widehat{3P4}$ 和吸力面 $\widehat{3'S4'}$ 的几何位置是已知的:

$$\left.\begin{aligned} y_{\widehat{3P4}} &= y_P(x) \\ y_{\widehat{3S4'}} &= y_S(x) \end{aligned}\right\} \quad (L_* \leqslant x \leqslant 2L_*)$$

但 $\widehat{13}$，$\widehat{1'3'}$ 和 $\widehat{42}$，$\widehat{4'2'}$ 这几段边界线的几何位置事先是不知道的，需要在求解过程中确定. ψ 是流函数，G 为通过叶栅的总流量.

(iii) 周期性条件

在 $133'1'$ 及 $422'4'$ 区满足如下周期性条件:

$$q(x, y+t) = q(x, y)$$
$$\psi(x, y+t) = \psi(x, y) + G$$

这里 q 表示任一流动参数，t 为栅距.

(iv) Kutta-Жуковский 条件

$$p_4 = p_{4'}$$

应当指出，在求解过程中是靠试给及调整出气角 β_2 来使上述 Kutta-Жуковский 条件得到满足的. 至于调整的方法例如可采用弦截法.

2. 反问题的边界条件[4]

在进、出气边上速度小于音速的情况下，我们规定如下的反问题边界条件:

(i) 在进气边 ($x=0$) 上给定 p_0, T_0 及 β_1.

(ii) 在叶片吸力面 $[y=y_S(x),\ L_* \leqslant x \leqslant 2L_*]$ 上给定流线条件 $\psi_{y=y_s(x)}=0$ 及速度分布 $w_{y=y_s(x)}=w_S(x)$，应当指出的是，吸力面的几何位置，$y=y_S(x)$ 事先是不知道的

(iii) 给定叶片的厚度分布，即规定

$$\delta=\delta(x),\ L_* \leqslant x \leqslant 2L_*$$

(iv) 在叶片压力面 $[y = y_P(x) = y_S(x) + t - \delta(x),\ L_* \leqslant x \leqslant 2L_*]$ 上给定流线条件及流量条件，即

$$\psi_{y=y_P(x)} = G$$

(v) 在出气边 $(x = 3L_*)$ 上规定出气角 β_2.

(vi) 周期性条件

在 1′3′31 及 422′4′ 区域中满足如下周期性条件:

$$q(x,\ y+t) = q(x,\ y)$$

$$\psi(x,\ y+t) = \psi(x,\ y) + G$$

3. 正、反混合问题的边界条件[8]

在讨论机翼的不可压缩绕流问题时，Woods[11] 讨论了一种正、反混合问题，即在机翼的一部分上给定了几何位置，而在另一部分上则规定了某个气动参数的分布. 现在把这种想法运用到叶栅问题中. 显然，它比前述的正问题和反问题具有更大的概括性和灵活性，所以能够更广泛、更恰当地适应叶栅设计和分析的各种实际要求，从而具有更大的工程实用价值.

具体说来，当进、出气边的气流速度小于音速时，上述正、反混合问题的边界条件如下:

(i) 在进气边 $(x = 0)$ 上给定 p_0, T_0 及 β_1.

(ii) 在叶片吸力面 $[y = y_S(x),\ L_* \leqslant x \leqslant 2L_*)$ 上给定流线条件: $\psi_{y=y_S(x)} = 0$; 另外给定靠近叶片前缘和靠近叶片后缘部分的吸力面的几何位置:

$$(y_S)_{3'5'} = y_{S3'5'}(x)$$

$$(y_S)_{6'4'} = y_{S6'4'}(x)$$

而在叶片吸力面的其余部分则规定速度分布:

$$w_{5'6'} = w_{S5'6'}(x)$$

(iii) 在叶片的中段给定厚度分布:

$$\delta = \delta(x),$$

从而有: $(y_P)_{56} = (y_S)_{5'6'} + t - \delta(x)$

(iv) 在叶片的压力面 $[y = y_P(x),\ L_* \leqslant x \leqslant 2L_*]$ 上给定流线及流量条件:

$$\psi_{y=y_p(x)} = G$$

另外，给定相应的前缘和后缘部分的压力面的几何位置：

$$(y_p)_{35} = y_{p35}(x) \qquad (y_p)_{64} = y_{p64}(x)$$

(v) 在出气边 ($x = 3L_*$) 上给定 β_2.

(vi) 周期性条件

在 133′1′ 及 422′4′ 区域中满足如下周期性条件：

$$q(x, y + t) = q(x, y)$$
$$\psi(x, y + t) = \psi(x, y) + G$$

由上述可知，不管是正问题还是反问题，它们都只是正、反混合问题的特例. 因此下面只需讨论正、反混合问题就行了.

(三) 坐标变换

从正问题来看，如果采用 von Mises 坐标系，同流线迭代法相比可以省去迭代坐标线的工作，同时既可使基本方程的形式简单，又具有固定的矩形计算网格. 这对于数值求解来说，都是很有利的[9].

另一方面，从反问题的提法可以看出，叶片吸力面的几何位置事先是未知的. 此时，问题将归结为求解一个在物理平面 (x, y) 上求解域事先为不确定的非线性偏微分方程组的边值问题. 这在数学处理上是比较麻烦的. 上述困难也可借助于 von Mises 坐标系来克服[4].

为此，作如下 von Mises 变换：

$$\left.\begin{aligned} \xi &= x \\ \psi &= \psi(x, y) \end{aligned}\right\} \tag{9.5}$$

由式 (9.1) 知，存在如下流函数 $\psi(x, y)$：

$$d\psi = \rho u dy - \rho v dx \tag{9.6}$$

即得

$$\left.\begin{aligned} \frac{\partial\psi}{\partial y} &= \rho u \\ \frac{\partial\psi}{\partial x} &= -\rho v \end{aligned}\right\} \tag{9.6$'$}$$

由式 (9.5) 及 (9.6)，可得

$$\left.\begin{aligned}\frac{\partial}{\partial x} &= \frac{\partial}{\partial \xi} - \rho v \frac{\partial}{\partial \psi} \\ \frac{\partial}{\partial y} &= \rho u \frac{\partial}{\partial \psi}\end{aligned}\right\} \tag{9.7}$$

应用关系式 (9.7)，方程 (9.1)，(9.2) 可改写为

$$\frac{\partial y}{\partial \psi} = \frac{1}{\rho u} \tag{9.8}$$

$$\frac{\partial y}{\partial \xi} = \frac{v}{u} \tag{9.9}$$

$$\frac{\partial u^2}{\partial \psi} = \frac{2}{\rho}\frac{\partial v}{\partial \xi} - \frac{\partial v^2}{\partial \psi} \tag{9.10}$$

将式 (9.4) 代入式 (9.3) 可得

$$\rho^{\gamma-1} = \rho_*^{\gamma-1}\frac{1}{a_*^2}\left[\left(\frac{\gamma+1}{2(\gamma-1)}a_*^2 - \frac{u^2+v^2}{2}\right)(\gamma-1)\right] \tag{9.11}$$

式 (9.8)，(9.9)，(9.10)，(9.11) 就是在 von Mises 坐标系 (ξ, ψ) 中的基本方程组。

（四）无量纲化

取叶片的 x 向宽度 L_* 为特征长度；以 a_*，p_*，ρ_* 分别为特征速度，特征压力和特征密度，它们分别是临界音速，临界压力和临界密度，并存在如下关系式：

$$a_* = \left[2\left(\frac{\gamma-1}{\gamma+1}\right)i_0\right]^{\frac{1}{2}} \tag{9.12}$$

$$T_* = a_*^2/\gamma R \tag{9.13}$$

$$p_* = R\rho_* T_* \tag{9.14}$$

$$\frac{p_*^{\frac{1}{\gamma}}}{\rho_*} = \frac{p_0^{\frac{1}{\gamma}}}{\rho_0} = \text{const} \tag{9.15}$$

其中 R 为气体常数，i_0 为滞止焓。

定义如下无量纲量：

$$\left.\begin{array}{l}\bar{p}=\dfrac{p}{p_*};\ \bar{\rho}=\dfrac{\rho}{\rho_*};\quad \bar{u}=\dfrac{u}{a_*}\\ \bar{v}=\dfrac{v}{a^*};\quad \bar{\psi}=\dfrac{\psi}{\rho_* a_* L_*};\ \bar{\xi}=\dfrac{\xi}{L_*}\\ \bar{y}=\dfrac{y}{L_*};\quad \bar{w}=\sqrt{u^2+v^2}/a_*\end{array}\right\} \tag{9.16}$$

并引进如下新的 y 向无量纲坐标：

$$\bar{\bar{y}}(\bar{\xi},\bar{\psi})=\bar{y}(\bar{\xi},\bar{\psi})-\bar{y}(\bar{\xi},0) \tag{9.17}$$

于是可得如下无量纲的基本方程组[4]：

$$\frac{\partial\bar{\bar{y}}}{\partial\bar{\psi}}=\frac{1}{\bar{\rho}\bar{u}} \tag{9.18}$$

$$\frac{\partial\bar{\bar{y}}}{\partial\bar{\xi}}+\frac{d\bar{y}(\bar{\xi},0)}{d\bar{\xi}}=\frac{\bar{v}}{\bar{u}} \tag{9.19}$$

$$\frac{\partial\bar{u}^2}{\partial\bar{\psi}}=\frac{2}{\bar{\rho}}\frac{\partial\bar{v}}{\partial\bar{\xi}}-\frac{\partial\bar{v}^2}{\partial\bar{\psi}} \tag{9.20}$$

$$\bar{\rho}=\left[\left(\frac{\gamma+1}{2(\gamma-1)}-\frac{\bar{u}^2+\bar{v}^2}{2}\right)(\gamma-1)\right]^{\frac{1}{\gamma-1}} \tag{9.21}$$

另外，还要用到辅助方程：

$$\bar{p}=\bar{\rho}^{\gamma} \tag{9.22}$$

由式 (9.20)，(9.21)，(9.22) 可得

$$\frac{\partial\bar{p}}{\partial\bar{\psi}}=-\gamma\frac{\partial\bar{v}}{\partial\bar{\xi}} \tag{9.23}$$

在计算平面 $(\bar{\xi},\bar{\psi})$ 上的求解域如图 9.2 所示。

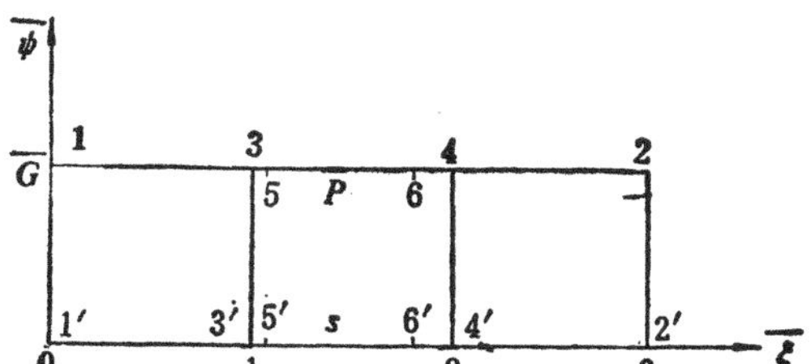

图 9.2 计算平面上的求解域

正、反混合问题的边界条件可叙述如下[8]：

1. 在进气边（$\xi=0$）上规定：

$$
\left.\begin{aligned}
&\bar{p}_0=\left[\frac{2}{\gamma+1}\right]^{-\frac{\gamma}{\gamma-1}}\\
&\bar{T}_0=\frac{\gamma+1}{2}\\
&\beta=\beta_1=\text{const}
\end{aligned}\right\}\tag{9.24}
$$

2. 在叶片表面上规定：

$$
\left.\begin{aligned}
&\bar{\bar{y}}(\xi,0)=0\\
&\bar{\bar{y}}(\xi,\bar{G})=\bar{y}_{P35}(\xi)-\bar{y}_{S3'5'}(\xi)\\
&\quad\left(1\leqslant\xi\leqslant 1+\frac{L_{35}}{L_*}\right)
\end{aligned}\right\}\tag{9.25}
$$

$$
\left.\begin{aligned}
&\bar{\bar{y}}(\xi,0)=0\\
&\bar{\bar{y}}(\xi,\bar{G})=\bar{t}-\delta(\xi)\\
&\bar{w}(\xi,0)=\bar{w}_S(\xi)\\
&\left(1+\frac{L_{35}}{L_*}<\xi<2-\frac{L_{64}}{L_*}\right)
\end{aligned}\right\}\tag{9.26}
$$

$$
\left.\begin{aligned}
&\bar{\bar{y}}(\xi,0)=0\\
&\bar{\bar{y}}(\xi,\bar{G})=\bar{y}_{P64}(\xi)-\bar{y}_{S6'4'}(\xi)\\
&\quad\left(2-\frac{L_{64}}{L_*}\leqslant\xi\leqslant 2\right)
\end{aligned}\right\}\tag{9.27}
$$

其中 $\bar{y}_{S3'5'}(\xi)$，$\bar{y}_{P35}(\xi)$，$\bar{y}_{S6'4'}(\xi)$，$\bar{y}_{P64}(\xi)$，$\bar{w}_S(\xi)$，$\delta(\xi)$ 都是在相应区间上给定的函数；L_{35} 和 L_{64} 分别为叶片上前、后缘附近给定型线部分的 x 向宽度.

3. 在出气边（$\xi=3$）上规定：

$$\beta=\beta_2=\text{const}\tag{9.28}$$

4. 在叶片前、后延伸区的边界上规定流线条件，流量条件及周期性条件：

$$\left.\begin{aligned}&\bar{y}(\xi, 0)=0\\&\bar{y}(\xi, \bar{G})=\bar{t}\\&\bar{q}(\xi, \bar{G})=\bar{q}(\xi, 0)\\&(0 \leqslant \xi<1 \text{ 及 } 2<\xi \leqslant 3)\end{aligned}\right\} \tag{9.29}$$

§3 差分格式

如上所述，我们的问题归结为求解一个一阶非线性偏微分方程组的边值问题：{式(9.18)—(9.21)；式(9.24)—(9.29)}．通过对方程组(9.18)—(9.21)进行特征分析知，此方程组是混合型的，即在亚音速区是椭圆型，而在超音速区则是双曲型的，并且它们之间的分界线即音速线或激波的位置事先是不知道的．

用有限差分法求解上述问题时，差分格式的选取是计算成败的关键之一．虽然早在本世纪四十年代，Emmons[12]就用有限差分法求解跨音速流动，但是直到Murman和Cole[13]发表的那篇著名论文之前，人们在电子计算机上用松弛法求解跨音速流动问题一直未获成功．其主要原因就在于未曾构造出恰当的差分格式．Murman和Cole[13]提出了著名的"类型相关格式"，其主要思想如下：

由于亚音速流动与超音速流动在物理上存在着本质的差别，因此描述它们的数学方式也应该是不同的．在亚音速流动中，流场中任一点处的扰动可传至全流场，反之该点也将受到全流场各点的影响，因此在构造亚音速区的差分格式时采用"中心差分"是比较恰当的．然而，在超音速流动中，流场中任一点处将只受到位于其上游的倒Mach锥区域中各点的影响，所以在构造超音速区的差分格式时，采用"上风差分"是比较合适的．

由于Murman和Cole当时讨论的是小扰动跨音速流动，流场各点处的速度向量都非常接近平行于x轴，因此在构造差分格式时，只是对于x方向的偏导数采用上述类型相关格式，而对于y方向的偏导数则全部采用中心差分．

显然，上述Murman和Cole格式在速度方向接近平行于x轴的超音速区中，是满足 CFL 条件的。

为了将“类型相关格式”的思想推广应用到大扰动跨音速流场，亦即推广到速度方向偏离 x 轴方向较大的超音速区中去，Jameson 提出了“旋转差分格式”[14]。其基本思想是：在流场中建立一个局部自然坐标系 (s, n)，其中 s 轴平行于局部速度向量，n 轴则规定为与 s 轴相互垂直. 在构造差分格式时，只是对于 s 方向的偏导数采用上述“类型相关格式”，即在亚音速区用中心差分，而在超音速区则用上风差分；而关于 n 方向的偏导数则一律采用中心差分。

下面我们来导出 von Mises 坐标系中的旋转差分算子。

首先写出局部自然坐标系 $(\bar{s}, \bar{n})$ 与 Cartesian 坐标系 $(\bar{x}, \bar{y})$ 之间的关系：

$$\left.\begin{aligned}\bar{s} &= \bar{s}(\bar{x}, \bar{y})\\ \bar{n} &= \bar{n}(\bar{x}, \bar{y})\end{aligned}\right\} \tag{9.30}$$

$$\frac{\partial}{\partial \bar{s}} = \frac{\partial \bar{x}}{\partial \bar{s}}\frac{\partial}{\partial \bar{x}} + \frac{\partial \bar{y}}{\partial \bar{s}}\frac{\partial}{\partial \bar{y}} = \frac{\bar{u}}{\bar{w}}\frac{\partial}{\partial \bar{x}} + \frac{\bar{v}}{\bar{w}}\frac{\partial}{\partial \bar{y}}$$

$$\frac{\partial}{\partial \bar{n}} = \frac{\partial \bar{x}}{\partial \bar{n}}\frac{\partial}{\partial \bar{x}} + \frac{\partial \bar{y}}{\partial \bar{n}}\frac{\partial}{\partial \bar{y}} = -\frac{\bar{v}}{\bar{w}}\frac{\partial}{\partial \bar{x}} + \frac{\bar{u}}{\bar{w}}\frac{\partial}{\partial \bar{y}}$$

它们可以写成如下形式：

$$\begin{bmatrix}\dfrac{\partial}{\partial \bar{s}}\\[2mm] \dfrac{\partial}{\partial \bar{n}}\end{bmatrix} = \frac{1}{\bar{w}}\begin{bmatrix}\bar{u} & \bar{v}\\ -\bar{v} & \bar{u}\end{bmatrix}\begin{bmatrix}\dfrac{\partial}{\partial \bar{x}}\\[2mm] \dfrac{\partial}{\partial \bar{y}}\end{bmatrix} \tag{9.31}$$

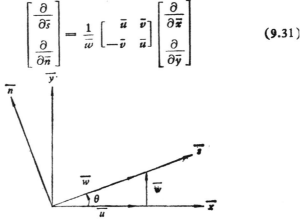

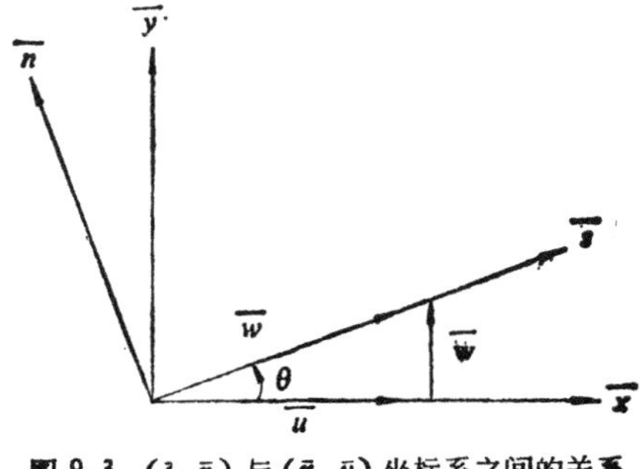

图 9.3 $(\bar{s}, \bar{n})$ 与 $(\bar{x}, \bar{y})$ 坐标系之间的关系

而 von Mises 坐标系 (ξ,ψ) 与 Cartesian 坐标系 $(\bar{x},\bar{y})$ 之间的关系为(9.7)式，它可表示为

$$\begin{bmatrix} \dfrac{\partial}{\partial \bar{x}} \\ \dfrac{\partial}{\partial \bar{y}} \end{bmatrix} = \begin{bmatrix} 1 & -\bar{\rho}\bar{v} \\ 0 & \bar{\rho}\bar{u} \end{bmatrix} \begin{bmatrix} \dfrac{\partial}{\partial \xi} \\ \dfrac{\partial}{\partial \bar{\psi}} \end{bmatrix} \tag{9.32}$$

由(9.31)及(9.32)式可得

$$\begin{bmatrix} \dfrac{\partial}{\partial \bar{s}} \\ \dfrac{\partial}{\partial \bar{n}} \end{bmatrix} = \begin{bmatrix} \dfrac{\bar{u}}{\bar{w}} & 0 \\ -\dfrac{\bar{v}}{\bar{w}} & \bar{\rho}\bar{w} \end{bmatrix} \begin{bmatrix} \dfrac{\partial}{\partial \xi} \\ \dfrac{\partial}{\partial \bar{\psi}} \end{bmatrix} \tag{9.33}$$

将上式求逆可得

$$\begin{bmatrix} \dfrac{\partial}{\partial \xi} \\ \dfrac{\partial}{\partial \bar{\psi}} \end{bmatrix} = \begin{bmatrix} \dfrac{\bar{w}}{\bar{u}} & 0 \\ \dfrac{\bar{v}}{\bar{\rho}\bar{u}\bar{w}} & \dfrac{1}{\bar{\rho}\bar{w}} \end{bmatrix} \begin{bmatrix} \dfrac{\partial}{\partial \bar{s}} \\ \dfrac{\partial}{\partial \bar{n}} \end{bmatrix} \tag{9.34}$$

将式(9.33)及(9.34)展开可得

$$\left.\begin{aligned} \frac{\partial}{\partial \bar{s}} &= \cos\theta \frac{\partial}{\partial \xi} \\ \frac{\partial}{\partial \bar{n}} &= -\sin\theta \frac{\partial}{\partial \xi} + \frac{\bar{\rho}\bar{u}}{\cos\theta} \frac{\partial}{\partial \bar{\psi}} \end{aligned}\right\} \tag{9.35}$$

及

$$\left.\begin{aligned} \frac{\partial}{\partial \xi} &= \frac{1}{\cos\theta} \frac{\partial}{\partial \bar{s}} \\ \frac{\partial}{\partial \bar{\psi}} &= \frac{1}{\bar{\rho}\bar{u}} \left(\sin\theta \frac{\partial}{\partial \bar{s}} + \cos\theta \frac{\partial}{\partial \bar{n}} \right) \end{aligned}\right\} \tag{9.36}$$

在基本方程中，各流动参数对于 ξ,ψ 的导数都可用(9.36)式化为对于 $\bar{s}$ 与 $\bar{n}$ 的导数. 根据 Jameson 的旋转差分格式的思想，关于 $\bar{s}$ 的导数应采用类型相关格式，即在亚音速区用中心差分，而在超音速区则用上风差分. 关于 $\bar{n}$ 的导数则一律采用中心差分.

而在实际的数值计算中又需用式(9.35)将方程化回到 (ξ,ψ) 坐标系中去. 于是有

$$\frac{\partial}{\partial \bar{\xi}} = \frac{1}{\cos\theta}\frac{\partial}{\partial \bar{s}} = \frac{1}{\cos\theta}\cos\theta\left(\frac{\partial}{\partial \bar{\xi}}\right)_{\bar{s}} = \left(\frac{\partial}{\partial \bar{\xi}}\right)_{\bar{s}}$$

$$\begin{aligned}\frac{\partial}{\partial \bar{\psi}} &= \frac{1}{\bar{\rho}\bar{u}}\left(\sin\theta\frac{\partial}{\partial \bar{s}} + \cos\theta\frac{\partial}{\partial \bar{n}}\right)\\ &= \frac{1}{\bar{\rho}\bar{u}}\left\{\sin\theta\cos\theta\left(\frac{\partial}{\partial \bar{\xi}}\right)_{\bar{s}} + \cos\theta\left[-\sin\theta\left(\frac{\partial}{\partial \bar{\xi}}\right)_{\bar{n}}\right.\right.\\ &\quad\left.\left. + \frac{\bar{\rho}\bar{u}}{\cos\theta}\left(\frac{\partial}{\partial \bar{\psi}}\right)_{\bar{n}}\right]\right\}\\ &= \left(\frac{\partial}{\partial \bar{\psi}}\right)_{\bar{n}} + \frac{\sin 2\theta}{2\bar{\rho}\bar{u}}\left[\left(\frac{\partial}{\partial \bar{\xi}}\right)_{\bar{s}} - \left(\frac{\partial}{\partial \bar{\xi}}\right)_{\bar{n}}\right]\end{aligned} \tag{9.37}$$

这就是在 von Mises 坐标系中的旋转差分算子．上面的下标"$\bar{s}$"表示出现在$\left(\frac{\partial}{\partial \bar{s}}\right)$项中的，而下标"$\bar{n}$"则表示出现在$\left(\frac{\partial}{\partial \bar{n}}\right)$项中的．因而按旋转差分格式的思想，凡以"$\bar{s}$"为下标的项应采用类型相关格式，而下标为"$\bar{n}$"的项则一律采用中心差分．即

$$\left[\left(\frac{\partial \bar{q}}{\partial \bar{\psi}}\right)_{\bar{n}}\right]_{i,j-\frac{1}{2}} = \frac{1}{\Delta\bar{\psi}}(\bar{q}_{i,j} - \bar{q}_{i,j-1}) \tag{9.38}$$

$$\left[\left(\frac{\partial \bar{q}}{\partial \bar{\xi}}\right)_{\bar{n}}\right]_{i,j} = \frac{1}{2\Delta\bar{\xi}}(\bar{q}_{i+1,j} - \bar{q}_{i-1,j}) \tag{9.39}$$

$$\left[\left(\frac{\partial \bar{q}}{\partial \bar{\xi}}\right)_{\bar{s}}\right]_{i,j} = \begin{cases}\dfrac{1}{2\Delta\bar{\xi}}(\bar{q}_{i+1,j} - \bar{q}_{i-1,j}), & \text{当 } \bar{w}_{i,j} < 1 \text{ 时}\\ \dfrac{1}{\Delta\bar{\xi}}(\bar{q}_{i,j} - \bar{q}_{i-1,j}), & \text{当 } \bar{w}_{i,j} \geqslant 1 \text{ 时}\end{cases} \tag{9.40}$$

应当指出，因为$\left(\frac{\partial \bar{y}}{\partial \bar{\xi}}\right)_{i,j}$是流道宽度的变化率，属于几何属性，故不作类型相关处理．采用如下三点式来计算：

$$\begin{aligned}\left(\frac{\partial \bar{y}}{\partial \bar{\xi}}\right)_{i,j} &= \bar{y}_{i-1,j}\left[\frac{2\bar{\xi}_i - (\bar{\xi}_{i+1} + \bar{\xi}_i)}{(\bar{\xi}_{i-1} - \bar{\xi}_i)(\bar{\xi}_{i-1} - \bar{\xi}_{i+1})}\right]\\ &\quad + \bar{y}_{i,j}\left[\frac{2\bar{\xi}_i - (\bar{\xi}_{i+1} + \bar{\xi}_{i-1})}{(\bar{\xi}_i - \bar{\xi}_{i-1})(\bar{\xi}_i - \bar{\xi}_{i+1})}\right]\\ &\quad + \bar{y}_{i+1,j}\left[\frac{2\bar{\xi}_i - (\bar{\xi}_i + \bar{\xi}_{i-1})}{(\bar{\xi}_{i+1} - \bar{\xi}_i)(\bar{\xi}_{i+1} - \bar{\xi}_{i-1})}\right]\end{aligned} \tag{9.41}$$

综上所述，我们得到了在 von Mises 坐标系中的如下旋转差分格式[4]：

$$\bar{y}_{i,j}=\bar{y}_{i,j-1}+\Delta\bar{\psi}\left(\frac{1}{\bar{\rho}\bar{u}}\right)_{i,j-\frac{1}{2}} \tag{9.42}$$

$$\bar{v}_{i,j}=\bar{u}_{i,j}\left(\frac{\partial\bar{y}}{\partial\xi}\right)_{i,j} \tag{9.43}$$

$$\bar{u}^2_{i,j}=\bar{u}^2_{i,j-1}-\bar{v}^2_{i,j}+\bar{v}^2_{i,j-1}+\left\{\frac{2}{\bar{\rho}}\left(\frac{\partial\bar{v}}{\partial\xi}\right)_{\tau}\right.$$

$$\left.+\frac{\sin 2\theta}{2\bar{\rho}\bar{u}}\left[\left(\frac{\partial\bar{w}^2}{\partial\xi}\right)_{n}-\left(\frac{\partial\bar{w}^2}{\partial\xi}\right)_{\tau}\right]\right\}_{i,j-\frac{1}{2}}\Delta\psi \tag{9.44}$$

而与微分方程 (9.23) 相应的差分方程为

$$\bar{p}_{i,j}=\bar{p}_{i,j-1}+\Delta\psi\left\{-\gamma\left(\frac{\partial\bar{v}}{\partial\xi}\right)_{\tau}+\frac{\sin 2\theta}{2\bar{\rho}\bar{u}}\right.$$

$$\left.\cdot\left[\left(\frac{\partial\bar{p}}{\partial\xi}\right)_{n}-\left(\frac{\partial\bar{p}}{\partial\xi}\right)_{\tau}\right]\right\}_{i,j-\frac{1}{2}} \tag{9.45}$$

其中，

$$[\quad]_{i,j-\frac{1}{2}}=\frac{1}{2}\left\{[\quad]_{i,j-1}+[\quad]_{i,j}\right\}$$

§ 4 解法略述

现在来简略地介绍上述非线性混合型偏微分方程组的边值问题的求解方法．针对混合型方程我们采用了类型相关旋转差分格式，而针对问题的非线性则采用松弛迭代法来求解．

（一）计算平面 $(\xi, \bar{\psi})$ 上求解域的离散化

计算平面 (ξ, ψ) 上的求解域是矩形(参见图 9.2)． 今规定：在 $\bar{\psi}$ 方向，将 0 到 $\bar{G}$ 之间等分 m 份，故 $\Delta\psi=\bar{G}/m$；在 ξ 方向，将 0 到 1 之间等分 f 份，故 $\Delta\xi_1=1/f$；将 1 到 2 之间等分 g 份，故 $\Delta\xi_2=1/g$；将 2 到 3 之间等分 h 份，故 $\Delta\xi_3=1/h$．以下标 'i' 表示沿 ξ 方向格点的编号，'j' 表示沿 $\bar{\psi}$ 方向格点的编号．（参见图 9.4）而上标 'n' 则表示迭代的次数．

（二）在正问题中，由于 Kutta-Жуковский 条件是通过试给

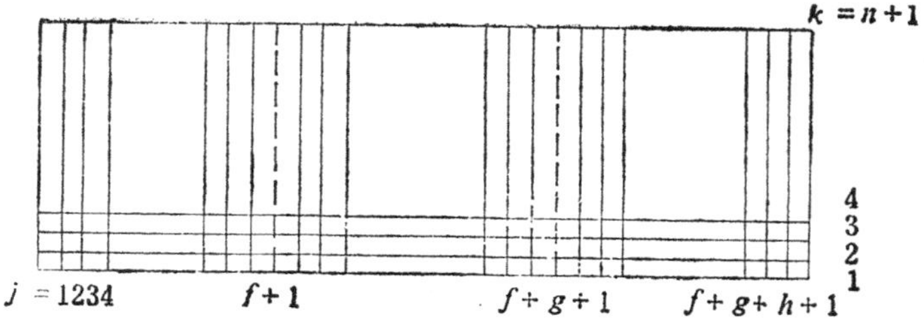

图 9.4 网格划分图

及调整出气角 β_2 来得到满足的，所以在每一次求解过程中，出气角 β_2 是已知的．又由于不管是反问题还是正、反混合问题都相当于通过求解一系列正问题而完成，因此无论是正问题、反问题还是正、反混合问题，根据给定的进口边上的滞止压力 p_0，滞止温度 T_0，进气角 β_1；出口边上的出气角 β_2 以及总流量 G，在进、出口边上气流参数均匀分布假设的前提下，就可按照一维无粘完全气体的均能、均熵定常流动公式分别确定进、出口边上的全部气动参数． 所以在随后的求解过程中，$\xi=0$ 及 $\xi=3$ 两条直线上就不必再求解了．

（三）初始流场的规定

1. 规定初始流线分布

(i) 首先，从叶片的尖前、后缘出发，分别作与 x 轴夹角为 β_1 与 β_2 的直线，于是得到了物理平面 (x, y) 上求解域的初始位置．

(ii) 将物理平面上初始求解域中每一条 $\bar{x}=\text{const}$ 线等分 m 份，把相应的分点联结起来，就得到了初始流线的位置．这样，计算平面上各网格点的坐标 $\bar{y}_{i,j}$ 的初始值 $\bar{y}_{i,j}^{(0)}$ 就可以求出来． 应用类似于 (9.41) 的公式求出 $\left(\dfrac{\partial \bar{y}}{\partial \xi}\right)_{i,j}^{(0)}$，于是各网格点上的流线倾角的初始值 $\theta_{i,j}^{(0)}$ 就可以按下式求出来：

$$\theta_{i,j}^{(0)}=\operatorname{tg}^{-1}\left(\frac{\partial \bar{y}}{\partial \xi}\right)_{i,j}^{(0)}$$

2. 规定初始压力，密度分布

假设初始压力场沿 ξ 方向是线性分布的，于是全场各网格点

上的初始压力值 $\bar{p}^{(0)}_{i,j}$ 就可以定出。应用式(9.22)即可求出全场各网格点上的初始密度值 $\bar{\rho}^{(0)}_{i,j}$。

3. 规定初始速度场

应用式(9.21)，根据 $\bar{\rho}^{(0)}_{i,j}$ 即可求出全场各网格点上的初始速度值 $\bar{w}^{(0)}_{i,j}$。然后由下式

$$\bar{u}^{(0)}_{i,j} = \bar{w}^{(0)}_{i,j}\cos\theta^{(0)}_{i,j}$$
$$\bar{v}^{(0)}_{i,j} = \bar{w}^{(0)}_{i,j}\sin\theta^{(0)}_{i,j}$$

就可求出全场网格点上的 $\bar{u}^{(0)}_{i,j}$ 和 $\bar{v}^{(0)}_{i,j}$ 值。

（四）每一列 $\xi=\text{const}$ 线上流动参数 $\tilde{u}_{i,j}$ 和 $\tilde{y}_{i,j}$ 的确定

对于每一列 $\xi=\text{const}$ 线，其上流动参数的确定方法基本上是相同的，今以叶片通道中正问题区为例说明之。可采用"打靶法"或"小参数分析法"求解之。

1. "打靶法"[9]的做法如下：

(i) 先假定一个 $\tilde{u}_{i,1}$ 值(这里上标"～"表示过度值)，例如可以设 $\tilde{u}_{i,1}=\bar{u}^{(n)}_{i,1}$，然后按差分方程(9.44)：

$$\begin{aligned}\tilde{u}^2_{i,j} = \tilde{u}^2_{i,j-1} - (\bar{v}^2_{i,j})^{(n)} + (\bar{v}^2_{i,j-1})^{(n)} \\ + \Delta\psi\left\{\frac{2}{\bar{\rho}}\left(\frac{\partial\bar{v}}{\partial\xi}\right)_t + \frac{\sin 2\theta}{2\bar{\rho}\bar{u}}\left[\left(\frac{\partial\bar{w}^2}{\partial\xi}\right)_n\right.\right. \\ \left.\left. - \left(\frac{\partial\bar{w}^2}{\partial\xi}\right)_t\right]\right\}^{(n)}_{i,j-\frac{1}{2}}\end{aligned} \tag{9.46}$$

依次算出 $\tilde{u}_{i,j}$ $(j=2,3,\cdots,m+1)$。

(ii) 由边界条件(9.25)及(9.27)知，$\tilde{y}_{i,1}=0$，按差分方程(9.42)：

$$\tilde{y}_{i,j} = \tilde{y}_{i,j-1} + \Delta\psi\left[\frac{1}{\bar{\rho}^{(n)}\tilde{u}}\right]_{i,j-\frac{1}{2}} \tag{9.47}$$

可依次算出 $\tilde{y}_{i,j}$ $(j=2,3,\cdots,m+1)$。

若 $|\tilde{y}_{i,m+1}-(\bar{y}_p-\bar{y}_s)_i|\leqslant\varepsilon_y$ 不成立，则调整 $\tilde{u}_{i,1}$ 值，重复上述(i)和(ii)的计算，直到该不等式成立为止。至于调整 $\tilde{u}_{i,1}$ 值的方法，例如可采用弦截法。其中 ε_y 为预先规定的允许误差，它是一个正的小量。

2. 小偏差分析法[4]

(i) 先按照打靶法中的式 (9.46) 及 (9.47) 分别算出 $\tilde{\bar{u}}^2_{i,j}$ 和 $\tilde{\bar{y}}_{i,j}$，($j=1, 2, \cdots, m+1$)，并将它们分别记为 $(\tilde{\bar{u}}^2_{i,j})_{\text{old}}$ 及 $(\tilde{\bar{y}}_{i,j})_{\text{old}}$.

一般说来 $|(\tilde{\bar{y}}_{i,m+1})_{\text{old}} - (\bar{y}_p - \bar{y}_s)_i| > \varepsilon_y$，为此必须调整 $\tilde{\bar{u}}^2_{i,1}$ 的值.

(ii) 设所需要的 $\tilde{\bar{u}}^2_{i,1}$ 值为

$$\tilde{\bar{u}}^2_{i,1} = (\tilde{\bar{u}}^2_{i,1})_{\text{old}} + \Delta(\tilde{\bar{u}}^2_{i,1})$$

并认为 $\Delta(\tilde{\bar{u}}^2_{i,1})$ 为小量. 依据小偏差分析，略去高阶小量，我们可得到关于 $\Delta(\tilde{\bar{u}}^2_{i,1})$ 的一个三次代数方程[4]:

$$\begin{aligned} A_0 = [\Delta(\tilde{\bar{u}}^2_{i,1})]^3 + A_1[\Delta(\tilde{\bar{u}}^2_{i,1})]^2 + A_2[\Delta(\tilde{\bar{u}}^2_{i,1})] \\ + A_3 = 0 \end{aligned} \tag{9.48}$$

其中，

$$\left.\begin{aligned} A_0 &= -\frac{5}{16}\Delta\psi\left\{\frac{1}{2}\left[\frac{1}{\bar{\rho}^{(n)}_{i,1}(\tilde{\bar{u}}^7_{i,1})_{\text{old}}} + \frac{1}{\bar{\rho}^{(n)}_{i,m+1}(\tilde{\bar{u}}^7_{i,m+1})_{\text{old}}}\right]\right. \\ &\quad \left. + \sum_{j=2}^{m}\frac{1}{\bar{\rho}^{(n)}_{i,j}(\tilde{\bar{u}}^7_{i,j})_{\text{old}}}\right\} \\ A_1 &= \frac{3}{8}\Delta\psi\left\{\frac{1}{2}\left[\frac{1}{\bar{\rho}^{(n)}_{i,1}(\tilde{\bar{u}}^5_{i,1})_{\text{old}}} + \frac{1}{\bar{\rho}^{(n)}_{i,m+1}(\tilde{\bar{u}}^5_{i,m+1})_{\text{old}}}\right]\right. \\ &\quad \left. + \sum_{j=2}^{m}\frac{1}{\bar{\rho}^{(n)}_{i,j}(\tilde{\bar{u}}^5_{i,j})_{\text{old}}}\right\} \\ A_2 &= -\frac{1}{2}\Delta\psi\left\{\frac{1}{2}\left[\frac{1}{\bar{\rho}^{(n)}_{i,1}(\tilde{\bar{u}}^3_{i,1})_{\text{old}}} + \frac{1}{\bar{\rho}^{(n)}_{i,m+1}(\tilde{\bar{u}}^3_{i,m+1})_{\text{old}}}\right]\right. \\ &\quad \left. + \sum_{j=2}^{m}\frac{1}{\bar{\rho}^{(n)}_{i,j}(\tilde{\bar{u}}^3_{i,j})_{\text{old}}}\right\} \\ A_3 &= (\tilde{\bar{y}}_{i,m+1})_{\text{old}} - (\bar{y}_p - \bar{y}_s)_i \end{aligned}\right\} \tag{9.49}$$

解出代数方程 (9.48)，选绝对值最小的实根作为 $\Delta(\tilde{\bar{u}}^2_{i,1})$，于是可得到所需要的

$$\tilde{\bar{u}}_{i,1} = \sqrt{(\tilde{\bar{u}}^2_{i,1})_{\text{old}} + \Delta(\tilde{\bar{u}}^2_{i,1})} \tag{9.50}$$

(iii) 从由式 (9.50) 求出的 $\tilde{\bar{u}}_{i,1}$ 出发，再分别由差分方程 (9.46) 及 (9.47) 依次算出 $\tilde{\bar{u}}_{i,j}$ 和 $\tilde{\bar{u}}_{i,j}$ ($j=2, 3, \cdots, m+1$)，这就是我们所需要的结果.

计算实践表明，这样得到的解可达到很高的精度，一般可达到 $|\tilde{y}_{i,m+1}-(\bar{y}_p-\bar{y}_s)_i|<10^{-11}$. 而且采用这种解法时，对于每一条 $\xi=$ const 线只需按差分方程(9.46)及(9.47)反复运算两遍，故所需运算次数一般说比打靶法少得多．但应当指出的是，这种分析是建立在小偏差假设的基础之上的，因而在从初始场出发后的最初几次迭代中不能采用这种方法，而不得不使用打靶法．

（五）在用松弛法求解过程中，零流线位置的确定

采用线松弛法求解．可将全场划分为如下三种不同类型的区域：叶片前、后延伸区，叶片通道中的正问题区以及叶片通道中的反问题区．在这三种不同的区域中，支配微分方程是相同的，但边界条件有所不同．从求解方法上来说，除了零流线位置的确定方法不同之外，其余完全一样．

1. 在叶片前、后延伸区($0\leqslant\xi<1$ 及 $2<\xi\leqslant 3$)中，零流线位置的确定是借助于周期性条件来实现的．

应用差分方程(9.45)及周期性条件，可得

$$
\begin{aligned}
\tilde{\bar{p}}_{i,2}-\tilde{\bar{p}}_{i,1}=&-\frac{\gamma}{2}\Delta\phi\left\{\left[\left(\frac{\partial\bar{v}}{\partial\xi}\right)_{\bar{s}}\right]_{i,2}^{(n)}+\left[\left(\frac{\partial\bar{v}}{\partial\xi}\right)_{\bar{s}}\right]_{i,1}\right\}\\
&+\frac{1}{2}\Delta\phi\left\{\left[\frac{\sin 2\theta}{2\bar{\rho}\bar{u}}\left(\left(\frac{\partial\bar{p}}{\partial\xi}\right)_{\bar{n}}-\left(\frac{\partial\bar{p}}{\partial\xi}\right)_{\bar{s}}\right)\right]_{i,2}^{(n)}\right.\\
&\left.+\left[\frac{\sin 2\theta}{2\bar{\rho}\bar{u}}\left(\left(\frac{\partial\bar{p}}{\partial\xi}\right)_{\bar{n}}-\left(\frac{\partial\bar{p}}{\partial\xi}\right)_{\bar{s}}\right)\right]_{i,1}^{(n)}\right\}
\end{aligned}
$$

$$
\begin{aligned}
\tilde{\bar{p}}_{i,3}-\tilde{\bar{p}}_{i,2}=&-\frac{\gamma}{2}\Delta\phi\left\{\left[\left(\frac{\partial\bar{v}}{\partial\xi}\right)_{\bar{s}}\right]_{i,3}^{(n)}+\left[\left(\frac{\partial\bar{v}}{\partial\xi}\right)_{\bar{s}}\right]_{i,2}^{(n)}\right\}\\
&+\frac{1}{2}\Delta\phi\left\{\left[\frac{\sin 2\theta}{2\bar{\rho}\bar{u}}\left(\left(\frac{\partial\bar{p}}{\partial\xi}\right)_{\bar{n}}-\left(\frac{\partial\bar{p}}{\partial\xi}\right)_{\bar{s}}\right)\right]_{i,3}^{(n)}\right.\\
&\left.+\left[\frac{\sin 2\theta}{2\bar{\rho}\bar{u}}\left(\left(\frac{\partial\bar{p}}{\partial\xi}\right)_{\bar{n}}-\left(\frac{\partial\bar{p}}{\partial\xi}\right)_{\bar{s}}\right)\right]_{i,2}^{(n)}\right\}
\end{aligned}
$$

……………………………………………

$$
\tilde{\bar{p}}_{i,1}-\tilde{\bar{p}}_{i,m}=-\frac{\gamma}{2}\Delta\phi\left\{\left[\left(\frac{\partial\tilde{v}}{\partial\xi}\right)_{\bar{s}}\right]_{i,1}+\left[\left(\frac{\partial\bar{v}}{\partial\xi}\right)_{\bar{s}}\right]_{i,m}^{(n)}\right\}
$$

$$+\frac{1}{2}\Delta\psi\left\{\left[\frac{\sin 2\theta}{2\bar{\rho}\bar{u}}\left(\left(\frac{\partial\bar{p}}{\partial\xi}\right)_{n}-\left(\frac{\partial\bar{p}}{\partial\xi}\right)_{l}\right)\right]_{i,1}^{(n)}\right.$$

$$\left.+\left[\frac{\sin 2\theta}{2\bar{\rho}\bar{u}}\left(\left(\frac{\partial\bar{p}}{\partial\xi}\right)_{n}-\left(\frac{\partial\bar{p}}{\partial\xi}\right)_{l}\right)\right]_{i,m}^{(n)}\right\}$$

将上面这些式子加起来可得

$$\left.\begin{array}{l}\left[\left(\dfrac{\partial\bar{v}}{\partial\xi}\right)_{l}\right]_{i,1}=-\sum\limits_{j=2}^{m}\left[\left(\dfrac{\partial\bar{v}}{\partial\xi}\right)_{l}\right]_{i,j}^{(n)}+\dfrac{1}{\gamma}\sum\limits_{j=1}^{m}\\ \qquad\cdot\left\{\dfrac{\sin 2\theta}{2\bar{\rho}\bar{u}}\left[\left(\dfrac{\partial\bar{p}}{\partial\xi}\right)_{n}-\left(\dfrac{\partial\bar{p}}{\partial\xi}\right)_{l}\right]\right\}_{i,j}^{(n)}\\ 1\leqslant i\leqslant f\text{ 及 }(f+g+2)\leqslant i\leqslant(f+g+h+1)\end{array}\right\}\qquad(9.51)$$

利用上式算出 $\left[\left(\frac{\partial\bar{v}}{\partial\xi}\right)_{l}\right]_{i,1}$ 后，就可依次算出 $\bar{v}_{i,1}$。这是因为在叶片前延伸区，$(\bar{v})_{1,1}=\bar{v}_1$ 是已知的，使用一般的数值积分方法(如梯形法)就可依次算出 $\bar{v}_{i,1}$ $(i=2,3,\cdots,f)$；同样，在叶片后延伸区，$\bar{v}_{f+g+h+1,1}=\bar{v}_2$ 是已知的，故可依次算出 $\bar{v}_{i,1}$ $(i=f+g+h,f+g+h-1,\cdots,f+g+2)$。

求出 $\bar{v}_{i,1}$ 后，令 $(\bar{v}_{i,1}/\bar{u}_{i,1}^{(n)})=\operatorname{tg}\bar{\theta}_{i,1}$，于是就可求出零流线的位置。今以叶片前延伸区为例说明之。先大致假设一个 $\bar{y}_{1,1}$ 值，例如可令 $\bar{y}_{1,1}=\bar{y}_{1,1}^{(n)}$，然后按下式

$$\bar{y}_{i,1}=\bar{y}_{i-1,1}+\Delta\xi_1(\bar{v}_{i-1,1}/\bar{u}_{i-1,1}^{(n)})\qquad(9.52)$$

依次求出 $\bar{y}_{i,1}$ $(i=2,3,\cdots,f+1)$。令

$$\delta_1=(\bar{y}_s)_{f+1}-\bar{y}_{f+1,1}$$

将此 δ_1 值分别加到上面所算出的 $\bar{y}_{i,1}$ 上，即 $\bar{y}_{i,1}+\delta_1\rightarrow\bar{y}_{i,1}$ $(i=1,2,\cdots,f)$，就是欲求的叶片前延伸区中零流线的位置。

2. 在叶片通道中的正问题区 $\left(1\leqslant\xi\leqslant 1+\frac{L_{35}}{L_*}\text{ 及 }2-\frac{L_{64}}{L_*}\leqslant\xi\leqslant 2\right)$ 内，零流线的位置是已知的，

$$\bar{y}(\xi,0)=\begin{cases}\bar{y}_{s35}(\xi), & 1\leqslant\xi\leqslant 1+\dfrac{L_{35}}{L_*}\\ \bar{y}_{s64}(\xi), & 2-\dfrac{L_{64}}{L_*}\leqslant\xi\leqslant 2\end{cases}\qquad(9.53)$$

3. 在叶片通道中的反问题区 $\left(1+\frac{L_{35}}{L_*}<\xi<2-\frac{L_{64}}{L_*}\right)$ 零流线位置的确定方法如下：

由应用“打靶法”或“小偏差分析法”算出的 $\tilde{u}_{i,1}$ 以及给定的 $\bar{w}_{i,1}$ 可以算出

$$\tilde{v}_{i,1}=[\bar{w}_{i,1}^2-\tilde{u}_{i,1}^2]^{\frac{1}{2}} \tag{9.54}$$

然后令

$$\left(\frac{\partial\tilde{y}}{\partial\xi}\right)_{i,1}=\frac{\tilde{v}_{i,1}}{\tilde{u}_{i,1}} \tag{9.55}$$

数值积分上式即可求出零流线的位置来. 这里应该说明的是，将方程(9.55)从左至右及从右至左各积分一次，并把这两次积分结果的平均值作为欲求的零流线位置.

（六）由下式算出

$$\tilde{y}_{i,j}=\tilde{\tilde{y}}_{i,j}+\tilde{y}_{i,1} \tag{9.56}$$

$(i=1,2,\cdots,f+g+h+1;\ j=1,2,\cdots,m+1)$

（七）按如下公式算出

$$\left.\begin{aligned}\bar{u}_{i,j}^{(n+1)}&=\bar{u}_{i,j}^{(n)}+\Omega_u(\tilde{u}_{i,j}-\bar{u}_{i,j}^{(n)})\\ \bar{y}_{i,j}^{(n+1)}&=\bar{y}_{i,j}^{(n)}+\Omega_y(\tilde{y}_{i,j}-\bar{y}_{i,j}^{(n)})\end{aligned}\right\} \tag{9.57}$$

其中 Ω_u 和 Ω_y 分别是关于 $\bar{u}$ 和 $\bar{y}$ 的松弛因子.

（八）计算 $\bar{v}_{i,j}^{(n+1)}$ 和 $\bar{\rho}_{i,j}^{(n+1)}$

先按下式求出

$$\operatorname{tg}\theta_{i,j}^{(n+1)}=\left(\frac{\partial\bar{y}}{\partial\xi}\right)_{i,j}^{(n+1)} \tag{9.58}$$

然后按下式算出

$$\bar{v}_{i,j}^{(n+1)}=\bar{u}_{i,j}^{(n+1)}\operatorname{tg}\theta_{i,j}^{(n+1)} \tag{9.59}$$

最后由下式算出

$$\bar{\rho}_{i,j}^{(n+1)}=\left\{\left[\frac{\gamma+1}{2(\gamma-1)}-\frac{1}{2}\cdot\left((\bar{u}^2)_{i,j}^{(n+1)}+(\bar{v}^2)_{i,j}^{(n+1)}\right)\right](\gamma-1)\right\}^{\frac{1}{(\gamma-1)}} \tag{9.60}$$

（九）关于收敛性的判断

当具体求解上述正、反混合问题时，先要假设一个叶片上给定反问题条件部分的型线的初始位置. 例如可过图 9.1 中的"5"点和"6"点作一个曲率比较小的圆弧，把它当作叶片压力面上反问题部分的型线的初始位置，再根据规定的叶片厚度，就可定出叶片通道中反问题部分的吸力面的型线的初始位置. 然后用正问题的程序先算几十步，待得到比较合理的流场后，再联合交替使用正问题和正、反混合问题的程序. 具体作法是，在使用正问题程序迭代若干次(例如 10 次)之后，使用一次正、反混合问题程序.

在计算过程中，不仅要监视 $\underset{i,j}{\mathrm{MAX}}|\bar{u}_{i,j}^{(n+1)}-\bar{u}_{i,j}^{(n)}|$ 的值，还应监视 $\frac{1}{(\mathrm{IPSN})}\left[\sum_i((\bar{w}_s)_i-\bar{w}_{i,1}^{(n+1)})^2\right]^{\frac{1}{2}}$ 的值. 其中 (IPSN) 表示反问题区中的站数，而求和符号 $\sum$ 表示对反问题区中的全部 i 求和，故后一个监视量表示在反问题区中计算出的叶片吸力面速度与预定的叶片吸力面速度的均方根差. 除此之外，还要监视相邻两次反问题区计算中得到的吸力面型线纵坐标值的最大改变量: $\underset{i}{\mathrm{MAX}}|\bar{y}_{i,1}^{(c+1)}-\bar{y}_{i,1}^{(c)}|$. 其中上标"$c$"表示叶片反问题区中型线修改的次数.

只有当上述三个被监视的量分别小于三个规定的允许误差时，才能认为计算过程已经收敛，计算才能结束. 否则将重复上述(四)—(八)的计算，直到收敛为止.

§5 算例

今以 Hobson 跨音速叶栅作为考核的例子. 这是一个冲击式涡轮的跨音速叶栅，其几何形状和进、出口气动参数取自文献[1]. 叶栅形状如图 9.5 所示.

用本方法中的正问题程序迭代 250 次时得到的叶面速度分布绘于图 9.6 中. 由图可见，它同 [1] 中的结果吻合得相当好.

将由正问题程序算出的叶片吸力面速度分布以及原来的叶片厚度分布作为设计条件，用反问题程序算出的叶片吸力面形状示

图 9.5 Hobson 叶型图

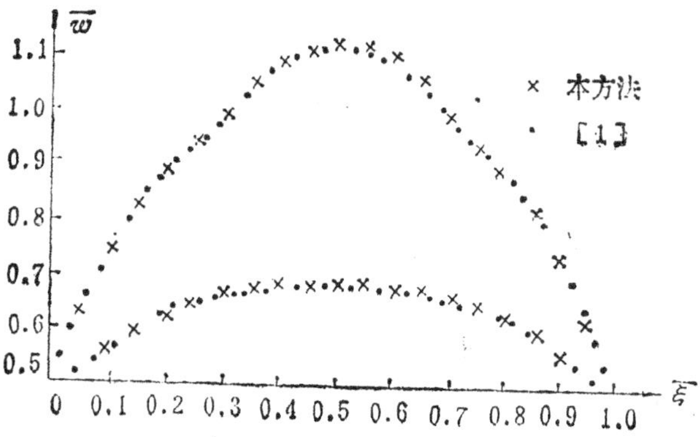

图 9.6 Hobson 叶栅叶面速度分布

于图 9.7. 可见，除了前、后缘附近与原叶片的偏差可以觉察到之外，其余部分的吻合情况是良好的. 前、后缘附近型线算得不太准的原因是因为前、后缘附近速度不易算准，因而积分出来的型线偏差就比较大.

而在正、反混合问题中，前、后缘附近的型线是给定的，它给出了精确的前、后缘附近型线的斜率，整个型线就易于算准了. 图 9.8 中示出了用正、反混合问题程序算出的叶片吸力面型线. 在计算中，叶片区中前 15% 和后 15% 作为正问题区，而中间 70% 作为反问题区.

表 1 中列出了 [1] 中速度图法与本方法的数值结果的比较，它们之间的吻合程度是极好的.

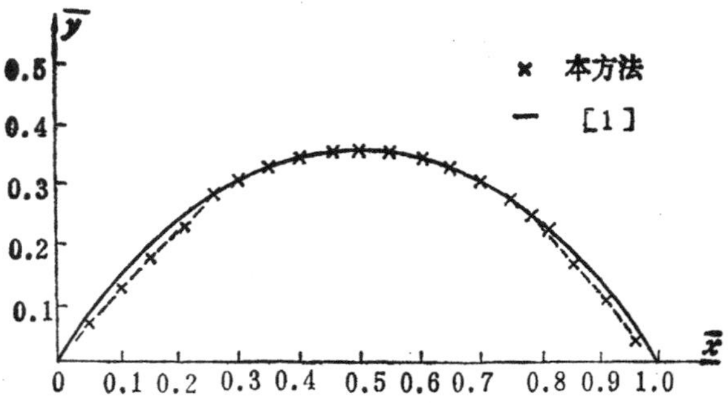

图 9.7 用反问题程序得到的 Hobson 叶型的吸力面型线

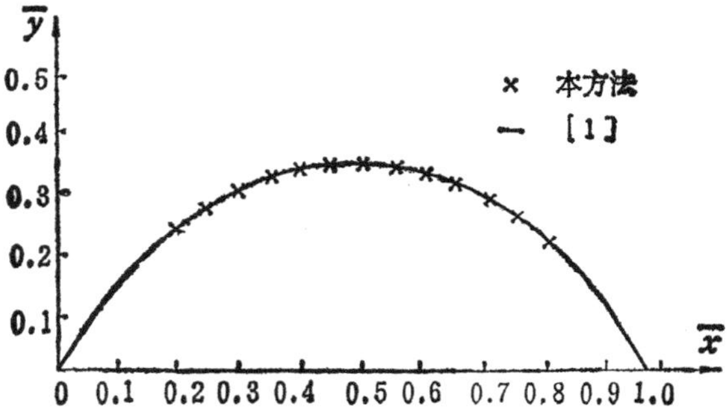

图 9.8 用正、反混合问题程序得到的 Hobson 叶型的吸力面型线

表 1 用正、反混合问题程序算出的吸力面型线与文献 [1] 中速度图法的结果的比较

$\bar{\xi}$	0.25	0.30	0.35	0.40	0.45
$\bar{y}_s$ ([1])	0.2790	0.3060	0.3265	0.3400	0.3482
$\bar{y}_s$ (本方法)	0.2792	0.3066	0.3266	0.3400	0.3478

$\bar{\xi}$	0.50	0.55	0.60	0.65	0.70	0.75
$\bar{y}_s$ ([1])	0.3507	0.3482	0.3400	0.3265	0.3060	0.2790
$\bar{y}_s$ (本方法)	0.3503	0.3477	0.3398	0.3263	0.3064	0.2792

§6 小结

（一）本章中所讨论的正、反混合问题可用来计算给定叶栅的绕流流场，还可用来设计兼顾气动性能和强度、冷却等方面要求的叶栅，也可以用来局部地修改平面跨音速叶栅的型线，使之在我们所希望的相近的运行工况中具有良好的性能．这就是说，同一个程序既能求解正问题、反问题，也能求解正、反混合问题，使用起来灵活方便．

（二）由于采用 von Mises 坐标系，使计算网格变成矩形，支配方程的形式变得简单，而且边界条件的处理非常方便．

（三）采用了旋转差分格式，从而扩大了应用范围，可以计算在超音速区具有较大气流倾角的叶栅绕流．

（四）计算时间较省，并具有较高精度．

（五）此方法易于推广到任意旋成面叶栅的情况．

（六）此方法中应用了"打靶法"，有时可能发生"打不到靶"或"打飞"的情况，从而使计算无法进行下去，这一点尚有待于改进．

参 考 文 献

[1] Hobson, D. E., Shock-Free Transonic Flow in Turbomachinery Cascades, Ph. D. Thesis, Cambridge University, U. K., 1974.

[2] Karadimas, G., Trace des aubages de turbine transsoniques par la methods de l'hodograph, VKI LS-59.

[3] Carlson, L. A., Transonic Airfoil Design Using Cartesian Coordinates, NASA CR-2578, 1974.

[4] 沈孟育、马远乐，平面跨音速叶栅的一种设计方法，高负荷跨音速涡轮叶栅论文集，1984.

[5] Stephens, H. E., Application of Supercritical Airfoil Technology to Compressor Cascade, Comparison of Theoretical and Experimental Results, AIAA 78-1138, 1978.

[6] Rechter, H. and Schimming, P., Design and Testing of Two Supercritical Compressor Cascades, ASME 79-GT-11, 1979.

[7] Carlson, L. A., Application of Direct-Inverse Techniques to Airfoil Analysis and Design, NASA CP-2045, 1978.

[8] 沈孟育、马远乐，平面跨音速叶栅的正、反混合问题，力学学报，1983 (1), 1—6.

[9] 沈孟育、龚增锦、张耀科，平面叶栅跨声速绕流计算的一种新方法，工程热物

理学报，1(3)，230—236，1980
[10] 清华大学工程力学系，叶轮机械气体动力学基础(三元流动理论)讲义，1977.
[11] Moods, L. C., The Theory of Subsonic Plane Flow, Cambridge University Press, 25—26, 1961.
[12] Emmons, H. W., The Theoretical Flow of A Frictionless, Adiabatic Perfect Gas inside of A Two-Dimensional Hyperbolic Nozzle, NACA TN 1003, 1946.
[13] Murman, E. M. and Cole, J. D., Calculation of Plane Steady Transonic Flows, *AIAA Journal*, 9, 114—121, 1971.
[14] Jameson, A., Iterative Solution of Transonic Flow over Airfoils and Wings, Including Flow at Mach 1, *Comm. on Pure and Applied Math.*, 27, 283—309, 1974.

第十章　跨音速叶栅流场的相仿律

§1　引言

本世纪四十年代后期，为了能使飞机的飞行速度顺利地跨过音障，当时迫切需要来流 Mach 数 M_∞ 接近于 1.0 的风洞实验数据．但是，当时的跨音速风洞实验技术尚不够成熟，还不能有把握地得到 M_∞ 超过临界 Mach 数较多的可信跨音速实验数据． 在这样的工程背景之下，Von Karman 提出了著名的跨音速相仿律[1]．运用跨音速相仿律，就可以由速度较低的翼型实验数据推算出速度较高的薄翼翼型实验数据．于是，与面积律、冻凝律、等价律等并列，当时认为跨音速相仿律是跨音速流中的几条基本规律之一．

所谓流场之间的相仿，是指下面所陈述的一种概念：设有若干流场，它们可以用同一个无量纲偏微分方程组所描述，并具有相同的无量纲定解条件，则其无量纲的解必然会相同．这时就称这些流场为相仿的流场．为了使这些不同流场能够具有同样的无量纲偏微分方程组以及同样的无量纲定解条件，这些不同流场之间必须满足一定的约束条件．这些约束条件可以被表示为一组相仿参数分别对应相等，从而就体现为相仿律．这样一来，当进行系统实验研究或者数值实验时，运用相仿律就可以减少实验次数而迅速拿到所关心的结果．因为已知一个流场之后，就可根据相仿参数对应相等来推算出另外一些相仿流场的气动性能来． 由此可见，相仿律在流体力学中已构成基本方法之一，且具有很广泛的应用范围，而不限于跨音速流动．

为了叙述上的方便，在引言中首先来介绍二维薄而微弯孤立翼型跨音速流场的相仿问题． 然后再在下面几节中转向叶栅流动．

跨音速小扰动速度位方程(6.17)，对于孤立薄翼翼型常写成如下型式:

$$(1-M_\infty^2)\frac{\partial^2\varphi}{\partial x^2}+\frac{\partial^2\varphi}{\partial y^2}=æ_\infty\cdot\frac{\partial\varphi}{\partial x}\cdot\frac{\partial^2\varphi}{\partial x^2} \tag{10.1}$$

式中

$$æ_\infty=\frac{(\gamma+1)}{V}\cdot M_\infty^2 \tag{10.2}$$

这里的 M_∞ 表示远场未扰动直匀流的 Mach 数；V 表示远场未扰动直匀流之流速，即 $V=M_\infty\cdot a_\infty$；a_∞ 表示远场音速；φ 表示扰动速度位；γ 为比热比。

设现有两个跨音速翼型绕流流场“A”及“B”． 在下文中对于流场“B”的全部几何及物理量都冠以上标“,”，如果这两个流场相仿，则对应点处的同名物理量之间应当成比例．设比例因子为 k，k 的下标代表该 k 值所对应的物理量．按照上述规定，当“A”流场与式(10.1)相对应时，则“B”流场所对应的扰动速度位方程为

$$(1-M_\infty'^2)\cdot\frac{\partial^2\varphi'}{\partial x'^2}+\frac{\partial^2\varphi'}{\partial y'^2}=æ_\infty'\cdot\frac{\partial\varphi'}{\partial x'}\cdot\frac{\partial^2\varphi'}{\partial x'^2} \tag{10.3}$$

为了保证(10.1)与(10.3)两个方程能够化为同一个无量纲偏微分方程，则二流场同名物理量比例因子之间应满足如下关系:

$$k_y=\frac{k_x}{k_{\beta\infty}} \tag{10.4}$$

$$\frac{k_{\beta\infty}^2}{k_æ}=\frac{k_\varphi}{k_V\cdot k_x} \tag{10.5}$$

式中

$$\beta_\infty=\sqrt{1-M_\infty^2} \tag{10.6}$$

$$k_æ=\frac{æ'\cdot V'}{æ\cdot V} \tag{10.7}$$

若二流场相仿，除开对应的偏微分方程相仿之外，还应满足边界条件相仿．

对于薄翼翼型的物面相切条件说来，可以用下式来表示．

$$\left(\frac{\partial\varphi}{\partial y}\right)_{y=0} = V \cdot \delta \cdot h(x) \tag{10.8}$$

式中

$$h = h(x) = \frac{1}{\delta}\left[\left(\frac{dy}{dx}\right)_{\text{物面}} - \alpha\right] \tag{10.9}$$

这里 δ 表示翼型最大厚度与弦长之比，α 表示迎角，即未扰动直匀流速度与翼型弦线方向也即 x 轴之夹角.

当认为(10.8)式与流场“A”相对应时，则与流场“B”相对应的物面相切条件可记为

$$\left(\frac{\partial\varphi'}{\partial y'}\right)_{y'=0} = V' \cdot \delta' \cdot h'_{(x')} \tag{10.10}$$

为满足二流场物面相切边界条件之相仿，则对应点同名物理量比例因子之间应满足

$$k_\delta \cdot k_V \cdot k_x = k_\varphi \cdot k_{\beta\infty} \tag{10.11}$$

以及

$$h_{(x)} = h'_{(x')} \tag{10.12}$$

对于孤立翼型绕流流场说来，所应考虑的边界条件除物面相切边界条件之外，还有远场边界条件．但因在远场处扰动已消失，扰动速度恒为零，所以不会给出另外的相仿关系来.

当把方程相仿与物面边界条件相仿同时予以考虑时，就能够导出如下的相仿参数 K.

$$K = \frac{1 - M_\infty^2}{[M_\infty^2(\gamma + 1)\delta]^{2/3}} \tag{10.13}$$

因此，如果“A”及“B”二流场的相仿参数 K 对应相等，且 $h = h'$，则此二流场就会相仿．这就是二维孤立薄翼跨音速绕流流场的相仿律.

与孤立翼型绕流流场相对照，由于影响跨音速叶栅流场的几何及气动参数更为繁多，所以对于叶栅跨音速流动若能进行系统研究，可以预期会给设计工作带来更大收益．但是，通过逐个改变参数来进行系统研究还是不胜其繁的．因此更希望能把系统吹风实验以及系统数值试验置于理论指导之下.

此外，在第八章叶型研究中已经谈到，目前正在发展着的叶型设计方法与目前工程上通用的几何造型方法有很大不同．为了进一步提高叶轮机械的效率，希望力求借助合理的设计方法来减弱跨音叶栅流场中的激波强度．然而，目前设计并实验成功一个无激波或接近无激波的超临界叶型叶栅还不是轻而易举的事．如果能得到一个气动性能良好的叶栅，自然希望能够尽量扩展它的使用范围．

由此可见，为了尽可能地压缩设计工作量，同时也为了能够系统地研究参数变化的影响，如何把跨音速相仿律用于叶栅绕流问题是一个从理论上到实践中都值得探讨的课题．自从 Von Karman 对于孤立翼型跨音速绕流问题给出相仿律之后，虽然陆续有关于讨论将相仿律用于跨音速叶栅绕流的文献例如文献［2］，［3］，但对于叶栅绕流与孤立翼型绕流流场之间的差别尚未能充分反映．固然，当将叶栅绕流流场与孤立翼型绕流流场相对照时，可以发现很多相同之处．例如可使用形式完全相同的偏微分方程来描述流场，并且物面边界条件的表达也完全相同．但是，二者之间仍然存在着很大的区别．对于孤立翼型绕流流场说来，远场的上下左右各方向处扰动速度均已不复存在，因而在这些边界处都对应于同样的未扰动直匀流，即 Mach 数同为 M_∞，方向亦相同．但对于叶栅绕流流场说来，叶栅本身的使命就可以理解为在于形成叶栅远前方与远后方流场的不对称性．二维无限叶栅中无限多个叶片对远场发出扰动的后果，使得在叶栅绕流问题中，若把流场设想为一未扰动直匀流场与另一个用扰动速度位所描述的扰动速度场的叠加的话，远前方及远后方扰动速度是不可能同时等于零的．除去远前方与远后方边界条件的不对称性之外，在叶栅绕流流场中还存在流场周期性问题，因此而引入周期性边界条件．

由上述可知，在探讨叶栅绕流流场的相仿问题时，除开应当如孤立翼型那样，考虑到方程和物面边界条件的相仿之外，还应把注意力侧重于叶栅流场的独特之处．也就是必须考虑到远前方、远后方和周期性边界条件的相仿．

§2 二维无限叶栅不可压绕流的远场条件

如引言中所述，为保证二平面无限叶栅跨音速绕流流场之相仿，必须满足流场远前方与远后方边界条件之相仿，而这恰好是原有文献没有注意到的．在研究远前方与远后方边界条件的相仿时，首先需要对于远场条件建立解析表达式．直接针对可压流建立此种表达式是很困难的，所以在本节中首先针对二维无限叶栅不可压绕流推导远场条件的解析表达式，然后在下节中再转向跨音叶栅绕流．

如图 10.1 所示，假设在 $(\bar{x}, \bar{y})$ 平面上不可压流流过一无限叶栅，叶栅额线与 $\bar{y}$ 轴之夹角为 σ，栅距为 $\bar{s}$，弦长为 $\bar{b}$．未扰动直匀流之流速为 $\bar{V}$，$\bar{V}$ 与 $\bar{x}$ 轴之夹角为 α．

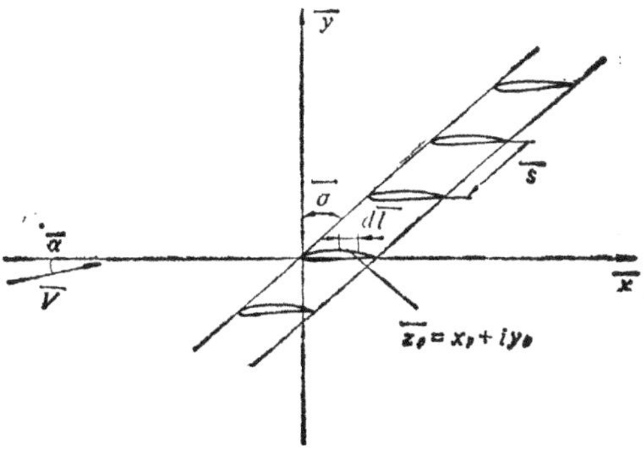

图 10.1　不可压流流过二维叶栅示意图

由于这里所讨论的是不可压流，描述流场的偏微分方程是线性的 Laplace 方程，所以解可以根据叠加原理来得到．下面就从叠加原理出发，采用在不可压流中广泛应用的奇点法来进行研究．因为所研究的乃是二维无限叶栅，就存在对于流场中存在无限多个叶型时如何进行叠加的问题．为此，首先研究一排点涡无限涡列的诱导速度．

如图 10.2 所示，在 $z' = x + iy'$ 复平面上，沿 y' 轴上 $y' = n\bar{s}$ 诸点各放置一个点涡，其强度为 ω，n 为由 $-\infty$ 到 $+\infty$ 的全部整

数，从而构成一无限涡列．此无限涡列在流场中任一点 $z' = x' + iy'$ 处的复诱导速度位 Ω'_0 应为

$$\Omega'_0 = \frac{i\omega}{2\pi}\sum_{n=-\infty}^{\infty}\ln(z' - in\bar{s}) \tag{10.14}$$

式中 $\bar{s}$ 表示点涡之间的间距，如图 10.2 所示．

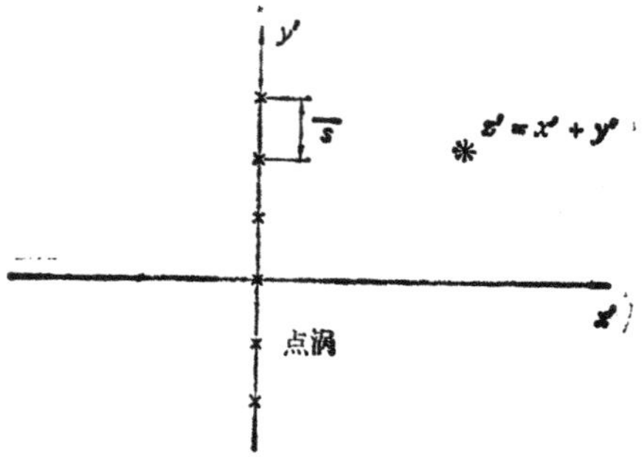

图 10.2　复平面 $z' = x' + iy'$ 上的无限涡列

可将式 (10.14) 进一步写成

$$\begin{aligned}
\Omega'_0 &= \frac{i\omega}{2\pi}\left\{\ln z' + \sum_{n=1}^{\infty}\ln\left[z'^2 + (n\bar{s})^2\right]\right\} \\
&= \frac{i\omega}{2\pi}\ln\left\{z'\prod_{n=1}^{\infty}\left[z'^2 + (n\bar{s})^2\right]\right\} \\
&= \frac{i\omega}{2\pi}\cdot\ln\left\{\left(\frac{\pi z'}{\bar{s}}\right)\left(\frac{\bar{s}}{\pi}\right)\cdot\prod_{n=1}^{\infty}\left[n^2\bar{s}^2\left(1 + \frac{z'^2}{n^2\bar{s}^2}\right)\right]\right\} \\
&= \frac{i\omega}{2\pi}\left\{\ln\left[\pi\left(\frac{z'}{\bar{s}}\right)\cdot\prod_{n=1}^{\infty}\left(1 + \frac{z'^2}{n^2\bar{s}^2}\right)\right]\right. \\
&\qquad \left. + \ln\left[\frac{\bar{s}}{\pi}\prod_{n=1}^{\infty}(n\bar{s})^2\right]\right\}
\end{aligned} \tag{10.15}$$

设

$$\zeta = \frac{\pi z'}{\bar{s}} \tag{10.16}$$

则式 (10.15) 可写成

$$\Omega'_0 = \frac{i\omega}{2\pi}\left\{\ln\left[\zeta\prod_{n=1}^{\infty}\left(1 + \frac{\zeta^2}{n^2\pi^2}\right)\right] + \ln\left[\frac{\bar{s}}{\pi}\prod_{n=1}^{\infty}(n\bar{s})^2\right]\right\} \tag{10.17}$$

而

$$\ln\left[\frac{\bar{s}}{\pi}\prod_{n=1}^{\infty}(n\bar{s})^2\right]=\text{常数} \tag{10.18}$$

因为这里所关心的是通过复诱导速度位求复共轭诱导速度，所以可以在书写中把式(10.18)所表达的常数略去.于是式(10.17)化为

$$\Omega_0'=\frac{i\omega}{2\pi}\ln\left[\zeta\prod_{n=1}^{\infty}\left(1+\frac{\zeta^2}{n^2\pi^2}\right)\right] \tag{10.19}$$

因为

$$\operatorname{sh}\zeta=-i\sin(i\zeta) \tag{10.20}$$

以及

$$\begin{aligned}\sin(i\zeta)&=(i\zeta)\prod_{n=1}^{\infty}\left[1-\frac{(i\zeta)^2}{n^2\pi^2}\right]\\&=(i\zeta)\prod_{n=1}^{\infty}\left[1+\frac{\zeta^2}{n^2\pi^2}\right]\end{aligned} \tag{10.21}$$

所以

$$\operatorname{sh}\zeta=\zeta\prod_{n=1}^{\infty}\left[1+\frac{\zeta^2}{n^2\pi^2}\right] \tag{10.22}$$

于是复速度位表达式 (10.19) 可写成

$$\Omega_0'=\frac{i\omega}{2\pi}\ln[\operatorname{sh}\zeta]=\frac{i\omega}{2\pi}\ln\left[\operatorname{sh}\left(\frac{\pi z'}{\bar{s}}\right)\right] \tag{10.23}$$

此无限点涡列在流场中任一点 z' 处所诱导产生的复诱导共轭速度应为

$$\bar{w}'=u'-iv'=\frac{i\omega}{2\bar{s}}\operatorname{cth}\left(\frac{\pi z'}{\bar{s}}\right) \tag{10.24}$$

为了把排列无限点涡列的直线倾斜 σ 角而如图 10.3 所示，现做变换

$$z'=\bar{z}\cdot e^{i\sigma} \tag{10.25}$$

于是在 $\bar{z}=\bar{x}+i\bar{y}$ 平面上，沿与 $\bar{y}$ 轴夹角为 σ 的直线上排列的无限点涡列在任一点处的复诱导共轭速度应为

$$\bar{\bar{w}} = \bar{u} - i\bar{v} = \frac{d\Omega_0'}{dz'} \cdot \frac{dz'}{d\bar{z}}$$

$$= e^{i\bar{\sigma}} \cdot \frac{i\omega}{2\bar{s}} \cdot \mathrm{cth}\left(\frac{\pi\bar{z}}{\bar{s}} \cdot e^{i\bar{\sigma}}\right) \tag{10.26}$$

事实上，图 10.3 与图 10.1 都是同一个不可压流流过二维无

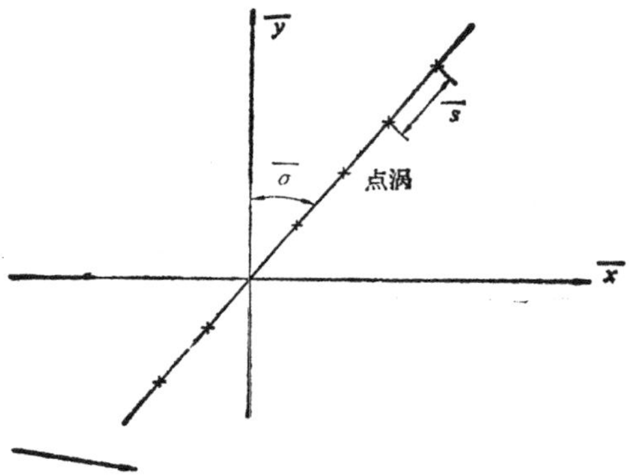

图 10.3 复平面 $\bar{z} = \bar{x} + i\bar{y}$ 上面的无限涡列

限叶栅的物理平面．所以在得到无限点涡列的诱导速度表达式(10.26)之后，即可转回无限叶栅诱导速度问题．

根据奇点法的基本思路，对于位于流场之中的无限叶栅可以用沿每个叶型型面上具有适当强度分布的涡层来代替．

设叶型 $n = 0$ 上任一点 $\bar{z}_p = \bar{x}_p + i\bar{y}_p$ 处，沿叶型型线取一微段 $d\bar{l}$．若此点处点涡强度为 $\gamma_{(\bar{z})}$，则由式(10.26)可得，二维无限叶栅在流场中任一点 $\bar{z} = \bar{x} + i\bar{y}$ 处所产生的复共轭诱导速度应为

$$\bar{\bar{w}} = \bar{u} - i\bar{v} = \frac{e^{i\bar{\sigma}}}{2\bar{s}} \oint i\gamma \, \mathrm{cth}\left[\frac{\pi}{\bar{s}}(\bar{z} - \bar{z}_p) \cdot e^{i\bar{\sigma}}\right] d\bar{l} \tag{10.27}$$

式中的围道积分沿 $n = 0$ 叶型(称为零叶型)进行．通过对(10.27)式分离实部和虚部之后，可得扰动速度在两个方向的分量分别为

$$\begin{cases}\bar{u} = -\dfrac{1}{2\bar{s}}\oint \bar{\gamma}\cdot l\cdot d\bar{l} \\ \bar{v} = -\dfrac{1}{2\bar{s}}\oint \bar{\gamma}\cdot R\cdot d\bar{l}\end{cases} \tag{10.28}$$

式中

$$R = \left\{\cos\bar{\sigma}\cdot \mathrm{sh}\left[\frac{2\pi\bar{\rho}}{\bar{s}}\cdot\cos(\bar{\sigma}+\bar{\theta})\right] + \sin\bar{\sigma}\cdot\sin\left[\frac{2\pi\bar{\rho}}{\bar{s}}\cdot\sin(\bar{\sigma}+\bar{\theta})\right]\right\}\Big/ \left\{\mathrm{ch}\left[\frac{2\pi\bar{\rho}}{\bar{s}}\cdot\cos(\bar{\sigma}+\bar{\theta})\right] - \cos\left[\frac{2\pi\bar{\rho}}{\bar{s}}\cdot\sin(\bar{\sigma}+\bar{\theta})\right]\right\} \tag{10.29}$$

$$l = \left\{\sin\bar{\sigma}\cdot \mathrm{sh}\left[\frac{2\pi\bar{\rho}}{\bar{s}}\cdot\cos(\bar{\sigma}+\bar{\theta})\right] - \cos\bar{\sigma}\cdot\sin\left[\frac{2\pi\bar{\rho}}{\bar{s}}\cdot\sin(\bar{\sigma}+\bar{\theta})\right]\right\}\Big/ \left\{\mathrm{ch}\left[\frac{2\pi\bar{\rho}}{\bar{s}}\cdot\cos(\bar{\sigma}+\bar{\theta})\right] - \cos\left[\frac{2\pi\bar{\rho}}{\bar{s}}\cdot\sin(\bar{\sigma}+\bar{\theta})\right]\right\} \tag{10.30}$$

这里

$$\begin{cases}\bar{z}-\bar{z}_p = \bar{\rho}\cdot e^{i\theta} \\ \bar{\rho} = [(\bar{x}-\bar{x}_p)^2+(\bar{y}-\bar{y}_p)^2]^{1/2} \\ \bar{\theta} = \arctan\left[\dfrac{(\bar{y}-\bar{y}_p)}{(\bar{x}-\bar{x}_p)}\right]\end{cases} \tag{10.31}$$

现将由式(10.27)得到式(10.29)与(10.30)所作的推导简述如下．为方便起见，记

$$\begin{cases}A = \dfrac{\pi}{\bar{s}}\bar{\rho} \\ \Theta = \bar{\sigma}+\bar{\theta}\end{cases} \tag{10.32}$$

则式(10.27)可写成

$$\bar{w} = \frac{e^{i\bar{\sigma}}}{2\bar{s}} \oint i\gamma \operatorname{cth}[Ae^{i\Theta}]d\bar{l} \tag{10.33}$$

又因为

$$\operatorname{cth}(Ae^{i\Theta}) = \frac{\operatorname{sh}(2A\cos\Theta) - i\sin(2A\sin\Theta)}{\operatorname{ch}(2A\cos\Theta) - \cos(2A\sin\Theta)} \tag{10.34}$$

所以

$$\begin{aligned} ie^{i\sigma}\operatorname{cth}(Ae^{i\Theta}) &= -\frac{\sin\sigma\operatorname{sh}(2A\cos\Theta) - \cos\bar{\sigma}\cdot\sin(2A\sin\Theta)}{\operatorname{ch}(2A\cos\Theta) - \cos(2A\sin\Theta)} \\ &\quad + i\frac{\cos\bar{\sigma}\cdot\operatorname{sh}(2A\cos\Theta) + \sin\sigma\cdot\sin(2A\sin\Theta)}{\operatorname{ch}(2A\cos\Theta) - \cos(2A\sin\Theta)} \\ &= -l + iR \end{aligned} \tag{10.35}$$

故式(10.33)可以写成

$$\bar{w} = \bar{u} - i\bar{v} = -\frac{1}{2\bar{s}}\oint \gamma l d\bar{l} + i\frac{1}{2\bar{s}}\oint \gamma R d\bar{l} \tag{10.36}$$

以及

$$\begin{cases} \bar{u} = -\dfrac{1}{2\bar{s}}\oint \gamma l d\bar{l} \\ \bar{v} = -\dfrac{1}{2\bar{s}}\oint \gamma R d\bar{l} \end{cases} \tag{10.28}$$

展开式(10.35)的实部及虚部,就可得到式(10.29)及(10.30)。

本节中上述方法可参阅 Pistolesi 的原始文献[4].

当得到不可压流场中的扰动分速解析表达式(10.28)之后,就可以来进一步求远场边界处的诱导速度了.

当 $\bar{x} \to -\infty$ 时

$$\begin{cases} R \to -\cos\bar{\sigma} \\ l \to -\sin\bar{\sigma} \end{cases} \tag{10.37}$$

当 $\bar{x} \to +\infty$ 时

$$\begin{cases} R \to \cos\bar{\sigma} \\ l \to \sin\bar{\sigma} \end{cases} \tag{10.38}$$

根据环量 Γ 及点涡强度 γ 之定义可得

$$\Gamma = \oint \gamma \cdot d\bar{l} \tag{10.39}$$

由 (10.37) 及 (10.38) 可见，若将远前方及远后方边界推到无限远处，则 R 及 I 二函数就分别趋于一个常数极限值，因而就可从式 (10.23) 的积分号中提出．再考虑到式 (10.39)，得

$$\left\{\begin{aligned}\bar{u}_1 &= \frac{\bar{\Gamma}\cdot\sin\bar{\sigma}}{2\bar{s}}\\ \bar{v}_1 &= \frac{\bar{\Gamma}\cdot\cos\bar{\sigma}}{2\bar{s}}\end{aligned}\right. \tag{10.40}$$

以及

$$\left\{\begin{aligned}\bar{u}_2 &= \frac{-\bar{\Gamma}\cdot\sin\bar{\sigma}}{2\bar{s}}\\ \bar{v}_2 &= \frac{-\bar{\Gamma}\cdot\cos\bar{\sigma}}{2\bar{s}}\end{aligned}\right. \tag{10.41}$$

式中下标"1"及"2"分别代表叶栅流场的远前方边界与远后方边界． 式 (10.40) 与 (10.41) 就是二维无限叶栅不可压绕流流场远场条件的解析表达式．

§3 二维无限叶栅跨音速流场的远场条件

根据上节所导出的不可压叶栅绕流远场扰动速度解析表达式 (10.40) 与 (10.41)，在本节中来推导二维无限叶栅跨音速流场的远场条件近似解析表达式．

若使用跨音小扰动速度位方程 (6.17) 来描述二维薄而微弯叶型叶栅的跨音流动，则当未扰动直匀流 Mach 数 $M_{as}<1.0$ 时，可将扰动速度位 φ 表达为

$$\varphi_{(x,y)} = \varphi_{L(x,y)} + \frac{1}{4\pi}\cdot\frac{\gamma+1}{q_{as}}\cdot M_{as}^2 \cdot\iint_D \frac{\varphi_\xi^2}{2}\cdot\frac{\partial}{\partial\xi}\left(\frac{1}{r}\right)dA \tag{10.42}$$

式中 $\varphi_{L(x,y)}$ 是线化小扰动方程 (6.16) 的解；q_{as} 表示未扰动直匀流速度；D 表示二维流场中计算域所界定的面积；dA 表示 D 域中的一个面积微元；(ξ,η) 则为 D 域之内的一个动点．且

$$r = \{(x-\xi)^2 + (y-\eta)^2\cdot(1-M_{as}^2)\}^{\frac{1}{2}} \tag{10.43}$$

对于远前方边界与远后方边界说来，根据数量级分析，在远场处的扰动速度位 φ 应渐近于叶型叶栅在该处所诱导的线化扰动速度位 φ_L，即

$$\varphi \to \varphi_L \tag{10.44}$$

因此，在远场处可以使用线化解来近似代表这一非线性问题在该处的边界条件. 类似的处理方式在外流中已获得广泛应用[5].

对于上述处理方式在物理上可作如下理解. 尽管所讨论的流场从全流场角度来看是跨音速混合型流动，但事实上有关混合型以及带激波间断等跨音流的复杂性质均体现于近场，在远场处已成为均匀流动. 因此，在远场处采用 φ_L 来近似代表 φ 是合理的. 当然，近场与远场之间存在关联，近场的跨音速流型也应对于远场流动有所影响，这主要通过沿叶型表面的跨音速度分布型体现出来，并且从下面的公式中可以看出这种关联.

首先分析远前方边界条件. 在这里，描述扰动速度位的非线性偏微分方程 (6.17) 蜕化为线性方程

$$(1 - M_1^2)\frac{\partial^2\varphi}{\partial x^2} + \frac{\partial^2\varphi}{\partial y^2} = 0 \tag{10.45}$$

式中 M_1 为进口来流 Mach 数. 对于式 (10.45) 作如下仿射变换:

$$\begin{cases}\bar{x} = x \\ \bar{y} = \beta_1 y \\ \bar{\varphi} = c_1 \cdot \varphi\end{cases} \tag{10.46}$$

式中 $\beta_1 = \sqrt{1 - M_1^2}$，$c_1$ 为一常数. 于是式 (10.45) 化为

$$\frac{\partial^2\bar{\varphi}}{\partial \bar{x}^2} + \frac{\partial^2\bar{\varphi}}{\partial \bar{y}^2} = 0 \tag{10.47}$$

Laplace 方程 (10.47) 描述着 $(\bar{x}, \bar{y})$ 平面上的一个不可压流场. 由上节所做的分析得知

$$\begin{cases}\bar{u}_1 = \dfrac{\bar{\Gamma} \cdot \sin\bar{\sigma}}{2\bar{s}} \\[2ex] \bar{v}_1 = \dfrac{\bar{\Gamma} \cdot \cos\bar{\sigma}}{2\bar{s}}\end{cases} \tag{10.40}$$

式 (10.40) 是在 $(\bar{x}, \bar{y})$ 平面上的量. 再使用仿射变换 (10.46)

将式 (10.40) 变换回到 (x, y) 物理平面上来，就可得

$$\begin{cases} u_1 = \dfrac{\Gamma \cdot \sin\sigma \cdot G}{2s \cdot \beta_1^2} \\ v_1 = \dfrac{\Gamma \cdot \cos\sigma \cdot G}{2s} \end{cases} \tag{10.48}$$

式中

$$G = \left(\frac{\cos\bar{\sigma}}{\cos\sigma}\right)^2 \tag{10.49}$$

$$\bar{\sigma} = \arctan\left(\frac{1}{\beta_1}\tan\sigma\right) \tag{10.50}$$

对于远后方边界说来，描述扰动速度位的非线性偏微分方程 (6.17) 蜕化为线性方程

$$(1 - M_2^2)\frac{\partial^2\varphi}{\partial x^2} + \frac{\partial^2\varphi}{\partial y^2} = 0 \tag{10.51}$$

式中 M_2 为叶栅远后方出口 Mach 数．与远前方进口边界类似，作仿射变换

$$\begin{cases} \hat{x} = x \\ \hat{y} = \beta_2 y \\ \hat{\varphi} = c_2\varphi \end{cases} \tag{10.52}$$

式中 $\beta_2 = \sqrt{1 - M_2^2}$，$c_2$ 为一常数．于是式 (10.51) 化为

$$\frac{\partial^2\hat{\varphi}}{\partial \hat{x}^2} + \frac{\partial^2\hat{\varphi}}{\partial \hat{y}^2} = 0 \tag{10.53}$$

式(10.53)描述着$(\hat{x}, \hat{y})$平面上的一个不可压流场．由上节分析可知

$$\begin{cases} \hat{u}_2 = -\dfrac{\hat{\Gamma} \cdot \sin\hat{\sigma}}{2\hat{s}} \\ \hat{v}_2 = -\dfrac{\hat{\Gamma} \cdot \cos\hat{\sigma}}{2\hat{s}} \end{cases} \tag{10.41}$$

式 (10.41) 所描述的是 $(\hat{x}, \hat{y})$ 平面上的量．再使用仿射变换 (10.52) 将式 (10.41) 变换回到 (x, y) 物理平面上来，就可得到

$$\begin{cases} u_2 = -\dfrac{\Gamma \cdot \sin\sigma \cdot F}{2s \cdot \beta_2^2} \\ v_2 = -\dfrac{\Gamma \cdot \cos\sigma \cdot F}{2s} \end{cases} \tag{10.54}$$

$$F = \left(\frac{\cos\hat{\sigma}}{\cos\sigma}\right)^2 \tag{10.55}$$

$$\hat{\sigma} = \arctan\left(\frac{1}{\beta_2}\tan\sigma\right) \tag{10.56}$$

至此为止，我们就对于二维无限叶栅跨音速流场的远前方与远后方边界得到了扰动速度的解析表达式(10.48)与(10.54).

§ 4 二维薄而微弯叶型无限叶栅的跨音速相仿律

在引言中已提到，对于二维无限叶栅跨音速流场考虑相仿问题时，应考虑到方程相仿、物面边界条件相仿、周期性条件相仿、以及远前方与远后方边界条件相仿. 若与二维孤立翼型跨音速流场相仿问题类比时，方程相仿与物面边界条件相仿是类似的，特殊之点主要体现为远场边界条件相仿及周期性条件相仿. 通过§2与§3两节的讨论，已得到了二维无限叶栅跨音流场远前方与远后方扰动速度的解析表达式，所以就可进一步导出二维薄而微弯叶型叶栅的跨音相仿律.

可将跨音速小扰动速度位方程(6.17)写成

$$(1 - M_{as}^2)\frac{\partial^2\varphi}{\partial x^2} + \frac{\partial^2\varphi}{\partial y^2} = æ \cdot \frac{\partial\varphi}{\partial x}\cdot\frac{\partial^2\varphi}{\partial x^2} \tag{10.57}$$

式中

$$æ = \frac{(\gamma + 1)M_{as}^2}{q_{as}} \tag{10.58}$$

这里的 q_{as} 表示未扰动直匀流流速，且 $q_{as} = M_{as}\cdot a_{as}$. 下标 as 表示所设想的未扰动直匀流状态.

假设现在有两个二维无限叶栅跨音流场 "A" 及 "B". 有关 "B" 场的全部几何量与物理量都加以上标 "′". 现讨论这两个流场相仿所必须满足的条件.

"B" 场所对应的偏微分方程应为

$$(1 - M_{as}'^2)\frac{\partial^2\varphi'}{\partial x'^2} + \frac{\partial^2\varphi'}{\partial y'^2} = æ' \cdot \frac{\partial\varphi'}{\partial x'}\cdot\frac{\partial^2\varphi'}{\partial x'^2} \tag{10.59}$$

为保证式(10.57)与式(10.59)二方程具有相同的无量纲型

式，应满足如下条件

$$\begin{cases} k_y = \dfrac{k_\varepsilon}{k_\beta} \\ \dfrac{k_\beta^2}{k_{æ}} = \dfrac{k_\varphi}{k_q \cdot k_x} \end{cases} \tag{10.60}$$

如引言中所述，k 表示两流场对应点处同名物理量之比例因子．k 的下标表示所对应的物理量．但

$$k_{æ} = \frac{æ' \cdot q'_{as}}{æ \cdot q_{as}} \tag{10.61}$$

$$k_q = \frac{q'_{as}}{q_{as}} \tag{10.62}$$

与孤立翼型类似，物面边界条件可表达为

$$\left(\frac{\partial\varphi}{\partial y}\right)_{y=0} = q_{as} \cdot \delta \cdot h_{(x)} \tag{10.63}$$

式中

$$h = h_{(x)} = \frac{1}{\delta}\left[\left(\frac{dy}{dx}\right)_{物面} - \alpha\right] \tag{10.64}$$

δ 表示叶型最大厚度与弦长之比；α 表示未扰动直匀流流速与 x 轴之夹角．对于“B”场，上式写作

$$\left(\frac{\partial\varphi'}{\partial y'}\right)_{y'=0} = q'_{as} \cdot \delta' \cdot h'_{(x')} \tag{10.65}$$

为满足二流场的物面边界条件相仿，应满足

$$k_\delta \cdot k_q \cdot k_x = k_\varphi \cdot k_\beta \tag{10.66}$$

$$h(x) = h'_{(x')} \tag{10.67}$$

到此为止，与§1中所谈到的孤立翼型绕流流场相仿问题对照时，可以看到二者是极为类似的．下面转入二维无限叶栅绕流的独特问题，即前方与后方远场边界条件相仿，以及周期性条件相仿．首先讨论远场边界条件相仿．现已限定远前、后方边界处均为亚音速，于是在远前、后方边界处应各提一个边界条件．根据式(10.48)与式(10.54)，可采用 Neúman 边界条件如下：

$$
\begin{cases}
\left(\dfrac{\partial\varphi}{\partial x}\right)_1 = u_1 = \dfrac{\Gamma\cdot\sin\sigma\cdot G}{2S\cdot\beta_1^2} \\
\left(\dfrac{\partial\varphi}{\partial x}\right)_2 = u_2 = -\dfrac{\Gamma\cdot\sin\sigma\cdot F}{2s\cdot\beta_2^2}
\end{cases}
\tag{10.68}
$$

由式(10.68)可知，为保证"A"，"B"二流场相仿，诸比例因子之间应满足

$$
\begin{cases}
k_\tau\cdot k_{s\sigma}\cdot k_G = k_{\beta_1^2} \\
k_G = k_F
\end{cases}
\tag{10.69}
$$

式中下标 $\tau = b/s$，即叶栅之稠度；下标 $s\sigma$ 表示 $\sin\sigma$，即安装角 σ 的正弦.

除进出口远场条件相仿之外，还应考虑叶栅绕流问题中所特有的周期性边界条件的相仿．若用 Q 来代表流场中任一个流动参数，根据周期性条件而应有

$$
Q_{\left(x-\frac{s}{2}\sin\sigma,\,y-\frac{s}{2}\cos\sigma\right)} = Q_{\left(x+\frac{s}{2}\sin\sigma,\,y+\frac{s}{2}\cos\sigma\right)}
\tag{10.70}
$$

为保证二流场的周期性条件相仿，诸比例因子之间应满足

$$
\begin{cases}
k_s\cdot k_{s\sigma} = k_x \\
k_s\cdot k_{c\sigma} = k_y
\end{cases}
\tag{10.71}
$$

式中下标 $c\sigma$ 表示 $\cos\sigma$ 之意.

综上所述，为了能使"A"，"B"两个跨音速叶栅流场相仿，除满足式(10.67)之外，两流场的同名物理参数诸比例因子之间应满足式(10.60)，(10.66)，(10.69)，(10.71)诸式．整理后可得

$$
\begin{cases}
k_\beta^2 = (k_8\cdot k_{æ})^{\frac{2}{3}} \\
k_\tau\cdot k_{s\sigma}\cdot k_G = k_{\beta_1^2} \\
(k_G)^{\frac{1}{2}} = (k_F)^{\frac{1}{2}} \\
k_\tau = k_{s\sigma} \\
k_{\mathrm{tg}\sigma} = k_\beta
\end{cases}
\tag{10.72}
$$

式中 $\beta = \sqrt{1 - M_{\infty}^2}$．为了保证二流场相仿，诸比例因子之间应满足式(10.72)所表达的五个等式关系式．由此五个等式关系式就可以导出叶栅跨音速绕流流场的五个跨音相仿参数如下：

$$K_1 = \frac{1 - M_{as}^2}{[M_{as}^2 \cdot (\gamma + 1) \cdot \delta]^{\frac{2}{3}}} \tag{10.73}$$

$$K_2 = \frac{\beta_1^2 \cdot \cos\sigma \cdot \mathrm{ctg}\,\sigma}{\tau} \tag{10.74}$$

$$K_3 = \left[\frac{1 + \frac{1}{\beta_2^2} \cdot \mathrm{tg}^2\sigma}{1 + \frac{1}{\beta_1^2} \cdot \mathrm{tg}^2\sigma}\right]^{\frac{1}{2}} \tag{10.75}$$

$$K_4 = \frac{\mathrm{tg}\,\sigma}{\beta} \tag{10.76}$$

$$K_5 = \frac{\sin\sigma}{\tau} \tag{10.77}$$

由上面的推导可知，两个薄而微弯叶型叶栅的跨音速绕流流场如果相仿，则(10.73)—(10.77)所表达的五个相仿参数 K_1—K_5 应当分别对应相等．但根据流场相仿的定义可知，若二流场相仿则应有

$$k_\beta = k_{\beta_1} = k_{\beta_2} \tag{10.78}$$

又由(10.72)最后一个式子 $k_\beta = k_{\mathrm{tg}\sigma}$，可知式(10.75)将自然满足．因此，应有 K_1, K_2, K_4, K_5 共四个独立的相仿参数．

为了能够从数值试验的角度来对于叶栅绕流流场的跨音速相仿律进行校核，在文献[6]中使用了下面所述的方法．首先选取两个相仿的跨音速叶栅绕流流场，并使用文献[7]中所谈到的跨音松弛法程序来求解“A”，“B”两个流场，从而分别得到二流场的叶型表面压力分布． 然后再由数值解所得到的“A”流场物面压力分布出发，按照 K_1, K_2, K_4, K_5 四个相仿参数对应相等来进行换算，从而得到“B”流场的物面压力分布．因为所得到的不是由跨音松弛解而来，所以称为换算出来的“B”场物面压力分布．这时，就可以把“B”流场的通过相仿关系换算所得的压力分布与上述直接使用跨音松弛法所解出的压力分布进行对比．二者对比情况如图 10.4 所示[6]．由图可见，二者之间的符合程度是相当良好的．

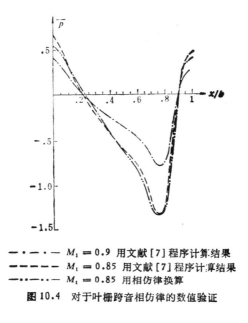

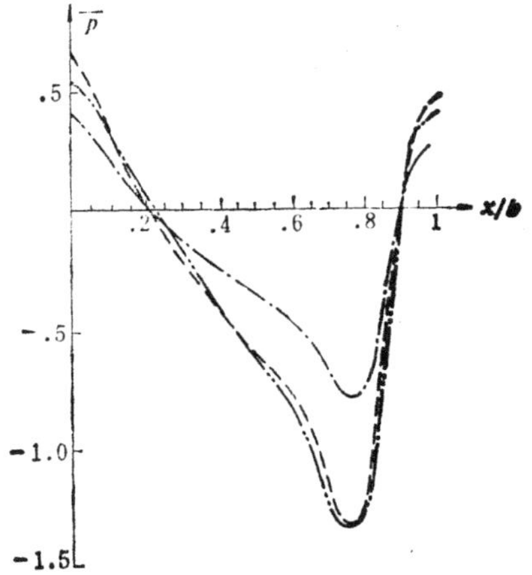

—·—·— $M_1=0.9$ 用文献[7]程序计算结果
— — — — $M_1=0.85$ 用文献[7]程序计算结果
—··—··— $M_1=0.85$ 用相仿律换算

图 10.4 对于叶栅跨音相仿律的数值验证

§5 跨音速叶栅相仿律的可能用途

在引言中已谈到，跨音速叶栅绕流流场的气动参数与几何参数繁多，逐个改变参数进行系统研究还是不胜其繁的．当使用相仿的概念时，对于诸相仿的叶栅流场说来，四个相仿参数应当分别对应相等，这就相当于减少了系统研究时的独立变量的数目．由此可见，这对于分析参数影响以及外推换算实验数据等方面都是有用的．

图 10.5 表示一族相仿的叶栅流场在不同的进口 M_1 数时所应具有的气流转角 ε 的变化． 这一族叶栅都与 $M_1=0.9$ 的一个叶栅流场相仿．

图 10.6 表示与进口 $M_1=0.9$ 的叶栅流场相仿的诸流场的相对厚度 δ' 与原流场 δ 之比，即 (δ'/δ) 随 M_1 之变化情况．由图可见，变化趋势在事实上是非常陡峭的，只是由于横坐标与纵坐标尺度不同，而在图面上未充分显现而已．此图表明，当进口 M_1数相差

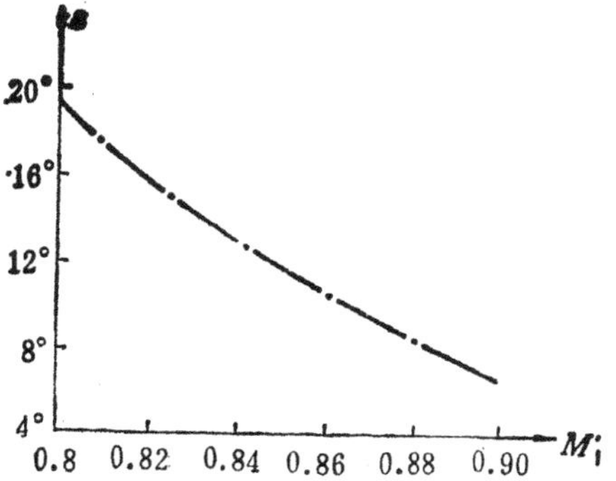

图 10.5　与 $M_1=0.9$ 的叶栅流场相仿的一族流场气流转角随进口 M_1 数之变化

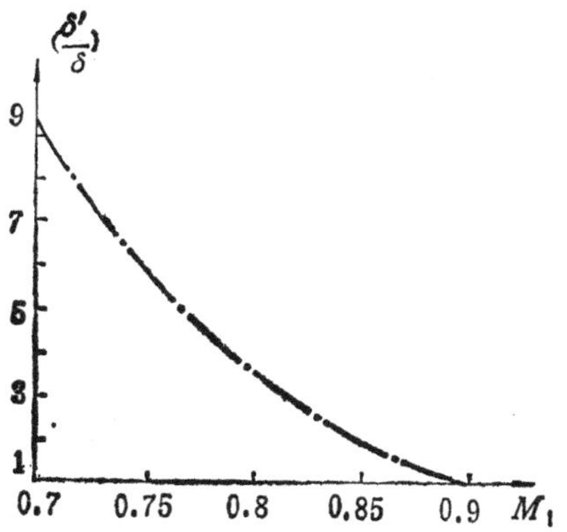

图 10.6　与进口 $M_1=0.9$ 的叶栅流场相仿的诸流场相对厚度比随 M_1 之变化

比较大时，事实上是无法通过相仿的办法把这样一族叶栅流场联系起来的．这与直观物理情况也是相符的．

由于高速轴流式叶轮机械在石油、化工、原子能等工业中日益广泛的应用，所以面临着很多工质并非空气的情况．此外，即使是对于以空气作为工质的叶轮机械说来，有时也使用诸如氟里昂等等空气以外的工质来进行实验研究，或者是应用浅水比拟等等模拟手段．这时就都会遇到具有不同比热比的工质的跨音速叶栅流场之间的换算问题．例如，假设具有不同的工质比热比的两个叶栅流场，若其它几何及气动参数完全相同，则此二流场之间是不相仿的. 因此，也不能由一个流场推算出另一个流场的气动参数来，因为在相仿参数 K_1 中是包含 γ 影响的. 这就表明，还是需要根据诸相仿参数对应相等来确定不同工质但流场相仿的诸叶栅流场的气动参数及几何参数. 在图 10.7 中给出一个算例如下. 设比热比 $\gamma=1.4$，进口 $M_1=0.9$，进出口静压比为 1.2 的一个叶栅跨音速流场，现记为“A”场. 另外有二个不同工质的叶栅绕流流场，它们均与“A”场相仿，分别记为“B”场与“C”场. 它们的工质比热比为 $\gamma_B=2.0$，$\gamma_C=1.31$. 图 10.7 中给出了“B”，“C”场叶栅稠度 τ' 与“A”场叶栅稠度 τ 之比值 (τ'/τ) 随进口来流 Mach 数 M_1' 的变化情况. 由图可见，比热比 γ 值偏离空气比热比越大，则影响越大. 可见使用相仿原理来分析比热比的影响还是很必要的。

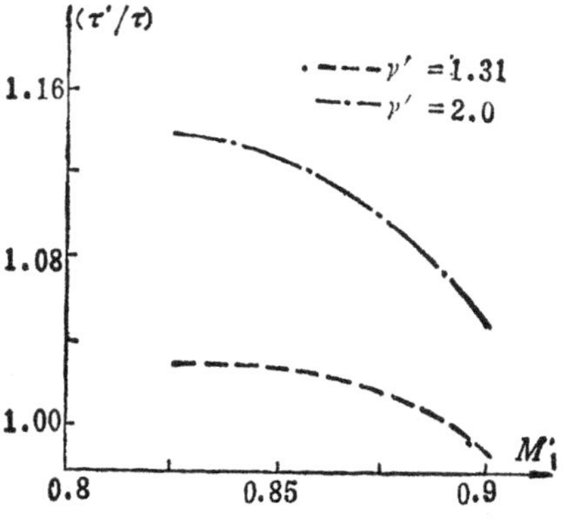

图 10.7　不同工质比热比的影响分析

§6　小结

通过上述分析，可小结如下：

1. 当把二维无限叶栅跨音速流场与孤立翼型跨音速流场进行对比时，看来本质性差别体现在远前后方边界条件的不对称性，以及叶栅流场的周期性上. 因此，与孤立翼型跨音速流场之间的相仿问题相比，二维无限叶栅跨音速流场之间的相仿问题应当具有更多个相仿参数.

2. 通过将一个叶栅跨音流场的数值解与由相仿推算出的解进行对比，从无粘流场数值模拟的角度校核了跨音叶栅相仿律的准确性. 由一些算例可见，在分析叶栅几何与气动参数变化影响，以及外推换算实验数据等方面，跨音速相仿律都存在有可能的应用范围.

3. 本文仅适用于进出口速度低于音速的薄而微弯叶型二维无限叶栅跨音速流场之间的相仿. 在叶轮机械跨音速相仿律的研究方面，还有很多工作值得进一步探索.

参 考 文 献

[1] Von Karman, Th., The Similarity Law of Transonic Flow, *Journal of Math. & Phys.*, **26**, 182—190, 1947.

[2] Amecke, J., Anwendung der Transsonischen Ahnlichkeitsregel auf die Stromong Durch Ebene Schaufelgitter, VDI-For 540, 1970.

[3] Oswatitsch, K., Basic Formulation for Transonic Flow Problems in Rotors, AD/A 037060, 1977.

[4] Pistolesi, E., On the Calculation of Flow Past an Infinite Screen of Thin Airfoils, NACA Tech. Mem. 968, 1941.

[5] Klunker, E. B., Contribution to Methods for Calculating the Flow about Thin Lifting Wings at Transonic Speeds Analytic Expressions for Far Field, NASA TN D-6530, 1971.

[6] Zhou, S. (周盛), Shen, M. Y., (沈孟育), Lin, B. Z., (林保真), Similarity Law of Transonic Flow Fields around Cascades, ASME Paper 81-GT-36, 1981.

[7] 周盛、林保真，平面叶栅绕流问题的跨音松弛解，北京航空学院科研参考资料 BH-C 366, 1979.

第十一章　叶轮机械中的三维跨音速流动

§1　引言

近代高负荷航空发动机中的叶轮机或大功率凝汽式蒸汽轮机的特点之一是轮毂比小，通道子午扩张角大，因而流动的三维效应相当显著．在这里，作为提出平面叶栅简化模型的前提 $w_r=0$ 同实际流动情况出入较大．

比较接近实际一点的“任意旋成面叶栅模型”的基本假定是流面保持为绕 z 轴的旋成面．此时，流面半径与流片厚度随 z 的变化可以加以考虑，但是出现在大多数三维叶列中的流面的翘曲仍然被忽略不计．这个“任意旋成面叶栅”假定在某些情况中将引起相当大的误差．关于这一点，Hill, Lewis 在 1974 年就已经指出[1]．

正是由于上述工程实践上的迫切需要，近年来对于叶轮机械中此种带激波的三维跨音流场的研究、分析与计算十分重视，并取得了一定的进展．这是当代叶轮机械气动热力学的主要发展方向之一．

对于叶轮机转子中的三维无粘跨音速流动来说，国际上已发表了一些计算结果[2-8]，并同实验数据作了对比，还发现了一些新的物理现象[2-4]．这些文章表明，不是采用 S_1 和 S_2 两类相对流面理论而用直接求解三维流动的方法来计算叶轮机械中带激波的三维跨音速流动已取得了很大的进展．至于用 S_1 和 S_2 两类相对流面理论来计算叶轮机械中带激波的完全三维跨音速流动，目前还未见到计算结果发表．

在文献 [2]，[3]，[4] 中从无粘气体不定常流动的基本微分方程组出发，采用时间推进有限差分法获得了相应的定常流动的解． 可能是由于从微分型的基本方程出发来构造差分格式的缘故，为保证所需精度，使用了二万五千多个网格点，因而需要化费大量的计算机机时．

在文献[5]，[6]，[7]，[8]中采用了"时间推进有限体积法"，它从积分型的基本方程组出发，采用时间推进法来求解定常问题．其优点是：(1) 对于求解域的剖分没有任何限制，可以是任意的．在这一点上，它类似于有限元方法，因而易于适应具有复杂几何形状边界的问题．(2) 尤其是对于跨音速内部流动来说，流场对于流量的变动十分敏感．而从微分方程出发构造的差分格式不一定具有守恒性，因此计算所得的叶栅的进口流量很可能不等于出口流量，而这种流量的误差对于跨音速内部流动将产生较大的影响．为了减小此种误差的影响，往往需要缩小网格间距．但若从守恒律的积分方程出发构造差分格式，则在每一时间步都能保证守恒性，因而为达到同样的精度可以采用较粗的网格[9]．

在文献[10]中根据 Denton[5,11] 的基本思想，以平面叶栅[12]和任意旋成面叶栅[13]的工作为基础，将文献[12]中的计算方案推广到三维流动情况，并进行了一些初步的数值试验．

在文献[14]中重新推导了积分型的径向运动方程，指出文献[5]，[6]，[10]所采用的径向运动方程中都缺少一项 $\iiint_\tau \frac{p}{r}d\tau$，并通过数值试验讨论了该项对于最终结果的影响．同时还指出了在文献[7]，[8]中所采用的离散化的径向运动方程的不足之处．

§2 基本方程与定解条件

今考察以常角速度 ω 转动的动叶轮中的无粘常比热完全气体的跨音速流动．采用固结于动叶轮的圆柱坐标系 (z, r, φ)，由第一章第五节知有如下基本方程组：

连续方程

$$\frac{\partial\rho}{\partial t}+w_z\frac{\partial\rho}{\partial z}+\rho\frac{\partial w_z}{\partial z}+w_r\frac{\partial\rho}{\partial r}+\rho\frac{\partial w_r}{\partial r}+w_\varphi\frac{\partial\rho}{r\partial\varphi}$$

$$+\rho\frac{\partial w_\varphi}{r\partial_\varphi}+\frac{\rho w_r}{r}=0 \tag{11.1}$$

运动方程

$$\frac{\partial w_z}{\partial t}+w_z\frac{\partial w_z}{\partial z}+w_r\frac{\partial w_z}{\partial r}+w_\varphi\frac{\partial w_z}{r\partial\varphi}+\frac{1}{\rho}\frac{\partial p}{\partial z}=0 \tag{11.2}$$

$$\frac{\partial w_r}{\partial t}+w_z\frac{\partial w_r}{\partial z}+w_r\frac{\partial w_r}{\partial r}+w_\varphi\frac{\partial w_r}{r\partial\varphi}+\frac{1}{\rho}\frac{\partial p}{\partial r}$$

$$-\frac{1}{r}w_\varphi^2-2\omega w_\varphi-\omega^2 r=0 \tag{11.3}$$

$$\frac{\partial w_\varphi}{\partial t}+w_z\frac{\partial w_\varphi}{\partial z}+w_r\frac{\partial w_\varphi}{\partial r}+w_\varphi\frac{\partial w_\varphi}{r\partial\varphi}+\frac{1}{\rho}\frac{\partial p}{r\partial\varphi}$$

$$+\frac{1}{r}w_r w_\varphi+2\omega w_r=0 \tag{11.4}$$

能量方程

$$\frac{\partial H}{\partial t}+w_z\frac{\partial H}{\partial z}+w_r\frac{\partial H}{\partial r}+w_\varphi\frac{\partial H}{r\partial\varphi}=\frac{1}{\rho}\frac{\partial p}{\partial t} \tag{11.5a}$$

因为我们的目的是求定常问题的解，采用时间推进法只是一种求解的手段，因此我们并不一定要从真正的不定常流动的基本方程出发．例如为了简便起见，可以略去(11.5a)的右端，而取如下能量方程：

$$DH/Dt=0 \tag{11.5b}$$

若工质又为完全气体，则有 $i=\dfrac{\gamma}{\gamma-1}\dfrac{p}{\rho}$，又考虑到第一章中的式(1.15)及(1.18)，可把上述(11.5a)及(11.5b)写成如下统一的形式：

$$K\frac{\partial p}{\partial t}+w_z\frac{\partial p}{\partial z}+w_r\frac{\partial p}{\partial r}+w_\varphi\frac{\partial p}{r\partial\varphi}-a^2\left(\frac{\partial\rho}{\partial t}+w_z\frac{\partial\rho}{\partial z}\right.$$

$$\left.+w_r\frac{\partial\rho}{\partial r}+w_\varphi\frac{\partial\rho}{r\partial\varphi}\right)=0 \tag{11.5c}$$

$K=1$ 和 γ 分别与方程(11.5a)和(11.5b)相对应．

上述基本方程组(11.1)—(11.5c)是封闭的，它可以写成如下向量方程式：

$$Q_1 \frac{\partial F}{\partial t} + Q_2 \frac{\partial F}{\partial z} + Q_3 \frac{\partial F}{\partial r} + Q_4 \frac{\partial F}{r\partial \varphi} + G = 0 \quad (11.6)$$

其中

$$Q_1 = \begin{bmatrix} 1 & 0 & 0 & 0 & 0 \\ 0 & 1 & 0 & 0 & 0 \\ 0 & 0 & 1 & 0 & 0 \\ 0 & 0 & 0 & 1 & 0 \\ -a^2 & 0 & 0 & 0 & K \end{bmatrix} \quad Q_2 = \begin{bmatrix} w_z & \rho & 0 & 0 & 0 \\ 0 & w_z & 0 & 0 & \frac{1}{\rho} \\ 0 & 0 & w_z & 0 & 0 \\ 0 & 0 & 0 & w_z & 0 \\ -a^2 w_z & 0 & 0 & 0 & w_z \end{bmatrix}$$

$$Q_3 = \begin{bmatrix} w_r & 0 & \rho & 0 & 0 \\ 0 & w_r & 0 & 0 & 0 \\ 0 & 0 & w_r & 0 & \frac{1}{\rho} \\ 0 & 0 & 0 & w_r & 0 \\ -a^2 w_r & 0 & 0 & 0 & w_r \end{bmatrix} \quad Q_4 = \begin{bmatrix} w_\varphi & 0 & 0 & \rho & 0 \\ 0 & w_\varphi & 0 & 0 & 0 \\ 0 & 0 & w_\varphi & 0 & 0 \\ 0 & 0 & 0 & w_\varphi & \frac{1}{\rho} \\ -a^2 w_\varphi & 0 & 0 & 0 & w_\varphi \end{bmatrix}$$

$$F = \begin{bmatrix} \rho \\ w_z \\ w_r \\ w_\varphi \\ p \end{bmatrix} \quad G = \begin{bmatrix} \frac{1}{r}\rho w_r \\ 0 \\ -\frac{1}{r}(w_\varphi + \omega r)^2 \\ \frac{1}{r} w_r w_\varphi + 2\omega w_r \\ 0 \end{bmatrix}$$

作类似于文献[12]第二节中的讨论，引入特征法向

$$\lambda = (\lambda_1, \lambda_2, \lambda_3, \lambda_4)$$

且相应于坐标系 (t, z, r, φ) 引入如下记号：

$$d \equiv \lambda_1 + w_z\lambda_2 + w_r\lambda_3 + w_\varphi\lambda_4$$

$$Q \equiv \lambda_1 Q_1 + \lambda_2 Q_2 + \lambda_3 Q_3 + \lambda_4 Q_4$$

则特征方程为

$$|Q| = d^3[d^2 + (K-1)\lambda_1 d - a^2(\lambda_2^2 + \lambda_3^2 + \lambda_4^2)] = 0$$

不失普遍性，可以设

$$\lambda_2^2 + \lambda_3^2 + \lambda_4^2 = 1$$

于是，特征方程的解为

$d=0$，为三重实根.

$d=\frac{1}{2}[-(K-1)\lambda_1 \pm \sqrt{(K-1)^2\lambda_1^2+4a^2}]$，为两不同实根. 所以方程组 (11.6) 为双曲型方程组.

作类似于第四章中关于通过边界的特征面走向的讨论，可得有关边界条件的如下结论:

(1) 在进口边界面上，当 $0<w_z\leqslant a$ 时，必须给定四个条件. 例如可给定进口处的滞止压力 p_{01}，滞止温度 T_{01}，进气角 β_1 及进口静压 p_1. 当 $w_z>a$ 时，在进口面上必须给定五个条件.

(2) 在出口边界面上，当 $0<w_z<a$ 时，必须给定一个边界条件. 例如可给定出口处静压 p_2. 当 $w_z\geqslant a$ 时，出口面上不给任何边界条件.

(3) 在叶片表面上，必须给定一个边界条件，即流动速度向量 $\boldsymbol{w}$ 与叶面相切的绕流条件.

(4) 在轮毂和机匣面上，必须给定一个边界条件，即流动速度向量与物面相切的条件.

(5) 在叶片前、后延伸区的边界上，全部流动参数 w_z，w_r，w_φ，p，ρ 都满足周期性条件.

§3 积分型的基本方程

为了应用时间推进有限体积法来求解跨音涡轮中无粘完全气体的三维流动，我们将从积分形式的基本方程出发来构造差分格式. 由第一章第五节知，有如下积分型的基本方程:

连续方程

$$\frac{\partial}{\partial t}\iiint_\tau \rho d\tau+\oiint_A \rho[w_z dA_z+w_r dA_r+w_\varphi dA_\varphi]=0 \quad (11.7)$$

运动方程

$$\frac{\partial}{\partial t}\iiint_\tau \rho w_z d\tau+\oiint_A [(p+\rho w_z^2)dA_z+\rho w_z w_r dA_r$$

$$+ \rho w_z w_\varphi dA_\varphi] = 0 \tag{11.8}$$

$$\frac{\partial}{\partial t}\iiint_\tau \rho w_r d\tau + \oiint_A [\rho w_r w_z dA_z + (p + \rho w_r^2) dA_r + \rho w_r w_\varphi dA_\varphi]$$

$$= \iiint_\tau \frac{1}{r}[p + \rho(w_\varphi + \omega r)^2] d\tau \tag{11.9}$$

$$\frac{\partial}{\partial t}\iiint_\tau r\rho w_\varphi d\tau + \oiint_A r[\rho w_\varphi w_z dA_z + \rho w_\varphi w_r dA_r + (p + \rho w_\varphi^2) dA_\varphi]$$

$$= -\iiint_\tau 2r\rho\omega w_r d\tau \tag{11.10}$$

能量方程

$$\frac{\partial}{\partial t}\iiint_\tau \left(H - \frac{p}{\rho}\right)\rho d\tau + \oiint_A \rho H[w_z dA_z + w_r dA_r + w_\varphi dA_\varphi]$$

$$= 0 \tag{11.11}$$

状态方程

$$H = \frac{\gamma}{\gamma - 1}\frac{p}{\rho} + \frac{1}{2}(w_z^2 + w_r^2 + w_\varphi^2) - \frac{1}{2}\omega^2 r^2 \tag{11.12}$$

其中 dA_z, dA_r, dA_φ 分别为微元面积 dA 在垂直于 z 轴、r 轴、φ 轴的平面上的投影：$dA_z = dA(\boldsymbol{n} \cdot \boldsymbol{i}_z)$, $dA_r = dA(\boldsymbol{n} \cdot \boldsymbol{i}_r)$, $dA_\varphi = dA(\boldsymbol{n} \cdot \boldsymbol{i}_\varphi)$，而 $\boldsymbol{n}$ 为微元面积 dA 处的单位外法线向量.

为了在数值求解时尽可能减少运算次数，节省运算时间，在某些特殊情况下，允许将能量方程进行简化. 其基本思想是用定常运动的能量方程来替代非定常运动的能量方程. 由第一章的式(1.43)知，理想完全气体作绝热定常运动时的能量方程为

$$\boldsymbol{w} \cdot \nabla H = 0$$

可以分如下三种不同情况：

(1) 若在进口边界面上给定了均匀分布的 H，则在整个求解域内将有

$$H = i + \frac{1}{2}w^2 - \frac{1}{2}\omega^2 r^2 = \text{const}$$

由此可得

$$p = \frac{\gamma - 1}{\gamma}\rho\left(H - \frac{1}{2}w^2 + \frac{1}{2}\omega^2 r^2\right) \tag{11.13}$$

其中H在整个求解域中为给定的常数，

$$H = c_p T_{01} - \frac{1}{2}\omega^2 r_1^2 = H_1 = \text{const}$$

例如，对于导叶而言，$\omega = 0$，若在导叶的进口边界面上给定了均匀分布的滞止温度 T_{01}，则在整个导叶中将有 $H = \text{const}$ 成立。

(2) 若在进口边界面上给定了只是沿叶高方向变化，但沿φ方向是均匀的H分布。此时，沿每一个从进口边界面上 $r = \text{const}$ 的圆弧发出的流面上，$H = \text{const}$，从而有方程 (11.13) 成立。

(3) 若在进口边界面上给定了沿叶高方向和φ方向均变化的H分布，则沿每一条从进口边界面上任一点发出的流线上，$H = \text{const}$，从而有方程 (11.13) 成立。

方程组{(11.7)—(11.12)}或{(11.7)—(11.10)和(11.13)}就是我们所采用的积分型基本方程组。

同 (11.9) 式相比较可知，在文献 [5]，[6]，[10] 中的径向运动方程内都缺少一项：$\iiint_\tau \frac{p}{r}\,d\tau$。关于这一项对于计算结果的影响，将在后面讨论。

在文献 [7] 和 [8] 中给出了离散形式的积分型动量方程在微元体积中心处的半径方向的投影，它的含义与 (11.9) 式是不同的。在文献 [14] 中论证了它们之间的不一致性并指出了在文献 [7] 和 [8] 中所采用的离散化的径向运动方程中存在的不足之处。

§4 计算方案概述

(一) 求解域的离散化

我们考察的求解域为位于轮毂和机匣之间，由相邻两叶片所围成的空间区域。此区域在子午面上的投影如图 11.1 所示。

叶片前缘和后缘皆为任意拟正交曲线，它们和其它拟正交线的位置都在输入数据时任意规定，但入口和出口处的拟正交线规定为垂直于z轴的直线。由这些拟正交线绕z轴旋转而成的旋成

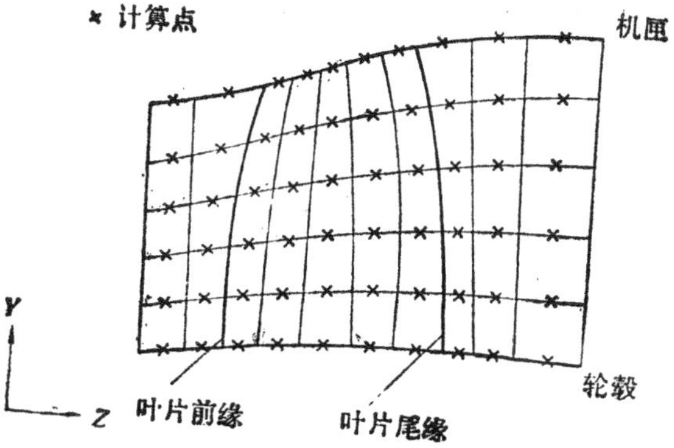

图 11.1　求解域在子午面上的投影

面称为拟正交网格面．在每一条拟正交线上作相同的等分得到一系列等分点，由相应的等分点连结成拟流线．由这些拟流线绕 z 轴旋转而成之旋成面称为拟 S_1 网格面． 求解区域在拟 S_1 网格面上之投影如图 11.2 所示．

此图中的 l 向即图 11.1 中的拟流线方向． 沿 φ 向的网格线称为节距线． 在每一条节距线上作相同的等分得到一系列等分点，由相应的等分点连结成拟 S_1 网格面上的拟流线． 由不同拟 S_1

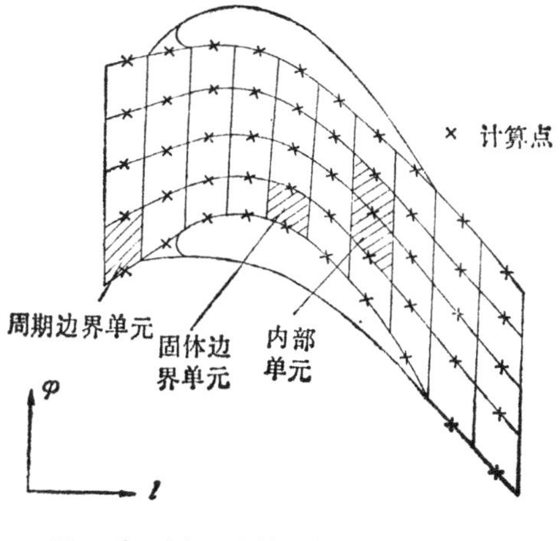

图 11.2　求解域在第一类拟流面上的投影

网格面上相应的拟流线形成的空间曲面称为拟 S_2 网格面。

上述拟正交面，拟 S_1 面和拟 S_2 面就是所采用的三族网格面．它们将求解域分割成许多小网格单元． 网格面之交线即为网格线，而网格线之交点即为网格点．图 11.1 与图 11.2 中的×为计算点．以计算点为中心，邻近四个网格单元所围成的体积称为一个计算单元（参见图 11.3）． 与平面叶栅和任意旋成面叶栅情况类似，对于边界计算点，需向区域外延伸，以组成边界计算单元。

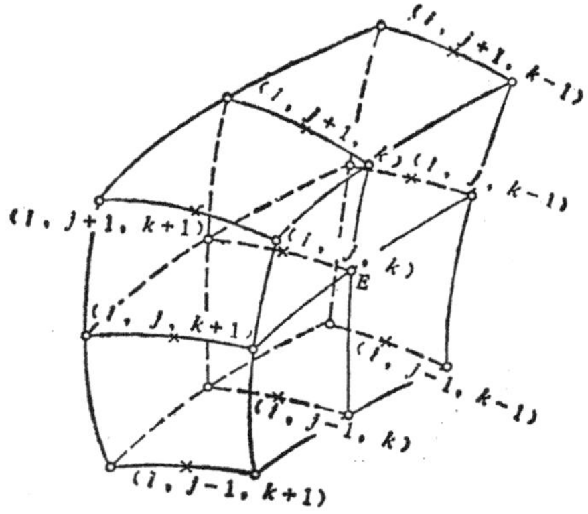

图 11.3 计算单元图

（二）差分格式

按照 Denton[11] 的思想，对方程 (11.7)—(11.12) 进行离散化，可得如下差分格式：

$$
\begin{aligned}
\rho_{i,j,k}^{(n+1)} = \rho_{i,j,k}^{(n)} - \frac{\Delta t}{\Delta\tau_{i,j}} \{ & (\overline{\rho w_z})_{i-1,j,k}^{(n)} dA_{1z} + (\overline{\rho w_r})_{i-1,j,k}^{(n)} dA_{1r} \\
& + (\overline{\rho w_z})_{i,j,k}^{(n)} dA_{2z} + (\overline{\rho w_r})_{i,j,k}^{(n)} dA_{2r} + (\rho w_z)_{i,j-1,k}^{(n)} dA_{3z} \\
& + (\rho w_r)_{i,j-1,k}^{(n)} dA_{3r} + (\rho w_z)_{i,j+1,k}^{(n)} dA_{4z} + (\rho w_r)_{i,j+1,k}^{(n)} dA_{4r} \\
& + (\rho w_z)_{i,j,k+1}^{(n)} dA_{5z} + (\rho w_r)_{i,j,k+1}^{(n)} dA_{5r} + (\rho w_\varphi)_{i,j,k+1}^{(n)} dA_{5\varphi} \\
& + (\rho w_z)_{i,j,k-1}^{(n)} dA_{6z} + (\rho w_r)_{i,j,k-1}^{(n)} dA_{6r} \\
& + (\rho w_\varphi)_{i,j,k-1}^{(n)} dA_{6\varphi} \}
\end{aligned}
\tag{11.14}
$$

$$
(\rho H - p)_{i,j,k}^{(n+1)} = (\rho H - p)_{i,j,k}^{(n)} - \frac{\Delta t}{\Delta\tau_{i,j}} \{ (\overline{\rho H w_z})_{i-1,j,k}^{(n)} dA_{1z}
$$

$$+ (\rho H w_r)^{(n)}_{i-1,j,k} dA_{1r} + (\rho H w_z)^{(n)}_{i,j,k} dA_{2z} + (\rho H w_r)^{(n)}_{i,j,k} dA_{2r}$$
$$+ (\rho H w_z)^{(n)}_{i,j-1,k} dA_{3z} + (\rho H w_r)^{(n)}_{i,j-1,k} dA_{3r}$$
$$+ (\rho H w_z)^{(n)}_{i,j+1,k} dA_{4z} + (\rho H w_r)^{(n)}_{i,j+1,k} dA_{4r}$$
$$+ (\rho H w_z)^{(n)}_{i,j,k+1} dA_{5z} + (\rho H w_r)^{(n)}_{i,j,k+1} dA_{5r}$$
$$+ (\rho H w_\varphi)^{(n)}_{i,j,k+1} dA_{5\varphi} + (\rho H w_z)^{(n)}_{i,j,k-1} dA_{6z}$$
$$+ (\rho H w_r)^{(n)}_{i,j,k-1} dA_{6r} + (\rho H w_\varphi)^{(n)}_{i,j,k-1} dA_{6\varphi}\} \qquad (11.15)$$

$$p^{(n+1)}_{i,j,k} = (\gamma - 1)(\rho H - p)^{(n+1)}_{i,j,k} - \frac{\gamma - 1}{2} \rho^{n+1}_{i,j,k} (w_z^2 + w_r^2 + w_\varphi^2)^{(n)}_{i,j,k}$$
$$+ \frac{\gamma - 1}{2} \rho^{(n+1)}_{i,j,k} \omega^2 r^2_{i,j} \qquad (11.16)$$

$$(\rho w_z)^{(n+1)}_{i,j,k} = (\rho w_z)^{(n)}_{i,j,k} - \frac{\Delta t}{\Delta \tau_{i,j}} \{[\bar{p}^{(n+1)}_{i-1,j,k} + (\overline{\rho w_z^2})^{(n)}_{i-1,j,k}] dA_{1z}$$
$$+ (\overline{\rho w_z w_r})^{(n)}_{i-1,j,k} dA_{1r} + [\bar{p}^{(n+1)}_{i,j,k} + (\overline{\rho w_z^2})^{n}_{i,j,k}] dA_{2z}$$
$$+ (\overline{\rho w_z w_r})^{(n)}_{i,j,k} dA_{2r} + [p^{(n+1)}_{i,j-1,k} + (\rho w_z^2)^{(n)}_{i,j-1,k}] dA_{3z}$$
$$+ (\rho w_z w_r)^{(n)}_{i,j-1,k} dA_{3r} + [p^{(n+1)}_{i,j+1,k} + (\rho w_z^2)^{(n)}_{i,j+1,k}] dA_{4z}$$
$$+ (\rho w_z w_r)^{(n)}_{i,j+1,k} dA_{4r} + [p^{(n+1)}_{i,j,k+1} + (\rho w_z^2)^{(n)}_{i,j,k+1}] dA_{5z}$$
$$+ (\rho w_z w_r)^{(n)}_{i,j,k+1} dA_{5r} + (\rho w_z w_\varphi)^{(n)}_{i,j,k+1} dA_{5\varphi}$$
$$+ [p^{(n+1)}_{i,j,k-1} + (\rho w_z^2)^{(n)}_{i,j,k-1}] dA_{6z} + (\rho w_z w_r)^{(n)}_{i,j,k-1} dA_{6r}$$
$$+ (\rho w_z w_\varphi)^{(n)}_{i,j,k-1} dA_{6\varphi}\} \qquad (11.17)$$

$$(\rho w_r)^{(n+1)}_{i,j,k} = (\rho w_r)^{(n)}_{i,j,k} - \frac{\Delta t}{\Delta \tau_{i,j}} \{(\overline{\rho w_r w_z})^{(n)}_{i-1,j,k} dA_{1z}$$
$$+ [\bar{p}^{(n+1)}_{i-1,j,k} + (\overline{\rho w_r^2})^{(n)}_{i-1,j,k}] dA_{1r} + (\overline{\rho w_r w_z})^{(n)}_{i,j,k} dA_{2z}$$
$$+ [\bar{p}^{(n+1)}_{i,j,k} + (\overline{\rho w_r^2})^{(n)}_{i,j,k}] dA_{2r} + (\rho w_r w_z)^{(n)}_{i,j-1,k} dA_{3z}$$
$$+ [p^{(n+1)}_{i,j-1,k} + (\rho w_r^2)^{(n)}_{i,j-1,k}] dA_{3r} + (\rho w_r w_z)^{(n)}_{i,j+1,k} dA_{4z}$$
$$+ [p^{(n+1)}_{i,j+1,k} + (\rho w_r^2)^{(n)}_{i,j+1,k}] dA_{4r} + (\rho w_r w_z)^{(n)}_{i,j,k+1} dA_{5z}$$
$$+ [p^{(n+1)}_{i,j,k+1} + (\rho w_r^2)^{(n)}_{i,j,k+1}] dA_{5r} + (\rho w_r w_\varphi)^{(n)}_{i,j,k+1} dA_{5\varphi}$$
$$+ (\rho w_r w_z)^{(n)}_{i,j,k-1} dA_{6z} + [p^{(n+1)}_{i,j,k-1} + (\rho w_r^2)^{(n)}_{i,j,k-1}] dA_{6r}$$
$$+ (\rho w_r w_\varphi)^{(n)}_{i,j,k-1} dA_{6\varphi}\} + \Delta t \left\{ \frac{1}{r} [p + \rho(w_\varphi$$
$$+ \omega r)^2] \right\}^{(n)}_{i,j,k} \qquad (11.18)$$

$$
\begin{aligned}
(r\rho w_\varphi)_{i,j,k}^{(n+1)} = (r\rho w_\varphi)_{i,j,k}^{(n)} - \frac{\Delta t}{\Delta\tau_{i,j}}\{(\overline{r\rho w_\varphi w_z})_{i-1,j,k}^{(n)} dA_{1z} \\
+ (\overline{r\rho w_\varphi w_r})_{i-1,j,k}^{(n)} dA_{1r} + (\overline{r\rho w_\varphi w_z})_{i,j,k}^{(n)} dA_{2z} \\
+ (\overline{r\rho w_\varphi w_r})_{i,j,k}^{(n)} dA_{2r} + (r\rho w_\varphi w_z)_{i,j-1,k}^{(n)} dA_{3z} \\
+ (r\rho w_\varphi w_r)_{i,j-1,k}^{(n)} dA_{3r} + (r\rho w_\varphi w_z)_{i,j+1,k}^{(n)} dA_{4z} \\
+ (r\rho w_\varphi w_r)_{i,j+1,k}^{(n)} dA_{4r} + (r\rho w_\varphi w_z)_{i,j,k+1}^{(n)} dA_{5z} \\
+ (r\rho w_\varphi w_r)_{i,j,k+1}^{(n)} dA_{5r} + r_{i,j}[p_{i,j,k+1}^{(n+1)} + (\rho w_\varphi^2)_{i,j,k+1}^{(n)}] dA_{5\varphi} \\
+ (r\rho w_\varphi w_z)_{i,j,k-1}^{(n)} dA_{6z} + (r\rho w_\varphi w_r)_{i,j,k-1}^{(n)} dA_{6r} \\
+ r_{i,j}[p_{i,j,k-1}^{(n+1)} + (\rho w_\varphi^2)_{i,j,k-1}^{(n)}] dA_{6\varphi}\} \\
- 2\omega\Delta t r_{i,j}(\rho w_r)_{i,j,k}^{(n)} \qquad (11.19)
\end{aligned}
$$

如果采用定常运动的能量方程，则只要用方程 (11.13) 的离散化形式

$$
\begin{aligned}
p_{i,j,k}^{(n+1)} = \frac{\gamma - 1}{\gamma} \rho_{i,j,k}^{(n+1)} \Big[H_j - \frac{1}{2}(w_z^2 + w_r^2 + w_\varphi^2)_{i,j,k}^{(n)} \\
+ \frac{1}{2}\omega^2 r_{i,j}^2 \Big] \qquad (11.20)
\end{aligned}
$$

来替代上述的方程 (11.15) 和 (11.16) 就行了. 其中 H_j 为第 j 个 S_1 拟流面上之转焓. (这里假定了在每一个 S_1 拟流面上转焓分别保持常值.) 这里上标 (n) 或 $(n+1)$ 表示时间步数，下标 (i, j, k) 表示计算点沿 (z, r, φ) 方向的编号. Δt 为时间步长，它按 CFL 条件选定. $\Delta\tau_{i,j}$ 为相应计算单元的体积，A_1，A_2 分别为计算单元左、右两侧面，A_3，A_4 分别为计算单元之下表面及上表面，A_5，A_6 分别为计算单元的前表面和后表面. dA_{1z}，dA_{1r}，dA_{2z}，dA_{2r}，dA_{3z}，$\cdots dA_{6\varphi}$ 分别为计算单元六个表面面积向量(定义为沿外法向)在相应坐标轴上的投影.

式 (11.14)，(11.15)，(11.17)，(11.18)，(11.19) 右端花括号中前四项为沿 A_1，A_2 两个拟正交面上的积分，它们的定义如下:

$$
(\bar{f})_{i-1,j,k}^{n} = (f)_{i-1,j,k}^{n} + (\mathrm{CF}f)_{i-1,j,k}^{(n)} \qquad (11.21)
$$

这里 f 代表 (ρw_z)，(ρw_r)，w_z，w_r，w_φ，H 和 p 中的任一个.

下面来说明 $(\mathrm{CF}f)_{i-1,j,k}^{(n)}$ 的确定方法. 除了 $(\mathrm{CF}p)_{i-1,j,k}^{(n)}$ 以外，其余的 $(\mathrm{CF}f)_{i-1,j,k}^{(n)}$ 的确定方法如下:

先定义：$\psi^{(n)}_{i-\frac{1}{2},j,k} \equiv f^{(n)}_{i-\frac{1}{2},j,k} - f^{(n)}_{i-1,j,k}$ (11.22)

其中 $f^{(n)}_{i-\frac{1}{2},j,k}$ 为在第 j 个拟 S_1 网格面上，沿第 k 条拟流线，用在 $(i-2, j, k)$、$(i-1, j, k)$、(i, j, k) 三个计算点上的 $f^{(n)}$ 值经二次插值得到的在 $\left(i-\frac{1}{2}, j, k\right)$ 点处的 $f^{(n)}$ 值．（参见图 11.4）

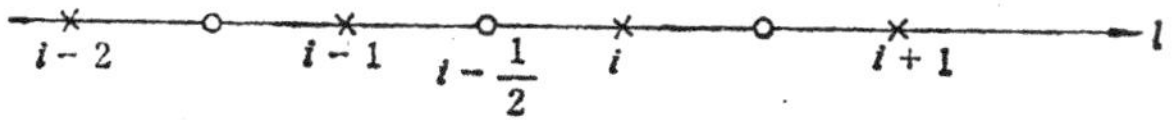

图 11.4 确定 $f^{(n)}_{i-\frac{1}{2},j,k}$ 的参考用图

在等距情况下有

$$\psi^{(n)}_{i-\frac{1}{2},j,k} = \frac{1}{8}\left[3f^{(n)}_{i,j,k} - 2f^{(n)}_{i-1,j,k} - f^{(n)}_{i-2,j,k}\right] \qquad (11.23)$$

Denton 采用如下公式来确定 $(\mathrm{CF}f)^{(n)}_{i-1,j,k}$：

$$(\mathrm{CF}f)^{(n)}_{i-1,j,k} = (1-RF)(\mathrm{CF}f)^{(n-1)}_{i-1,j,k} + RF\,\psi^{(n)}_{i-\frac{1}{2},j,k} \qquad (11.24)$$

其中 RF 是一个松弛因子．开始时，$(\mathrm{CF}f)^{(0)}_{i-1,j,k}$ 可取为零．

在文献 [15] 中采用的修正格式，即确定 $(\mathrm{CF}f)^{(n)}_{i-1,j,k}$ 的方法如下：

$$(\mathrm{CF}f)^{(n)}_{i-1,j,k} = (1-\alpha)\psi^{(n)}_{i-\frac{1}{2},j,k} \qquad (11.25)$$

其中 α 为组合因子，$0 \leqslant \alpha \leqslant 1$．随着时间步数 n 增长，α 由 1 降到 0．例如 α 可选为

$$\alpha = 1 - 0.002n, \quad 当\ n \leqslant 500$$
$$\alpha = 0, \quad 当\ n > 500$$

采用式 (11.21)—(11.25) 是为了提高在 A_1，A_2 表面上积分的精度．当 $\alpha = 0$ 时，用式 (11.25) 进行计算时的空间精度为二阶．当时间步数充分大，数值解趋于定常时，用 Denton 方法，即式 (11.24) 进行计算时的空间精度也趋于二阶．

应当指出，确定 $(\mathrm{CF}p)^{(n)}_{i-1,j,k}$ 的方法与上述方法略有不同，其差别仅在于在确定 $\psi^{(n)}_{i-\frac{1}{2},j,k}$ 时所用 $p^{(n)}_{i-\frac{1}{2},j,k}$ 是由偏下风三个计算点 $(i-1, j, k)$，(i, j, k) 和 $(i+1, j, k)$ 上的 $p^{(n)}$ 值经二次插值

得到的．可用完全类似的方法来确定 $(\bar{f})^{(n)}_{i,j,k}$。

在每一个时间步中，计算顺序为

(1) 用 (11.14) 式求出 $\rho^{(n+1)}_{i,j,k}$；

(2) 用 (11.5) 和 (11.16) 式求出 $p^{(n+1)}_{i,j,k}$；

(3) 分别用 (11.17)，(11.18)，(11.19)式求出 $w^{(n+1)}_{zi,j,k}$，$w^{r(n+1)}_{i,j,k}$，$w^{(n+1)}_{\varphi i,j,k}$。

（三）关于边界计算点上流动参数的具体求法

1. 进口边界面网格点上的流动参数的确定．除了在进口边界面上规定的 $(p_0)_{1,j,k}$，$(T_0)_{1,j,k}$，$p_{1,j,k}$ 和 $\beta_{1,j,k}$ 之外，再使用附加条件 $\frac{\partial w_r}{\partial l}=0$，就能在每一时间步计算出全部内计算点上的流动参数之后，确定进口边界面网格点上的全部流动参数．（这里，$\frac{\partial}{\partial l}$ 表示沿着 S_1 拟流面上的拟流线方向的偏导数．）

2. 出口边界面网格点上的流动参数的确定．除了在出口边界面上规定的出口压力外，再使用计算补充条件 $\frac{\partial w_z}{\partial l}=0$，$\frac{\partial w_r}{\partial l}=0$，$\frac{\partial w_\varphi}{\partial l}=0$ 及 $\frac{\partial \rho}{\partial l}=0$ 或定常能量方程(11.13)就能在算出全部内计算点上的流动参数后确定出口边界面网格点上的全部流动参数．

3. 周期性区域边界面处计算点上流动参数的确定．确定周期性区域后边界面处计算点上的流动参数时，采用了与内点相同的计算方法．但这时要用到求解域外点上的流动参数值，它们可由周期性条件得到．而对周期性区域前边界面处的计算点则不进行另外的计算，只需根据周期性条件直接将后边界面计算点上的流动参数送至相应的前边界面计算点处．

4. 叶片表面、轮毂面、机匣面处计算点上流动参数的确定．采用与内点相同的方法来确定物面处计算点上的流动参数．但这时要用到求解域外点上的流动参数值，它们是按相应的求解域内计算点及物面计算点上的流动参数值用抛物外推得到的．并且在每一时间步计算之后把物面边界上的法向速度分量丢掉，以保证流动速度向量与物面相切。

（四）初始场的确定

初始场的确定方法和二维情况相类似。具体做法如下：

首先根据规定的进口边界面上的静压 p_1 和出口边界面上的静压 p_2，并假设压力沿 z 方向为线性分布来确定初始压力分布。

然后按等熵假设定出初始密度分布。再由定常能量方程求出各计算点上的速度绝对值。

最后，按子午面上拟流线的斜率及 S_1 拟流面上拟流线的斜率求出各计算点处的 w_z, w_r 及 w_φ 的初始值。

（五）平滑处理

计算结果表明，流动参数沿 φ 方向和 r 方向出现微小的波动。为了抑制此种波动现象，在计算中沿 φ 方向和 r 方向采用轻微的平滑处理。平滑公式为

$$\tilde{f}_{i,j,k} = f_{i,j,k} + S_\varphi(f_{i,j,k+1} + f_{i,j,k-1} - 2f_{i,j,k})$$
$$\tilde{f}_{i,j,k} = f_{i,j,k} + S_r(f_{i,j+1,k} + f_{i,j-1,k} - 2f_{i,j,k})$$

式中 f 为任一流动参数，$\tilde{f}$ 为平滑后的流动参数，S_φ, S_r 分别为 φ 向和 r 向的平滑系数。一般可取 $S_\varphi = S_r = 0.01$。

（六）解趋于定常的判别标准

在数值计算过程中，我们可以从以下几个方面来检查解趋于定常的收敛情况。

1. 引入如下符号：

$$\Delta p = \mathop{MAX}_{i,j,k} |p^{(n)}_{i,j,k} - p^{(n-1)}_{i,j,k}|$$
$$\Delta \rho = \mathop{MAX}_{i,j,k} |\rho^{(n)}_{i,j,k} - \rho^{(n-1)}_{i,j,k}|$$
$$\Delta w_z = \mathop{MAX}_{i,j,k} |w^{(n)}_{z\,i,j,k} - w^{(n-1)}_{z\,i,j,k}|$$
$$\Delta w_r = \mathop{MAX}_{i,j,k} |w^{(n)}_{r\,i,j,k} - w^{(n-1)}_{r\,i,j,k}|$$

$$\Delta w_{\varphi} = \underset{i,j,k}{\mathrm{MAX}} | w^{(n)}_{\varphi_{i,j,k}} - w^{(n-1)}_{\varphi_{i,j,k}} |$$

在计算过程中，Δp，$\Delta \rho$，Δw_z，Δw_r，Δw_φ 随着时间步数 n 的增大基本上是单调下降的，这说明计算格式基本上是单调收敛的．根据实际的需要和所取时间步长选取适当的 ε，当 $\mathrm{MAX}(\Delta p, \Delta \rho, \Delta w_z, \Delta w_r, \Delta w_\varphi) < \varepsilon$ 时，可以认为所得结果已趋于定常解．

2. 从总体质量守恒满足的程度来检查解趋于定常状态的收敛情况．

用 ψ_A，ψ_D，ψ_B 分别表示通过进口截面，出口截面和叶片中间站截面的流量．在计算过程中，随着时间步数 n 增大，这三个截面处的流量分别逐步趋于稳定，并且一般说来，达到 1000—1200 时间步时，ψ_A，ψ_D，ψ_B 之间的差已小于 1—2%，可以认为数值解从全场整体来看已近似满足定常状态下的连续方程．

（七）无量纲化

选用如下特征量为无量纲化的尺度：

特征长度 L_* 是叶片根部截面的轴向宽度；

特征速度 $a_* = \left[\dfrac{2(\gamma - 1)}{(\gamma + 1)} c_p (T_{01})_{\mathrm{hub}} \right]^{1/2}$；

特征密度 $\rho_* = \left(\dfrac{2}{\gamma + 1} \right)^{\frac{1}{\gamma - 1}} \dfrac{(p_{01})_{\mathrm{hub}}}{R (T_{01})_{\mathrm{hub}}}$；

特征压力为 $(\rho_* a_*^2)$；

特征时间为 (L_* / a_*)．

其中 $(T_{01})_{\mathrm{hub}}$，$(p_{01})_{\mathrm{hub}}$ 分别为叶片根部截面进口处的滞止温度和滞止压力．

显然，方程组 (11.7)—(11.12) 及方程 (11.13) 经上述无量纲化后，其形式保持不变．

§5 算例

（一）首先采用由某研究所设计的某涡轮叶片的中部剖面所构成的一个径向直叶片作为计算对象，目的是考核方法的可行性以及在不同环形空间的几何形状下来考察流动的三维效应。

该叶剖面的形状如图 11.5 所示。

作为跨音涡轮中三维流动计算的初步试验，我们来计算由两个上述直叶片以及轮毂和机匣所围成的空间中的流场。并规定进口边界面上给定的四个流动参数都是均匀分布的，出口压力也是均匀的。

图 11.5 叶型图

对于这个例子中所研究的情况，转焓的变化相对来说不大，为节省计算时间，采用了沿每一个拟 S_1 网格面转焓分别保持常值这个假设。并在计算中使用修正格式(11.25)。

在具体计算中，z 方向取 41 个格点(叶片区中 21 个格点，叶片前、后延伸区中各 10 个格点)，r 方向取 7 个格点，φ 方向取 7 个格点。全场共有格点 $41\times7\times7=2009$ 个。

1. 轮毂和机匣的壁面皆为其母线平行于 z 轴的圆柱面，叶片高度 $h=0.4L_*$。

计算结果绘于图 11.6。可见，叶片的根、中、顶三个截面上叶面 M 数分布是很接近的。

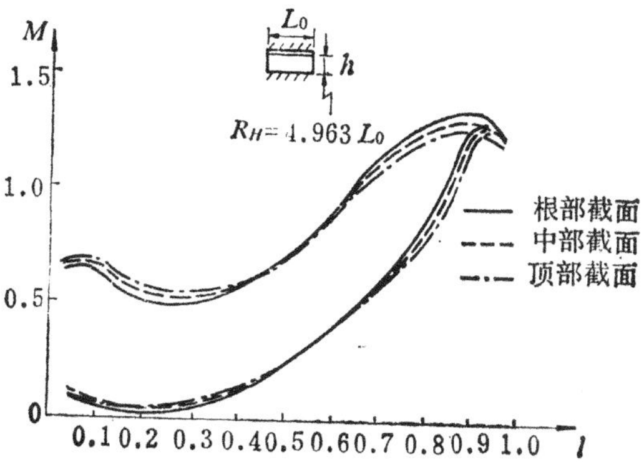

图 11.6 叶面 M 数分布

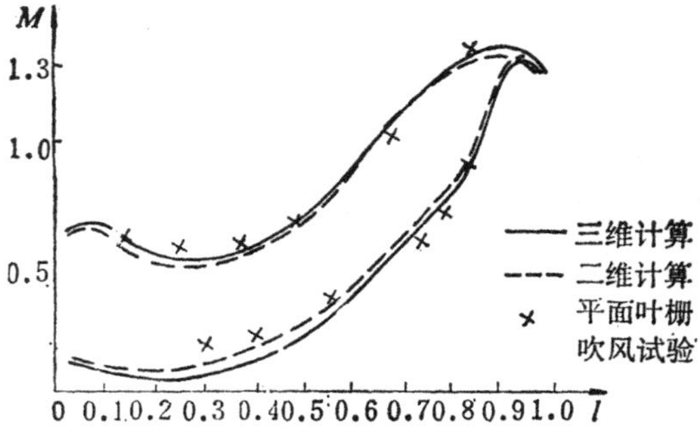

图 11.7 根部截面处叶面 M 数分布(三维计算与二维计算结果的比较)

图 11.7 画出了分别用三维流动程序[14]和平面叶栅程序[12]计算得到的上述例子中叶片根部截面处的叶面 Mach 数分布. 它们之间相差无几，这是因为此时轮毂半径与机匣半径之比接近于 1,

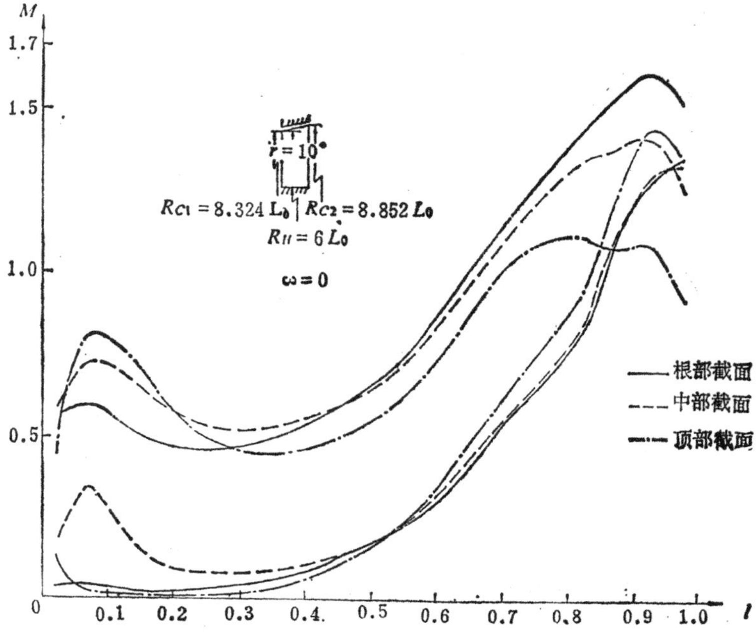

图 11.8

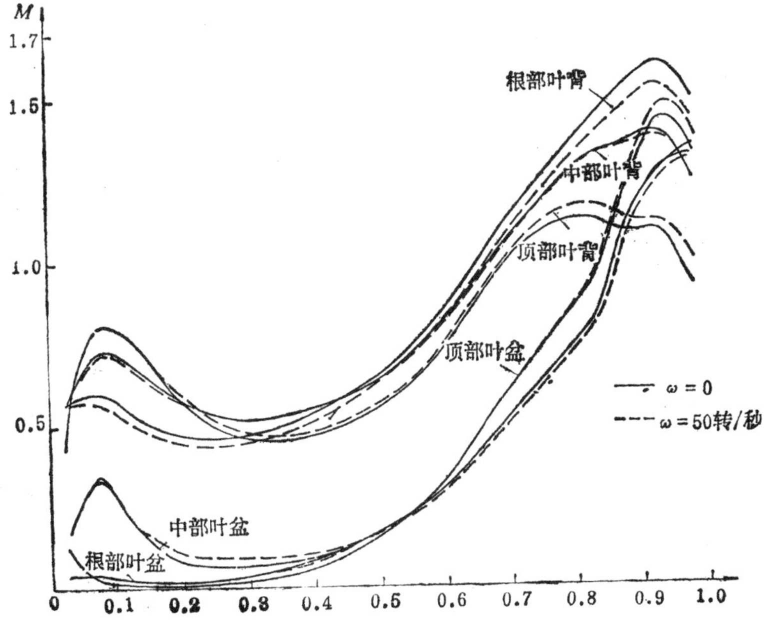

图 11.9

所以半径变化和离心力效应很小，从而使三维计算结果接近于相应的平面叶栅的计算结果．在该图上还画上了相应平面叶栅的吹风试验结果．这个结果表明，对于这种情况，平面叶栅模型是适用的．

2. 轮毂壁面为其母线平行于 z 轴的圆柱面，而机匣壁面为其母线是与 z 轴成 10° 夹角直线的圆锥面．叶片高度 h 由进口处的 $2.324L_*$ 增加到出口处的 $2.852L_*$．计算结果示于图 11.8．

由图 11.8 可见，在叶片的根、中、顶三个剖面处的叶面 Mach 数分布有较大的不同，尤其是吸力面上的 Mach 数分布差异更大．它反映了半径变化及子午扩张角的效应．

为了考察旋转效应，我们将对应于 $\omega=0$ 及 $\omega=50$ 转/秒时，叶片的根、中、顶三个剖面处的叶面 Mach 数分布绘于图 11.9． 由图可见，单独的旋转效应是比较小的，尤其是对于压力面上的

Mach 数分布几乎没有影响.

3. 轮毂壁面为其母线平行于 z 轴的圆柱面，而机匣壁面为其母线是与 z 轴成 20° 夹角直线的圆锥面. 叶片高度 h 由进口处的 $2.136L_*$ 增加到出口处的 $3.288L_*$.

计算结果如图 11.10 所示. 它表明，由于通道子午扩张角增大，导致叶片的根、中、顶三个剖面处的叶面 Mach 数分布之间的差别更大.

为了考核拟三维计算的可靠程度，分别用完全三维流动计算机程序[14]和拟三维流动计算机程序[13]计算了这个例子中叶片根部截面处的叶面 Mach 数分布. 结果画在图 11.11 中. 由此可见，拟三维计算结果，尤其是吸力面上的 Mach 数分布存在着相当可观的误差.

为了考核在文献 [5], [6], [10] 中的径向动量方程中缺少一

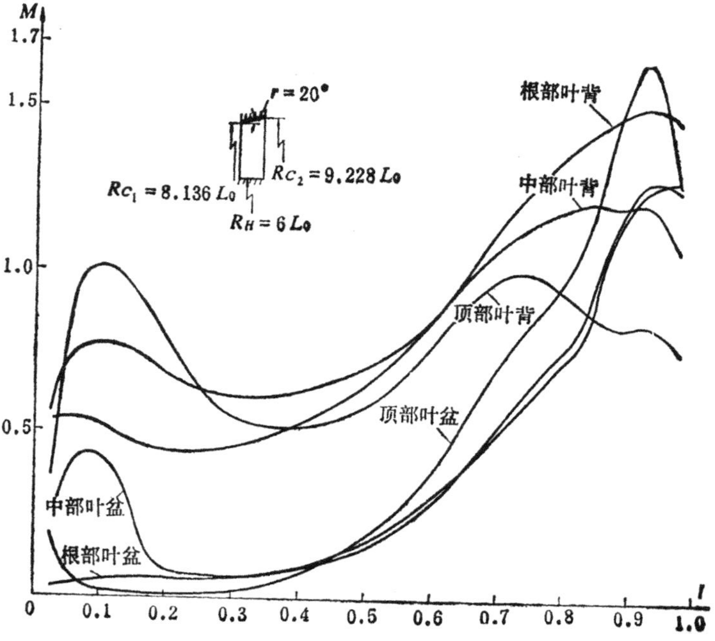

图 11.10

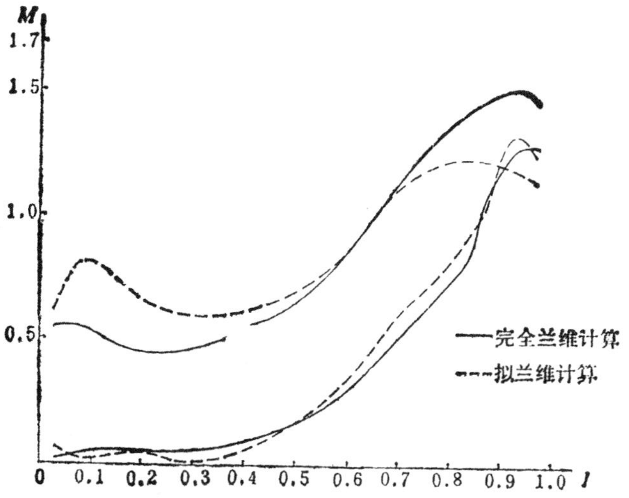

图 11.11

项 $\iiint_{\tau} \frac{p}{r} d\tau$ 对于计算结果的影响，把考虑这一项和不考虑这一项所得计算结果同时画在图 11.12 中．由图可见，这一项对于顶部剖面吸力面后半部分的 Mach 分布有较大影响．因此，在径向动量方程中略去这一项是不合适的．

（二）以某研究所设计的一个真实的跨音涡轮动叶片作为计算对象．进、出口面上规定的 p_{01}，T_{01}，p_1，β_1 及 p_2 都为沿 φ 方向均匀分布，但沿叶高方向(即 r 方向)是变化的．在具体计算中，z 方向取 44 个格点(叶片区中 22 个格点，叶片前、后延伸区中各 11 个格点)，r 方向取 7 个格点，φ 方向取 7 个格点．全场共 2156 个格点．

在文献 [15] 中分别对以下三种情况作了计算．

(1) 使用非定常能量方程 (11.11)，并用 Denton 修正格式 (11.24) 进行计算．

(2) 使用非定常能量方程 (11.11)，并用修正格式 (11.25)进行计算．

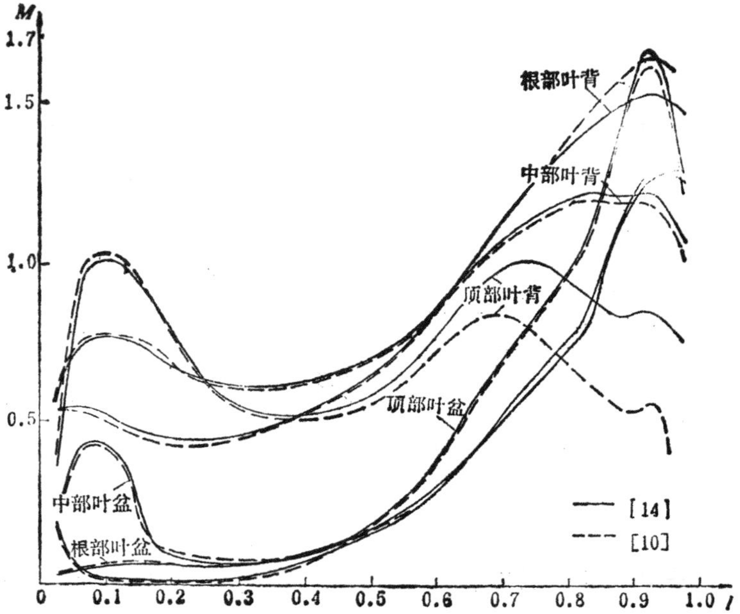

图 11.12

(3) 使用沿每一个拟 S_1 网格面转焓分别保持为常值的假设，并用 Denton 修正格式 (11.24) 进行计算.

判别差分解是否趋于定常的检验准则为下述两个准则中的一个，它们都是以轴向速度分量作为检验对象的. 定义:

$$\overline{V} \equiv \left(\frac{1}{N}\sum W^2\right)^{1/2}$$

其中$\sum$表示对所有计算点求和，N为计算点总数. 又定义:

$$E_1 \equiv \underset{i,j,k}{\mathrm{MAX}}\left(\left|w_{z_{i,j,k}}^{(n+1)} - w_{z_{i,j,k}}^{(n)}\right|/\overline{V}\right)$$

$$E_2 \equiv \frac{1}{N}\sum\left(\left|w_{z_{i,j,k}}^{(n+1)} - w_{z_{i,j,k}}^{(n)}\right|/\overline{V}\right)$$

当 $E_1 < 0.0002$ 或 $E_2 < 0.00005$ 时，认为差分解已趋于定常.

1. 关于 Denton 修正格式 (11.24) 和修正格式 (11.25) 的比较.

(i) 收敛速率

今将分别用修正格式 (11.24) 和修正格式 (11.25) 进行计算时的计算过程收敛情况示于图 11.13 中.

(ii) 叶面 Mach 数分布

关于用上述两种修正格式计算所得叶面M数分布的比较可见图 11.14.

由图 11.13 及 11.14 可见，修正格式 (11.25) 与修正格式 (11.24) 具有大致相同的收敛速率，所得计算结果亦相差无几. 但使用修正格式 (11.25) 可节省相当多的计算机内存.

2. 关于沿每一个拟 S_1 网格面转焓分别保持常值这个假设所引起的误差.

今将情况 (1) 和情况 (3) 中所得叶面 Mach 数分布绘于图 11.15 中. 由图可见，上述沿每一个拟 S_1 网格面转焓分别保持常值这个假设在本例中对最终计算结果产生相当大的误差.

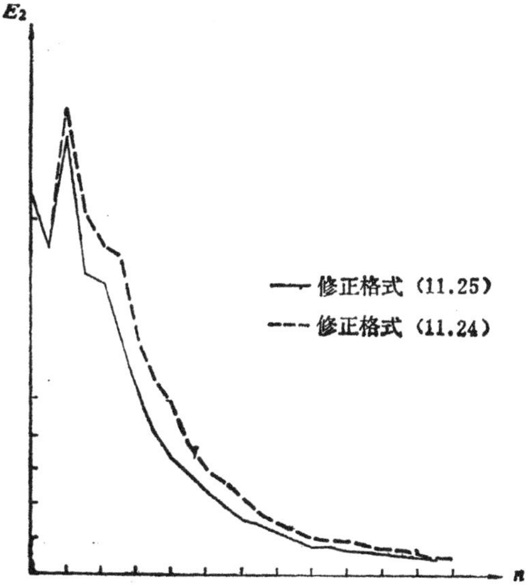

图 11.13 收敛速率

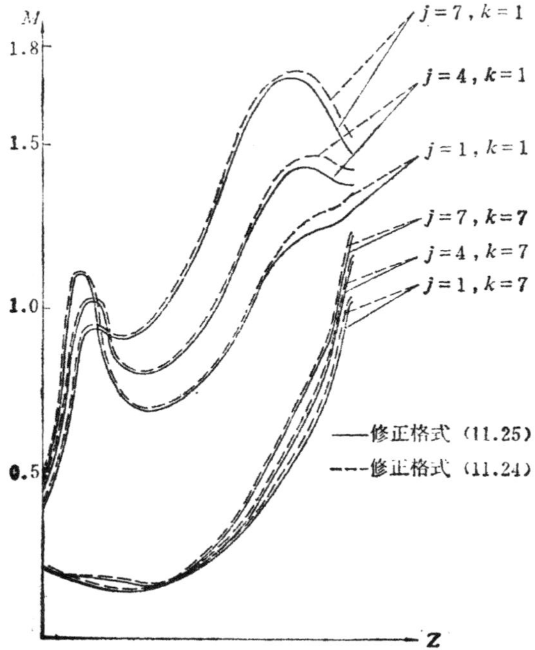

图 11.14 叶面 Mach 数分布

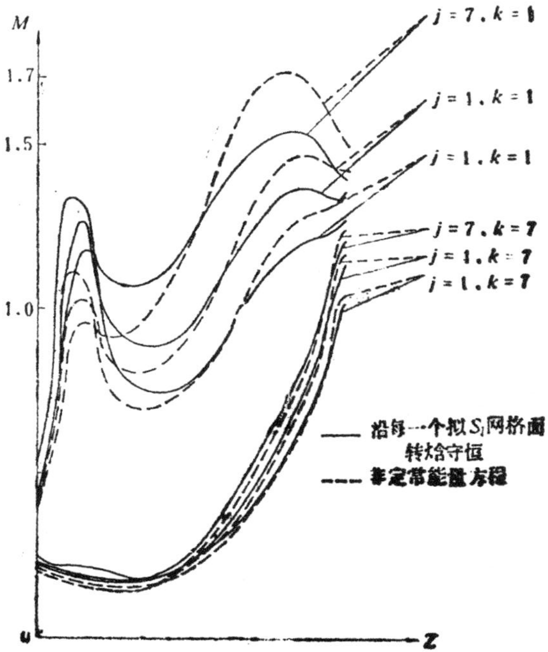

图 11.15 叶面 Mach 数分布

§6 几点结论

（一）初步的数值试验表明，采用本方法计算跨音涡轮中带激波的完全三维流动，可以得到合理的收敛解，且收敛速率不比二维情况慢。在 IBM-4341 机上计算一个例子大约为 60 分钟。从实际应用的观点来看是可行的。

（二）采用 S_1 和 S_2 两类相对流面反复迭代的方法来计算跨音涡轮中带激波的完全三维流场，至今国内外尚未有计算结果发表。由此可见，从求解叶轮机械中带激波的三维跨音速流动正问题的角度来看，直接求解三维流动的方法可能是更为可取的。

（三）数值试验表明，在许多情况中拟三维流动计算的结果存在着相当可观的误差，这就说明了完全三维流动计算的必要性。

参考文献

[1] Hill, J. M., Lewis, R. I., Experimental Investigations of Strongly Swept Turbine Cascades with low Speed Flow, *J. Mech. Eng. Sci.*, **16**(1), 32—40, 1974.

[2] Thompkins, Jr. W. T. and Epstein, A. H., A Comparison of The Computed and Experimental Three-Dimensional Flow in A Transonic Compressor Rotor, AIAA 76-368, 1976.

[3] Epstein, A. H., Kerrebrock, J. L. and Thompkins, Jr. W. T., Shock Structure in Transonic Compressor Rotors, *AIAA Journal*, **17**(4), 375—379, 1979.

[4] Kerrebrock, J. L., Flow in A Transonic Compressor, AIAA 80-0124, 1980.

[5] Denton, J. D., Extension of The Finite Area Time Marching Method to Three Demensions, VKI Lecture Series 84, 1976.

[6] Farn, C. L. S. and Whirlow, D. K., Application of Time-Dependent Finite Volume Method to Transonic Flow in Large turbines, in: Transonic Flow Problems in Turbomachinery, 1976.

[7] Denton, J. D. and Singh, U. K., Time Marching Methods For Turbomachinery Flow Calculation, VKI Lecture Series 1979-7, 1979.

[8] Sarathy, K. P., Computation of Three-Dimensional Flow Fields Through Rotating Blade Rows and Comparison With Experiment, *Trans. of the ASME, Journal of Engineering for Power*, **104**(4), 394—402, 1982.

[9] Gostelow, J. P., Review of Compressible Flow Theories for Airfoil Cascades, *Trans. of the ASME, Journal of Engineering for Power*, **95**(4), 281—292, 1973.

[10] 张耀科、龚增锦、沈孟育，跨音涡轮中三维流动的数值试验，航空学报，**2**(3)，67—76，1981.

[11] Denton, J. D., A Time Marching Method For Two and Three-Dimensional Blade to Blade Flows, ARC R & M 3775, 1975.

[12] 张耀科、沈孟育、龚增锦，平面叶栅跨音绕流的数值试验，计算数学，1978 (4)，9--26.
[13] 张耀科、沈孟育、龚增锦，任意旋成面叶栅跨音绕流的数值试验，数值计算与计算机应用，1(4)，243--252，1980
[14] 沈孟育、张耀科，跨音涡轮中完全三维流动的计算，数值计算与计算机应用，5(1)，1984.
[15] 张耀科、沈孟育，叶轮机械中三维跨音流场的数值模拟，空气动力学报，1985 (2),29—35.

第十二章　叶片颤振非定常气动问题简述

§1　引言

在本书前言中已谈到，当讨论什么是当代叶轮机械气体动力学发展的前沿时，笔者们认为，也许可以简单地概括为“跨音速、粘性、非定常”．前面各章所介绍的主要是关于叶轮机械跨音速无粘定常流问题．在第十二章到十四章中，是讨论与叶片颤振故障有关的流动现象．叶片颤振机理并不仅仅与流动有关，顾名思义可知，必与振动理论密切关联．但是单从气动力学角度来作进一步分类，则应属于非定常流动问题．叶轮机械非定常流动问题涉及到的方面颇为广泛．例如轴流压气机对于进口流场畸变的响应，动叶-静叶之间的干扰，旋转失速以及喘振等等都属于非定常流动问题．在所列出的及未罗列的非定常流动形形色色问题中，有很多是我们所不熟悉的．这里所介绍的只涉及到其中的一个分支，即与叶片颤振有关的非定常气动问题．

从总体来看，叶片颤振机理不单纯是流体力学问题，而是应属于气动弹性力学的范畴．或简称为气动弹性．所谓气动弹性问题，具体说来就是研究弹性变形体与周围气流之间的相互作用．

从更为广泛的角度来看，气动弹性问题又称为流体诱发振动问题．这一学科分支所涉及到的工程领域相当多．其中的换热器薄壁管振动问题，特别是核反应堆换热器管路振动，已受到很大重视；再如大桥、烟囱和高层建筑物对于风的响应；高压输电线、海底电缆、以及气体或液体输运管道对于风或水流的响应；弹道式导弹与航天飞机的颤振；各类飞机与有翼导弹的机翼与尾翼的颤振；直升飞机旋翼的颤振；水翼船水翼的颤振；水轮机叶片的水力弹性振动……都属于流体诱发振动问题．流体诱发振动问题也不只限于工程科学领域，甚至还涉及到很多自然现象．例如，在蜻蜓翅上位于翅前缘末端处有一对“翅痣”．据生物学家分析，认为这就是蜻蜓在飞行中对抗颤振故障的装置．如果把它们切除，则蜻蜓的飞行就会失去稳定[1]．

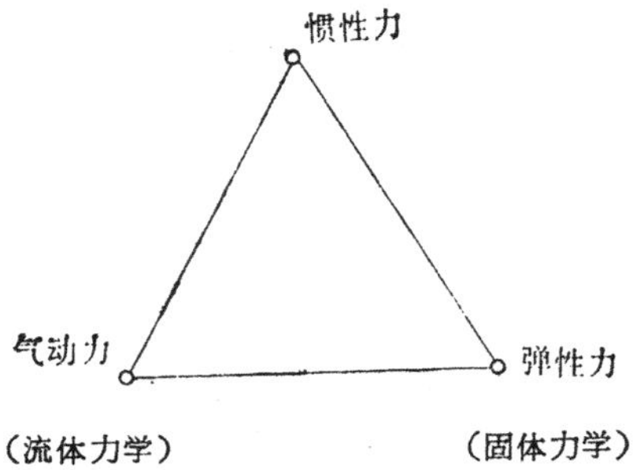

图 12.1 表示气动弹性力学学科构成情况的气动弹性三角形

可以用图 12.1 所示的三角形来表示气动弹性力学作为一个边缘学科分支的属性．此图说明，气动弹性力学所研究的乃是涉及到在惯性力、弹性力和气动力之间互相作用的一些物理现象．绝大多数气动弹性现象都是人们不希望出现的．然而，随着结构轻型化以及在很多工程问题中流速渐趋增加，气动弹性效应的影响日益增长，这就迫使人们对这一分支日益重视．

若由位于流场中弹性体形状的角度考虑，则可把前面作为举例而列举的各种流体诱发振动问题归纳为两大类．一类对应于不良绕流体，例如圆管跨流诱导振动；还有另一类对应于流线体，叶片颤振应属于后一类．通常所说的颤振，就是指这里所说的流体诱导振动中的第二类问题．或者从气动角度来看，可以认为颤振乃是一个气动举力面的任何一种自激振动现象．

在流线体的流体诱发振动问题中，研究最深入而且也最为人们熟悉的是飞机机翼和尾翼的颤振．这是由于这一类事故的多发性以及所导致后果的灾难性所致．

但是，在流线体的流体诱发振动问题中，近年来异军突起的后起之秀则是叶轮机械叶片颤振问题．尽管叶片颤振事故的历史很长，但近年来格外引人注意．其原因主要来自两方面．首先，近年来随着飞机发动机推重比的不断提高，伴随而来的是风扇及压气机叶尖切线速度越来越大，级压比越来越高，叶片相对厚度则逐渐减少，叶片刚性随之下降，因而气动弹性方面的矛盾日益尖锐。在国内外，叶片颤振都已造成很多事故，并拖延了发动机的研制周期。其次，近年来大型蒸汽轮机单机功率迅速增长，末级叶片越来越长，切线速度越来越高，所以气动弹性问题同样日益尖锐。由于上述工程背景，国际理论与应用力学联盟（IUTAM）特地将叶轮机械气动弹性力学定为力学发展中与工程技术紧密结合的新学科分支方向之一，并决定大致每隔四年左右专门就此问题召开一次国际会议。上述的叶轮机械气动弹性力学国际讨论会，已于1976及1980年分别在巴黎和洛桑召开过两届了。

如上所述，叶轮机械叶片颤振与飞机机翼颤振同属于流线体流体诱发振动问题，二者之间有不少相似之处。但是，也存在相当大的差别。首先，通常飞机机翼的结构是在框架上面覆盖薄层蒙皮，从而构成空心结构。而风扇及压气机叶片则绝大多数是实心的。可通过质量参数 μ 来分析二者之间的差别。

$$\mu = \frac{m}{\pi \rho b^2} \tag{12.1}$$

式中 m 表示机翼或叶片质量，b 表示机翼或叶片某特征截面之弦长，ρ 表示空气密度。

在表12.1中列举了一些机翼和叶片质量参数 μ 的典型数值。由表12.1可见，叶片的质量参数远比机翼大。主要由于这一差别，使得叶片颤振振型受到气动效应的影响将比机翼来得小，且颤振发作时的叶片振动频率与叶片自振频率基本一致。飞机机翼则与此不同，颤振发作时的振型及振动频率与气动响应之间关系很大。

表 12.1　机翼与叶片的典型质量参数数值

质量参数	机　翼	钛叶片	钢叶片
μ	10	190	325

此外，当研究机翼颤振时的非定常流场时，通常只须注意机翼本身的流场即可。而在叶轮机械中，即使对于单个叶片排来讲，也

不能只分析单个叶片周围的流场，因为诸相邻叶片对于零叶片的干扰作用是很大的. 一般说来，相邻叶片之间的非定常干扰将会减少叶片的气动弹性稳定性.

由于上述两类区别，使得机翼与叶片二者的颤振类型有很大不同.

飞机机翼经常发生的一类颤振是古典颤振，即弯曲-扭转两自由度耦合振动系统的自激振动. 机翼的另一类颤振是失速颤振. 这一类颤振的发作与大迎角飞行有关.

对于叶片颤振说来，由于流场的边界条件与机翼不同，所以二者描述颤振发作的方式也有所不同. 对于飞机发动机说来，通常是在压气机的级特性图上表示颤振边界，如图 12.2 所示.

图中的颤振边界是指颤振区与未颤振区的交界. 通常是根据颤振应力的数值来确定的. 尽管图中画出很多条可能出现的颤振边界，但在实际运行范围内上述各条颤振边界并不一定都会显现

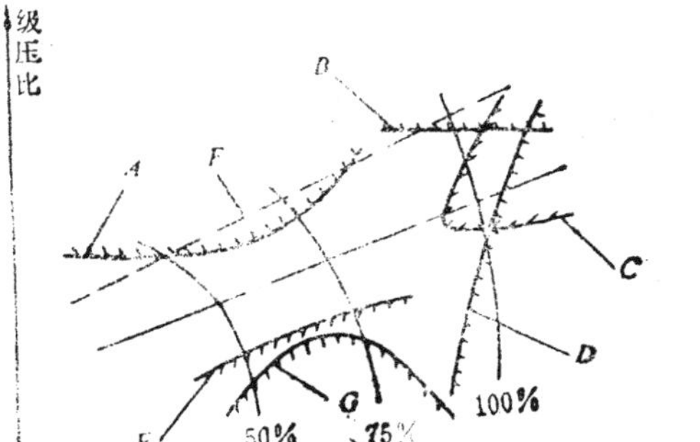

A——亚/跨音失速颤振边界
B——超音失速颤振边界
C——A-100 型颤振边界
D——超音非失速颤振边界
E——堵塞颤振边界
F——旋转失速边界
G——负攻角失速颤振边界
—·—共同工作线——等转速线

图 12.2 在压气机级特性图上表示的各种可能发生的颤振边界

出来.

下面再来讨论叶片振动与叶片颤振之间的关系. 叶片振动的起因很多,如叶片排中气流的旋转失速或喘振,动叶与静叶之间的相互干扰,进口流场的畸变,以及各种机械激振因素都会导致叶片共振乃至于损坏. 上述这一些叶片振动都属于强迫振动. 例如由于旋转失速、喘振、动静叶干扰所激发的叶片振动, 其激振源是非定常流场. 在此种非定常流场中, 流动参数均呈周期性变化. 当呈周期性脉动的气动力(即强迫振动的激振力)的频率恰好等于叶片固有自振频率时, 就会发生共振. 从而有可能使振动应力达到引起叶片破坏的水平. 作为激振源而存在的非定常流动, 是由于其它机理而出现的, 并不是叶片自身振动运动所产生的结果. 由于归属于强迫振动一类, 所以只有当非定常流场脉动频率与叶片固有频率相重合时才会形成危险的共振. 因此, 叶片的最大振幅及危险振动应力值只对应于一个很窄的机械转速范围.

与此相对应,叶片颤振不属于被激强迫振动. 这是一类"自激振动"现象. 其含义是,激振力乃是由于叶片自身的振动运动而形成的. 叶片一旦停止振动, 则作用在叶片上的非定常气动力也就随之而消失. 由于这样一种激振力是依赖于叶片自身振动的机理, 所以就称之为自激振动或自持振动. 为了与前面谈到的非定常流场激发叶片强迫振动相对照, 可以来对比此二者各自对应的非定常流场. 叶片强迫振动所对应的非定常流场如前述, 并不是由于叶片振动引起的. 叶片颤振所对应的非定常流场则不同. 远方来流是定常流而不具有交变性质. 流场之所以具有非定常性质,乃是由于叶片振动而造成的. 叶片颤振发作的特征在于,一旦叶片具有初始振动, 振动着的叶片就不断地由气流中吸取能量而转化为叶片振动动能, 从而导致叶片振幅不断增大即颤振发作. 由此可见, 叶片颤振发作的标志并不在于周围流场发生了什么突然变化, 而在于叶片振动运动失去稳定性而发散. 前面谈到的用振动应力达到某一规定数值来确定颤振边界, 也是对于叶片振幅失去稳定的一种指示方法. 正因为叶片颤振机理与旋转失速等现象的机理不同，所以发作时不一定必然出现损失增大、压比下降、气流参数脉动等现象，而给人以突如其来的感觉．由上面简单分析可见，这些现象与叶片颤振的定义以及发作机理是一致的．综上所述，叶片振动可分两大类，一类是强迫振动，一类是自激振动．叶片颤振属于后者，是一类自激振动现象．

在引言中对于叶片颤振问题所应归属的学科分支作了简单介绍之后，§2 讨论如何根据能量法来判别叶片颤振的发作；随后的§3，§4，§5 三节针对轴流压气机的几种叶片颤振类型分头进行讨论；§6 简述蒸汽轮机末级长叶片颤振情况．

§2 判别叶片颤振发作的能量法原理

正如现已发生的绝大多数气动弹性现象一样，叶片颤振是一类后果极为严重的故障．在国内外都发生过由于叶片颤振而导致的事故，也曾严重地拖延了一些机种的研制进程．由此可见，为了能够避免叶片颤振故障，应当从飞机发动机或蒸汽轮机研制的早期就在设计体系中包括对于叶片颤振发作与否的预估方法，以便把未来的叶片颤振隐患尽量在图纸设计阶段就能予以消除．与此同时也应当拥有足够的技术储备，当一旦发生了叶片颤振故障之后，以便采取对策来排除故障．目前工程上虽已掌握一些防止或推迟叶片颤振发作的办法，但这些措施往往以增加重量或牺牲效率为代价．这就意味着，从全局角度考虑，防止或推迟叶片颤振发作的办法往往既有利也有弊．倘若对于颤振的发作采用过于保守的估计和对策时，将有可能影响发动机的性能指标；而采用过于进取的设计则又有面临着颤振发作的危险．由此可见，准确地预估叶片是否会发作颤振是十分有意义的事情．

为了能实现上述目标，首先必须讨论判断叶片颤振发作与否的准则．目前普遍根据能量法来作为出发点．因为叶片颤振作为一类自激振动现象，当发作时将由于叶片的初始微小振动而从周围气流中吸取能量，但在振动过程中又必将由于机械阻尼而消耗能量．因此，就可根据在叶片的一个振动周期之内，叶片与外界的能量交换为正或为负，来作为叶片颤振发作与否的判别准则.

当在叶片的一个振荡周期之内，或者气流对叶片作负功，或者气流对叶片所作的正功小于机械阻尼所消耗的功时，则叶片振动的振幅就会逐步衰减，于是振动趋于消失；当气流对叶片所作的正功恰好等于机械阻尼功时，振幅将维持不变，从而处于平衡状态；当气流对叶片作正功，而机械阻尼功又不足以抵消时，则叶片振动的振幅将随时间的推移而迅速加大，于是叶片颤振发作.

由此可见，当从作功的观点来研究叶片颤振是否发作时，应当考虑到气动功与机械阻尼功. 下面首先来考虑气动功. 并沿用非定常气动系数来表示在一个振动周期之内气流对叶片所作的功.

沿着叶片的叶高方向取一微段. 在此微段之内，可将每片叶片上所承受的非定常举力、非定常阻力以及非定常力矩分别记为

$$L = -\pi\rho b^3\omega^2(A_h \cdot h + A_\alpha \cdot \alpha + A_s \cdot s) \tag{12.2}$$

$$D = -\pi\rho b^3\omega^2(C_h \cdot h + C_\alpha \cdot \alpha + C_s \cdot s) \tag{12.3}$$

$$M = -\pi\rho b^4\omega^2(B_h \cdot h + B_\alpha \cdot \alpha + B_s \cdot s) \tag{12.4}$$

式中 A_h, A_α, A_s 分别表示由于叶剖面的弯曲、扭转及弦向位移所造成的气动举力系数，B_h, B_α, B_s 为相应的力矩系数；C_h, C_α, C_s 为相应的阻力系数，L, D, M 分别代表非定常举力、阻力及力矩，h, s, α 分别代表法向位移、弦向位移及扭转角位移量，b 为半弦长，ω 为叶片自振圆频率. 上述诸符号的意义可进一步参阅图12.3.

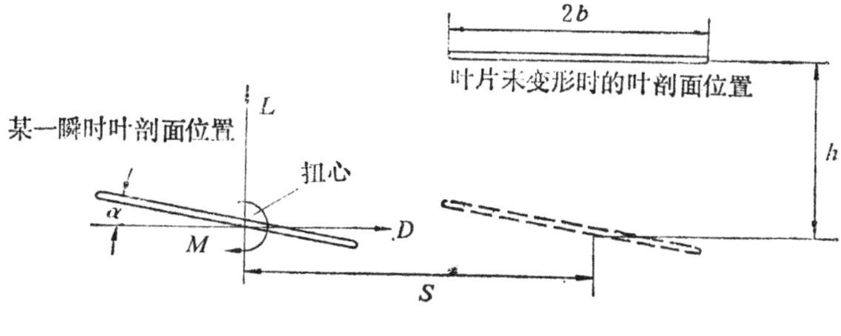

图 12.3 叶片振动所造成的叶剖面位移及相应的气动力与气动力矩

如图 12.3 所示，非定常气动力与非定常力矩对于振动叶片所作的功，就应等于举力与法向位移、阻力与弦向位移以及力矩与扭角三项乘积之代数和. 由此可见，在叶片的每一振荡循环之内，周围气流对于该叶剖面所作的功为

$$w = -\oint L dh - \oint D ds + \oint M d\alpha \tag{12.5}$$

为了求得气流对叶片所作的全部气动功，就应当由叶根半径 r_h 积分到叶尖半径 r_t. 因此，在叶片的每一振荡循环之内，周围气流对于一片叶片所作的功应为

$$\overline{W} = \int_{r_h}^{r_t} \left\{ -\oint L dh - \oint D ds + \oint M d\alpha \right\} dr \tag{12.6}$$

式 (12.6) 所表达的是气流对于叶片排中一个叶片所作的功. 但由结构动力学角度看，则应由整个转子组件振动系统出发. 此振动系统由轮盘及装在轮盘上的全部叶片所组成. 假设此转子为简单的线性系统，则全系统的气动阻尼可写成

$$\delta_{\mathrm{Aero}} = -\frac{n\overline{W}}{\overline{KE}} \tag{12.7}$$

式中 n 为装在轮盘上的叶片总数，$\overline{KE}$ 为转子系统的平均振动动能.

转子组件系统的总阻尼应为气动阻尼与机械阻尼之和:

$$\delta_{\Sigma} = \delta_{\mathrm{Aero}} + \delta_{\mathrm{Mech}} \tag{12.8}$$

机械阻尼包括材料阻尼和结构阻尼. 材料阻尼代表由于叶片材料循环变形所造成的能量耗散；结构阻尼是指由于在振动过程中不同零件之间在接触面处相对运动所造成的能量耗散.

若对于系统的某一振型，总阻尼 $\delta_{\Sigma} < 0$，则表明气流对该系统所输入的能量超过由于机械阻尼而消耗的能量，因而颤振将发作. 对应于不同的振型，转子系统总阻尼应有不同数值. 其中 δ_{Σ} 值最小的振型就是最易于出现颤振的危险振型.

如本章引言中所述，通常为实心的金属叶片的质量参数 μ 比飞机机翼高得多. 因此，在叶轮机械气动弹性力学领域广泛应用

如下假设：当叶片颤振开始发作时，系统的振型及振动频率不受周围非定常流场气动参数影响，仍保持系统于真空中的自振振型及固有频率不变．这一近似是首先在文献 [2] 中建议的．根据上述近似，就可以把非定常气动分析与结构动力学分析这两个主要组成部分完全分开，而成为两个独立进行的部分．从而可使得叶片颤振分析工作大为简化．

然而，近年来研究工作表明，上述假设中有关颤振发作时的振动频率不受周围流场气动参数影响所导致的误差不大，因而是可以接受的．但是当预测颤振发作时复杂振型的影响不是无关轻重的．若予以略去的话，将导致所预测的颤振边界具有可见的误差[3]．

§3　轴流压气机与风扇叶片的失速颤振

与高反压大攻角运行状态相联系的叶片颤振通常被称为失速颤振．在级特性图上，失速颤振边界常出现在失速边界附近，如图 12.2 所示意．失速颤振是当前风扇和压气机叶片最经常遇到的颤振故障．多年来一直是飞机发动机研制中的难关之一，并曾导致多次灾难性后果．

由图 12.2 所示意的压气机级特性图可见，在高反压大攻角条件下，于旋转失速边界附近画出了两条颤振边界，即图中的 A 与 B．A 即称为“亚/跨音失速颤振边界”，B 则被称为“超音速失速颤振边界”． 由图可见，前者应对应于较低的折合转速及较低的 Mach 数．测量结果表明，当颤振发作时，前者的振频多与低阶扭转自振频率相符，后者的振频则多与低阶弯曲自振频率相符．尽管实际上的振动是耦合的，但常称前者为扭转振型失速颤振，后者为弯曲振型失速颤振．

目前对于与跨音速非定常分离流场相对应的叶片失速颤振机理还理解得不够透彻．最直接的原因有可能是由于叶片振动而造成通道激波的周期性振荡．在高反压条件下，通道激波及波后的逆压力梯度将导致激波——附面层干扰以及大尺度非定常分

离 .非定常分离流的周期性振荡将会促使叶片颤振发作.

叶片失速颤振的多发性与危害性促进了人们对于失速颤振发作预测方法的研究.虽然已作了大量工作，但是对于失速颤振说来，从气动角度看是面临着非定常高逆压力梯度跨音速大尺度分离流流场求解问题.目前的计算流体力学水平尚不能预测出如此复杂流场的气动阻尼数值来.因此，各国至今主要还是沿用经验性方法来预估叶片失速颤振是否将会发生.

早在 1945 年,文献 [4] 中建议对于扭转振型失速颤振取折合频率 $k \geqslant 0.75$ 来判别安全与否. 后来文献 [5, 6] 中建议将弯曲振型的临界折合频率值取为 0.15，将扭转振型的临界折合频率值取为 0.8。折合频率 k 的具体表达式为

$$k = \frac{\omega \cdot b}{w_1} \tag{12.9}$$

式中 ω 为叶片某一振型所对应的自振圆频率， b 为半弦长，w_1 表示在某一半径处的进口相对来流速度.

上面这种以折合频率 k 一个参数的数值来经验性地预测失速颤振发作与否的方法可称为单参数法.但不难发现，单参数法预测结果不可能十分精确.对于失速颤振所对应的跨音速非定常分离流场说来，攻角是一个重要参数.因而在发展中改用双参数法来预测失速颤振.也就是用 k 与攻角两个参数来描述失速颤振的经验性边界曲线.此类经验性边界示意图见图 12.4.图中的折合

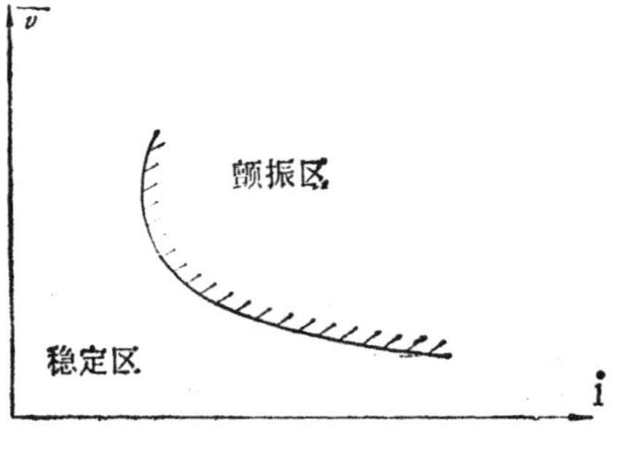

图 12.4 双参数法预测颤振稳定性的经验曲线

速度 $\bar{v}$ 是折合频率 k 的倒数. 图中涉及到的诸参数值可取叶片某一特征半径处的数值.

与各类工程问题中常常使用的经验法一样，这一类方法都是建立在相似理论基础之上的. 对于叶片颤振发作所对应的非定常流场说来，可作如下提法.

现在考虑两个几何相似的二维平面叶栅 A 与 B，研究由于叶片微幅振动所形成的非定常流场. 若对于二者可用同一个无量纲气动方程组来描述，并且无量纲定解条件亦相同，则二流场对应点与对应瞬时的同名物理量必成比例. 因而若一个非定常流场诱导叶片颤振发作，则另一个非定常流场也必将诱导叶片颤振发作. 此时这两个流场相似.

若略去质量力，且假定工质均为空气，不考虑温度影响，从而认为二者气体常数与比热比均相同，当二叶栅的叶片间相角相等时，如若欲保证二非定常绕流流场相似，则必须满足以下条件:

$$k_A = k_B$$

$$M_{1_A} = M_{1_B}$$

$$i_A = i_B$$

$$M_{2_A} = M_{2_B}$$

$$\mathrm{Re}_A = \mathrm{Re}_B$$

式中 k 为折合频率，M_1 与 M_2 分别表示叶栅进口与出口截面之相对 Mach 数，i 表示攻角，Re 表示 Reynolds 数. 下标 A 与 B 分别表示所讨论的两个流场.

折合频率 k 是反映流场非定常性的尺度，叶片颤振发作与否和流场的非定常性紧密相关，所以折合频率 k 或者其倒数折合速度 $\bar{v}$ 的重要性是可以预计的. 在单参数法中只凭一个 k 值也能粗略地判别叶片颤振发作与否，就说明此无量纲参数的重要性.

因为 Re 数超过某一数值后将自动模化，所以在经验法中略去此无量纲参数影响将不会对于预测精度导致明显误差. 但是对于高速流场说来，Mach 数的影响是不能不考虑的. 这可能是前阶段广泛使用的如图 12.4 那一类双参数经验曲线的一个主要缺陷.

前面谈到，两个叶栅非定常流场相似的前提是两个对应叶栅之间的几何相似．但是在实际工程问题中，保证两个叶栅或两个转子的严格几何相似这一前提就会使得经验预测方法无法进行下去．因而在并不保证严格几何相似情况下，在使用经验预测方法来预测叶片颤振发作时，需要对于一些重要几何参数的影响进行修正．例如展弦比、轮毂比、叶型弯角、稠度、叶型最大相对厚度、安装角……几何参数都对叶片颤振发作具有可见影响．这就表明，为了更准确地预测颤振发作，就应当来考虑到更多个参数．这自然就意味着，为了取得经验法所需的数据，必须进行大量试验研究．根据大量试验数据，就可整理出叶片颤振数据库．

叶片颤振数据库虽然是来自实测结果的第一手资料，并因而具有较高的可信程度，但投资及花费时间都会很多．因为这需要改变多个气动及几何参数，而且每个参数都应覆盖一定的变化范围．此外还应考虑到，飞机发动机的设计水平必须不断提高．当原有叶片颤振数据库的参数范围不够用时，就只有对数据外推，于是预测的精度就会受影响．

考虑到当代数字式电子计算机的高速发展，以及与之相应的每门学科由定性走向定量的趋势，所以采用数值方法或半经验方法来预测叶片颤振发作也是很吸引人的．在后面两章中将讨论这方面的部分内容．

§4　轴流压气机与风扇的超音速非失速颤振

在图 12.2 所示意的压气机特性图上，“D”表示超音速非失速颤振边界．在飞机发动机发展早期并没有遇到过超音速非失速颤振．直到六十年代末和七十年代初，随着叶尖切线速度以及相对来流 Mach 数的提高，和为提高发动机推重比而采取的种种减轻结构重量的措施，方才出现这一类叶片颤振故障．目前这已成为风扇及压气机的一类重要叶片颤振类别．所谓叶片超音速非失速颤振，就是指转子叶片以均匀的超音速叶尖相对进口速度运行，并且由于低反压和小攻角或负攻角，从而在叶片槽道中气流未失速情况下的叶片自激振动现象.

由图 12.2 可见，这种颤振边界在设计转速附近有可能与共同工作线相交，从而构成风扇高速运行时的障碍. 与失速颤振的一个明显不同点是，这一类颤振将随反压减少而加剧，增加反压则反而成为控制乃至消除颤振的一种有效方法.

超音速非失速叶片颤振有可能涉及到三种基本振型. 一种是扭转振型，且以一阶扭转振型最为常见. 第二种是弯曲振型，亦以一阶弯曲振型为多. 一般说来，在低反压时多出现扭转振型，在较高的反压时则易出现弯曲振型. 它们多发生于叶尖相对来流 Mach 数在 1.40 以上的速度范围. 第三种振型是弦向弯曲振型. 此种振型的颤振发生于更高的叶尖相对来流 Mach 数情况，大体上在 1.60 以上时才会发生. 图 12.5 表示弦向弯曲振型超音非失速颤振的气动阻尼值随进口来流相对 Mach 数 M_{w_1} 的变化曲线[7]. 由图可见，大约在 $M_{w_{1t}} = 1.60$ 时气动阻尼值开始变为负值.

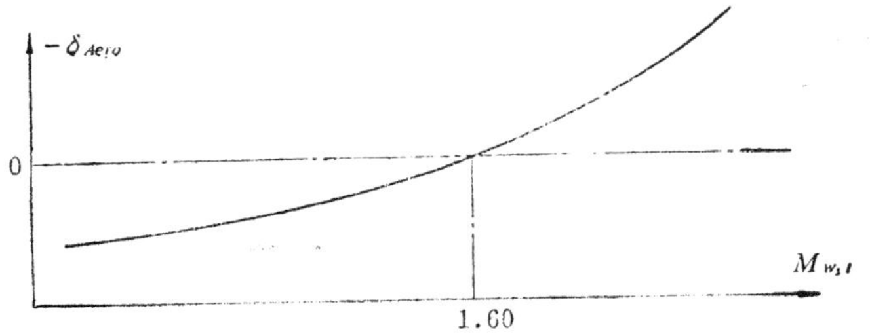

图 12.5 叶尖相对来流 Mach 数对于弦向弯曲振型超音速非失速颤振发作的影响

这里所提到的弯曲及扭转振型，是指叶型剖面在振动过程中被认为是刚体，此刚性叶型剖面或作平移振动、或作围绕扭心之扭转振动. 而弦向弯曲振动则是指在振动时叶型剖面不再是刚体，叶型中弧线在振动中将发生变形，如图 12.6 所示.

弦向弯曲振型的超音速非失速叶片颤振出现得比较晚. 但可以预期，随着叶尖切线速度的进一步提高，以及重量的进一步减轻，这种振型的颤振的重要性将会进一步增长.

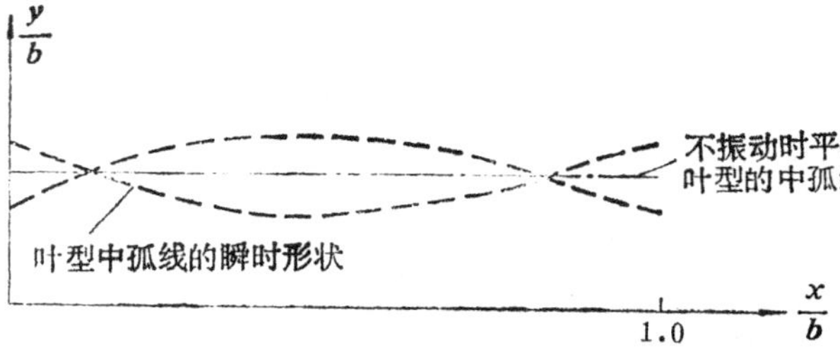

图 12.6 叶型弦向弯曲振动变形示意图

在前面已谈到建立预测叶片颤振发作的工程方法是非常重要的．各类叶片颤振发作的机理及运行条件都各不相同，自然需要分别建立相应的工程预测方法． 相对于另外几类叶片颤振说来，叶片超音速非失速颤振的工程预测方法方面的文献是介绍得比较详尽的．典型文献可见文献 [7]． 此文的出发点是能量法．在此文所介绍的叶片颤振预测体系中，主要组成部分是叶片——轮盘耦合振动系统的结构动力学分析，以及超音速平面叶栅非定常气动分析两大部分．

为了考验所采用的叶片颤振预测体系是否合于实用，文献[7]介绍了所设计及实验的两个转子．通过选择叶片展弦比、厚度分布以及减振凸台位置等参数，而把转子 A 设计成预计将会发生超音非失速颤振．经实验证实，此转子确实发生了预期的超音速非失速扭转颤振． 当假设转子机械阻尼 $\delta_{\mathrm{Mech}}=0.03$ 时，所预测的颤振发作转速为实验值的 92％．若只考虑气动阻尼，则预测转速为实验值的 80％．根据上述与实验对比，文献 [7] 认为所用的分析预测方法已能够估算出稳定性最差的颤振振型．

在文献 [7] 中的转子 B 则被设计成为预计无颤振发作的．实验亦已证实，直到设计转速为止，未观查到有叶片超音速非失速颤振发作．表明与设计所预期的相符．但转子 B 的气动阻尼 δ_{Aero} 是很大的正数．这说明从防颤的观点来看，转子 B 设计得相当保守．

除上述两转子之外，文献 [7] 还分析了另外四个转子的颤振稳定性，并认为所得的估算值与实验数据颇为一致．即每当在实验中发生颤振时，分析方法必能计算出一个负的气动阻尼值来，且此气动阻尼值的绝对值与所预计的机械阻尼值大体相等．因而文献［7］认为他们已发展了精确估算超音速非失速颤振发作的方法．且此方法已为设计人员提供了有价值的工具．

但是仅仅由文献［7］所用的超音速平面叶栅非定常分析方法[8]来看，在所用的超音速无粘位流模型中不考虑流场中的非定常激波，且只能适用于零攻角零厚度平板叶栅叶型．而在事实上，即使认为非定常流动与叶型振动之间的相位不同能对于叶片气动弹性稳定性有很大影响的话，非定常激波的存在、叶型真实形状的影响、以及唯一攻角的非零值等因素都将对于叶片颤振发生与否会起相当大的作用．由此可见，文献［7］中所给出的超音速非失速叶片颤振预测方法在当时是很有价值的，但在今天来看，还存在一些进一步应改进之处．

§5 堵塞颤振与负攻角失速颤振

由图 12.2 所示的典型压气机级特性图可见，在部分转速低反压条件下运转时将会遇到一条可能的颤振边界，通常称之为堵塞颤振边界．早在五十年代就曾报道过一台大型工业用轴流压气机因堵塞颤振而破坏的事例[9]．但总的来讲，在早期这一类故障不常见到．近十多年来随着飞机发动机推重比的提高，颤振故障发作的潜在危险性增大．这种形势对于堵塞颤振自然也不例外．除此之外，特别是与可转导流叶片及可转静叶结合在一起时，使得发动机运行时压气机叶片可能遇到的攻角范围大为增加，从而使得叶片堵塞颤振发作的可能性大为增加．例如美国 J85 发动机在研制过程中曾发生第三级和第五级轴流压气机转子叶片的一阶弯曲振型堵塞颤振． F100 发动机高压压气机第六级转子亦记录有此种堵塞颤振之发作．

当处于部分转速运转时，多级轴流压气机的前面级将处于正攻角条件，中间级和后面级则将对应于负攻角，并且往往处于堵塞状态，这时中间级与后面级就具有出现堵塞颤振的可能性．特别是当某一级的转子叶片设计安装角与相邻级转子叶片安装角的平均值相比有显著变化时，堵塞颤振不稳定性就更加易于发作.

对于叶片堵塞颤振的机理尚理解得不很清楚. 但由于这条颤振边界通常出现在压气机级特性图上的堵塞边界附近，可以推想堵塞颤振与叶片通道中出现气动喉道及激波等流动条件有关. 由于堵塞颤振一旦发生，则其后果是严重的. 所以应力求深化对于叶片堵塞颤振发作机理的理解，并建立对于叶片堵塞颤振的先期预报方法，以便在叶片的设计阶段就可防止堵塞颤振的发作. 文献 [10—12] 的研究目的就是为了判别跨音叶栅中出现堵塞颤振的条件.

如图 12.7 所示，在文献 [10] 中用安放在二维风洞中的孤立翼型来模拟零度安装角振荡叶栅的堵塞颤振稳定性. 在实验研究中将 10% 相对厚度的对称双圆弧翼型安放于风洞中，并围绕位于弦线中点处的扭心来作扭转振荡，和通过调整风洞实验段的高度 H 来模拟不同稠度的影响. 实验结果表明，对于稠度为 2.0 的叶栅，当全流场均为亚音流时，气动阻尼值为正，即不会发生颤振. 但流场中一旦出现跨音速区及激波，则气动阻尼变为负值，从而标志着颤振的发作.

在文献 [10] 中发展了一种一维非定常分析方法，并给出了数值结果与实验的对比.

对于图 12.7 所示的模型，文献 [11] 使用非定常线化方程，通过 Laplace 变换而得到了零厚度平板翼型非定常扰动速度位的解析解. 并且预测了在低折合频率时处于一定参数范围之内的扭转

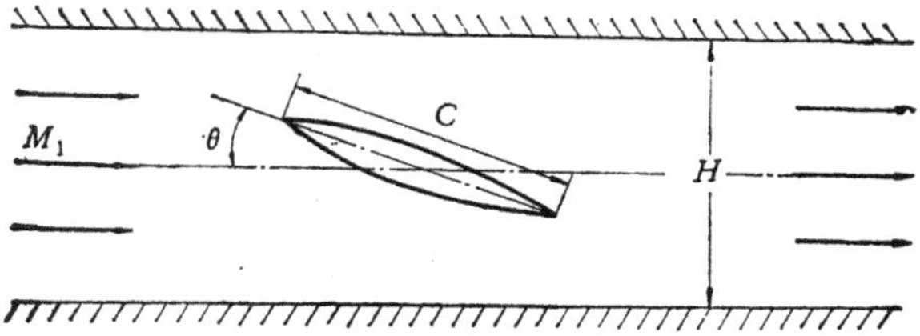

图 12.7 在二维风洞中用振荡孤立翼型来模拟叶栅的堵塞颤振

振动的气动弹性不稳定性. 发现决定堵塞颤振发作与否的一个有关参数是折合频率与稠度倒数的乘积.

文献[12]发展了一种预测叶片堵塞颤振发作的半激盘理论. 这个半激盘模型由两个解所构成. 一个是定常叶片通道流动分析, 另一个是非定常线化小扰动分析. 前者是使用定常一维等熵关系来确定定常正激波位置, 后者则考虑到非定常激波位置对于叶栅叶片振动的依赖,并由上游流场、叶片通道流动及下游流场分析三部分组成. 最后将数值结果与实验数据作了对比.

由上面简述可知,文献[10]的实验结果是很宝贵的, 然而所用的一维非定常分析方法还是初步的. 特别是对于轴流压气机中的真实叶栅,安装角并非零度,相邻叶片之间的重叠部分也只有一小段,从而难以使用一维非定常流管分析. 文献[11]虽使用二维分析方法,但仅使用线化方程,且只得到了平板叶型的零安装角叶栅解析解,与真实叶栅尚有较大区别. 文献[12]通过半激盘简化模型揭示了非定常激波运动对叶片堵塞颤振发作的重大影响, 深化了对于堵塞颤振发作机理的理解. 但是, 分析毕竟是建立在一维基础上的,尚有较大近似性.

还应指出的是, 文献[10, 11]只是针对扭转振动叶片的气动弹性稳定性进行了实验研究和计算分析,而近来实验研究表明[13], 在部分转速低反压运行条件下存在有两条可能的颤振边界, 即小负攻角及较高反压时的弯曲振型颤振, 以及另一种高负攻角更低反压时的扭转振型颤振. 前者攻角范围约为$-1°$——$-3°$; 后者攻角范围约为$-8°$——$-10°$. 由上述负攻角数值可见,堵塞应是小负攻角弯曲振型颤振的主要起因. 因为如此小的负攻角尚不能导致叶片表面上的大尺度分离. 所以可把小负攻角弯曲振型颤振命名为**堵塞颤振**. 对于另一类扭转振型颤振说来, 由于高达$-10°$左右的负攻角有可能引起叶片表面的气流大尺度分离, 所以可命名为**负攻角失速颤振**. 距离共同工作线更为接近的应当是反压较高的堵塞颤振,而不是反压更低的负攻角失速颤振,所以前者更具有实际上的重要性.

为了能够较详细地了解叶片堵塞颤振发作时的二维非定常流场情况，文献[14]采用在文献[15]中给出的数值方法及计算机程序计算了一些算例.

一个双圆弧叶型叶栅，叶型弯角10°，安装角55°，稠度1.2586，振荡圆频率 $\omega=0.1656$，攻角为$-3.72°$. 对此叶栅计算了进口 Mach 数 0.6，0.7 及 0.8 的三个状态. 图 12.8 给出了 Mach 数 0.6 与 0.7 时弯曲振荡叶片上下表面非定常压力系数差值沿弦向之分布，图 12.9 给出了 Mach 数 0.8 时的分布. 图 12.10 给出了叶型的非定常举力系数随进口 Mach 数的变化. 由图 12.10 可见，在 Mach 数 0.8 时，弯曲振荡是不稳定的. 在其它两个 Mach 数时则是稳定的. 这就表明，随进口 Mach 数升高，叶片堵塞颤振将易于发作.

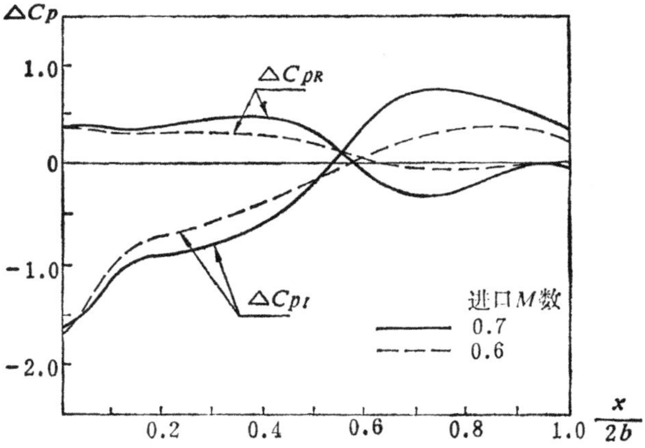

图 12.8 $M_1=0.6$ 及 0.7 时叶片表面非定常压力系数差值沿弦向之分布

对比图 12.8 与图 12.9 可见，在图 12.9 中呈现明显的峰值，且此峰值对于叶片气动弹性稳定性有很大影响. 由流场计算结果得知，Mach 数 0.6 及 0.7 时，全流场是纯亚音速流，Mach 数 0.8 时，流场已成为跨音速流，且有激波存在. 激波的位置恰好与图中的峰值将对应，表明此峰值是由于叶片通道中的激波所造成的.

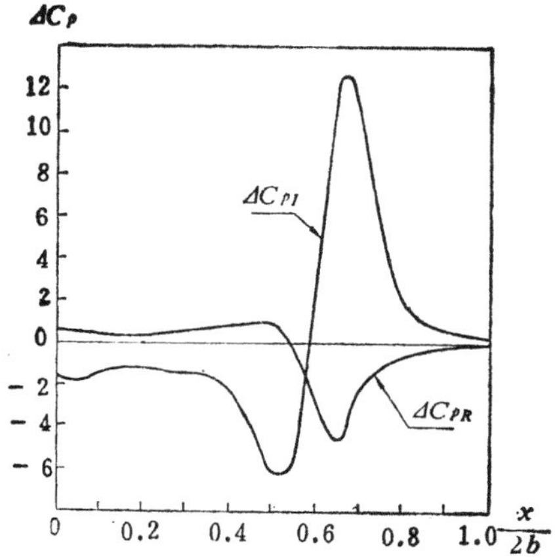

图 12.9　$M_1 = 0.8$ 时叶片表面非定常压力系数差沿弦向之分布

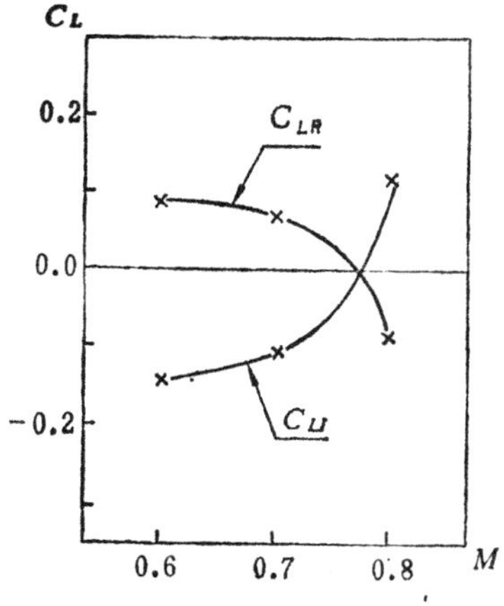

图 12.10　非定常举力系数随进口 Mach 数的变化

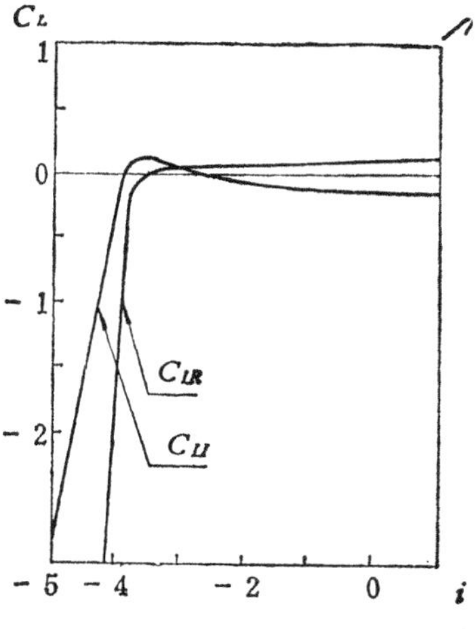

图 12.11　非定常举力系数随攻角之变化

为了探讨高亚音速进口来流及低负攻角之下出现的弯曲振型堵塞颤振发作与进口攻角的关系，对于上述叶栅计算了几个不同攻角所对应的非定常流场。图 12.11 给出了非定常举力系数随攻角的变化．由图可见，只在一个很窄的攻角范围内，弯曲振型堵塞颤振才会发作．这与实际情况在定性上是相符的．

至此为止，已在§3，§4，§5三节中分别介绍了轴流压气机与风扇的几类叶片颤振．但对于另一类不很常见的叶片颤振也在此作一简述．这就是所谓A-100型颤振．在图12.2中如曲线C所示．由图可见，这条颤振边界位于共同工作线附近，且在高进口来流Mach数时发作．此类颤振多对应于扭转振型．其特征是存在有一个起始反压与另一个熄灭反压．当超过起始反压时，A-100型颤振开始发作；而当反压不断升高并超过熄灭反压时，则叶片颤振平息．对于A-100型颤振机理，尚未见到公开文献报道．

§6 蒸汽轮机叶片颤振

随着地面蒸汽轮机功率的增大和蒸汽流量的相应增加，末级长叶片势必愈益加长．发电用汽轮机转速恒定，所以随着叶高增加，末级叶片叶尖处的切线速度上限已达700米/秒左右，超过了当代飞机发动机风扇叶尖切线速度．随着叶片加长、折合频率下降和相对Mach数的提高，叶片颤振的危险性自然也随之增加．文献[16]搜集了一些不同国家在这方面遇到故障的情况如下：

1969至1971年之间美国一家公司所制造的9台机组，功率在22.5—75万瓩之间，在运行过程中发生了790毫米动叶叶片上部裂纹和断裂．在法国，低压末级动叶叶片也出现过类似事故，例如法兰西电力公司新发展的60万瓩机组中的1000毫米叶片．西德的850毫米自由叶片也由于类似原因而导致一系列事故．苏联在对K-300-240机组末级1050毫米叶片进行试验之后证实，叶片颤振主要与冷凝器的真空度有关．当空载时叶片颤振最严重，机组带负荷之后，叶片振动应力下降．由上述诸例可见，叶片颤振是导致蒸汽轮机末几级长叶片损坏的不可忽视的重要因素．

叶片颤振又有很多不同的类型．为了搞清关于蒸汽轮机长叶片自激振动的机理，这里讨论一下这种叶片颤振的类型．有些文献指出，在小流量、低负荷、高背压条件下，蒸汽轮机末级叶片颤振乃是失速颤振．如在文献［17］中给出了西德的实验研究结果如下．某一蒸汽轮机长叶片，叶片高度905.65毫米，叶尖弦长48.7毫米．此叶片发生了颤振故障而损坏．为了能够了解叶片颤振的类型，而在高速叶栅风洞中进行吹风．吹风结果表明，这是失速颤振．再如文献［18—20］对于蒸汽轮机叶片颤振类型问题也都有类似看法．因此可以认为，在蒸汽小容积流量及高背压运行条件之下，蒸汽轮机末几级叶片动应力急剧增长并导致叶片损坏的主要原因是发生了失速颤振．自七十年代后期以来，看来多数文献看法基本一致[21]．

除开火力发电厂蒸汽轮机单机功率日益增长这一因素之外，还有另外一些工程背景使得末几级叶片颤振问题日益严重．例如，大功率蒸汽轮机组参加调峰运行，在缺水地区对于蒸汽轮机采用空冷技术，蒸汽轮机担负供热，以及原子能发电站在我国开始建造等等．这些工程背景都使得末几级叶片更经常地处于小蒸汽相对容积流量、高背压及大攻角的恶劣工作条件之下，从而导致叶片失速颤振潜在危险性的增加．如何分析已投入运行的机组在担负调峰、供热及采用空冷技术时低压缸叶片的适应性，以及对于新设计叶片如何提高抗颤振能力，都有待进一步进行工作．

§7 小结

1. 如果按照被绕流物体形状来对于流体诱发振动问题进行分类的话，与飞机机翼颤振一样，叶片颤振同属于气动举力面的自激振动现象．这是一类气动弹性力学领域的问题，因而具有处于固体力学与流体力学之间的边缘学科的性质．但在本书中只涉及到有关的非定常气动问题．

2. 判别叶片颤振发作与否，主要是根据能量法原理．本章第二节中对于能量法作了简述．

3. 在第三、四、五节中对于轴流式压气机和风扇的各种可能发生的颤振边界主要从物理上作了描述．通过物理描述可知，与叶片颤振相关联的非定常气动问题颇为复杂，且各种颤振边界对应着不同的流型。

4. 对于火力发电厂大型蒸汽轮机末几级长叶片颤振现象，在第六节中给出了极为粗略的描述。

参 考 文 献

[1] 王书麟，自然的启示，上海科学技术出版社，1978.

[2] Carta, F. O., Cocpled Blade-Disk-Shroud Flutter Instabilities in Turbojet Engine Rotors, *Trans. ASME. Journal of Engincering for Power*, 89(A), 419—426, 1967.

[3] Bendiksen, O. O., Friedmann, P. P., The Effect of Bending-Torsion Coupling on fan and Compressor Blade Flutter, *Trans. ASME, Journal of Engineering for Power*, 104(A), 617—623, 1982.

[4] Shannon, J. F., Vibration Problems in Gas Turbines Centrifugal and Axial-Flow Conpressors, ARC R&M 2226, 1945.

[5] Armstrong, E. K., Stevenson, R. E., Some Practical Aspects of Compressor Blade Vibration, *Jouranl of Royal Aero. Soc.*, **64**, 117—130, 1960.

[6] Armstrong, E. K., Recent Blade Vibration Techniques, Trans. A. S. M. E., Journal of Engineering for Power, 89, 437—444, 1967.

[7] Miklarzack, A. A., Arnlod, R. A., Snyder, L. E., Stargarter, H, Advances in fan and Compressor Blade Flutter Analysis and Predictions, *AIAA Journal of Aircraft*, 12, 325—332 (1975).

[8] Verdon, J. M., The Unsteady Aerodynamics of a Finite Supersonic Cascade with Subsonic Axial Flow, *Trans. ASME, Journal of Applied Mechanics*, 40 (E), 667—671 (1973).

[9] Carter, A. D. S., Kilpatrick, D. A., Self-Excited Vibration of Axial-Flow Compressor Blades, *Proc. Inst. of Mech. Engineers*, **171**, 245—281, 1957.

[10] Tanida, Y., Saito, Y., On Choking Flutter, *Journal of Fluid Mech.* **82**, 179—191, 1977.

[11] Savkar, S. D., A Note on Transonic Flow past a Thin Airfoil Oscillating in a Wind Tunnel, *Journal of Sound & Vibration*, **46**, 195—207, 1976.

[12] Micklow, J., Jeffers, J., Semi-Actuator Disk Theory for Compressor Choke Flutter, NASA CR 3426, (1981).

[13] Rakowski, W. J., Ellis, D. H., Bankhead, H. R., A Research Program for the Experimental Analysis of Blade Stability, AIAA Paper 78-1189, 1978.

[14] Tang, Z. M., (唐智明), Zhou, S. (周盛), A Numerical Prediction of Compressor Blade Choking Flutter, AIAA Paper 83-0006, 1983.

[15] 唐智明，振荡叶栅非定常跨音绕流研究，北京航空学院硕士论文，1981.

[16] 姚福生，汽轮机叶片振动研究进展，东方汽轮机，总 17 期，36—56，1979.

[17] Von Peter Bublitz, Experimental Aeroelastic Investigations on a Cascade in Compressible Flow, DLR FB 76—60, 1976.

[18] Conrad, Jr. J. D, Improved Turbine Reliability through Technology, Proc. of 1977 Electroc Utility Engineering Conference, 1977.

[19] Tanaka, H., Fujimoto, I., Ischii, S., Aerodynamic Response of a Blade in Pitching Oscillation with Partial and Full Separation, Symposium on Aeroelasticity in Turbomachines, Lausanne, 1980.
[20] Костюк, А. Г., Колебания рабочих венцов последних ступеней паровой турбины в нерасчётных условиях работы, *Теплоэнергетика,* 1983, 22—26.
[21] 周盛、郑叔琛，蒸汽轮机叶片颤振研究，将在"力学与实践"上发表。

第十三章　叶片颤振非定常气动问题的物理-数学模型

§1　引言

当考查飞机发动机、地面燃气轮机以及蒸汽轮机等行业的叶片设计系统时可知，在六十年代中期之前，叶片设计系统所包含的子系统一般如表 13.1 中的实线所示．随着时间的推移，在叶片设计系统中逐渐出现了另一个子系统，这就是表中用虚线表示的“叶片颤振预估子系统”．时至今日，对于叶片颤振发作的预估已逐渐发展成为叶片设计系统中一个不可缺少的子系统了．

表 13.1　叶片设计系统中的子系统

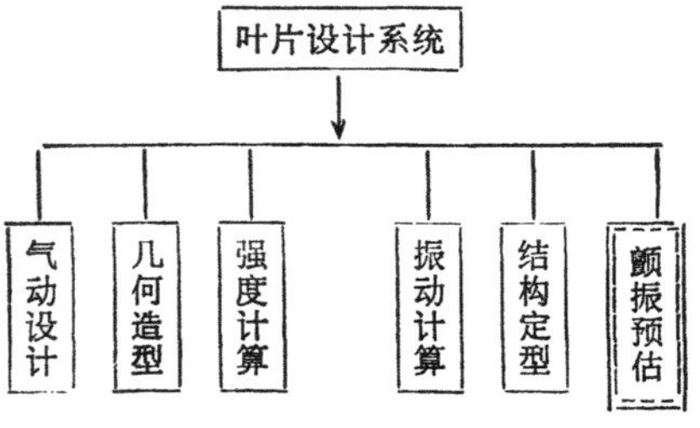

对于上述演变过程，我们是这样理解的：当仅根据气动设计、几何造型、强度计算、振动计算、以及结构设计而得到叶片设计图纸时，这意味着在设计阶段只是考虑到压气机或透平叶片的气动性能；强度储备；结构工艺性以及力求避免共振等问题．但对于当代高性能动力装置来讲，在很多情况下这就显得不够了．因为只作上述考虑并没有预计此叶片在将来运行时是否无颤振，也就是不能保证叶片的气动弹性稳定性．

由此可见，“叶片颤振预估子系统”的用途就在于，能够在叶片图纸设计阶段预测出叶片颤振故障是否将会发生，以便将这一类隐患力求消灭在图纸设计阶段．所以其作用有如气动计算保证压比和效率，强度计算保证结构完整，振动计算保证叶片不发生共振一样．

对于上述子系统，很多国外公司主要是建立在经验性数据库的基础之上．由于这一类数据库的重要性，也由于其投资巨大，所以往往即使是同一国家不同公司之间也是互相保密的．

如上章中所指出的，随着设计水平不断提高，原有的经验性数据库总需要不断补充和延伸．此外，也不易通过这种途径对于各类叶片颤振机理有更为深入的理解．因此，和当代很多学科一样，希望逐步由经验上升为理论．叶轮机械气动弹性力学这一分支也经历着类似的历程．这自然包括其重要组成部分，即叶片颤振非定常气动理论．因此，随着计算机与计算流体力学的发展，各国对于如何通过求解气动方程组来得到作用于叶片的非定常气动力和气动力矩，从而计算气动阻尼值以判别颤振是否发作一事也进行了大量工作．

但是，求解与叶片颤振相关联的非定常流场是一项艰巨的任务．这是一种三维跨音非定常流场．图 12.2 所示的各条可能的颤振边界都面临着不同的流场．特别是叶片失速颤振，面临的是跨音非定常大尺度分离流．对于此种流动若不加以简化处理，则已超出当代计算机与计算流体力学求解的能力．因此，必须进行简化处理，以便从复杂而生动的实际问题中通过简化来提炼物理模型，建立数学模型，最终达到求解非定常流场的目的．

在 § 2 中将通过分析叶片颤振非定常气动问题的物理特点来讨论简化假设的提法．在 § 3 中从物理模型出发，对于不同简化程度的方程组及方程的适用性作一概况性的描述．由于在叶片失速颤振问题中，必须考虑非定常分离流问题，所以在 § 4 中介绍了通过简化来处理与叶片颤振有关的非定常分离流场的几种方法．

§ 2　对于有关简化假设的物理分析

当我们着手求解叶片颤振非定常气动问题时，由于问题的复杂性，和大多数技术科学中的问题一样，进行合理的简化是不可避免的．所以在本节中首先讨论与建立物理模型有关的一系列简化假设．然后在下面的两节中讨论将物理模型化为数学模型时所涉及到的部分问题．在本章中尚未涉及到具体数值求解．作为对于一个具体数学模型求数值解的举例见第十四章．

当探讨叶片颤振是否会发作时，微幅振荡叶片周围的流场应具有如下特点，现简述如下．首先，流场是三维的．这是由叶片弯而且扭的形状以及机匣与轮毂边界条件所决定的．其次，流场是非定常的．因为振动叶片形成非定常边界条件，所以流场也是非定常的． 第三，几条颤振边界所对应的流场绝大多数是跨音流．最后，气流沿叶片型面大尺度非定常分离，乃是失速颤振发作的主要特征之一．

倘若把上述因素全部考虑在内的话，则意味着自变量应为四个，用柱坐标则为 (r, θ, z, t)．方程组由质量、动量、能量、状态、过程等诸方程组成．由于考虑到紊流分离流，在方程组中需考虑粘性项．由于方程组必然是非线性的，再加上复杂的边界条件，所以解析解可以认为是不可能的，数值解也是极困难的．除开现有计算机的内存和速度不能满足要求之外，还涉及到非定常紊流分离流等一系列机理问题以及计算流体力学中的问题．因此，至今为止还没有查找到有关上述这种复杂流场的数值结果发表．这就意味着必须引入合理的简化．为此，下面对于这一类流场的上述诸特点逐个分析，以求进行合理的简化．

首先来讨论流场的三维性质．叶轮机械流场的三维性质是众所周知的．但对于叶片颤振非定常气动问题说来，通常取叶尖附近的一个二维叶栅作为特征截面，用此叶栅的气动弹性稳定性来表示叶片颤振是否发作． 现对于这一近似的合理性简单分析如下．

现有一孤立转子，其纵剖面如图 13.1 所示．为简便起见，现设流路等内径等外径如图示．叶尖半径为 r_t，叶根半径为 r_h．设叶片不带减振凸台，无拉金及围带，即是自由叶片．现研究一阶弯

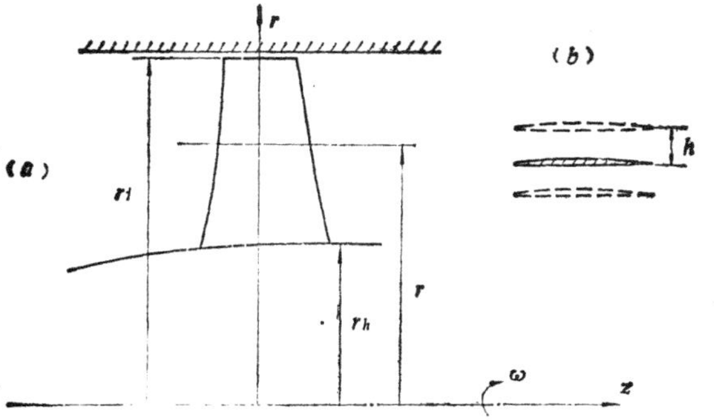

图 13.1 具有振荡叶片的转子示意图

曲振型的气动弹性稳定性，并设振型节线与叶根重合。半径为 r 的圆柱面与转子相交，展开可得与该半径相对应的平面叶栅。在此叶栅中取一叶片如图 13.1(b) 所示。设振动方向沿叶弦法向，振幅为 h。

现在来分析在一个振荡循环之内非定常气动力对振动叶片所作的功沿叶高的变化规律，借以说明三维流场中不同部位对于叶片颤振发作的影响。

在半径 r 处取一微段 dr，在一个振荡周期之内非定常气动力对此叶片基元所作功记为 W。在叶尖半径 r_t 处同样取一 dr，相应地将功记为 W_t。对于叶片自激振动问题，非定常气动力亦呈周期性变化，且用 L 来表示它的振幅，则应有

$$W \propto h \cdot L \tag{13.1}$$

若叶栅进口相对来流速度为 w_1，进口密度为 ρ_1，则非定常气动力振幅应正比于进口来流速度头，即

$$L \propto 1/2\rho_1 w_1^2 \tag{13.2}$$

作为近似处理，对于当前叶尖附近典型速度数值来讲，可以认为

$$w_1 \propto r \tag{13.3}$$

由于假设一阶弯曲振型的节线位于叶根处，所以有

$$h \propto (r - r_h) \tag{13.4}$$

由 (13.2) 式—(13.4) 式可知

$$W \propto r^2(r - r_h) \tag{13.5}$$

于是任一截面叶片基元处气动功与叶尖处气动功之比为

$$\frac{W}{W_t} = (\bar{r})^2 \cdot \left[\frac{\bar{r} - \bar{d}_1}{1 - \bar{d}_1}\right] \tag{13.6}$$

式中

$$\bar{r} = \frac{r}{r_t}, \quad \bar{d}_1 = r_h/r_t$$

图 13.2 就是根据近似式 (13.6) 绘制的．该图取 $\bar{d}_1 = 0.4$．由此图可见，在叶片的一个振荡循环中，非定常气动力对于振动叶片所做的功主要集中于叶尖部分．在考虑叶片颤振是否发作时，对于叶中部位之下的非定常气动功是可以予以忽略的．除简化近似 (13.6) 式以及图 13.2 之外，文献 [1] 中给出了对于风扇非定常气动功的实际测量结果．由文献 [1] 中的图 8 可见，非定常气动功沿叶高的变化趋势同样表明主要集中于叶尖部分，并且集中的程度比图 13.2 更为明显．

根据前面的讨论可知，在考虑叶片颤振是否发作时，无需计入叶片下半截的影响，而可以在叶尖区取一特征截面，根据此特征截面处叶栅的气动弹性稳定性来判别叶片颤振是否发作．此特征截

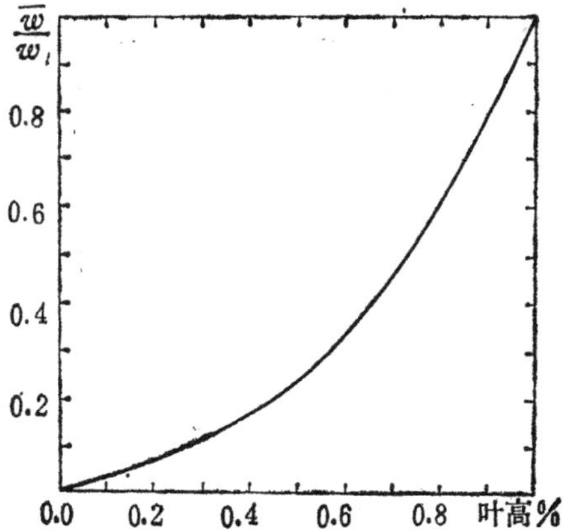

图 13.2　一振荡循环之内非定常气动力所做功沿叶高变化

面通常取在 85% 叶高附近. 不同单位由于不同传统,取法可略有不同.

但是,在进行了上述讨论之后,只是论证了三维流场中叶尖与叶根不同部位对叶片颤振发作影响上有所不同, 还不足以说明为什么能够把三个空间自变量简化为两个. 例如由第五章方程(5.27), (5.37), (5.39) 诸式可见, r 向偏导数具有明显影响. 只有当进一步假设定常平均流径向分速 w_{r_0} 及非定常扰动径向分速 w_r 均等于零时,方可将三维空间自变量的方程化为二维空间自变量方程 (5.45) 及 (5.50). 因此, 在采用一特征截面处的平面叶栅气动弹性稳定性来代表叶片颤振发作与否的同时, 仍有文献进一步探讨三维效应,并且前景是值得重视的.

下面再来讨论跨音速流问题.

在第十二章中曾谈到, 几条可能的叶片颤振边界所对应的流场绝大多数都是跨音速流场. 非定常跨音速流场中的激波振荡, 以及激波振荡导致的分离流振荡, 对于叶片表面非定常压力分布以及叶片颤振的发作都会有很大影响. 在第十二章图 12.8 及图 12.9 中, 曾对比了同一叶栅亚音速绕流及跨音速绕流时无粘解所得的叶型上下表面压力系数差沿弦向之分布. 且由图 12.9 可以看到激波所导致的峰值. 为了形象化起见, 在图 13.3 中示意性地画出了四种压气机叶片颤振边界所对应的非定常流场中激波波系及分离区的简图. 由诸简图可见, 除在较低反压条件之下的叶片超音速非失速颤振可能对应于全场纯超音速流情况之外, 其它几类叶片颤振边界都对应于非定常跨音速流场. 此外, 在较高反压条件下的叶片超音速非失速颤振也对应于跨音速流场. 除轴流压气机及风扇叶片颤振之外, 蒸汽轮机末几级叶片颤振所对应的流场也是跨音速流. 由此可见, 非定常流场的跨音性质对于叶片颤振发作与否影响很大. 因而在处理与叶片颤振有关的非定常流场时,应在物理-数学模型中充分考虑流场的跨音速性质.

我们再来考虑分离流对叶片颤振发作的影响.

对于不同的叶片颤振发作说来, 非定常分离流的影响是不同

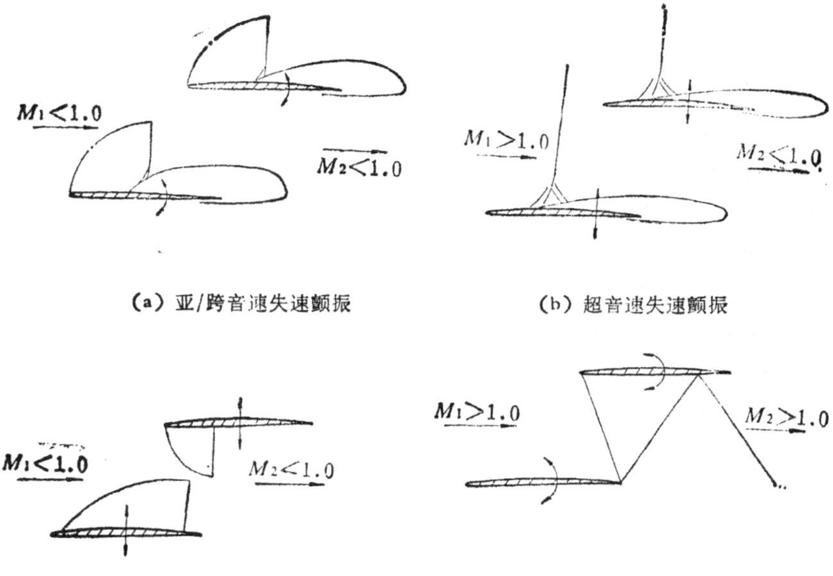

(a) 亚/跨音速失速颤振　　(b) 超音速失速颤振

(c) 亚音速堵塞颤振　　(d) 超音速非失速颤振

图 13.3　四种叶片颤振边界所对应的非定常超跨音速流场激波示意图

的．对于失速颤振来讲，分离流的影响不能忽略．对于亚音速堵塞颤振及超音速非失速颤振说来，由于是低反压运行状态，且来流方向比较合适，所以通常可略去粘性影响，按无粘流考虑．在下一节中再对分离流影响展开讨论．

最后是关于非定常方面所作的简化．

在研究叶片颤振发作时，与振动叶片对应的流场自然是非定常的．但是，振动叶片并不是流场中非定常性的唯一来源．例如下列来源也是经常存在的：

一是动-静叶干扰效应所导致的流场非定常性． 二是叶轮机械流场中高紊流度所导致的非定常性．三是进口流场畸变的非定常性．

在研究与叶片颤振相关联的非定常流场时，通常是略去上面所列的以及未列出的诸非定常因素的．也就是只考虑进口定常来流均匀、仅存在振动叶片这一个导致流场非定常性的因素．根据这一简化，就可假设非定常流场中的全部流动参数都呈周期性变化，而且周期与叶片振动的周期相同．由于叶片振动运动多认为是简谐的，所以通常也假设流动参数呈简谐变化．

根据上面对于流场的三维、跨音速、粘性及非定常性的讨论，就可引入如下主要假设：

1. 用某一个位于叶尖附近特征截面处的平面叶栅气动弹性稳定性来标志叶片颤振是否发作．

2. 对于亚音速堵塞颤振及超音速非失速颤振所对应的非定常流场，可略去粘性影响．

3. 当使用数值方法计算与失速颤振相对应的非定常流场时，可通过物面边界条件来考虑非定常分离流的影响．因而所用的方程仍是无粘的，第四节将对此作一简述．

4. 与叶片颤振对应的非定常流场是周期性的，且流动参数随时间变化的周期与叶片振动的周期相同．

通过上述假设，我们面临的任务就由求解三维跨音速非定常紊流分离流流场简化为求解二维跨音速无粘非定常流动了．

§3　具有不同简化程度的方程组或方程

根据上节对于物理模型的讨论，已把所关心的问题简化为二维跨音速无粘周期性非定常流动．但即使是对于此种简化之后的流动来讲，求解也不是很方便的．因此还需要进一步简化，以适合工程上的需要．在本节中将具有不同简化程度的方程归并在一起，以讨论各自的适用程度．

（一）二维无粘非定常 Euler 方程组

$$\frac{\partial \boldsymbol{U}}{\partial t}+\frac{\partial \boldsymbol{F}}{\partial x}+\frac{\partial \boldsymbol{G}}{\partial y}=0 \qquad (13.7)$$

式中 $\boldsymbol{U}, \boldsymbol{F}, \boldsymbol{G}$ 为列向量如下：

$$
U \equiv \begin{bmatrix} \rho \\ \rho u \\ \rho v \\ E \end{bmatrix} \quad F \equiv \begin{bmatrix} \rho u \\ p + \rho u^2 \\ \rho uv \\ u(E + p) \end{bmatrix} \quad G \equiv \begin{bmatrix} \rho v \\ \rho uv \\ p + \rho v^2 \\ v(E + p) \end{bmatrix}
$$

式中 ρ, p, u, v, E 分别代表气流的密度、静压、x 与 y 方向的分速、以及单位体积总内能．单位体积总内能的定义为

$$
E \equiv \rho\left(U + \frac{u^2 + v^2}{2}\right) \tag{13.8}
$$

U 为单位质量气体所具有的内能．

状态方程可写成如下型式

$$
E = \frac{p}{\gamma - 1} + \frac{\rho}{2}(u^2 + v^2) \tag{13.9}
$$

(13.9) 作为守恒型 Euler 方程组 (13.7) 的辅助代数方程来使用．

对比可知 (13.7) 式及 (13.9) 式的型式与第二章中求解二维无粘定常流的时间推进气动方程组是完全一样的．之所以分别得到定常与非定常的解，乃是由于分别施加定常或非定常物面边界条件所致．

由(13.7)式与(13.9)式出发，原则上可以得到无粘意义下的精解．如文献[2]曾对于正弦扭转振荡孤立翼型非定常流场来求解式(13.7)，得到了一些典型数值结果．在文献[12]中计算的孤立翼型为 NACA64A410 翼型，远方 $M_\infty = 0.72$，扭心位于叶弦中点处．数值计算结果表明，在翼型吸力面上有一块局部嵌入超音速区，此局部超音速区以一道非定常正激波结尾．当孤立翼型围绕扭心作正弦扭转振荡时，由计算可知，此正激波亦在翼型上表面上振荡，如图 13.4 所示．非定常激波振荡意味着激波的强度与位置都随时间而改变，这对于非定常气动力矩及气动阻尼都有很大影响．

尽管文献[2]取得了有价值的结果，但所需计算机时相当可观． 在最严重情况下，在计算机 CDC7600 上计算一组结果约需 2～7 小时． 因此尚难以在工程上针对具体问题广泛采用此法进行计算．它的主要价值在于计算少量几组标准解，用来校核进一

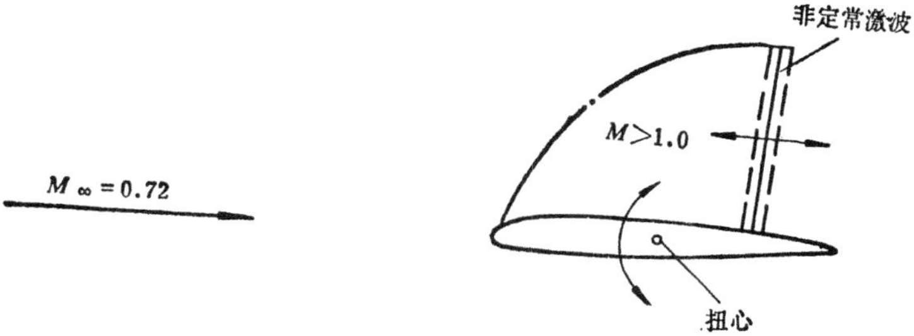

图 13.4 孤立翼型吸力面非定常激波振荡示意图

步简化后的其它方法. 由于上述原因,故尚未查找到有与文献[2]相类似的对于二维叶栅跨音速无粘非定常绕流的数值解.

(二) 二维非定常速度位方程

第五章已导出二维非定常速度位方程

$$(a^2 - U^2)\phi_{xx} + (a^2 - V^2)\phi_{yy} - 2UV\phi_{xy} = \phi_{tt} + 2U\phi_{xt} + 2V\phi_{yt} \tag{5.45}$$

以及辅助方程

$$\phi_t + 1/2(U^2 + V^2) + \frac{a^2}{\gamma - 1} = \text{常数} \tag{5.46}$$

式中 ϕ 为全速度位,且 $\phi_x = U$; $\phi_y = V$. 与前面所列写的非定常 Euler 方程组相比,通过引入无旋有位假设,可由微分方程组化为单个偏微分方程,从而得到进一步简化.

但是,这里的 ϕ 是全速度位,意即 ϕ 的梯度就是流场的非定常速度. 由于 ϕ 是 (t, x, y) 三个自变量的函数,所以还存在着进一步对方程降维简化的可能性. 对于叶片颤振问题说来,最关心的是叶片微幅振动是否会发散. 对于气动阻尼值起直接作用的是流场的非定常部分. 因此,如第五章所述,还可以把非定常全速度位 ϕ 视为定常平均量 Φ_0 及非定常扰动速度位 $\tilde{\varphi}$ 这两部分的线性迭加. 这样一来,就可以把非定常速度位方程 (5.45) 化为下面的非定常扰动速度位方程,以及进一步简化为非定常扰动速度位的振幅方程,以实现降维简化的目的.

（三）非定常扰动速度位方程及其振幅方程

如第五章中所谈到的，在所讨论的这一类非定常问题中，与流场流动参数的定常平均值相比，非定常扰动量应为高阶小量．因而可进一步把全速度位 ϕ 看作是定常平均速度位 ϕ_0 与非定常扰动速度位 $\tilde{\varphi}$ 两部分的线性迭加：

$$\phi = \phi_0 + \tilde{\varphi} \tag{5.32}$$

且

$$\begin{cases} U = U_0 + u \qquad U_0 = \phi_{0x} \qquad u = \tilde{\varphi}_x \\ V = V_0 + v \qquad V_0 = \phi_{0y} \qquad v = \tilde{\varphi}_y \end{cases} \tag{5.47}$$

代入式 (5.48) 后，可以分离出描述 ϕ_0 的方程及描述 $\tilde{\varphi}$ 的方程如下．

$$(a_0^2 - U_0^2)\phi_{0xx} + (a_0^2 - V_0^2)\phi_{0yy} - 2U_0V_0\phi_{0xy} = 0 \tag{5.49}$$

以及

$$\begin{aligned}(a_0^2 - U_0^2)\tilde{\varphi}_{xx} &+ (a_0^2 - V_0^2)\tilde{\varphi}_{yy} - 2U_0V_0\tilde{\varphi}_{xy} \\ &- \{(\gamma+1)\cdot U_0\cdot U_{0x} + (\gamma-1)\cdot U_0\cdot V_{0y} \\ &+ 2V_0\cdot V_{0x}\cdot\}\tilde{\varphi}_x - \{(\gamma-1)\cdot V_0\cdot U_{0x} \\ &+ (\gamma+1)V_0\cdot V_{0y} + 2U_0\cdot V_{0x}\}\tilde{\varphi}_y = \tilde{\varphi}_{tt} \\ &+ 2U_0\tilde{\varphi}_{xt} + 2V_0\tilde{\varphi}_{yt} + (\gamma-1)(U_{0x} + V_{0y})\tilde{\varphi}_t\end{aligned} \tag{5.50}$$

为了降维而进一步引入简谐振动假设

$$\tilde{\varphi} = \varphi\cdot e^{i\omega t} \tag{5.38}$$

就可得到非定常扰动速度位的振幅 φ 的方程

$$\begin{aligned}(a_0^2 - U_0^2)\varphi_{xx} &+ (a_0^2 - V_0^2)\varphi_{yy} - 2U_0V_0\varphi_{xy} \\ &- \{(\gamma+1)\cdot U_0\cdot U_{0x} + (\gamma-1)\cdot U_0\cdot V_{0y} \\ &+ 2V_0\cdot V_{0x} + i2\omega U_0\}\varphi_x - \{(\gamma-1)\cdot V_0\cdot U_{0x} \\ &+ (\gamma+1)\cdot V_0\cdot V_{0y} + 2U_0\cdot U_{0y} + i2\omega V_0\}\varphi_y \\ &+ \{\omega^2 - i\omega(\gamma-1)(U_{0x} + V_{0y})\}\varphi = 0\end{aligned} \tag{5.51}$$

此式中只有 (x, y) 两个自变量，从而实现了降维简化．这是借助简谐振动假定式 (5.38) 来实现的． 为此来简单讨论式 (5.38) 的物理意义．

之所以要使用简谐振动假定式 (5.38)，是因为我们最感兴趣的是在一个振荡周期之内的总功或总气动阻尼值，而不是每个瞬间的信息．当叶片以简谐方式振动时，开始时流动参数虽也是周期性非定常的，但未必依照简谐规律变化．但经过若干个时间周期之后，流场中各点的流动参数将随时间按简谐规律变化，这时就可根据振幅的变化来讨论颤振是否发作．当达到流场中各点的流动参数随时间按简谐规律变化时，就称此种状态为强迫稳态．使用非定常 Euler 方程组所得到的数值解结果表明，对于流场中大多数部分说来，经过不多的几个时间周期之后即可达到强迫稳态．但在非定常激波附近则偏离强迫稳态较明显．非定常激波脉动的幅度与折合频率及叶片振动振幅二者有关．根据实际上叶片的折合频率及振幅来考虑时，可推测得知叶片上的非定常激波脉动幅度不大．由此可知，简谐振幅假设式 (5.38) 是可以接受的．

（四）对于定常平均流的进一步简化

在上节中已谈到，影响叶片颤振发作的关键部位是叶尖．通常是用叶尖附近某特征截面处的二维叶栅的气动弹性稳定性来表示叶片颤振是否发作．因此，就可根据实际情况进一步引入叶型薄而微弯假设，根据薄而微弯假设，可对描述定常平均流的方程 (5.49) 作进一步的简化．对于定常平均流的全速度位 ϕ_0 现在可以化为扰动速度位 φ_0，二者之间的关系是

$$\phi_0 = q_{as}(x\cos\alpha + y\sin\alpha) + \varphi_0 \tag{6.6}$$

定常平均流诸分速之间的关系是

$$\begin{cases} U_0 = q_{as}\cos\alpha + u_0 \\ V_0 = q_{as}\sin\alpha + v_0 \end{cases} \tag{6.5}$$

式中 α 表示未扰动直匀流速度向量 $\boldsymbol{q}_{as}$ 与 x 轴之夹角．

由于叶型薄而微弯，可作 $|u_0|$，$|v_0| \ll q_{as}$ 之假设．在第六章中已做了推导，若进一步引入补充假设式(6.9b)，则可将式 (5.49) 化为

$$\left(1 - M_{as}^2 - \frac{\gamma+1}{q_{as}} \cdot M_{as}^2 \cdot \varphi_{0x}\right)\varphi_{0xx} + \varphi_{0yy} = 0 \tag{6.12}$$

就是描述定常平均流的跨音速小扰动速度位方程.

若保留 $|v_0| \ll q_{as}$，而解除 $|u_0| \ll q_{as}$ 之约束则可得描述定常平均流的弦线法向小扰动速度位方程

$$\left\{1 - M_{as}^2 - \frac{\gamma+1}{q_{as}} \cdot M_{as}^2 \cdot \varphi_{0x} - \frac{\gamma+1}{2q_{as}^2} \cdot M_{as}^2 \cdot \varphi_{0x}^2\right\} \Big/ \left\{1 - \frac{\gamma-1}{q_{as}} \cdot M_{as}^2 \cdot \varphi_{0x} - \frac{\gamma-1}{2q_{as}^2} \cdot M_{as}^2 \cdot \varphi_{0x}^2\right\} \varphi_{0xx} + \varphi_{0yy} = 0 \tag{6.18}$$

当对于定常平均流使用式(6.12)或(6.18)来代替式(5.49)时,非定常扰动速度位的振幅方程(5.51)也相应地化为

$$(1 - M_0^2)\varphi_{xx} + \varphi_{yy} - \frac{U_0}{a_0^2}[(\gamma+1)U_{0x} + i2\omega]\varphi_x + \frac{1}{a_0^2}[\omega^2 - i(\gamma-1)\omega U_{0x}]\varphi = 0 \tag{13.10}$$

当用定常平均流方程(6.12)时

$$(1 - M_0^2) = 1 - M_{as}^2 - \frac{\gamma+1}{q_{as}} \cdot M_{as}^2 \cdot \varphi_{0x} \tag{6.15}$$

当用定常平均流方程(6.18)时

$$(1 - M_0^2) = \left\{1 - M_{as}^2 - \frac{\gamma+1}{q_{as}} \cdot M_{as}^2 \cdot \varphi_{0x} - \frac{\gamma+1}{2q_{as}^2} \cdot M_{as}^2 \cdot \varphi_{0x}^2\right\} \Big/ \left\{1 - \frac{\gamma-1}{q_{as}} \cdot M_{as}^2 \cdot \varphi_{0x} - \frac{\gamma-1}{2q_{as}^2} \cdot M_{as}^2 \cdot \varphi_{0x}^2\right\} \tag{6.19}$$

非定常扰动速度位的振幅方程(13.10)乃是一个变系数线性方程. 系数中包括 φ_0 的影响,这反映了定常平均流对于非定常扰动流场是有影响的. 对于此方程的类型进行分析时可知，这是一个混合型方程. 当 $(1 - M_0^2) > 0$ 时，方程是椭圆型的；当 $(1 - M_0^2) < 0$ 时,方程是双曲型的;当 $(1 - M_0^2) = 0$ 时，方程是抛物型的.

如果进一步引入简化假设

$$|a_{as}^2 - q_{as}^2| \gg q_{as} \cdot |u_0| \tag{6.9a}$$

则可把描述定常平均流的方程简化为线化小扰动速度位方程

$$(1-M_{as}^2)\varphi_{0xx}+\varphi_{0yy}=0 \tag{13.11}$$

与此相对应，非定常扰动速度位振幅方程 (13.10) 蜕化为

$$(1-M_{as}^2)\varphi_{xx}+\varphi_{yy}-i\frac{2U_0\omega}{a_{as}^2}\varphi_x+\frac{\omega^2}{a_{as}^2}\varphi=0 \tag{13.12}$$

这就是过去在叶片颤振研究中广泛使用的非定常扰动速度位简化振幅方程．这时也可以从物理上作这样的理解如下：若叶栅叶型为平板，弯角及厚度都等于零，且定常平均流与叶型弦线平行，则定常平均流是直匀流，$M_0=M_{as}=$ 常数．因此，当使用 (13.12) 式来描述非定常流场时，多使用上述平板叶型叶栅．但经过这样简化之后，简化振幅方程 (13.12) 变成一个常系数方程，而不再是混合型方程．因此也就无法反映跨音混合型流型，所以不适用于

表 13.2　描述二维无粘非定常流的气动方程逐步简化过程

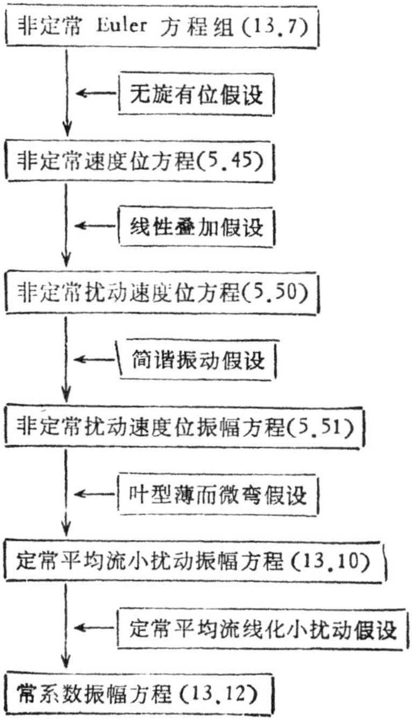

描述多数叶片颤振边界所对应的跨音速非定常流场.

当然，对于描述跨音速无粘非定常流场的气动方程组所做的简化还不限于上面所述. 例如在外流气动领域常使用低频跨音速小扰动方程，即对于低折合频率情况略去对于时间自变量 t 的二阶偏导数项. 再如也可以把将流场分解为定常平均部分与非定常小扰动部分的线性小扰动假设直接引入 Euler 方程组，从而得到守恒型小扰动振幅方程组. 但在处理叶栅无粘跨音非定常问题中不常使用,所以在这里不再占据篇幅.

对于上面所列出的使用不同简化的方程，以及与之相应的简化假设,现列表表示于表 13.2 中.

§4 对于非定常分离流的处理

根据第十二章所作的介绍可知,对于轴流压气机和风扇的亚/跨音速失速颤振与超音速失速颤振问题，以及对于蒸汽轮机末几级长叶片低负荷高背压运行所发生的失速颤振问题说来，非定常分离流型对于叶片颤振发作的重大影响是可以预期的. 虽然有的文献建议改称失速颤振为**高负荷颤振**[3]，原因是此类叶片颤振发作时在级特性图上观察不到气动性能有突变，因而难以肯定气流必须失速. 但不论失速发生与否,由于小流量、高反压、大攻角,在叶背上发生大尺度分离流则可以断定是必然会出现的，而且这必然对于叶片颤振发作与否有重大影响.

由上一章中对于能量法的叙述可知，为了判断叶片颤振是否发作,须研究周围气流对于振动着的叶片是否作正功. 由

$$w = -\oint L dh - D ds + M d\alpha \tag{12.5}$$

可知,气流对叶片所作功取决于非定常气动力和非定常气动力矩. 而气动力与力矩又与叶型表面上的非定常压力分布紧密相联系. 对于失速颤振说来，叶片上的压力分布对应于大攻角非定常分离流流型. 大尺度分离流之所以出现，是由于大攻角以及与之对应的高反压所造成的叶背逆压力梯度，附面层就会由于逆压力梯度

而分离，从而形成叶背上的大尺度分离区，如图 13.5 所示。这自然会影响叶型压力分布，并因而影响叶片颤振的发作。

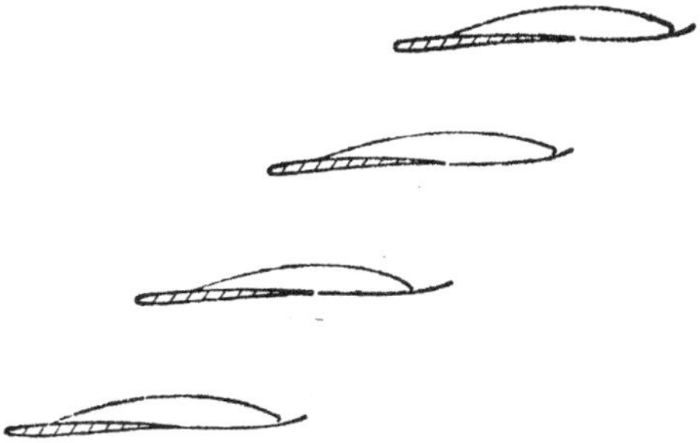

图 13.5　大攻角时叶背上的大尺度分离区示意图

对于非定常分离流问题的研究，近年来已做了很多工作。但由于分离流机理还理解得不够清楚，所以还难以完全通过求解考虑粘性与耗散效应的气动方程组来实现。特别是对于叶片颤振所对应的高 Re 数跨音大尺度分离流。因此，当研究叶片颤振是否发作时，对于所涉及到的非定常分离流问题通常多采用一些近似方法来予以考虑。而不是直接通过描述流场的气动方程组来精确地考虑粘性。下面分头讨论几种近似处理方法。

首先介绍使用激盘法来处理非定常分离流方面的思路[4]。和前面两节相同，现在同样是用一个二维平面叶栅来代表所研究转子的气动弹性稳定性。在文献 [4] 中，叶栅的几何形状与动力响应都与所研究转子在 85% 叶展处（由叶根度量）的基元叶片数据一致。

对于此二维平面叶栅流场中的分离流现象，可通过将流场分成三个区来考虑。一是位于叶栅前额线之前的栅前区；二是叶片槽道区，即叶栅前额线与后额线之间的区域；三是栅后区，即叶栅后额线之后的区域。

对于栅前区说来，自然无须考虑粘性及分离，而可认为流场无旋有位。当研究叶片颤振发作时，叶片振动所形成的流动参数非定常脉动量与其定常平均值相比，可以认为是小量．根据这一假定，可由基本气动方程组出发，得到一组描述流动参数非定常脉动量的方程组．

对于栅后区来讲，粘性与分离对于此区的流动是有影响的．可以通过一个旋度场来考虑振动叶型上面脱落的非定常涡的影响．具体作法是，把栅后区速度场看成是场的无旋部分与有旋部分的线性叠加．对于无旋部分的处理同于栅前区．对于有旋部分，针对旋度场定义另一个其梯度是旋度向量而不是速度向量的位函数．这样就可以对于因叶型振动所导致的栅后区非定常流场也给出一种描述方法．

联接栅前区与栅后区的是叶片槽道区．这是叶栅流场中最不容易处理的一部分．槽道激波系、物面上的激波——附面层干扰以及非定常分离等复杂物理现象都集中于叶片槽道区．对于文献[4]所考虑的非定常流场模型说来，虽然可以分别针对栅前区及栅后区直接得到描述非定常流动的气动方程组，但若不考虑到槽道区是不能具体定解的，因为还需要通过叶片槽道区来提供必要的边界条件．

由于叶片槽道区流动的复杂性，所以在文献[4]中使用了一些经验系数．即叶栅处于非设计状态下的落后角与损失系数．自然，对于这里所讨论的非定常问题说来，最好是使用非定常经验系数．但这种适用于跨音速叶栅的非定常经验系数尚未见诸于公开文献，所以需引入准定常假设，具体含义如下．当叶型振动时，在一个振动周期之内，气流相对于振动叶型的攻角和进口 Mach 数都是随时间而变化的．因而在振动过程中损失系数和落后角也应随时间呈周期性变化．但损失系数与落后角是作为攻角与进口 Mach 数的函数而给出的．由于攻角与进口 Mach 数是时间的函数，所以损失系数与落后角也是随时间而变化的．但根据准定常假设，损失系数与落后角和攻角与进口 Mach 之间的函数关系就使用定常流中得到的经验关系．这就是准定常假设．

在预测叶片颤振是否发作时，计算非定常流场的目的是为了得到气流对于振动叶片在一个振动周期之内所作的功．因此，对于文献[4]中所考虑的一阶弯曲振型叶片振动来讲，就需针对此种叶片振动规律求出作用在叶型上的非定常气动力．这时可自进口远场到出口远场取一控制体．此控制体进出口非定常气动参数为已知．因为可根据导出的气动方程以及叶片槽道区的经验系数来求定．这样一来，通过代数式所表达的动量方程就可以很方便地求出非定常气动力，以及进一步求出非定常气动功和气动阻尼值．

文献[4]用上述方法预测了几个试验件的弯曲振型超音速失速颤振的发作．由文中给出的对比看来，预测结果是成功的．

此外，文献[5]使用大体上与文献[4]类似的方法来预测蒸汽轮机长叶片失速颤振的发作．由所得到的叶片振动应力随背压及蒸汽相对容积流量变化关系的计算结果来看，与实验数据符合程度是良好的．顺便指出的是，文献[5]使用了一个描述平板叶型叶栅分离流的经验公式．使用此公式可估算出叶栅出口处大尺度分离区的周向宽度．

尽管如文献[4, 5]这一类方法在预测叶片失速颤振的发作方面取得一定程度的成功，但在这里所介绍的三类方法中毕竟是涉及经验成份较多的一种，而且也难以将这一类方法与§3中所介绍的无粘非定常方法相结合，以进一步揭示叶片槽道中非定常流场的细节．

第二类方法是 Yashima 和 Tanaka 所提出的刚性尾流模型[6]．此模型所用的主要物理假设如下．首先，假设叶背上的气流自前缘点处分离，而形成大尺度分离区，并且向下游延伸．第二，当折合频率 k 值比较小时，假设大尺度分离区形状在叶片振动过程中不发生改变．并且在叶片振动时，分离区与叶片之间也不存在相对位移．这就意味着分离区有如一个刚性物体那样，将随叶片一起振动．在折合频率 k 值比较小时，在叶片附近应当认为这一假设与物理现象是一致的．

除开上述两个主要假定之外，在文献[6]中所研究的是在二维不可压流中零厚度零弯度平板叶型叶栅的有攻角流动．无限平面叶栅中的诸叶片以相同的振幅和相同的叶片间相角作小振幅扭转简谐振动.

将所研究的非定常分离流场按照 Kirchhoff 流型来考虑，则流场中存在有两种不同性质的区域，即主流区与分离流区. 主流区之内可按照理想有位流动考虑. 在分离区之内设想相对于叶片的气流速度为零,静压为常数.

这样一来，则在分离区边界上速度存在着间断. 因为分离区之外的速度为有限值,分离区之内的速度则已假设恒为零. 因此，就可以用涡面来代替分离区的边界. 经过上述模型化之后，则可以把分离区内部也看成是假想的位流流场. 只是在分离区内外的两个位流流场的边界处布满奇点,构成一个涡面.

根据前面所作的假设,当叶片振动时，大尺度分离区不变形，且分离区与叶片之间无相对位移，于是分离区也如一刚性物体一样,将随叶片振动而振动. 此外,在文献 [6] 中使用奇点法，用奇点代替叶片和分离区边界. 振动的奇点就会在叶片表面上诱导出非定常速度分布,从而可求出非定常气动力矩.

在文献 [6] 中给出了使用此模型所得数值结果与水洞中所得实验数据的对比. 对比表明，二者符合良好. 文献 [6] 考虑了大尺度分离区形状的影响，在机理上处理得比较细致. 但方法是建立在奇点法的基础上. 只有当描述流场的方程为线性，因而解可以迭加时,使用奇点法才是合适的. 由此可见,方法适用于不可压流,可进一步较方便地推广于亚音速线化流动. 但如前所述,对应于叶片颤振发作的流场主要是跨音流场，是不便使用奇点法来求解的. 当欲将此模型用于跨音非定常实际问题时，还需要进行很多工作.

第三类方法是 Sisto 和 Perumal 所提出的考虑非定常分离点运动的 Helmholtz 流动模型[7].

如图 13.5 所示，当叶片由于外界原因而发生振动时，相当于由叶片对周围的流体发出扰动. 对于大尺度分离区之外的流体说来，必将对于叶片振动这一非定常边界条件作出响应. 由叶片初始微幅振动之前的定常流场转化为非定常流场．叶型周围的定常压力分布化为非定常压力分布．非定常压力分布相对于叶片的简谐振动存在时间滞后．在叶片振动的一个循环中，流体就有可能对叶片作正功，并导致颤振发作．

如果流场中没有图 13.5 所示的大尺度分离流存在，而沿叶型表面都是附体流动的话，则沿叶型一周的压力分布都存在非定常周期脉动量，这是作为对于叶片振动的响应而出现的．这样的非定常流场所对应的叶片颤振就是非失速颤振．但对于这里所讨论的与大攻角相对应的大尺度分离流说来，根据 Kirchhoff 流型，可假设死水区内部的定常静压分量为常数（这里的死水区就是指前面提到的大尺度分离区，事实上在此区内部并非流速为零的“死水”，定常静压分量也不是常数．但变化不大也是事实．因现略去死水区内部的流场分析，所以作上述假定）．一旦分离死水区在定常流场中形成，则当叶片振动时，死水区之外虽然存在有对于振动的周期性非定常响应，但在死水区内部，如果略去静压随时间的随机性波动的话，就会与死水区之外有所不同．在死水区内部将可以认为不存在周期性非定常气动响应．在文献［7］中假定在分离死水区之内的非定常静压值为零，从而意味着叶片型面与死水区相接触部分上的静压将不会对于一个振动循环之内气流对叶片所作的气动功有所贡献．但与此同时，死水区的形状则将随叶片振动而产生周期性振荡．这对于气动功是会有很大影响的．死水区的形状随叶片振动而产生的周期性振荡对于叶片表面压力分布最直接的影响是通过叶片表面附面层非定常分离点在叶背上的周期性振动而体现的．这样一来，就可以把叶片颤振看成叶片自身的简谐振动与非定常附面层分离点在叶背上周期性振动的耦合．

当试图对于失速颤振非定常气动现象建立相应模型时，首先需要抓住失速颤振发作最本质的因素：在大攻角时叶背附面层分离而形成死水区．死水区之外的静压将对于叶片振动作出非定常气动响应．但死水区之内的静压对于叶片振动则不作出有规律的非定常气动响应，而死水区的大小将随叶片振动而呈周期性变化．

因此，非定常分离点振荡的振幅，以及非定常分离点振动对于叶片振动的时间相位滞后，对于在一个叶片振动循环之内非定常气动力所作功的大小与符号将有很大影响.

根据上述物理考虑，Sisto 及 Perumal 提出了平板孤立翼型失速颤振非定常气动的如下模型[7].

如图 13.6(a) 所示，叶背上的附面层自 S 点处分离而形成死

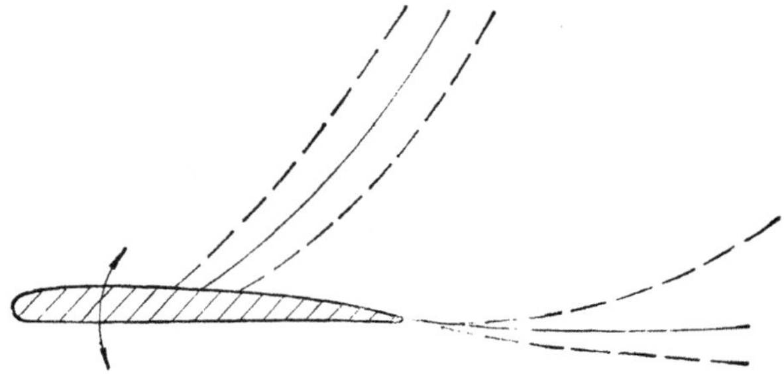

(a) 吸力面上非定常分离区边界的振荡

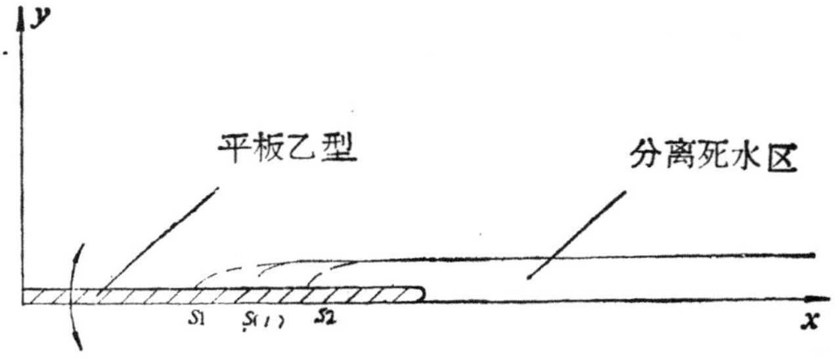

(b) 所提炼出的平板翼型模型

图 13.6　文献 [7] 提出的失速颤振气动模型

水区，且此死水区由 S 点一直延伸到后缘点之外．当叶片振动时，分离死水区将作出气动响应，即图中的分离区边界将围绕其定常位置而振动．

对于小攻角小弯度小厚度二维翼型，在文献 [7] 中将翼型绕流简化为零攻角无厚度平板，如图 13.6(b) 所示．定常来流流速 V 平行于平板翼型之弦线．当此平板翼型以振幅 $\bar{\alpha}$ 及振动圆频率 ω 来围绕扭心作扭转振动时，可将翼型振动描述为

$$\alpha = \bar{\alpha} \cdot e^{i\omega t} \tag{13.13}$$

尽管死水区的存在对于定常及非定常绕流都有影响，但是从判断颤振是否发作的角度来看，主要关心的是非定常气动力矩对于叶片所作的功．死水分离区的存在对于作功的影响主要体现在两方面．一是翼型吸力面有一部分位于死水区之内，因而这部分翼型型面对于作功将不再有所贡献．二是改变了翼型上死水区之外的型面压力分布．二者相比，可以假设前者更为重要．因此文献 [7] 就把死水区形状简化成为一个无厚度带状域如图 13.6(b) 所示．并假定当叶片振动时，非定常分离点 S 的位置将作周期性振动．其运动规律可以描述为

$$S_{(t)} = 1/2[(S_1 + S_2) + (S_1 - S_2) \cdot \cos(\omega t - \chi)] \tag{13.14}$$

式中 S_1 和 S_2 分别表示非定常分离点 $S_{(t)}$ 的极限位置．χ 为分离点振动对于叶片振动的相位差．

这样一来，以 $S_{(t)}$ 点为分界，就把翼型吸力面分成两个区域．它们应满足不同的边界条件．

现将此非定常流场中任一点速度视为定常直匀流速度 V 与非定常扰动速度之和．非定常扰动速度在 x 与 y 两方向之分速分别为 u 及 v．并将在振动中的翼型任一点处的瞬时坐标记为 $y(x, t)$．在翼型的压力面与吸力面上 os 段是附体流动．对于翼型型面的这一部分，可以将边界条件陈述为[7]

$$v = \left(\frac{\partial}{\partial t} + V\frac{\partial}{\partial x}\right) y \begin{cases} 0 < x < 2b, & y = O_- \\ 0 < x < S(t), & y = O_+ \end{cases} \tag{13.15}$$

式中 b 表示翼型的半弦长，O_- 与 O_+ 分别代表平板翼型的压力面与吸力面.

在吸力面上由 $S(t)$ 点直到后缘点的一段型面则浸入在分离死水区之中，所以此段型面上的压力分布对于叶片振动将不产生有规则的周期性气动响应. 对此可用公式表达如下. 设流场中任一点处静压 p 可视为定常直匀流场静压 p_0 与非定常扰动静压 p' 之和,即 $p = p_0 + p'$. 则翼型此部分的边界条件应为

$$p' = 0 \qquad S(t) < x < 2b, \ y = O_+ \tag{13.16}$$

经过一系列运算之后，根据上面所提出的描述非定常分离流的模型,在文献 [7] 中得到了非定常气动力矩,可用来预测周围气流对于叶片所作的功为正或为负.

文献 [7] 的具体计算是针对二维平板孤立翼型而进行的. 但若改变所用的保角映射函数，则很容易用于二维平板无限叶栅情况. 文献 [8] 已作了这项工作. 尽管文献 [7] 针对平板孤立翼型失速颤振时的非定常分离流建议了一种模型，可在边界条件上体现分离影响,气动方程则仍使用无粘方程,并且文献 [8] 已用此种模型与叶栅实验数据作了对照，但是在此模型中尚有很多经验性因素存在. 例如，非定常分离点振动的极限位置 S_1 及 S_2，以及分离点振动与叶片振动之间的时间相位关系 χ 等等. 此外，在这个模型中所做的主要假设——在死水区内不存在周期性脉动的非定常静压——也还需要通过实验研究来予以证实及深化.

后来 Chi[9] 将文献 [7] 给出的模型加以发展,文献 [9] 中沿用了文献 [7] 的主要思路，即假定可以通过在失速叶片表面上的定常流分离位置来间接地考虑粘性效应. 根据多年来对于分离流现象的研究得知,古老的 Kirchhoff 流型还可以进一步改进. 因为分离区内部除杂乱无章的随机脉动之外，也还存在着有限值的平均速度场. 而且从非定常分离流的角度来看，在死水区内部的非定常扰动压力 p' 也不一定恒等于零,而应呈一定分布规律. 因而文献 [9] 认为,为了得到死水区内周期性非定常扰动静压 p' 的分布，而应发展非定常分离流理论，或通过实验数据来提炼经验公式，

文献 [9] 的提法看来是合理的，但在所给出的计算举例中仍令 $p' = 0$。

由于在使用考虑粘性与耗散的气动方程组来直接求解非定常跨音速分离流场时所遇到的困难，在上面讨论了处理叶片失速颤振非定常分离流时所采用的几类近似方法．如若想与 § 3 中所介绍的无粘非定常气动方程相匹配，通过物面边界条件来间接地考虑粘性及分离流影响时，看来以采用最后谈到的 Helmholtz 流型模型最为方便。

§ 5 小结

1. 为了能够在叶片设计阶段就力求把颤振故障尽可能地消灭在图纸上，在叶片设计系统中包含叶片颤振预估子系统是十分必要的．为了能够建立叶片颤振预估子系统，就需要针对叶片颤振提炼物理-数学模型． 在本章中讨论了叶片颤振非定常气动的模型问题。

2. 通过物理上的分析得知，可以把三维跨音非定常粘性流动简化处理为能够使用二维跨音非定常无粘气动方程描述的问题．

3. 在二维跨音非定常无粘流的意义之下讨论了具有不同简化程度的方程组或方程。

4. 对于各类叶片失速颤振问题说来，不可避免地会涉及到对于非定常分离流的处理． 在 § 4 中讨论了几类简化处理方法．

参 考 文 献

[1] Loiseau, H., Nicolas, J., Measurement and Prediction of the Aerodynamic Damping of Compressor Blades, Symposium on Aeroelasticity in Turbomachines, Lausanne, 1980

[2] Magnus, R. J.. Yoshihara, H., Calculations of Transonic Flow over an Oscillating Airfoil, AIAA Paper 75—98, 1975.

[3] Carta, F. O., St. Hilaire, A. O., Effect of Interblade Phase Angle and Incidence Angle on Cascade Pitching Stability, *Trans. ASME. Journal of Engineering for Power,* **102**, 391—396, 1980.

[4] Adamczyk, J. J., Stevens, W., Jutras, R., Supersonic Stall Flutter of High Speed Fans, *ASME* Paper 81-GT-184, 1981.

[5] Костюк, А. Г., Колебания рабочих венцов последних ступеней паровой турбины в нерасчётных условиях работы, *Теплоэнергетика*, 1983, 22—26.

[6] Yashima, S., Tanaka, H., Torsional Flutter in Stalled cascade, *Trans. ASME, Journal of Engineering for Power*, **100**, 317—326, 1978.

[7] Perumal, P. V. K., Sisto, F., Lift and Moment Prediction for an Oscillating Airfoil with a Moving Separation Point, *Trans. ASME, Journal of Engineering for Power*, **96**, 372—382, 1974.

[8] Arnold, R. A., Carta, F. O., Ni. R. H., Dalton, W. H., St. Hilaire, A. O., Analytical and Experimental Study of Subsonic Stalled Flutter AD/A 043127, 1977.

[9] Chi, M. R., Unsteady Aerody namics in Stalled Cascade and Stalled Flutter Prediction. ASME 80-C2/Aero-1, 1980.

第十四章　跨音速振荡叶栅气动弹性稳定性的数值分析

§1　振荡叶栅非定常跨音速绕流的解析解

在第十二章中已介绍了各种类型的叶片颤振，并谈到在现实发生的各类叶片颤振故障中，绝大多数都对应于非定常跨音速流场．因此，在预测叶片颤振发作与否的工作中，对于非定常跨音速流场进行分析应是不可缺少的组成部分．

有关振荡叶栅非定常绕流问题已研究多年，并有不少文献发表．从所做的工作看来，一支是着眼于处理纯亚音速非定常流，例如文献 [1—3]． 另一支是着眼于处理纯超音速非定常流．对于后者说来，最初是处理超音轴向分速问题．关于亚音轴向分速问题，由于扰动能向叶片前缘的上游传播，而使得问题大为复杂化．这方面的工作可见文献 [4—7]． 一条途径是处理亚音轴向分速有限叶栅超音速非定常流动，如文献 [6]．在文献 [5] 中，Kurosaka 首先考虑了振荡无限叶栅亚音轴向分速超音速非定常流动问题．他使用 Lap lace 变换成功地显式满足周期性流动条件，并得到了解析解．

对于实际上最感兴趣的振荡叶栅跨音速非定常绕流问题说来，文献 [8] 是一篇具有代表性的文献． 在文献 [8] 中介绍了对于进口超音速出口亚音速零攻角无限薄平板叶型振荡叶栅非定常绕流问题所得到的解析解．

文献 [8] 考虑二维无限叶栅，假设为无粘绕流．在第十三章中已谈到，对于叶片颤振问题说来，最关心的是叶片微幅振动是否会发散．因而可设想叶片经历小振幅的简谐振荡．从而可把非定常流场视为定常平均流与高阶小量的非定常周期性流动两部分的线性迭加．由于叶尖部位对于叶片颤振发作具有决定性影响，而叶尖叶型薄而微弯，所以在构造模型时又可把定常平均流视为一直匀流场与定常扰动流的线性迭加．对于此直匀流场，文献 [1—3] 取全场统一的亚音直匀流；文献 [4—7] 取全场统一的超音速直匀流．为了符合真实情况，文献 [8] 所取的定常直匀流不再是全场统一的．而是利用正激波将流场分成两个域．激波之前为超音速直匀流；激波之后为亚音速直匀流． 二者之间通过 Rakine-Hugoniot 条件相关联．所对应的物理图画如图 14.1 所示． 由于在文献 [8] 中假设使用零厚度零平均攻角的平板叶型来代替真实叶型，所以不存在前面提到的定常扰动流部分，流场就是定常直匀流与非定常周期性扰动流两部分的线性迭加．

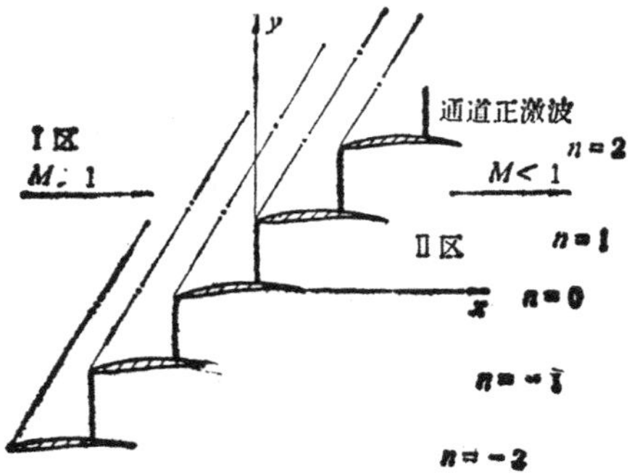

图 14.1　文献 [8] 所采用的流动模型

对照图 14.1，首先来看正激波之前的超音速区．因为激波下游亚音速区中的扰动是不能影响激波上游超音速区的，所以可设想把每个零厚度平板叶型延伸到 $+\infty$ 处，而得到图 14.2 所示的等价超音速振荡叶栅． 图 14.2 所示的等价叶栅与图 14.1 所示叶栅流场中的超音速区(即 I 区)二者具有相同的流场．而此等价振荡叶栅的解析解是能够得到的．

在得到 I 区中的超音速非定常解之后，就可计算出激波后的静压与速度．将这些量与物面非定常边界条件结合在一起，就可进一步确定亚音速区的非定常流场解．

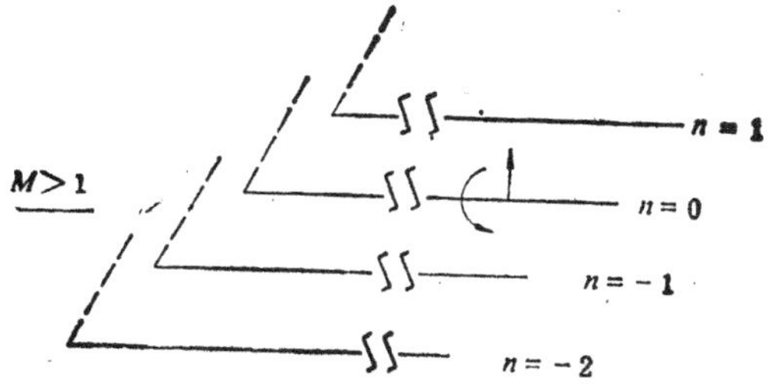

图 14.2　超音速区的等价振荡叶栅

由文献[8]所得压力分布可知，与全流场为纯亚音速和纯超音速定常直匀流处理所得结果有很大不同．不仅通道激波本身的振荡将形成非定常举力，而且通道激波把流场划分为超音速区与亚音速区，亚音速区的扰动不能向激波上游传播，而是在激波处反射，从而使得情况更为复杂．因此文献[8]指出，在通道激波的后面，叶片亚音速部分的压力分布与纯亚音速流中振荡平板叶栅的压力分布有很大不同．而且所预测出的结果与纯超音速流结果也有很大不同．例如，风扇叶片的超音速非失速颤振有扭转振型与弯曲振型．当在低反压运行时出口流速超音，颤振发作时对应于扭转振型．这时可采用纯超音速方法[4-7]来预测颤振发作．但当反压提高时，颤振发作对应于弯曲振型．如果仍采用文献[4—7]这一类方法来进行预测，则所得结果将永为稳定的．即不可能有弯曲振型颤振发作．但在实际上已观测到上述弯曲振型超音速非失速颤振的发作．而文献[8]的结果则与上述相反，已首次预测出上述弯曲振型超音速非失速颤振的发作．由于文献[8]考虑到叶片颤振发作时非定常流场的跨音速性质以及通道激波的影响，所以工作是很有价值的，并经常为有关文献所引用．

但是，为了能够进一步考虑攻角以及叶型形状的影响，看来通过解析解的途径是困难的．此外，对应于不同类型的叶片颤振，在振荡叶栅跨音速非定常流场中存在着多种型式的激波系．激波的形状、数目与位置在求解出全流场之前难以准确规定．因为这将取决于叶型形状和稠度等几何参数，以及进口 Mach 数和进出口静压比等气动参数．在文献 [8] 中所采用的通道正激波模型只属于其中的一种．例如当进出口 Mach 数均小于 1.0 时，叶栅流场中也有可能出现局部超音速区及激波．对于这种振荡叶栅跨音速非定常流场，自然不适宜采用文献 [8] 中所给出的通道正激波模型．

为了能适应于各种几何参数与气动参数，发展数值解法可能是合理的途径．文献 [9] 曾使用时间推进法求解亚音速和超音速流中振荡叶栅的非定常绕流．文献 [10，11] 对于在不均匀纯亚音速定常平均流基础上所得的非定常扰动速势振幅方程使用有限差分求解．但在跨音速范围内有关考虑叶型形状及攻角等几何与气动参数影响的振荡叶栅非定常绕流问题的结果尚难找到．

文献 [12] 采用与文献 [10，11] 类似的非定常扰动速势振幅方程．不同之点在于，定常平均流场采用文献 [13] 中所述方法而得到跨音速解．然后再通过采用类似于定常跨音速势方程的解法来求解非定常扰动速势振幅方程．通过叶型表面压力分布的数值积分，可得到作用在叶型上的非定常气动力和力矩．这样就可根据能量法来判别叶栅是否发生颤振不稳定性． 在本章下面诸节中，将对于文献 [12] 中所谈的数值方法做简要介绍，并通过若干算例来分析叶栅几何与气动参数对于非定常流场及气动弹性稳定性的影响．

§2 所用的数学模型

在第十三章中，对于描述有关问题的不同简化程度的方程组或方程已作了讨论，在文献 [12] 中所用的是非定常扰动速度位振幅方程

$$(1-M_0^2)\varphi_{xx}+\varphi_{yy}-\frac{U_0}{a_0^2}[(\gamma+1)U_{0x}+i2\omega]\varphi_x$$

$$+\frac{1}{a_0^2}[\omega^2-i(\gamma-1)\omega U_{0x}]\varphi=0 \qquad (13.10)$$

以及辅助方程

$$a^2 = a_0^2 - (\gamma - 1)(U_0\varphi_x + i\omega\varphi) \cdot e^{i\omega t} \tag{14.1}$$

式中下标 0 代表定常平均流的量．符号意义均与第十三章相同．

描述定常平均流的方程为

$$(1 - M_0^2)\varphi_{0xx} + \varphi_{0yy} = 0 \tag{6.23}$$

式中

$$(1 - M_0^2) = \left\{1 - M_{as}^2 - \frac{\gamma + 1}{q_{as}} \cdot M_{as}^2 \cdot \varphi_{0x} - \frac{\gamma + 1}{2q_{as}^2} \cdot M_{as}^2 \cdot \varphi_{0x}^2\right\} \Big/ \left\{1 - \frac{\gamma - 1}{q_{as}} \cdot M_{as}^2 \cdot \varphi_{0x} - \frac{\gamma - 1}{2q_{as}^2} \cdot M_{as}^2 \cdot \varphi_{0x}^2\right\} \tag{6.24}$$

与 (6.23) 相对应的辅助方程为

$$\frac{a_0^2}{\gamma - 1} + \frac{q_0^2}{2} = \text{常数} \tag{6.28}$$

与定常跨音速流计算一样，为了便于应用周期性条件，以及为了避免音速线与弦线法线接近重合时在堵塞流动条件下使计算发散，所以选用图 14.3 所示的斜交坐标系 ox_1y_1．直角坐标系 oxy 与 ox_1y_1 之间的变换关系是

$$\begin{cases} x = x_1 + y_1 \sin\sigma \\ y = y_1 \cos\sigma \end{cases} \tag{14.2}$$

式中 σ 为叶栅安装角．

为了在叶栅计算域进出口处便于近似应用远场条件，希望能

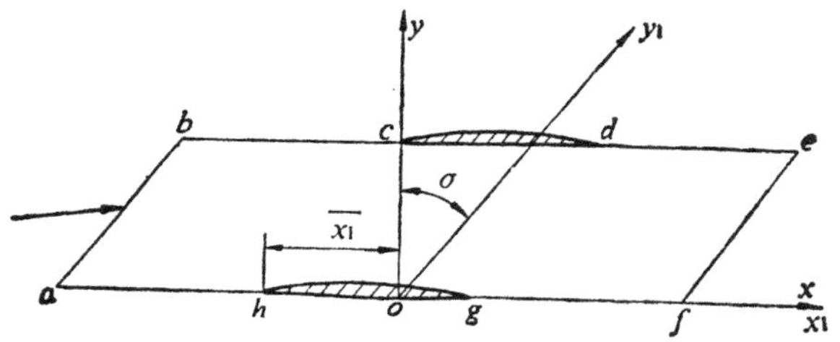

图 14.3　斜交坐标系与直角坐标系

使用少量网格点来把进、出口边界推到近似无限远处．为此而在 x_1 方向引入伸展函数如下．设坐标变换为

$$\begin{cases}\xi = \xi(x_1) \\ \eta = y_1\end{cases} \tag{14.3}$$

为简单起见,取

$$\xi(x_1) = \begin{cases} e^{x_1+\bar{x}_1} & x_1 < -\bar{x}_1 \\ 1 + \bar{x}_1 + x_1 & -\bar{x}_1 \leqslant x_1 < 2 - \bar{x}_1 \\ 4 - e^{(2-\bar{x}_1-x_1)} & x_1 > 2 - \bar{x}_1 \end{cases} \tag{14.4}$$

式中 $\bar{x}_1$ 表示叶型前缘点到扭心的距离．若记

$$f = \frac{d\xi}{dx_1}$$

则

$$f = \begin{cases} e^{x_1+\bar{x}_1} & x_1 < -\bar{x}_1 \\ 1 & -\bar{x}_1 \leqslant x_1 < 2 - \bar{x}_1 \\ e^{(2-\bar{x}_1-x_1)} & x_1 > 2 - \bar{x}_1 \end{cases} \tag{14.5}$$

在 (ξ, η) 变换坐标系之下，非定常扰动速度位振幅方程 (13.10) 化为

$$\begin{aligned}(1 - M_0^2)f(f\varphi_\xi)_\xi &+ [\operatorname{tg}^2\sigma \cdot f(f\varphi_\xi)_\xi - 2\operatorname{tg}\sigma \cdot \sec\sigma \cdot \varphi_{\xi\eta} \\ &+ \sec^2\sigma \cdot \varphi_{\eta\eta}] - \frac{U_0}{a_0^2}[(\gamma + 1)f(U_0)_\xi + 2i\omega]f\varphi_\xi \\ &+ \frac{1}{a_0^2}[\omega^2 - i\omega(\gamma - 1)f(U_0)_\xi]\varphi = 0\end{aligned} \tag{14.6}$$

在式 (14.1) 及式 (6.24) 中亦需作相应变换,这里不再列出．

作为一个数学模型，除基本方程之外还包括定解条件．但在推导非定常扰动速度势振幅方程的过程中，已通过式 (5.38) 而引入强迫稳态假设，从而实现了分离时间自变量与空间自变量的目的．所以在振幅方程 (13.10) 及其变换型式 (14.6) 中只有空间自变量 (x, y) 或 (ξ, η)，而没有时间自变量 t 存在．这样一来，本问题的定解条件就只涉及边界条件．下面来讨论不同边界条件的提法,并着重指出与定常流动问题的不同之处．

1．叶型表面相切条件

与定常无粘流问题一样，要求在叶面上满足流动相切条件．但对于非定常流动问题说来，特点是叶型自身在作弯曲或扭转振动．叶面方程可记为

$$F(x, y, t) = 0 \tag{14.7}$$

由于叶型本身在动，所以对于固定坐标系说来，绝对气流速度并不与叶面相切，而是相对于叶面的速度与叶面相切．这时相切条件可以表达为

$$F_t + \nabla\Phi \cdot \nabla F = 0 \tag{14.8}$$

这里的 $\nabla\Phi$ 表示全速度而不是扰动速度．下面首先在直角坐标系 oxy 之内给出物面相切条件的表达，然后再转换到计算平面 (ξ, η) 中去．

对于图 14.3 中所示计算域下部的叶片说来，现假定叶型型面的运动规律是

$$\begin{cases} (\theta)_{下} = \bar{\theta} \cdot e^{i\omega t} \\ (x_T)_{下} = h \cdot \sin\psi e^{i\omega t} \\ (y_T)_{下} = h \cdot \cos\psi e^{i\omega t} \end{cases} \tag{14.9}$$

式中 $(\theta)_{下}$ 表示在任一瞬时叶弦与 x 轴之夹角，$(x_T)_{下}$ 及 $(y_T)_{下}$ 表示此叶型扭心的瞬时坐标，θ 及 h 分别为叶型扭转及弯曲振动的振幅，ψ 为叶型弯曲振动方向与 y 轴之夹角．可参见图 14.4．

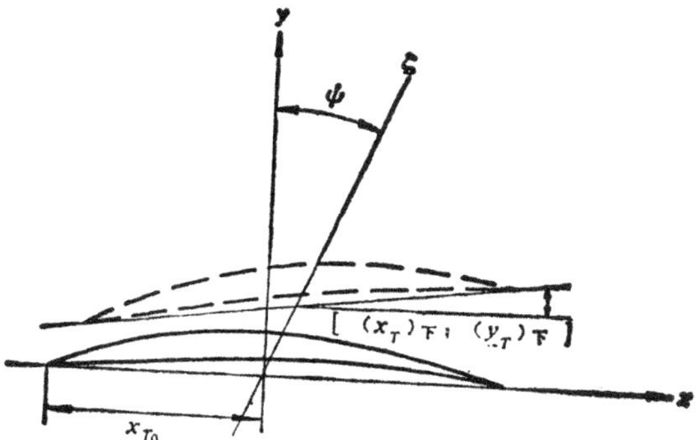

图 14.4　当叶片振动时叶型位置示意图

假定相邻叶片的振动运动之间具有固定相位差 β，且栅距为 s，则图 14.3 中的上叶面运动规律为

$$\begin{cases}(\theta)_{上} = \bar{\theta} \cdot e^{i\omega\left(t+\frac{\beta}{\omega}\right)} \\ (x_T)_{上} = h \cdot \sin\psi \cdot e^{i\omega\left(t+\frac{\beta}{\omega}\right)} + s \cdot \sin\sigma \\ (y_T)_{上} = h \cdot \cos\psi \cdot e^{i\omega\left(t+\frac{\beta}{\omega}\right)} + s \cdot \cos\sigma\end{cases} \tag{14.10}$$

分别将式 (14.9) 与式 (14.10) 代入式 (14.8)，可得在运算中具体使用的流动相切条件为

$$\begin{cases}(\varphi_y)_{下} = \left(\dfrac{dy}{dx}\right)_{下}(\varphi_x)_{下} + U_0\bar{\theta} + i\omega[h\cos\psi + x\bar{\theta}] \\ (\varphi_y)_{上} = \left(\dfrac{dy}{dx}\right)_{上}(\varphi_x)_{上} + e^{i\beta}\{U_0\bar{\theta} + i\omega[h\cos\psi \\ \qquad + (x - s\cdot\sin\sigma)\bar{\theta}]\}\end{cases} \tag{14.11}$$

式中 $\left(\dfrac{dy}{dx}\right)_{上}$ 与 $\left(\dfrac{dy}{dx}\right)_{下}$ 分别表示当叶片处于平衡位置时的物面斜率．将式 (14.11) 变换到 (ξ, η) 变换坐标系中去，可得

$$\begin{cases}(\varphi_\eta)_{下} = \cos\sigma\left\{\left[\operatorname{tg}\sigma + \left(\dfrac{dy}{dx}\right)_{下}\right](\varphi_\xi)_{下} + \bar{\theta}U_0 \right. \\ \qquad \left. + i\omega[h\cos\psi + \bar{\theta}(\xi - \bar{x}_1 - 1)]\right\} \\ (\varphi_\eta)_{上} = \cos\sigma\left\{\left[\operatorname{tg}\sigma + \left(\dfrac{dy}{dx}\right)_{上}\right](\varphi_\xi)_{上} + e^{i\beta}(\bar{\theta}U_0 \right. \\ \qquad \left. + i\omega[h\cos\psi + \bar{\theta}(\xi - \bar{x}_1 - 1)])\right\}\end{cases} \tag{14.12}$$

2. 周期性边界条件

在图 14.3 的 ah 与 bc 即栅前区边界上，流动参数应满足周期性条件． 由于相邻两叶片具有固定叶片间相角差 β，因此周期性条件应为

$$\begin{cases}\varphi_{x(x,s)} = e^{i\beta}\cdot\varphi_{x(x,0)} \\ \varphi_{y(x,s)} = e^{i\beta}\cdot\varphi_{y(x,0)}\end{cases} \tag{14.13}$$

变换到 (ξ, η) 坐标之后应为

$$\begin{cases}(\varphi_\xi)_{上} = e^{i\beta}\cdot(\varphi_\xi)_{下} \\ (\varphi_\eta)_{上} = e^{i\beta}\cdot(\varphi_\eta)_{下}\end{cases} \tag{14.14}$$

3. 尾流边界条件

因假设叶片作微幅振动，且叶型薄而微弯，所以可近似认为叶片非定常尾流的平均位置沿叶型弦线方向．在图 14.3 中 de 及 gf 两条边界即为尾流边界．如第六章中所分析的，在尾流间断面两侧，应满足对应点处静压与流速方向相同的条件．再考虑到非定常周期性条件，应有

$$\begin{cases}(\varphi_y)_{上}=(\varphi_y)_{下}\cdot e^{i\beta}\\(U_0\varphi_y+i\omega\varphi)_{上}=(U_0\varphi_x+i\omega\varphi)_{下}\cdot e^{i\beta}\end{cases}\tag{14.15}$$

将式 (14.15) 变换到 (ξ,η) 计算平面，可得

$$\begin{cases}(\varphi_\eta)_{下}\cdot e^{i\beta}-(\varphi_\eta)_{上}=-\dfrac{i\omega\sin\sigma}{U_0}[(\varphi)_{下}\cdot e^{i\beta}-(\varphi)_{上}]\\[2ex](\varphi_\xi)_{下}\cdot e^{i\beta}-(\varphi_\xi)_{上}=-\dfrac{i\omega}{fU_0}[(\varphi)_{上}\cdot e^{i\beta}-(\varphi)_{上}]\end{cases}\tag{14.16}$$

在数值计算中，对于式 (14.16) 中的后一个式子采用如下积分型式：

$$(\varphi)_{下}\cdot e^{i\beta}-(\varphi)_{上}=[(\varphi)_{下}\cdot e^{i\beta}-(\varphi)_{上}]_{t,e}\cdot\exp\cdot\left[-i\omega\int_{\xi_{t,e}}^{\xi}\frac{d\xi}{f\cdot U_0}\right]\tag{14.17}$$

式中下标 t，e 为叶型之后缘点．

4. 远场条件

对于叶轮机械说来，非定常流动远场条件问题在实际上是很重要的．这不只与叶片颤振有关，还涉及其它工程问题，例如风扇噪声问题等．此外非定常位函数远场行为问题所涉及到的领域更为宽广，在数学理论上也是很吸引人的．因而这是至今尚得到广泛研究的问题．

从物理上看，由振荡叶型上所发出的扰动将以波的形式向上游及下游传播，这些扰动波应当一直传向无限远而无反射．但在具体计算过程中，通常所取的计算域是有限域，即使通过坐标变换将物理平面上的无限域变换为计算平面上的有限域，对于下文中将要分析的方程 (14.18) 说来，其远场行为与定常流动问题也有

很大区别．因此，讨论在远场边界处的边界条件问题是很有必要的．这在文献中常常被称为幅射条件或者外行波条件．

设叶型薄而微弯，则可将非定常扰动速度位方程（5.53）化为如下型式：

$$A\tilde{\varphi}_{tt} + 2B\tilde{\varphi}_{xt} = C\tilde{\varphi}_{xx} + \tilde{\varphi}_{yy} \tag{14.18}$$

式中 $A = \frac{1}{a^2}$；$B = \frac{M}{a}$，$C = 1 - M^2$．（14.18）式的特征方程为

$$Ct^2 - Ax^2 - (AC + B^2)y^2 + 2Bxt = 0 \tag{14.19}$$

对于某一时刻 $t > 0$，可给出扰动波阵面方程

$$\left(x - \frac{B}{A}t\right)^2 + \frac{AC + B^2}{A}y^2 = \frac{AC + B^2}{A^2}t^2 \tag{14.20}$$

或等价于

$$(x - Ut)^2 + y^2 = a^2t^2 \tag{14.20a}$$

扰动波阵面以音速 a 相对于流体传播，它是中心位于（$x = Ut$；$y = 0$）、半径为 at 的圆弧．扰动中心相当于在 $t = 0$ 时刻流体质点的位置，它以速度 U 来运动．在 $y = 0$ 平面内，扰动以速度 $U - a$ 来向上游传播、以速度 $U + a$ 向下游传播，如图 14.5 所示．

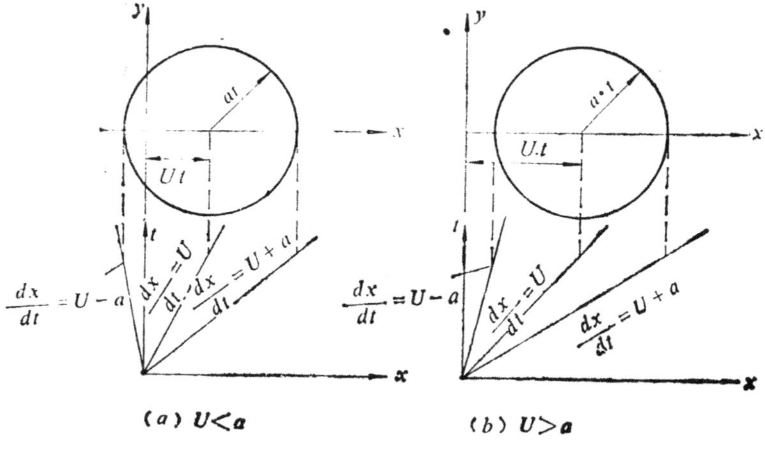

图 14.5　非定常扰动传播的特征面

由特征理论可以得到在 $y=0$ 平面上的两条特征线应为

$$x-Ut=\pm at \tag{14.21}$$

相应的特征相容关系为

$$\begin{cases}\tilde{\varphi}_x+\dfrac{\tilde{\varphi}_t}{U-a}=0\\ \tilde{\varphi}_x+\dfrac{\tilde{\varphi}_t}{U+a}=0\end{cases} \tag{14.22}$$

通过引入简谐振动假设式(5.41)，可将 $\tilde{\varphi}$ 化为振幅 φ，变换到 (ξ,η) 平面上可得

$$f\varphi_\xi-\frac{i\omega\varphi}{a_1(1-M_1)}=0 \tag{14.23}$$

$$f\varphi_\xi+\frac{i\omega\varphi}{a_2(1+M_2)}=0 \tag{14.24}$$

式中下标 1 和 2 分别代表远前方及远后方.

对于文献 [12] 中所用的方法说来，由于使用 ξ 向伸展函数变换，已经把进出口边界在物理平面上推移到距叶型相当远处. 另外，所用的方程也不是非定常扰动速度位方程，而是非定常扰动速度位的振幅方程. 在上述情况下，解的稳定性对于远场边界条件将不会特别敏感. 为了试验远场边界条件的影响，文献 [12] 采用下述四种远场边界条件分头进行了试算.

方案一

假设由于叶型微幅振动所引起的微弱扰动传播到远场处已耗散掉，则

$$\begin{cases}\varphi=0 & \text{远前方}\\ \varphi_\xi=0 & \text{远后方}\end{cases} \tag{14.25}$$

方案二

远后方边界条件改为

$$U_0f\varphi_\xi+i\omega\varphi=0 \tag{14.26}$$

远前方同于式(14.25).

方案三

当远场速度均匀时，振幅方程(13.10)蜕化为常系数振幅方程(13.12). 在亚音速进出口条件下文献 [10] 对此给出了适用于

该方程的远场解析解．在方案三中将远场解析解分别在进出口计算站处与数值解匹配，迭代求解．

方案四

使用式（14.23）与式（14.24）所表达的特征相容条件．

对于少量亚音速进出口算例曾分别试验过上述四种进出口条件．发现对于结果影响并不大．但总的来讲，对于远场边界条件的提法还应进一步研究．

与定常流动相比，在跨音速非定常流动问题中，流场对于边界条件将更为敏感．因为物体的微小扰动就可能引起物面压力分布的显著变化，并对叶片颤振发作有相当影响．因此在求解非定常跨音流问题时，对于边界条件问题还有不少值得深入研究之处．

§3 有限差分方程解法

将方程（14.6）与第六章求解定常跨音流的基本方程（6.27）进行对比时可以发现，除待求未知量 φ 和方程系数中出现复变量，以及方程中多出一些低阶项之外，式（14.6）与（6.27）两个方程中二阶项的形式是相类似的．由二阶偏微分方程理论得知，方程的类型取决于高阶项即二阶项．不同点主要体现在求解（14.6）的数值迭代过程中，在任一点处方程的类型早已由定常平均流场结果所确定，而与非定常流场解无关．因此，在构造式（14.6）的有限差分格式时，基本上可与第六章求解式（6.22）使用类似的办法．对于流场中的内点来讲，式（14.6）的有限差分方程是

$$\begin{aligned}\Delta\xi^2\cdot\{&(1-\mu_{i,j})\cdot D_{i,j}f_i[(f\varphi_\xi)_\xi]_{\rm I}+\mu_{i-1,j}D_{i-1,j}f_{i-1}[(f\varphi_\xi)_\xi]_{\rm II}\}\\&+\Delta\xi^2\cdot{\rm tg}^2\sigma\cdot f_i\ \{(-\mu_{i,j})[(f\varphi_\xi)_\xi]_{\rm I}+\mu_{i,j}[(f\varphi_\xi)_\xi]_{\rm III}\}\\&-\Delta\xi^2\{2\,{\rm tg}\,\sigma\cdot\sec\sigma\cdot f_i[\varphi_{\xi,\eta}]-\sec^2\sigma[\varphi_{\eta\eta}]\}-\Delta\xi^2\\&\cdot\left\{\frac{U_0}{a_0^2}\left[(\gamma+1)f_i\left(\frac{\partial U_0}{\partial\xi}\right)_{i,j}+i2\omega\right]f_i[(1-\mu_{i,j})(\varphi_\xi)_{\rm I}\right.\\&\left.+\mu_{i,j}(\varphi_\xi)_{\rm II}]+\frac{\omega^2}{a_0^2}\left[1-i\frac{(\gamma-1)}{\omega}\cdot f_i\left(\frac{\partial U_0}{\partial\xi}\right)_{i,j}\right]\varphi_{i,j}^{n+1}\right\}\\&=0\qquad(14.27)\end{aligned}$$

式中

$$D_{i,j}=(1-M_0^2)_{i,j}$$

$$\mu_{i,j}=\begin{cases}0 & \text{当 } D_{i,j}\geqslant 0 \\ 1 & D_{i,j}<0 \text{ 时}\end{cases}$$

$$\Delta\xi^2[(f\varphi_\xi)_\xi]_{\rm I}=f_{i+1/2}\varphi^n_{i+1,j}+f_{i-1/2}\varphi^{n+1}_{i-1,j}$$

$$-2f_i\left[\frac{1}{\omega_s}\varphi^{n+1}_{i,j}+\left(1-\frac{1}{\omega_s}\right)\varphi^n_{i,j}\right]$$

$$\Delta\xi^2[(f\varphi_\xi)_\xi]_{\rm II}=f_{i-1/2}(\varphi^{n+1}_{i,j}-\varphi^{n+1}_{i-1,j})-f_{i-3/2}(\varphi^n_{i-1,j}-\varphi^n_{i-2,j})$$

$$\Delta\xi^2[(f\varphi_\xi)_\xi]_{\rm III}=f_{i+\frac{1}{2}}(\varphi^n_{i+1,j}-\varphi^n_{i,j})-f_{i-1/2}(\varphi^{n+1}_{i,j}-\varphi^{n+1}_{i-1,j})$$

$$[\varphi_{\xi\eta}]=\frac{1}{2\Delta\xi\Delta\eta}(-\varphi^n_{i-1,j+1}+\varphi^n_{i,j+1}+\varphi^n_{i-1,j}-2\varphi^n_{i,j}$$

$$+\varphi^n_{i+1,j}+\varphi^n_{i,j-1}-\varphi^n_{i+1,j-1})$$

$$[\varphi_{\eta\eta}]=\frac{1}{\Delta\eta^2}(\varphi^{n+1}_{i,j+1}-2\varphi^{n+1}_{i,j}+\varphi^{n+1}_{i,j-1})$$

$$(\varphi_\xi)_{\rm I}=\frac{1}{2\Delta\xi}(\varphi^n_{i+1,j}-\varphi^n_{i-1,j})$$

$$(\varphi_\xi)_{\rm II}=\frac{1}{2\Delta\xi}(\varphi^n_{i,j}-\varphi^n_{i-2,j})$$

这里的 ω_s 为亚音速超松弛因子.

对于边界条件的处理仍采用嵌入法. 即在物面边界点处的 φ_η 作为已知量由式(14.12)来确定, 在周期边界点和尾流边界点处 φ_η 作为新的未知量, 在线松弛迭代过程中与同一节线诸点上的 φ 值联立求解. 在嵌入到内点基本方程时使用下列一阶精度差分格式:

$$\begin{cases}[\varphi_{\eta\eta}]_{i,1}=\dfrac{2}{\Delta\eta}\left[\dfrac{(\varphi^{n+1}_{i,2}-\varphi^{n+1}_{i,1})}{\Delta\eta}-(\varphi_\eta)_{i,1}\right] \\ [\varphi_{\eta\eta}]_{i,J}=\dfrac{2}{\Delta\eta}\left[(\varphi_\eta)_{i,J}-\dfrac{(\varphi^{n+1}_{i,J}-\varphi^{n+1}_{i,J-1})}{\Delta\eta}\right] \\ [\varphi_{\xi\eta}]_{i,j}=\dfrac{1}{2\Delta\xi}[(\varphi_\eta)^n_{i+1,j}-(\varphi_\eta)^n_{i-1,j}]_{j=1,J}\end{cases}\tag{14.28}$$

对应于图 14.3 的计算域，$j=1, 2, \cdots, J-1, J$.

其余边界条件的差分式类似于第六章中对于定常跨音流数值解所用的.

最后来列出文献 [12] 中进行线松弛迭代所用的线代数方程组，并简述迭代数值求解的过程．对于沿 ξ 向的第 i 站说来，联立线上各节点处的内点差分式与嵌入之后的边界条件，就可组成第 n 次迭代中对应于第 i 站的封闭线代数方程组．通过求解此方程组，就得到第 i 站线上各节点的 $\varphi_{i,j}^{n}$．由上游 $i=1$ 开始直到下游 $i=I$ 为止，对于各 i 站逐站求解出 $\varphi_{i,j}^{n}$ 之后，就完成了第 n 次迭代．然后开始同样过程的第 $n+1$ 次迭代．通过这种反复迭代，直到获得稳定的收敛解为止.

在叶片槽道内，上述线代数方程组的形式是

$$\begin{bmatrix} \beta_1 & -\gamma_1 & & & & & 0 \\ -\alpha_2 & \beta_2 & -\gamma_2 & & & & \\ & \ddots & \ddots & \ddots & & & \\ & & -\alpha_j & \beta_j & -\gamma_j & & \\ & & & \ddots & \ddots & \ddots & \\ 0 & & & & -\alpha_{J-1} & \beta_{J-1} & -\gamma_{J-1} \\ & & & & & -\alpha_J & \beta_J \end{bmatrix} \begin{bmatrix} \varphi_{i,1}^{n+1} \\ \varphi_{i,2}^{n+1} \\ \vdots \\ \varphi_{i,j}^{n+1} \\ \vdots \\ \varphi_{i,J-1}^{n+1} \\ \varphi_{i,J}^{n+1} \end{bmatrix} = \begin{bmatrix} \delta_1 \\ \delta_2 \\ \vdots \\ \delta_j \\ \vdots \\ \delta_{J-1} \\ \delta_J \end{bmatrix} \tag{14.29}$$

式中

$$\begin{cases} \alpha_j = A_j \\ \beta_j = B_j \\ \gamma_j = C_j \\ \delta_j = D_j \qquad j = 2, 3, \cdots, J-1 \end{cases}$$

$$\begin{cases} \alpha_j = 0 \\ \beta_j = B_j \\ \gamma_j = C_j \\ \delta_j = D_j - 2\sec^2\sigma \cdot \dfrac{(\varphi_\eta)}{\Delta\eta} \qquad j = 1 \end{cases}$$

$$\begin{cases}\alpha_j = A_j \\ \beta_j = B_j \\ \gamma_j = 0 \\ \delta_j = D_j + 2\sec^2\sigma \cdot \dfrac{(\varphi_\eta)}{\Delta\eta} \qquad j = J\end{cases}$$

式中的 (φ_η) 来自式 (14.12)，且

$$\begin{cases}A_j = C_j = -\dfrac{\sec^2\sigma \cdot \Delta\xi^2}{\Delta\eta^2} \\ B_j = \dfrac{-2f_i^2}{\omega_s}(\mu_{ij} + \mathrm{tg}^2\sigma)(1 - D_{ij}) + \mu_{i-1,j}D_{i-1,j}f_{i-1}f_{i-\frac{1}{2}} \\ \quad - D_{i,j}\mathrm{tg}^2\sigma \cdot f_i \cdot f_{i-\frac{1}{2}} + \dfrac{\omega^2}{a_0^2}\left[1 - i\dfrac{(\gamma-1)}{\omega} \cdot f_i \cdot \dfrac{\partial U_0}{\partial\xi}\right] \\ \quad \cdot \Delta\xi^2 - \dfrac{2\sec^2\sigma \cdot \Delta\xi^2}{\Delta\eta^2} \\ D_j = -(1 - D_{i,j})(\mu_{i,j} + \mathrm{tg}^2\sigma)f_i\left[f_{i+\frac{1}{2}}\varphi_{i+1,j}^n + f_{i-\frac{1}{2}}\varphi_{i-1,j}^{n+1}\right. \\ \quad \left. - 2f_i\left(1 - \dfrac{1}{\omega_s}\right)\varphi_{ij}^n\right] - \mu_{i-1,j}D_{i-1,j}f_{i-1}[-f_{i-\frac{1}{2}}\varphi_{i-1,j}^{n+1} \\ \quad - f_{i-3/2}(\varphi_{i-1,j}^n - \varphi_{i-2,j}^n)] - \mathrm{tg}^2\sigma \cdot f_i \cdot D_{i,j}[f_{i+\frac{1}{2}}(\varphi_{i+1,j}^n \\ \quad - \varphi_{i,j}^n) + f_{i-\frac{1}{2}}\varphi_{i-1,j}^{n+1}] + \dfrac{U_0}{a_0^2}\left[(\gamma + 1)f_i\dfrac{\partial U_0}{\partial\xi}\right. \\ \quad \left. + i2\omega\right][(1 - D_{i,j})(\varphi_{i+1,j}^n - \varphi_{i-1,j}^n) + D_{i,j}(\varphi_{i,j}^n \\ \quad - \varphi_{i-2,j}^n)] \cdot \dfrac{f_i\Delta\xi}{2} - 2\,\mathrm{tg}\,\sigma \cdot \sec\sigma \cdot f_i[\varphi_{\xi,\eta}] \cdot \Delta\xi^2\end{cases} \tag{14.30}$$

式中的 $[\varphi_{\xi,\eta}]$ 在内点按差分式 (14.27) 给出，在边界点按差分式 (14.28) 给出.

由式 (14.29) 可以看到，此线代数方程组具有标准的三对角线形式，所以可用普通的追赶法求解. 在叶片栅前区与栅后区，线代数方程组的形式是

$$
\begin{bmatrix}
\beta_1 & -\gamma_1 & & & & & & -\alpha_1 \\
-\alpha_2 & \beta_2 & -\gamma_2 & & & & 0 & \\
 & \ddots & \ddots & \ddots & & & & \\
 & & -\alpha_j & \beta_j & -\gamma_j & & & \\
 & 0 & & \ddots & \ddots & \ddots & & \\
 & & & & -\alpha_J & \beta_J & -\gamma_J & \\
-\gamma_{J+1} & & & & & -\alpha_{J+1} & & \beta_{J+1}
\end{bmatrix}
\begin{bmatrix}
\varphi_{i,1}^{n+1} \\ \varphi_{i,2}^{n+1} \\ \vdots \\ \varphi_{i,j}^{n+1} \\ \vdots \\ \varphi_{i,J}^{n+1} \\ \varphi_\eta
\end{bmatrix}
=
\begin{bmatrix}
\delta_1 \\ \delta_2 \\ \vdots \\ \delta_j \\ \vdots \\ \delta_J \\ \delta_{J+1}
\end{bmatrix}
\tag{14.31}
$$

式中

$$
\begin{cases}
\alpha_j = A_j \\
\beta_j = B_j \\
\gamma_j = C_j \\
\delta_j = D_j & j = 2, 3, \cdots, J-1
\end{cases}
$$

$$
\begin{cases}
\alpha_j = \dfrac{2}{\Delta\eta} \sec^2\sigma \cdot \Delta\xi^2 \\
\beta_j = B_j \\
\gamma_j = -\dfrac{2}{\Delta\eta^2} \sec^2\sigma \cdot \Delta\xi^2 \\
\delta_j = D_j & j = 1
\end{cases}
$$

$$
\begin{cases}
\alpha_j = -\dfrac{2}{\Delta\eta^2} \sec^2\sigma \cdot \Delta\xi^2 \\
\beta_j = B_j \\
\gamma_j = -\dfrac{2}{\Delta\eta^2} \sec^2\sigma \cdot \Delta\xi^2 \\
\delta_j = D_j & j = J
\end{cases}
$$

$$
\begin{cases}
\alpha_j = 1.0 \\
\beta_j = 0 \\
\gamma_j = 1.0 \\
\delta_j = \begin{cases}
e^{i\beta} \cdot \varphi_{i-1,1}^{n+1} - \varphi_{i-1,J}^{n+1} & \text{栅前区} \\
\left(e^{i\beta} \cdot \varphi_{t,e,1}^{n+1} - \varphi_{t,e,J}^{n+1}\right) \exp\left[i\omega \displaystyle\int_{\xi_{t,e}}^{\xi} \frac{d\xi}{fU_0}\right] & \text{栅后区} \\
\qquad j = J+1
\end{cases}
\end{cases}
$$

由于复系数线代数方程组（14.31）不属于标准的三对角线形式，所以文献［12］中使用第七章中所介绍的循环追赶法求解.

还应提到的是，当使用线松弛法来求解非定常扰动速度位的振幅方程时，无论是对于孤立翼型绕流或者叶栅绕流，都存在有一个折合频率的临界值，当超过此临界值时，迭代过程将会发散. 这就使得上述方法的应用范围受到限制. 考查其原因，这种限制可能主要是由于数值方法本身所引起的，而不是物理模型固有的缺陷. 在文献［12］的附录二中对此问题作了讨论.

§4 叶栅气动弹性稳定性分析

进行上述叶栅非定常跨音速流场计算的目的在于判断叶栅的气动弹性稳定性. 如第十二章中所指出的，从能量观点出发，若在一个振荡周期之内，非定常气动力和力矩对叶片作正功，则意味着在振动过程中叶片不断从气流中汲取能量. 若所汲取的能量大于机械阻尼消耗掉的振动能量，则叶片振动的振幅迅速增加，导致叶片颤振的发作. 反之，若非定常气动力和力矩对叶片做负功，则振动必逐渐衰减.

根据能量法，下面来把前几节中所谈到的叶栅非定常流场计算结果与在一个振动周期之内气流对叶片所做的功通过具体公式关联起来，借以表明如何通过叶栅非定常流场来判别气动弹性稳定性.

为了上述目的，首先对于叶型表面压力系数给出公式表达.

设流场中任一点的瞬时静压可表达为

$$p = p_0 + p' = p_0 + \bar{p} \cdot e^{i\omega t} \tag{14.32}$$

式中 p_0 表示该点静压的定常平均值，p' 则表示非定常周期脉动值；根据简谐振动假设，可用 $\bar{p} \cdot e^{i\omega t}$ 来表示 p'. 由式（14.1）可得

$$\frac{a^2}{a_0^2} = 1 - \frac{(\gamma - 1)}{a_0^2}(U_0\varphi_x + i\omega\varphi) \cdot e^{i\omega t} \tag{14.1a}$$

根据音速定义及等熵关系可得

$$\frac{a^2}{a_0^2}=\frac{p\rho_0}{p_0\rho}=\left(\frac{p}{p_0}\right)^{(\gamma-1)/\gamma}=\left(1+\frac{p'}{p_0}\right)^{(\gamma-1)/\gamma}$$
$$=1+\frac{\gamma-1}{\gamma}\left(\frac{p'}{p_0}\right)+\frac{1}{2!}\frac{\gamma-1}{\gamma}$$
$$\cdot\left(\frac{\gamma-1}{\gamma}-1\right)\left(\frac{p'}{p_0}\right)^2+\cdots$$

根据微幅振动假设，(p'/p_0) 为小量. 当略去上面展开式中二阶以上小量之后，代入式 (14.1a) 得

$$\bar{p}=-\frac{\gamma p_0}{a_0^2}\left(U_0\varphi_x+i\omega\varphi\right) \tag{14.33}$$

下面分头表示作用在叶片单位长度叶高上面的非定常气动力矩与非定常气动力. 首先列写力矩的表达式. 当获得叶片表面的非定常压力分布之后，现取一个固定在叶型上的直角坐标系，坐标系原点与叶型扭心重合，x 与 y 各表示弦向及叶弦法向. 规定逆时针方向力矩为正，则在任一瞬间，非定常气动力对叶型扭心之力矩为

$$\bar{M}=-\oint_s p(xdx+ydy)=-\oint_s p\left(x+y\frac{dy}{dx}\right)dx$$
$$=\int_{x_{le}}^{x_{te}}\left[(p_{下}-p_{上})x+p_{下}\cdot y_{下}\left(\frac{dy_{下}}{dx}\right)\right.$$
$$\left.-p_{上}y_{上}\left(\frac{dy_{上}}{dx}\right)\right]dx \tag{14.34}$$

式中 S 为叶型外廓闭合曲线，x_{te} 与 x_{le} 分别代表叶型前缘点及后缘点的 x 坐标；下标"上"与"下"分别表示叶型上叶面与下叶面.

根据微幅振动假设，将非定常压力与叶型瞬时坐标均视为定常平均值与非定常周期性脉动值之线性迭加. 对式 (14.34) 中所涉及到的诸量均做上述处理，并略去高阶量之后可得

$$\bar{M}=\bar{M}_0+\bar{M}' \tag{14.35}$$

式中

$$\bar{M}_0=\int_{x_{l,e}}^{x_{t,e}}\left[(p_{0下}-p_{0上})x+p_{0下}\cdot y_{0下}\left(\frac{dy_{0下}}{dx}\right)\right.$$

$$- p_{0上} \cdot y_{0上} \cdot \left(\frac{dy_{0上}}{dx}\right)\Big] dx$$

$$\overline{M}' = \int_{x_{l,e}}^{x_{t,e}} \Big\{(p'_{下} - p'_{上})x + \left[p_{0下} \cdot \left(\frac{dy_{0下}}{dx}\right) - p_{0上} \cdot \left(\frac{dy_{0下}}{dx}\right)\right]$$

$$\cdot (x\theta + h\cos\psi) + (p_{0下}y_{0下} - p_{0上}y_{0上})\theta + y_{0下}\left(\frac{dy_{0下}}{dx}\right)$$

$$\cdot p'_{下} - y_{0上}\left(\frac{dy_{0上}}{dx}\right) \cdot p'_{上}\Big\} dx$$

这里 $\overline{M}_0$ 及 $\overline{M}'$ 分头表示非定常气动力矩的定常平均值与非定常周期性脉动值，h，θ，ψ 等与叶型振动有关的量见图 14.4 及式(14.9)．

根据简谐振动假设，可将 $\overline{M}'$ 及 p' 记为

$$\begin{cases}\overline{M}' = \bar{\overline{M}} e^{i\omega t} = (\overline{M}_R + i\overline{M}_I)e^{i\omega t} \\ p' = \bar{p} \cdot e^{i\omega t} = (\bar{p}_R + i\bar{p}_I)e^{i\omega t}\end{cases} \tag{14.36}$$

将式(14.36)代入式(14.35)可得

$$\overline{M} = \int_{x_{l,e}}^{x_{t,e}} \Big\{(\bar{p}_{下} - \bar{p}_{上})x + \left[p_{0下}\left(\frac{dy_{0下}}{dx}\right) - p_{0上}\left(\frac{dy_{0上}}{dx}\right)\right]$$

$$\cdot (x\bar{\theta} + h\cos\psi) + (p_{0下}y_{0下} - p_{0上}y_{0上})\bar{\theta} + y_{0下}\left(\frac{dy_{0下}}{dx}\right)$$

$$\cdot \bar{p}_{下} - y_{0上}\left(\frac{dy_{0上}}{dx}\right)\bar{p}_{上}\Big\} dx \tag{14.37}$$

对式(14.37)分离实部与虚部，可得

$$\overline{M}_R = \int_{x_{l,e}}^{x_{t,e}} \Big\{(\bar{p}_{下_R} - \bar{p}_{上_R})x + \left[p_{0下}\left(\frac{dy_{0下}}{dx}\right) - p_{0上}\left(\frac{dy_{0上}}{dx}\right)\right]$$

$$\cdot (x\bar{\theta} + h\cos\psi) + (p_{0下}y_{0下} - p_{0上}y_{0上})\bar{\theta} + y_{0下}\left(\frac{dy_{0下}}{dx}\right)$$

$$\cdot \bar{p}_{下_R} - y_{0上}\left(\frac{dy_{0上}}{dx}\right)\bar{p}_{上_R}\Big\} dx \tag{14.38}$$

$$\overline{M}_I = \int_{x_{l,e}}^{x_{t,e}} \Big[(\bar{p}_{下_I} - \bar{p}_{上_I})x + y_{0下} \cdot \left(\frac{dy_{0下}}{dx}\right) \cdot \bar{p}_{下_I}$$

$$- y_{0上}\left(\frac{dy_{0上}}{dx}\right)\bar{p}_{上_I}\Big] dx \tag{14.39}$$

下面转向对于作用在叶片单位长度叶高上的非定常气动力给出表达式.

取非定常气动力 L 在 x 与 y 两个方向的分量为 L_x 及 L_y，且分力的正向与坐标轴方向一致，则可写成

$$\begin{cases} L_y = \int_{x_{l,e}}^{x_{t,e}} (p_{下} - p_{上}) dx = L_{0y} + \bar{L}_y \cdot e^{i\omega t} \\ L_x = \int_{x_{l,e}}^{x_{t,e}} \left[p_{上}\left(\frac{dy_{上}}{dx}\right) - p_{下}\left(\frac{dy_{下}}{dx}\right)\right] dx = L_{0_x} + \bar{L}_x \cdot e^{i\omega t} \end{cases} \tag{14.40}$$

式中

$$\begin{cases} L_{0y} = \int_{x_{l,e}}^{x_{t,e}} (p_{0下} - p_{0上}) dx \\ L_{0x} = \int_{x_{l,e}}^{x_{t,e}} \left[p_{0上} \cdot \left(\frac{dy_{0上}}{dx}\right) - p_{0下}\left(\frac{dy_{0下}}{dx}\right)\right] dx \\ \bar{L}_y = \int_{x_{l,e}}^{x_{t,e}} (\bar{p}_{下} - \bar{p}_{上}) dx \\ \bar{L}_x = \int_{x_{l,e}}^{x_{t,e}} \left[(p_{0上} - p_{0下})\bar{\theta} + \bar{p}_{上}\left(\frac{dy_{0上}}{dx}\right) \right. \\ \qquad \left. - \bar{p}_{下}\left(\frac{dy_{0下}}{dx}\right)\right] dx \end{cases} \tag{14.41}$$

将非定常气动力分解为实部与虚部，可得

$$\begin{cases} \bar{L}_x = \bar{L}_{x_R} + i\bar{L}_{x_I} \\ \bar{L}_y = \bar{L}_{y_R} + i\bar{L}_{y_I} \end{cases} \tag{14.42}$$

式中

$$\begin{cases} \bar{L}_{y_R} = \int_{x_{l,e}}^{x_{t,e}} (\bar{p}_{下_R} - \bar{p}_{上_R}) dx \\ \bar{L}_{x_R} = \int_{x_{l,e}}^{x_{t,e}} \left[(p_{0上} - p_{0下})\bar{\theta} + \bar{p}_{上_R}\left(\frac{dy_{0上}}{dx}\right) \right. \\ \qquad \left. - \bar{p}_{下_R}\left(\frac{dy_{0下}}{dx}\right)\right] dx \\ \bar{L}_{y_I} = \int_{x_{l,e}}^{x_{t,e}} (\bar{p}_{下_I} - \bar{p}_{上_I}) dx \\ \bar{L}_{x_I} = \int_{x_{l,e}}^{x_{t,e}} \left[\bar{p}_{上_I}\left(\frac{dy_{0上}}{dx}\right) - \bar{p}_{下_I}\left(\frac{dy_{0下}}{dx}\right)\right] dx \end{cases} \tag{14.43}$$

在列出非定常气动力矩与非定常气动力的表达式之后，下面

进一步对于在一个振荡周期之内，非定常气动力矩与非定常气动力对叶片做的功写出表达式.

单位叶高叶片截面上承受的真实非定常气动力矩是 $\overline{M}'$ 的实部 $\overline{M}'_R$ 与定常平均值 $\overline{M}_0$ 之和.

$$\overline{M}'_R = \mathrm{Re}[(\overline{M}_R + i\overline{M}_I)e^{i\omega t}] = \overline{M}_R\cos\omega t - \overline{M}_I\sin\omega t \qquad (14.44)$$

叶型的真实振动角位移同样也是 θ 的实部 θ_R.

$$\theta_R = \mathrm{Re}\,[\bar{\theta}\cdot e^{i\omega t}] = \bar{\theta}\cdot\cos\omega t \qquad (14.45)$$

因此，在叶片振动一个周期之内，非定常气动力矩所做的功 w_M 应为

$$\begin{aligned} w_M &= \oint dw_M = \oint \overline{M}'_R d\theta_R + \overline{M}_0 d\theta_R \\ &= -\bar{\theta}\int_0^{2\pi}(\overline{M}_0 + \overline{M}_R\cos\omega t - \overline{M}_I\sin\omega t)\sin\omega t\, d(\omega t) \\ &= \pi\bar{\theta}\overline{M}_I \end{aligned} \qquad (14.46)$$

同理,非定常气动力的实部为

$$\begin{cases} L_{y_R} = L_{0y} + \overline{L}_{y_R}\cos\omega t - \overline{L}_{y_I}\sin\omega t \\ L_{x_R} = L_{0x} + \overline{L}_{x_R}\cos\omega t - \overline{L}_{x_I}\sin\omega t \end{cases} \qquad (14.47)$$

叶型的真实瞬时位移为

$$\begin{cases} y_{T_R} = h\cos\phi\cos\omega t \\ x_{T_R} = h\sin\phi\cos\omega t \end{cases} \qquad (14.48)$$

所以在一个周期之内,非定常气动力对振动叶片所做功为

$$w_L = \oint (L_{y_R}dy_{T_R} + L_{x_R}dx_{T_R}) = \pi h(\cos\phi\overline{L}_{y_I} + \sin\phi\overline{L}_{x_I}) \qquad (14.49)$$

当叶片同时具有扭转振动与弯曲振动时，若二者振动周期相同,则

$$w = w_M + w_L \qquad (14.50)$$

通过本节所做的分析,可以归纳出如下几点:

1. 定常平均气动力矩与气动力在叶片振动一个周期之内所做的功等于零.

2. 在振动的一个周期之内，非定常气动力矩和气动力对叶片做功为正或为负,具体取决于 $\overline{M}_I$ 以及 $(\cos\phi\overline{L}_{y_I} + \sin\phi\overline{L}_{x_I})$ 的符

号.

当 $\bar{M}_I > 0$ 时,非定常力矩对叶片做正功.

当 $(\cos\phi \bar{L}_{y_I} + \sin\phi \bar{L}_{x_I}) > 0$ 时, 非定常气动力对叶片做正功.

3. 非定常气动力矩对叶片做功的大小,正比于振幅量 θ; 非定常气动力对叶片做功的大小,正比于振幅量 h.

§5 数值结果分析

根据前面几节中所述的算法,编制了 FORTRAN 语言计算机程序, 对于平板叶型叶栅和双圆弧叶型叶栅得到了一些初步计算结果. 当采用 $41\times18=738$ 个节点,且控制精度取 $\varepsilon=0.5\times10^{4}$ 时,从定常平均流场的数值求解开始,在 Felix C-256 计算机上计算一组数据约需 20—40 分钟.

首先对零厚度平板叶型叶栅纯亚音速非定常绕流做了数值计算,并将结果与文献 [9] 作了对比. 在表 14.1 中列出了用于判别叶栅气动弹性稳定性的气动力系数与力矩系数的虚部. 二者的定义分别为

$$c_M = \frac{\bar{M}}{4\rho_1 q_1^2 b^2} \tag{14.51}$$

$$c_L = \frac{L}{2\rho_1 q_1^2 b} \tag{14.52}$$

式中 $\bar{M}$ 和 L 分别是单位扭角或单位弯曲振幅所产生的非定常气

表 14.1 平板叶型叶栅数值结果对比

振型 \ 系数		c_{L_I}	c_{M_I}
弯曲	[12]	−3.02	−1.025
	[9]	−3.09	−1.00
扭转	[12]	−3.78	−1.72
	[9]	−3.89	−1.33

动力矩和气动力，ρ_1 为定常进口来流密度，b_1 为半弦长.

由表中所列数值可见，两个计算结果的符合程度可以认为是满意的.

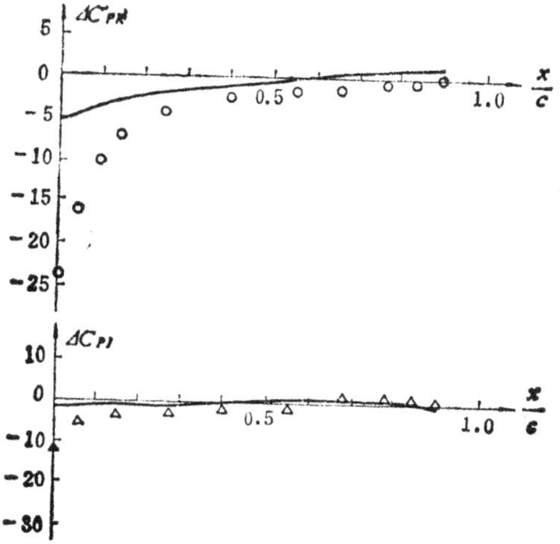

(a) $i=1.84^\circ$; $\beta=45^\circ$

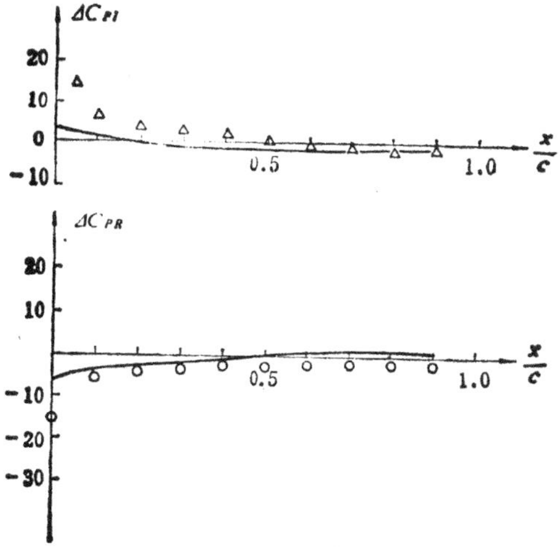

(b) $i=2.07^\circ$; $\beta=-45^\circ$

图 14.6 不可压流叶型表面非定常压力系数差沿弦向分布

为了考查非定常压力振幅沿物面分布的实验与计算对比，针对文献[14]所给出的低速实验结果进行了数值计算．此叶栅进口流速61米/秒，为双圆弧叶型，在图14.6中给出了叶型上下表面非定常压力系数差沿弦向之分布．图14.6(a)表示攻角1.84°，叶片间相角45°情况；图14.6(b)则对应于攻角2.07°，叶片间相角−45°情况．与图14.6(a)相应的定常压力分布见第六章图6.6．考虑到非定常压力在测量上的困难，可以认为，除前缘点之外，计算与实验之间的对比是满意的．

上述对比表明，文献[12]中所发展的方法可以用于参数研究．为了探讨进口Mach数、叶型相对厚度、叶栅稠度、叶片间相角、来流攻角以及流场中激波的存在对于叶栅颤振发作的影响，曾对于叶型弯角10°、安装角 $\sigma = 55°$ 的一个双圆弧叶型叶栅进行了一些数值计算．计算时假设扭转振动的扭心位于弦线中点．

取叶栅稠度 $\tau = 1.2586$，相对厚度 $\delta = 7.5\%$，攻角 $i = -3.72°$，叶片间相位角差 $\beta = 90°$，振荡圆频率 $\omega = 0.1656$．分别对于叶栅进口Mach数 $M_1 = 0.6$, 0.7, 0.8 工况进行了计算．在图14.7中给出了 $M_1 = 0.6$ 及 0.7 时，叶片上下表面非定常压力系数之差沿弦向之分布．在图14.8中给出了 $M_1 = 0.8$ 时的对应分

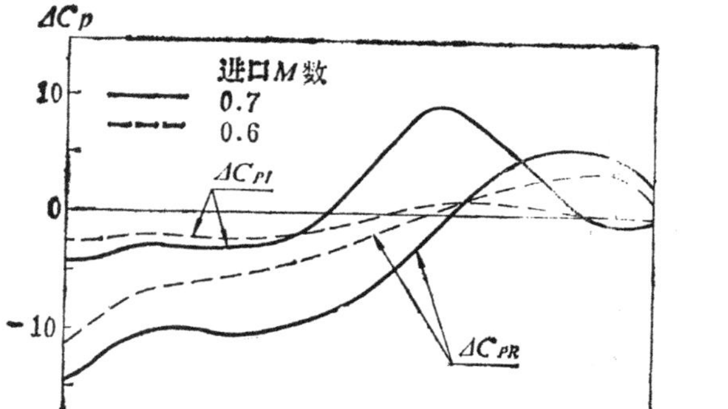

图14.7 叶片表面非定常压力系数差分布

布．在图 14.9 中给出了非定常力矩系数的实部和虚部随进口 Mach 数的变化．

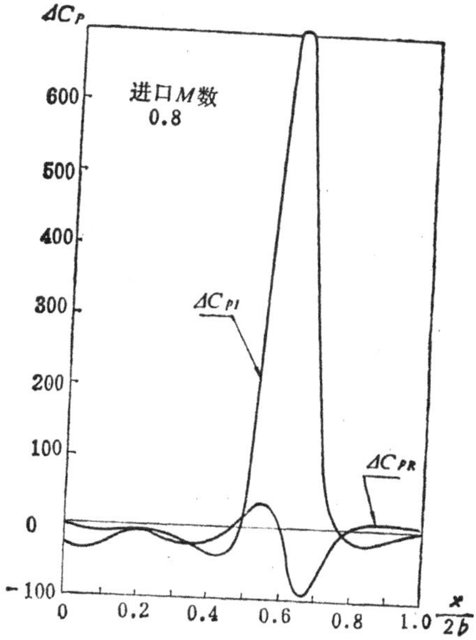

图 14.8 叶片表面非定常压力系数差分布

对于所取的叶栅参数说来，由图 14.9 可见，在所计算的三个 M_1 数之下，叶片的扭转振荡都是不稳定的．而且还可以看到，随着 M_1 的增大，不稳定程度急剧增加，这表明增大 M_1 对结果具有明显的不利影响．由图 14.8 可见，在 $M_1=0.8$ 时，大约位于 60% 弦向位置处存在一个叶片上下表面非定常压力系数差的急剧变化的峰值．而这一现象在图 14.7 中则未曾出现过．对照三个不同进口 Mach 数的定常平均流场压力分布可知，图 14.8 中的峰值恰好对应于叶背上面的激波．看来，叶背局部超音速区结尾的正激波是造成此峰值出现的原因．此峰值的数值、相对位置以及相位对于非定常力矩的大小和相位具有决定性影响．在图 14.9 中，M_1 接近 0.8 时非定常力矩的虚部急剧增大，稳定性迅速恶化，这正是叶背激波出现的结果．在外流领域，跨音速翼型吸力面局部超音

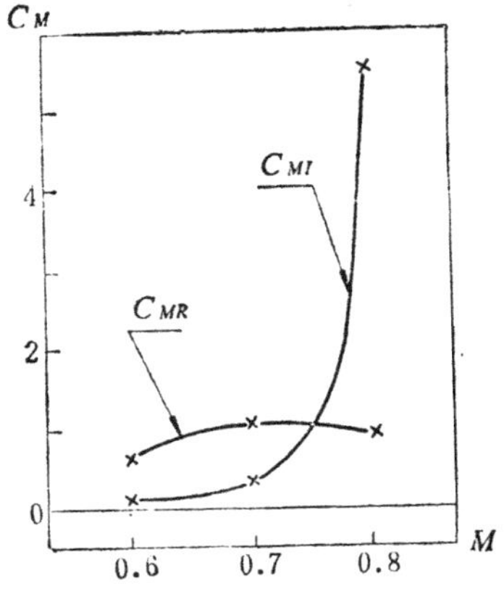

图 14.9 非定常力矩系数随进口 Mach 数的变化

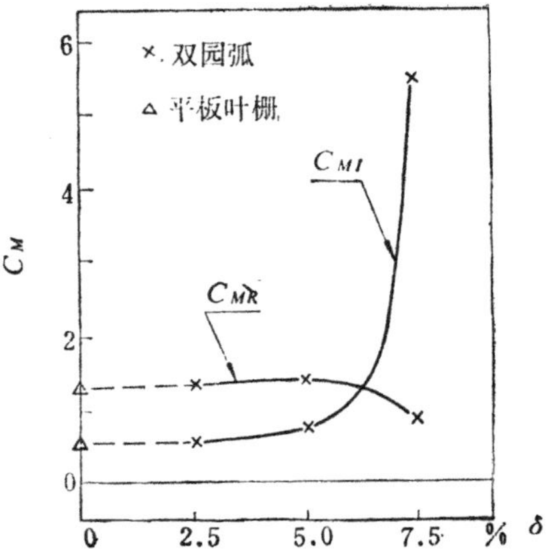

图 14.10 非定常力矩系数随叶型相对厚度之变化

速区结尾正激波诱导的非定常压力差峰值已为实验及数值计算所证实[15,16]. 由文献 [12] 结果可见，跨音速振荡叶栅非定常流场也具有这一重要特性.

为了分析叶型相对厚度对于颤振发作的影响，在进口 Mach 数 $M_1 = 0.8$，折合频率 $k = 0.1749$ 的条件下，对于叶型相对厚度为 0.025，0.05，0.075 三组数据进行了计算. 图 14.10 给出了非定常力矩系数与叶型相对厚度之间的关系.

由图可见，当相对厚度由 0.05 增加到 0.075 时，非定常力矩系数的虚部 c_{M_I} 急剧增大. 通过与定常平均流的压力分布对照可知，这主要也应归结于叶背局部超音速区结尾正激波的影响.

在图 14.10 中还给出了在相同条件下零攻角零厚度平板叶型叶栅的非定常力矩系数数值. 由图可见，若叶型相对厚度在 0.04 以内，且流场为纯亚音速时，采用零厚度平板叶型叶栅来代替真实叶型，所造成的 c_{M_I} 数值偏差并不太大. 若相对厚度进一步增加，特别是在跨音速流场中的激波，将导致平板叶型叶栅模型误差过大，以致不能应用. 通过两种叶型叶栅结果的对比还可以发现，在纯亚音速流中叶型形状对于非定常负荷的影响不大. 由图可见，

0.025 相对厚度与 10° 弯角双圆弧叶型结果与零厚度平板叶型结果之间的差别是很小的.

如若与孤立翼型对照，则叶栅稠度反映一个叶栅偏离孤立翼型的程度. 在文献中通常认为,对于非失速颤振发作说来,随着稠度增大,振动叶型之间的相互干扰加剧,这将迫使气动弹性稳定性恶化. 为了校核这一说法,文献 [12] 对于 $M_1 = 0.7$，叶型相对厚度 $\delta = 0.05$，折合频率 $k = 0.2$，攻角 $i = -0.72°$，叶片间相角 $\beta = 90°$ 计算了三种不同稠度双圆弧叶型叶栅的非定常流场. 图 14.11 给出了叶型分别进行扭转振荡与弯曲振荡时的非定常力矩系数与非定常气动力系数随稠度 τ 的变化情况.

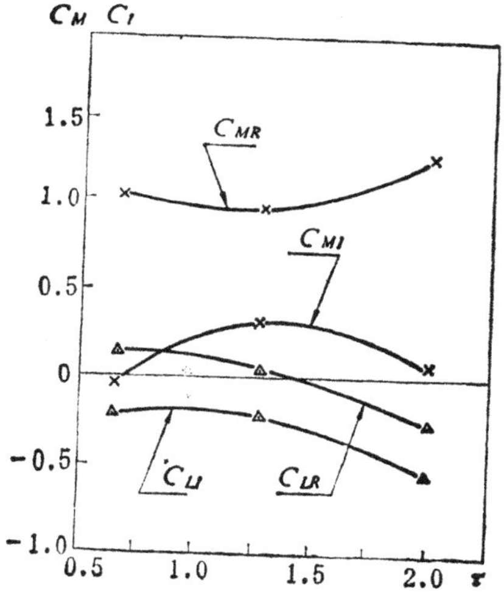

图 14.11 非定常气动负荷与稠度的关系

从图中可以看到,对于所用的一组参数说来,弯曲振动振型所对应的三组不同稠度数据都是稳定的. 但扭转振动振型的情况则有所不同. 对于大稠度情况是不稳定的,小稠度情况则变为稳定. 这与通常的提法是一致的,即稠度加大,则振动叶型之间的相互干扰作用加强,从而对于气动弹性稳定性有不利影响.

文献 [12] 中对于来流攻角以及叶片间相位角等参数影响也做了数值试验，这里不再详述．有关使用文献 [12] 的方法在分析叶片堵塞颤振方面所做的一些工作见第十二章．

§6 小结

本章主要介绍如何将跨音松弛法具体应用于求解二维振荡叶栅的非定常跨音速无粘绕流流场．对于数学模型、有限差分及松弛迭代过程、以及如何判断气动弹性稳定性都给出比较具体的介绍．从给出的有限算例表明，采用数值方法可以具体分析叶型形状以及各种几何及气动参数对于非定常流场的影响．在分析激波对于叶栅气动弹性稳定性的作用方面，所得结果从定性上看是合理的．由于所用模型的限制，文中所介绍的方法仅适用于激波前法向 Mach 数低于 1.3 及薄而微弯叶型情况．

叶片颤振所涉到的非定常气动问题相当复杂．每一类颤振边界都对应于不同类型的非定常流动．这里只分析了高亚音速进口来流的跨音速无粘非定常流场．尚属于一类比较简单的情况．为了能对于叶片颤振所涉及到的非定常流动机理有更好的理解，还应进一步发展各种相应的气动模型与数值解法，并大力开展实验研究．

参 考 文 献

[1] Whitehead, D. C., Vibtarion and Sound Generation in a Cascade of Flat Plates in Subsonic Flow, ARC R&M 3686, 1970.

[2] Smith, S. N., Discrete Frequency Sound in Axial Flow Turbomachines, ARC R&M 3709, 1972.

[3] Jones, W. P., Rao, B. M., Aeroelastic Characteristics of a Cascade of Blades, AD/A 055619, 1978.

[4] Brix, C. W., Platzer, M. F., Theoretical Investigation of Supersonic Flow Past Oscillating Cascade with Subsonic Leading Edge Locus, AIAA Paper 72-14, 1972.

[5] Kurosaka, M., On the Unsteady Supersonic Cascade With a Subsonic Leading Edge——An Exact First Order Theory: Parts 1 and 2. *Trans. ASME, Journal of Engineering for Power*, 96, 13—31, 1974.

[6] Verdon, J. M., The Unsteady Aerodynamics of a Finite Supersonic Cascade

with Subsonic Axial Flow, *Trans. ASME, Journal of Applied Mechanics*, **40** (**E**), 667—671, 1973.

[7] Nagashima, T., Whitehead, D. S., Linearized Supersonic Unsteady Flow in Cascades, ARC R&M 3811, 1978.

[8] Goldstein, M. E. Braun, W., Adamczyk, J. J., Unsteady Flow in a Supersonic Cascade with Strong in-Passage Shocks, *Journal of Fluid Mech.*, **83**, 569—604, 1977.

[9] Ni, R. H., Sisto, F. Numerical Computation of Nonstationary Aerodynamics of Flat Plate Cascades in Compressible Flow, *Trans. ASME, Journal of Engineering for Power*, **98**, 165—170, 1976.

[10] Verdon, J. M., Caspar, J. R., Subsonic Flow Past an Oscillating Cascade with Finite Mean Flow Deflection, AIAA Paper 79-1516, 1979.

[11] Caspar, J. R., Verdon, J. M. Numerical Treatment of Unsteady Subsonic Flow Past an Oscillating Cascade, AIAA Paper 80-1428, 1980.

[12] 林保真、唐智明、周盛，跨音叶栅气动弹性稳定性数值分析，空气动力学学报，No. 3, 19—26, 1982.

[13] 周盛、林保真，平面叶栅绕流问题的跨音松弛解，北京航空学院科研参考资料 BH-C 366, 1979.

[14] Carta, F. O., An Experimental Investigation of Gapwise Periodicity and Unsteady Aerodynamic Response in an Oscillating Cascade, NASA CR3513, .(1982).

[15] Tijdeman, H., Schippers, P., Persoon, A. J., Unsteady Airloads on an Oscillating Supercritical Airfoil, NATO AGARD CP-226, (1977).

[16] Isogai, K., Numerical Study of Transonic Flow over Oscillating Airfoils using the Full Potential Equation, NASA TP 1120 (1978).